普通高等教育"十一五"国家级规划教材

石油和化工行业"十四五"规划教材

制药工程学

（第四版）

王志祥　林 文　主编

化学工业出版社

·北京·

内容简介

《制药工程学（第四版）》在广受好评的经典教材基础上进行了全面的修订、更新。从制药工程师的角度，参照 GMP 和相关国家标准，全面系统地阐述了制药工程学的基本内容。

全书共 12 章，分别论述了制药工程设计概述、厂址选择和总平面设计、工艺流程设计、物料衡算、能量衡算、制药反应设备、制药专用设备、车间布置设计、管道设计、制药工业与环境保护、防火防爆与安全卫生以及技术经济与工程概算等。在论述过程中注重理论知识在工程实际中的应用，并列举了大量的实例，这使得本书不仅内容系统全面，而且具有很强的实用性和可操作性。

与上版相比，本书增加了大量数字资源作为教学的补充，读者可以通过这些文档、图片和视频更加立体生动地进行学习。

图书在版编目（CIP）数据

制药工程学 / 王志祥，林文主编 . -- 4 版 . --北京：化学工业出版社，2024．8. -- ISBN 978-7-122-46321-0

Ⅰ. TQ46

中国国家版本馆 CIP 数据核字第 2024Y6Z524 号

责任编辑：杨燕玲　　　　　　　　　装帧设计：史利平
责任校对：宋　玮

出版发行：化学工业出版社（北京市东城区青年湖南街 13 号　邮政编码 100011）
印　　装：河北京平诚乾印刷有限公司
787mm×1092mm　1/16　印张 24½　字数 603 千字　　2024 年 8 月北京第 4 版第 1 次印刷

购书咨询：010-64518888　　　　　　售后服务：010-64518899
网　　址：http://www.cip.com.cn
凡购买本书，如有缺损质量问题，本社销售中心负责调换。

定　　价：59.80 元

本书编写人员名单

主　　编　王志祥（中国药科大学）
　　　　　林　文（中国药科大学）
副 主 编　陈　维（中国药科大学）
　　　　　查晓明（中国药科大学）
　　　　　蔡　挺（中国药科大学）
编写人员　王志祥（中国药科大学）
　　　　　林　文（中国药科大学）
　　　　　陈　维（中国药科大学）
　　　　　查晓明（中国药科大学）
　　　　　蔡　挺（中国药科大学）
　　　　　李　想（中国药科大学）
　　　　　杨　照（中国药科大学）
　　　　　张长银（中国医药集团联合工程有限公司）
　　　　　武法文（中国药科大学）
　　　　　罗兴洪（江苏先声药业有限公司）
　　　　　崔志芹（中国药科大学）
　　　　　董　斌（中国药科大学）

前　言

本书第一版、第二版和第三版分别于 2003 年、2008 年和 2015 年问世，三版教材先后受到许多兄弟院校及相关行业的同行、读者的支持和肯定。众多单位的使用实践证明，教材的章节体系、内容、深浅等尚能满足教学需要。但由于制药工业的飞速发展，新技术、新工艺和新设备层出不穷，同时，教育部持续推进高等学校教学质量与教学改革工程项目，教材的某些内容已不能适应本课程的教学要求，因此决定再版修订。

修订时仍保持本书的原有特点，改写了部分章节，特别是与现行标准或规范不相适应的部分；通过数字化方式拓展了教学和学习资源，各章增加了数字化的目标检测题、教学课件（PPT）；针对一些重要的知识点，还提供了微课程，为读者在线学习提供了方便。此次再版将使本书的适用性和可读性得到进一步提升。

本书第二版是"十一五"国家级规划教材和江苏省精品教材，第三版是江苏省高等学校"十二五"重点立项建设教材，第四版是石油和化工行业"十四五"规划教材，主要供全国高等学校制药工程专业及相关专业教学使用，也可作为制药行业从事研究、设计和生产的工程技术人员参考。在再版过程中，一些同行专家对本书的修改提出了宝贵意见，作者在此一并表示诚挚的谢意。

由于水平所限，不当之处仍在所难免，恳请广大读者批评指正，以使本书更趋完善。

王志祥
2024 年 5 月于中国药科大学

第一版序

　　制药工程专业是 1998 年教育部本科专业目录调整后形成的一个新专业，在大量削减专业的情况下，增设制药工程专业，其意义不言而喻。近年来，我国的制药工业正以前所未有的速度向前发展，已成为国民经济发展的一个重要推动力，急需大量的制药工程专门人才。因此，制药工程专业在国内的发展速度很快，目前已有一百多所高校开设了制药工程专业。

　　《制药工程学》是制药工程专业的主干课程，该课程的设置目的是使学生能将所学理论知识与工程实际衔接起来，使学生学会从工程和经济的角度去考虑技术问题，并逐步实现由学生到制药工程师的转变。

　　制药工程学是在化学、药学、化学工程学等学科的基础上形成的一门新兴边缘学科，它不仅涉及宽广的专业理论知识，而且需要丰富的工程实践经验。为了使教学内容与工程实践结合得更加密切，使学生能学以致用，作者根据多年来从事制药工程领域教学和科研工作的经验，编著了这本教材。该教材在内容上具有以下特点：①注意与其他先修课程在知识上的衔接和互补；②内容全面，深入浅出，便于教学和学生自学；③注重设计方法的介绍和应用，并有较多的实例，实用性较强；④结合 GMP 要求，阐述了洁净车间的设计要求和方法，反映了制药工业的特点。

　　本书可作为高等院校制药工程专业、药物制剂专业及相关专业的教材，也可作为化工与制药行业从事研究、设计、生产的工程技术人员参考。

　　由于制药工程专业是专业调整后的新增专业，因此普遍缺乏适用的教材。我高兴地看到作者编著了这本《制药工程学》教材，以满足制药工程专业及相关专业的教学需要，故愿为该书作序。同时也希望能有更多的制药工程类教材问世，以满足制药工程专业的教学和科研需要。

中国科学院院士、天津大学教授

2002 年 11 月于天津

第一版前言

1998 年根据教育部制定的"面向 21 世纪教学内容和课程体系改革"的要求，我国高等药学教育的专业设置发生了巨大变革。改革前，高等药学教育共有 15 个专业，改革后仅保留了药学、药物制剂和中药学 3 个专业，但在化工与制药类专业中却新增加了制药工程专业。在大幅度削减专业的情况下，国家却增设制药工程这一新的专业学科，反映了制药工业对制药工程型人才的需求。正因为如此，国内的许多高校相继设立了制药工程专业。由于是新建专业，因而普遍缺乏适用的制药工程类教材。

制药工程学是制药工程专业的主干课程，其设置目的是使学生能将所学理论知识与工程实际衔接起来，使学生能够从工程和经济的角度去考虑技术问题，并逐步实现由学生向制药工程师的转变。

制药工程学是药学、工程学和经济学等学科密切结合的应用学科，是一门涉及面很广的综合性学科。为满足制药工程及相关专业的教学需要，作者根据多年来从事制药工程领域教学和科研工作的经验，编著了这本制药工程学教材。

在编著过程中，作者力求从制药工程师的角度，全面系统地阐述制药工程学的基本内容，并注意与其他先修课程在知识上的衔接和互补。全书共分十二章，第一章介绍了制药工程项目的基本建设程序；第二章介绍了厂址选择和制药洁净厂房总平面设计的基本知识；第三章较详细地介绍了工艺流程设计技术和工艺流程图；第四章和第五章分别介绍了制药工程设计的基本运算——物料衡算和能量衡算；第六章重点讨论了原料药生产的关键设备——反应器的基本理论、工艺计算和选型；第七章重点介绍了药物粉体、片剂、丸剂、胶囊剂及针剂生产的主要设备的结构、工作原理、特点及应用；第八章较详细地介绍了化工车间和制药洁净车间的布置技术；第九章介绍了管道设计的基本知识和布置技术；第十章系统地介绍了制药工业中的污染及防治技术；第十一章较详细地介绍了制药生产中的防火、防爆、防雷和防静电知识以及采光、照明、通风和空气净化技术；第十二章较详细地介绍了对工程项目进行经济分析与评价的基本原理与方法，并简要介绍了工程概算的编制方法。

编著《制药工程学》是一项新的尝试性工作。虽然作者在编著和修改过程中已作了很大努力，但由于水平所限，错误和不当之处在所难免，恳请广大读者批评指正，以利于该书的进一步修改和完善。

本书可作为高等院校制药工程专业、药物制剂专业及相关专业的教材，也可作为化工与制药行业从事研究、设计、生产的工程技术人员的参考书。

最后，作者要特别感谢余国琮先生的关心和支持，感谢他在百忙之中为本书作序。四川大学肖泽仪教授、华东理工大学曾作祥教授对书稿进行了审阅，南京大学张志炳教授、中国药科大学朱庆振先生和姚文兵教授给作者提供了许多支持和帮助，在此我谨向他们以及所有为本书出版提供过帮助的同志表示诚挚的谢意。

王志祥

2002 年 11 月于中国药科大学

目　录

第一章　制药工程设计概述

学习要求

1. 掌握：可行性研究的深度；设计阶段的划分；制药工程项目试车的一般原则。

2. 熟悉：制药工程项目建设的基本工作程序以及阶段划分。

3. 了解：工程项目的财务评价和国民经济评价；预算和概算的依据。

本章课件

工程设计是将工程项目（例如一个制药厂、一个制药车间或车间的 GMP 改造等）按照其技术要求，由工程技术人员用图纸、表格及文字的形式表达出来，是一项涉及面很广的综合性技术工作。一个工程项目从计划建设到交付生产一般要经历以下基本工作程序：

项目建议书——→批准立项——→可行性研究——→审查及批准——→设计任务书——→初步设计——→设计中审——→施工图设计——→施工——→试车——→竣工验收——→交付生产。

上述基本工作程序大致可分为三个阶段，即设计前期、设计期和设计后期。设计前期主要包括项目建议书、可行性研究和设计任务书；设计期主要包括初步设计和施工图设计；施工、试车、竣工验收和交付生产等，统称为设计后期。

工程设计人员应按照设计工作的基本程序开展工作，但由于工程项目的生产规模、所处地区、建设资金、技术成熟程度和设计水平等因素的差异，设计工作程序可能有所变化。例如，对于一些技术成熟又较为简单的小型工程项目（如小型制药厂、个别生产车间或设备的技术改造等），工程技术人员可按设计工作的基本程序进行合理简化，以缩短设计时间。

第一节　项目建议书

项目建议书是法人单位根据国民经济和社会发展的长远规划、行业规划、地区规划，并结合自然资源、市场需求和现有的生产力分布等情况，在进行初步的广泛的调查研究的基础上，向国家、省、市有关主管部门推荐项目时提出的报告书。项目建议书是投资决策前对工程项目的轮廓设想，主要说明项目建设的必要性，同时初步分析项目建设的可能性。项目建议书一般包括以下主要内容。

01-01 法人单位

01-02 国民经济
和社会发展
五年规划

① 项目名称。

② 项目提出的目的和意义。对于技改项目应阐明企业生产技术的现状及与国内外技术水平的差距，对于引进项目则应说明引进的理由。

③ 产品方案、市场需求的初步预测和拟建规模。

④ 工艺技术的初步方案，包括各种原料路线和生产方法的比较、工艺技术和设备来源

的选择和理由。

　　⑤ 原材料、燃料和动力的供应情况。

　　⑥ 建设条件和建设地点的初步方案。

　　⑦ 环境保护和污染物的治理措施，包括建设地区的环境概况，拟建项目污染物的种类、数量、浓度和排放方式，以及污染物的初步治理措施和方案。所有工程项目必须符合绿色生产的要求。

　　⑧ 项目实施的初步规划，包括建设工期和建设进度的初步方案。

　　⑨ 工厂组织和劳动定员的估算。

　　⑩ 投资估算和资金的筹措方案，包括偿还贷款能力的大体测算。

　　⑪ 经济效益和社会效益的初步评价。

　　⑫ 结论。

　　项目建议书是为工程项目取得立项资格而提出的，是设计前期各项工作的依据。项目建议书经过主管部门批准后，即可进行可行性研究。对于一些技术成熟又较为简单的小型工程项目，项目建议书经主管部门批准后，即可按明确的设计方案，直接进行施工图设计，使设计程序得以简化。

第二节　可行性研究

一、可行性研究的任务和意义

　　可行性研究是设计前期工作的核心，其研究报告是国家主管部门对工程项目进行评估和决策的依据。项目建议书经国家主管部门批准后，即可由上级主管部门组织或委托设计、咨询单位，进行可行性研究。可行性研究的任务是根据国民经济发展的长远规划、地区发展规划和行业发展规划的要求，结合自然和资源条件，对工程项目的技术性、经济性和工程可实施性，进行全面调查、分析和论证，作出是否合理可行的科学评价。若项目可行，则选择最佳方案，编制可行性研究报告，为国家主管部门对工程项目进行评估和决策提供可靠依据。

　　对工程项目进行可行性研究可以实现工程项目投资决策的科学化和民主化，避免和减少投资决策的失误，保证工程项目的顺利实施和建设投资的经济效益。如果不进行可行性研究，或者可行性研究结果不能反映客观实际，就会给项目的投资决策带来失误，造成难以弥补的经济损失。因此，世界各国都很重视工程项目的可行性研究，并形成了一套系统的科学方法。1978 年联合国工业发展组织编制了《工业可行性研究编制手册》。1980 年，该组织与阿拉伯国家工业发展中心共同编制了《工业项目评价手册》。我国从1982 年开始，将可行性研究列为基本建设中的一项重要程序，规定所有利用外资、技术引进和设备进口项目，都必须在可行性研究报告经过审查和批准后，才能与外商正式签约；大型工程、重大技术改造等工程项目，都要进行可行性研究；有条件的其他工程项目，也要进行可行性研究。

二、可行性研究的深度和阶段划分

　　可行性研究的深度主要体现在投资估算的准确度以及内容所涉及的范围和论述情况。按照深度不同，可行性研究可分为机会研究、初步可行性研究和可行性研究三个阶段。

　　机会研究的目的是提供一份可能进行建设的投资项目的研究报告，该报告也可以采用项目建议书的形式提出。机会研究的深度较浅，其投资额一般根据类似的工程估算，误差较大。如果机会研究获得"可行"的结论，则可进行初步可行性研究或可行性研究。

在机会研究的基础上，可以进行初步可行性研究。初步可行性研究的目的是分析机会研究的结论是否正确，工程项目是否应该投资，是否需要进行详细的可行性研究等。但并非所有的工程项目都要进行初步可行性研究，除非一些重大工程项目，一般工程项目可以越过初步可行性研究，而直接进行可行性研究。初步可行性研究的深度明显，研究报告提出的投资估算的偏差范围应在±20％以内。

可行性研究是工程项目投资决策的基础，是一个深入到技术和经济论证的阶段。可行性研究的深度应能满足工程项目投资决策所需的各项要求，研究报告提出的投资估算的偏差范围应在±10％以内。

三、可行性研究报告

01-03 国家发展
和改革委员会

（一）可行性研究报告的分类

可行性研究报告按用途可细分为五类。①用于企业融资、对外招商合作的可行性研究报告。②用于国家发展和改革委员会（以下简称"国家发改委"）立项的可行性研究报告。③用于银行贷款的可行性研究报告。④用于申请进口设备免税的可行性研究报告。⑤用于境外投资项目核准的可行性研究报告。

（二）可行性研究报告应阐明的问题

各类可行性研究的内容侧重点差异较大，但一般应阐明以下问题。

1. 投资必要性

主要根据市场调查及预测的结果，以及有关的产业政策等因素，论证项目投资建设的必要性。

2. 技术可行性

主要从项目实施的技术角度，合理设计技术方案，并进行方案比较和评价。

3. 财务可行性

主要从项目及投资者的角度，设计合理的财务方案，从企业理财的角度进行资本预算，评价项目的财务盈利能力，进行投资决策，并从融资主体（企业）的角度评价股东投资收益、现金流量计划及债务清偿能力。

4. 组织可行性

制定合理的项目实施进度计划、设计合理的组织机构、选择经验丰富的管理人员、建立良好的协作关系、制定合适的培训计划等，保证项目顺利实施。

5. 经济可行性

主要是从资源配置的角度衡量项目的价值，评价项目在实现区域经济发展目标、有效配置经济资源、增加供应、创造就业、改善环境、提高人民生活水平等方面的效益。

6. 社会可行性

主要分析项目对社会的影响，包括政治体制、方针政策、经济结构、法律道德、宗教民族、妇女儿童及社会稳定性等。

7. 风险因素及对策

主要是对项目的市场风险、技术风险、财务风险、组织风险、法律风险、经济及社会风险等因素进行评价，制定规避风险的对策，为项目全过程的风险管理提供依据。

（三）可行性研究报告的内容

对工程项目进行可行性研究，其成果就是编写出的可行性研究报告。一些行业对工程项目可行性研究报告的内容和深度进行了规定，如《化工建设项目可行性研究报告内容和深度的规定》《医药建设项目可行性研究报告内容和深度的规定》等。一般说来，可行性研究报告应包括以下内容。

1. 总论

① 项目提出的背景、投资的必要性和经济意义。

② 可行性研究的依据、范围和主要过程。

③ 可行性研究的结论性意见。

④ 存在的主要问题和建议。

2. 市场需求预测

① 产品的国内外需求情况预测。

② 国内外相同或同类产品的生产能力、产量和销售情况。

③ 产品的价格分析。

④ 产品的销售预测和竞争能力分析。

3. 产品方案及生产规模

① 产品方案和发展远景的技术经济比较及分析。

② 产品和副产品的品种、规格及质量指标（有国家和部颁标准的应作说明，如果是出口产品则应规定符合哪一国家的产品标准和药典）。

③ 产品规模的确定原则和拟建工程的最佳生产规模。

4. 工艺技术方案

① 国内外工艺技术概况。

② 工艺技术方案的比较与选择。

③ 所选工艺技术方案的可行性、可靠性和先进性，以及技术来源和技术依托。

④ 主要工艺设备和装置的选择及说明。

⑤ 工艺流程图和生产车间布置的说明。

5. 原料、辅助材料及燃料的供应

① 原料、辅助材料及燃料的种类和质量规格。

② 原料、辅助材料及燃料的数量、来源和供应情况。

6. 建厂条件和厂址方案

① 厂址的自然条件，如地理位置、地形、地质、气象、水文、地震等情况。

② 厂址所在地区的社会经济、交通运输和能源供应现状及发展趋势。

③ 厂址方案的技术经济比较和选择意见。

7. 总图运输、公用工程和辅助设施方案

① 全厂初步布置方案。

② 全厂运输总量和厂内外交通运输方案。

③ 水、电、汽供应方案。

④ 采暖通风和空气净化方案。

⑤ 土建方案及土建工程量的估算。

⑥ 其他公用工程和辅助设施。

8．环境保护

① 建设地区的环境现状。

② 工程项目的主要污染源及污染物。

③ 综合利用、污染物治理和环保监测的初步方案。

④ 环境保护的综合评价。

9．劳动保护和安全卫生

① 劳动保护措施。

② 防火、防爆和安全。

10．节能

① 能耗指标及分析。

② 拟采取的节能措施和效果分析。

11．工厂组织、劳动定员和人员培训

① 工厂体制及组织机构。

② 人员编制和素质要求。

③ 按照《药品生产质量管理规范》(GMP) 的要求，对人员进行培训的计划。

12．项目实施计划

① 项目实施的周期和总体进度。

② 设计、制造、安装、试生产等各项工作所需的时间和进度。

13．投资估算和资金筹措

① 项目总投资（包括固定资产、建设期贷款利息和流动资金等投资）的估算。

② 资金筹措和使用计划。

③ 资金来源、筹措方式和贷款偿付方式。

14．社会及经济效果评价

① 产品成本和销售收入的估算。

② 财务评价（参见第十二章第五节）。

③ 国民经济评价（参见第十二章第六节）。

④ 社会效益评价。

15．结论

① 综合运用上述分析及数据，从技术、经济等方面论述工程项目的可行性。

② 列出项目建设存在的主要问题。

③ 可行性研究结论。

根据工程项目的规模、性质和条件的不同，上述可行性研究报告的内容可有所侧重或作必要的调整。例如，对于小型工程项目，在满足投资决策的前提下，可行性研究报告的内容可适当简化；对于改、扩建工程项目，应结合企业现有的有利条件及企业的总体改造规划编制可行性研究报告；对于中外合资项目，要结合合资项目的特点编制可行性研究报告。

可行性研究可委托行业认可的工程咨询单位完成。中国工程咨询协会依据《工程咨询单位资信评价标准》对工程咨询单位的资信、能力、业绩、信誉等方面进行综合评估，并经国家发展和改革委员会审核认定，颁发《工程咨询单位资信证书》。该证书主要分为甲、乙两个等级，其中甲级资信证书代表着最高级别的工程咨询能力认证。

四、可行性研究的审批程序

可行性研究涉及的内容很广，既有工程技术问题，又有经济财务问题，是一项复杂的系统工程。可行性研究直接关系到工程项目的投资决策，但不能为了项目的"可行"而"研究"。编制可行性研究报告，必须遵循实事求是的科学态度，以保证可行性研究的科学性、公正性和严肃性。

可行性研究报告编制完成后，由项目委托单位上报审批。审批程序可分为预审和复审两种。预审由预审主持单位负责进行，或委托有关单位组织设计、科研、企业等方面的专家参加，在广泛听取意见的基础上，提出预审意见。复审是为了杜绝可行性研究报告有原则性错误或研究的基础依据或社会环境发生重大变化时而举行的。一般大、中型工程项目的可行性研究报告由国家主管部门或各省、自治区、直辖市的主管部门负责预审，报国家发改委审批或由国家发改委委托有关单位审批。重大项目和特殊项目的可行性研究报告，由国家发改委会同有关部门预审，报国务院审批。小型工程项目按隶属关系报上级主管部门批准即可。

第三节　设计任务书

一、设计任务书的作用

工程项目经过可行性研究，证明其建设是必要的和可行的后，则应编制设计任务书。其作用是在可行性研究报告的基础上，进一步对工程项目的技术、经济效益和投资风险等进行周密的分析，确认项目可以建设并落实建设投资后，编制出设计任务书，报国家主管部门正式批准后下达给设计单位，作为设计的依据。

设计任务书一般由建设单位的主管部门组织有关单位编制，也可委托设计、咨询单位或生产企业（改建、扩建项目）编制。设计任务书是确定工程项目和建设方案的基本文件，是设计工作的指令性文件，也是编制设计文件的主要依据。

二、设计任务书的内容

设计任务书的内容视工程项目（新建、改建或扩建）的性质不同而有所差异。大、中型工程项目的设计任务书，一般应包括以下内容：

① 工程项目名称。
② 建设的目的和依据。
③ 建设规模和产品方案。
④ 生产方法或工艺原则。
⑤ 原材料、燃料及动力（水、电、汽）等供应情况。
⑥ 建设地区或地点，以及交通运输、占地面积和防震等要求。
⑦ 资源综合利用和环境保护的要求。
⑧ 建设工期和建设进度要求。
⑨ 投资总额。
⑩ 劳动定员控制数。
⑪ 要求达到的技术水平和经济效益。
⑫ 有关附件。如工程项目的主要依据文件、与协作单位的协议书、土地使用批准书、

银行同意贷款的意见等。

改建或扩建大、中型工程项目的设计任务书还应包括原有固定资产的利用程度和现有生产能力的发挥情况。小型工程项目设计任务书的内容可参照以上内容适当简化。

三、设计任务书的审批和变更

所有大、中型工程项目的设计任务书，都应按隶属关系，由国务院主管部门或省、自治区、直辖市提出审查意见，报国家发改委审批。某些重大项目，由国家发改委报国务院审批。地方项目的设计任务书，凡产供销涉及全国平衡的，上报前应征求国务院主管部门的意见，并按隶属关系，由国家主管部门或省、自治区、直辖市审批。小型工程项目的设计任务书，也要按隶属关系，由国家主管部门或省、自治区、直辖市审批。

经正式批准的设计任务书，应当严格履行，任何部门、单位或个人都不得随意变更。确有正当原因，需要修改设计任务书所确定的建设规模、产品方案、建设地点、主要协作关系，以及突破投资控制数或降低经济效益时，应报经原审批部门同意，并正式办理变更设计任务书的有关手续。

第四节　设计阶段

一、设计阶段的划分

根据工程项目的建设规模、技术的复杂程度以及设计水平的高低，工程设计有三阶段设计、两阶段设计和一阶段设计3种情况。

三阶段设计包括初步设计、技术设计和施工图设计。对于技术要求严格、工艺流程复杂又缺乏设计经验的大、中型工程项目，经主管部门指定后按三阶段进行设计。

两阶段设计包括扩大初步设计（简称初步设计）和施工图设计。对于技术成熟的中、小型工程项目，为简化设计步骤，缩短设计时间，一般采用两阶段设计。

一阶段设计只进行施工图设计。对于技术简单、成熟的小型工程项目（如个别车间的GMP改造，小规模的改、扩建工程，翻版设计等）可以采用一阶段设计，即直接进行施工图设计。

两阶段设计综合了三阶段设计和一阶段设计的优点，既节省时间，又较为可靠。目前，我国的制药工程项目，一般采用两阶段设计，即先进行初步设计，经审查批准后再进行施工图设计。

二、初步设计阶段

设计单位得到主管部门下达的设计任务书以及建设单位的委托设计协议书，即可开始初步设计工作。

初步设计是根据设计任务书、可行性研究报告及设计基础资料，对工程项目进行全面、细致的分析和研究，确定工程项目的设计原则、设计方案和主要技术问题，在此基础上对工程项目进行初步设计。初步设计阶段的成果主要有初步设计说明书、工程概算书和图纸。对于规模较小或比较简单的工程项目，工程概算书亦可合并于设计说明书中。

在初步设计阶段，工艺设计是整个设计的关键。因此，工艺专业是设计的主导专业，其他各专业（如土建、运输、设备、电气、自控仪表、采暖通风、给排水等）都要围绕工艺设计解决相关的设计原则和技术问题。工艺设计原则确定之后，其他各专业的设计原则也随之确定。

初步设计的目的是保证工程项目投产后的经济效益。因此，初步设计不仅要有准确可靠的技术资料和基础数据，而且设计过程中要积极采用新工艺、新技术和新设备，并通过方案比较，优选出最佳设计方案进行设计。

1. 初步设计的依据

① 项目建议书及有关部门的批复。

② 可行性研究报告及有关部门的批复。

③ 正式批准的设计任务书及建设单位委托设计协议书。

④ 有关的设计规范和各类标准，如《药品生产质量管理规范（2010 年修订版）》《GB 50187—2012 工业企业总平面设计规范》《GB/T 20801—2020 压力管道规范——工业管道》《GB 50316—2000 工业金属管道设计规范》（2008 版）、《HG/T 20546—2009 化工装置设备布置设计规定》《HG/T 20549—1998 化工装置管道布置设计规定》《GB 50016—2014 建筑设计防火规范》（2018 版）、《GB 55037—2022 建筑防火通用规范》《GB 50160—2008 石油化工企业设计防火标准》（2018 版）、《GB 50140—2005 建筑灭火器配置设计规范》《GB 50084—2017 自动喷水灭火系统设计规范》《GB 50057—2010 建筑物防雷设计规范》《GB 50015—2019 建筑给水排水设计规范》《GB/T 50033—2013 建筑采光设计标准》《GB 50034—2024 建筑照明设计标准》《HG 20571—2014 化工企业安全卫生设计标准》《GB 50073—2013 洁净厂房设计规范》《GB Z 1—2010 工业企业设计卫生标准》《GB 21903～20908—2008 制药工业水污染物排放标准》《GB 16297—1996 大气污染物综合排放标准》《GB 37823—2019 制药工业大气污染物排放标准》《GB 14554—1993 恶臭污染物排放标准》《GB/T 50087—2013 工业企业噪声控制设计规范》《GB Z2.1—2019 工作场所有害因素职业接触限值第 1 部分：化学有害因素》和《GB Z2.2—2007 工作场所有害因素职业接触限值第 2 部分：物理因素》等。

⑤ 新建、改建或扩建制药工程项目的申请报告，国家、省、市药品监督管理局的批复意见。

⑥ 有关的设计基础资料。

2. 初步设计的内容

初步设计是以大量的图、表和必要的文字说明完成的，一般应包括以下内容：

（1）总论 概述工程项目的设计依据、设计规模、设计原则、建设地点、产品方案、生产方法、车间组成、原材料来源、产品销售、主要技术经济指标、存在的问题及解决的办法等。

（2）总平面布置及运输 确定总平面布置原则，并以此原则对药厂区域进行划分，绘制全厂的总平面布置图。在运输方面，主要是确定厂内外的运输方案以及存在的问题和解决办法。

（3）制药工艺设计 根据全厂的总生产流程和总平面布置图，按车间（如原料药车间、制剂车间、机修车间等）或产品品种分别进行车间、产品品种的工艺设计，其中主要包括工艺流程设计、物料衡算、能量衡算、定型设备的选型、非标设备的设计、设备的布置、管道的计算与布置等。

（4）土建工程设计 根据厂址位置的地形、地质等条件，以及施工建材等客观因素，确定满足生产工艺要求的车间、辅助车间的建（构）筑物的结构，以及防震抗震设计和其他特殊工程设计等，并对存在的问题提出建议。

（5）给排水及污水处理工程设计　确定生产、生活、环保、消防用水的水量、水质和水压要求，说明水源、取水方案、输水方式和水质处理方法，确定全厂的排水量、污水性质及污水处理方案，确定循环用水方案以及给排水设备的设计与选型等。

（6）采暖通风及空调系统工程设计　确定采暖通风及空调系统的设计参数、设计指标和设备选型。制药车间内的通风应符合国家安全和卫生标准的规定。有洁净度要求的车间、工段或工序，其净化空调系统应保证相应的温度、湿度和洁净度要求。

（7）动力工程设计　确定供冷、供热、供汽（如水蒸气等）和供气（如压缩空气、氮气等）系统的设计参数、设计指标和设备选型。

（8）电气与照明工程设计　包括输变电、照明等系统的设计。电气设计应根据制药车间的防火防爆等级选用相应的防爆产品。洁净车间的电气和照明设计还应符合洁净厂房的要求。

（9）仪表及自动控制工程设计　确定仪表的选型和自动控制方案，有条件的应采用计算机数字化控制方案，以实现操作过程的自动化、程序化、数字化和智能化。

（10）安全卫生和环境保护工程设计　设计过程中，凡涉及药厂安全的，尤其是防火防爆问题，必须严格按照有关的规范和法规进行处理。劳动者的健康和安全、各种消防设施、安全通道和防火墙等，都是设计者必须考虑的重要问题。

新建、改建或扩建制药工程项目都必须遵守国家的环境保护法规，切实执行环境评价报告制度和"三同时（环保设施与主体工程同时设计、同时施工、同时投产）"制度，对噪声的防治及污染物的处理和综合利用要有明确的设计方案。

（11）工程概算　完成工程项目的总概算及各工序的单项概算，并编制总概算说明书。

（12）有关附件　包括各种表格（如设备一览表、材料估算表等）和图纸（如全厂总平面布置图、物料流程图、初步设计阶段带控制点的工艺流程图、主要设备装配图、车间设备的平面布置图和立面布置图等）。

3. 初步设计的深度

初步设计的深度，应满足下列要求：

① 设计方案的比较、选择和确定。

② 主要设备的订货和加工安排。

③ 主要原材料和建设材料的安排。

④ 土地征用。

⑤ 建设投资的控制。

⑥ 劳动定员和人员培训。

⑦ 主管部门和有关单位的设计审查。

⑧ 施工图的设计和编制。

⑨ 施工准备和生产准备。

⑩ 不存在悬而未决的问题。

4. 初步设计工作程序

如图 1-1 所示，初步设计阶段大致要经历设计准备（1～3）、编制开工报告（4～8）、签订条件往返协作时间表（9）、编制初步设计文件（10～15）、校审（16）、复制（17）、报批和归档（18）等工作程序。

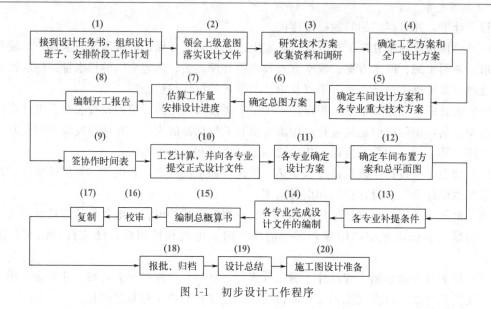

图 1-1　初步设计工作程序

5. 初步设计的审批和变更

大型工程项目的初步设计文件，按隶属关系，由国务院主管部门或省、自治区、直辖市提出审查意见，报国家发改委审批。特大或特殊工程项目，由国家发改委报国务院审批。

中型工程项目的初步设计文件，按隶属关系，由国务院主管部门或省、自治区、直辖市审批，批准文件抄送国家发改委备案。国家指定的中型工程项目的初步设计文件要报国家发改委审批。

小型工程项目的初步设计文件，按隶属关系，由各部门和省、自治区、直辖市自行审批。

经过批准的设计文件，具有一定的严肃性，不能随意变更。例如，需要变更初步设计的总平面布置、工艺过程、主要设备、建筑面积、建筑结构、安全卫生措施、总概算等原则内容时，必须经过原设计文件批准机关的同意。否则，不能变更。

三、施工图设计阶段

施工图设计是根据初步设计及其审批意见，完成各类施工图纸、施工说明和工程概算书，作为施工的依据。

施工图设计阶段的设计文件由设计单位直接负责，不再上报审批。

（一）施工图设计的内容

施工图设计阶段的主要工作是使初步设计的内容更完善、更具体、更详尽，达到施工指导的要求。施工图设计阶段的主要设计文件有图纸和说明书。

1. 图纸

施工图设计阶段的图纸包括：

① 施工阶段带控制点的工艺流程图。

② 非标设备制造及安装图。

③ 施工阶段设备布置图及安装图。

④ 施工阶段管道布置图及安装图。

⑤ 仪器设备一览表。

⑥ 材料汇总表。

⑦ 其他非工艺工程设计项目的施工图纸。

2．说明书

除初步设计的内容外，还应包括：

① 设备和管道的安装依据、验收标准及注意事项。

② 对安装、试压、保温、油漆、吹扫、运转安全等要求。

③ 如果对初步设计的某些内容进行了修改，应详细说明修改的依据和原因。

在施工图设计中，通常将施工说明、验收标准等直接标注在图纸上，而无须写在说明书中。

（二）施工图设计工作程序

如图 1-2 所示，施工图设计阶段大致要经历设计准备（1～3）、编制开工报告（4～6）、签订条件往返协作时间表（7）、编制施工图设计文件（8～9）、校审（10）、会签（11）、复制（12）、发图（13）、归档（14）等工作程序。

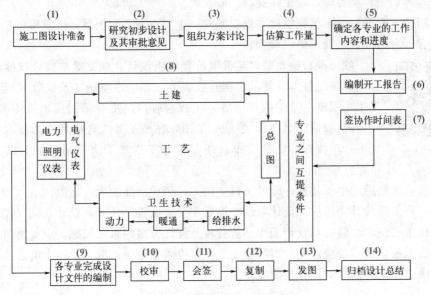

图 1-2　施工图设计工作程序

在施工图设计阶段，专业之间的联系内容多，设计条件往返多。因此，各专业必须密切配合，协调工作，才能保证设计任务的顺利完成。

（三）施工图设计的深度

施工图设计的深度，应满足下列要求：

① 设备及材料的订货和安排。

② 非标设备的订货、制作和安排。

③ 施工准备及编制施工预算和施工组织计划的要求。

④ 土建及安装工程的要求。

⑤ 对施工质量进行监控和验收的要求。

01-04 车间/工厂
数字化设计

第五节　施工、试车、验收和交付生产

制药工程项目建设单位（甲方）应根据批准的基建计划和设计文件，努力创造良好的施工条件，并做好施工前的各项准备工作。例如，提出物资和设备申请计划、落实建筑材料来源、办理征地拆迁手续、落实水电及道路等外部施工条件和施工力量。具备施工条件后，一般应根据设计概算或施工图预算制定标底，通过公开招标方式选择施工单位。

施工单位（丙方）应根据设计单位（乙方）提供的施工图，编制好施工预算和施工组织计划。施工前要认真做好施工图的会审工作。会审一般由建设单位、设计单位和施工单位三方共同参加，其目的是澄清图纸中的不清之处或存在的问题，并明确工程质量要求。施工单位应严格按照设计要求和施工验收规范进行施工，对施工过程中可能发生质量事故的环节、时期应及早研究，并采取相应的预防措施，确保工程质量万无一失。

制药工程项目在完成施工后，应及时组织专门机构抓好装置的调试与试车工作。根据实际情况，制药装置的调试有多种方法，但总的原则是：从单机到联机到整条生产线；从空车到以水代料到实际物料。当以实际物料试车，并生产出合格产品（药品），且达到装置的设计要求时，制药工程项目即告竣工。此时，应及时组织竣工验收。

大型制药工程项目，由国家发改委组织验收。中、小型工程项目，按隶属关系由国家主管部门或省、自治区、直辖市组织验收。

01-05 工厂的数字化交付

竣工项目验收前，建设单位要组织设计、施工等单位，按照工程承建合同、施工技术文件及工程验收规范（如洁净室施工及验收规范、采暖与卫生工程施工及验收规范等）先行验收，向主管部门提出竣工验收报告，并系统整理技术资料，绘制竣工图，在竣工验收合格后作为技术档案，移交生产单位保存。建设单位还要编好工程竣工决算书，报上级主管部门审查。

竣工验收合格后的生产装置，即可交付使用方，形成产品的生产能力。

可见，施工图设计完成后，设计单位并没有完全完成设计任务，设计人员（代表）还要参加现场施工、试车、验收和投产工作。若有涉及设计方案的重大问题，应及时向上级和有关设计人员汇报，请示处理意见。当制药工程项目投入正常生产后，设计人员还要对工程设计进行全面总结，为以后的设计提供经验。

思　考　题

本章目标检测

1. 解释下列名词
①项目建议书；②可行性研究报告；③设计任务书；④两阶段设计；⑤试车。
2. 简述工程项目从计划建设到交付生产所经历的基本工作程序。
3. 简述可行性研究的任务和意义。
4. 简述可行性研究的阶段划分及深度。
5. 简述设计阶段的划分。
6. 简述初步设计阶段的成果。
7. 简述施工图设计阶段的主要设计文件。
8. 简述制药工程项目试车的总原则。

第二章　厂址选择和总平面设计

学习要求

1. 掌握：总平面设计的常用技术经济指标；与洁净厂房有关的基本概念，包括悬浮粒子、浮游菌、沉降菌、洁净室、洁净区、静态、动态、空气洁净度等。

2. 熟悉：总平面设计的原则和成果；洁净厂房总平面设计应遵守的设计原则。

3. 了解：厂址选择的程序和成果。

本章课件

第一节　厂址选择

厂址选择是根据拟建工程项目所必须具备的条件，结合制药工业的特点，在拟建地区范围内，进行详尽的调查和勘测，并通过多方案比较，提出推荐方案，编制厂址选择报告，经上级主管部门批准后，即可确定厂址的具体位置。

厂址选择是基本建设前期工作的重要环节，是工程项目进行设计的前提。厂址选择涉及许多部门，往往矛盾较多，是一项政策性和科学性很强的综合性工作。厂址选择是否合理，不仅关系到工程项目的建设速度、建设投资和建设质量，而且关系到项目建成后的经济效益、社会效益和环境效益，并对国家和地区的工业布局和城市规划有着深远的影响。制药厂因厂址选择不当、三废不能治理而被迫关停或限期停产治理或限期搬移的例子很多，其结果是造成人力、物力和财力的严重损失。因此，在厂址选择时，必须采取科学、慎重的态度，认真调查研究，确定适宜的厂址。

一、厂址选择的基本原则

1. 贯彻执行国家的方针政策

选择厂址时，必须贯彻执行国家的方针、政策，遵守国家的法律、法规。厂址选择要符合国家的长远规划及工业布局、国土开发整治规划和城镇发展规划。

2. 正确处理各种关系

选择厂址时，要从全局出发，统筹兼顾，正确处理好城市与乡村、生产与生态、工业与农业、生产与生活、需要与可能、近期与远期等关系。

3. 注意制药工业对厂址选择的特殊要求

药品是一种防治人类疾病、增强人体体质的特殊产品，其质量好坏直接关系到人体健康、药效和安全。为保证药品质量，药品生产必须符合《药品生产质量管理规范》（简称GMP）的要求，在严格控制的洁净环境中生产。由于厂址对药厂环境的影响具有先天性，因此，选择厂址时必须充分考虑药厂对环境因素的特殊要求。工业区应设在城镇常年主导风向的下风向，但考虑到药品生产对环境的特殊要求，药厂厂址应设在工业区的上风位置，厂址周围应有良好的卫生环境，无有害气体、粉尘等污染源，也要远离车站、码头等人流、物流比较密集的区域。

4. 充分考虑环境保护和综合利用

保护生态环境是我国的一项基本国策，企业必须对所产生的污染物进行综合治理，不得造成环境污染。制药生产中的废弃物很多，从排放的废弃物中回收有价值的资源，开展综合利用，是保护环境的一个积极措施。

5. 节约用地

我国是一个山地多、平原少、人口多的国家，人均可耕地面积远远低于世界平均水平。因此，选择厂址时要尽量利用荒地、坡地及低产地，少占或不占良田、林地。厂区的面积、形状和其他条件既要满足生产工艺合理布局的要求，又要留有一定的发展余地。

6. 具备基本的生产条件

厂址的交通运输应方便、畅通、快捷，水、电、汽、原材料和燃料的供应要方便。厂址的地下水位不能过高，地质条件应符合建筑施工的要求，地耐力宜在 $150kN \cdot m^{-2}$ 以上。厂址的自然地形应整齐、平坦，这样既有利于工厂的总平面布置，又有利于场地排水和厂内的交通运输。此外，厂址不能选在风景名胜区、自然保护区、文物古迹区等特殊区域。

以上是厂址选择的一些基本原则。实际上，要选择一个理想完善的厂址是非常困难的。因此，选择厂址时，应根据厂址的具体特点和要求，抓主要矛盾，首先满足对药厂的生存和发展有重要影响的要求，然后再尽可能满足其他要求，选择适宜的厂址。

二、厂址选择程序

厂址选择程序一般包括准备、现场调查和编制厂址选择报告三个阶段。

1. 准备阶段

（1）组织准备 一般按项目的隶属关系，由主管部门组织勘察、设计、城市建设、环境保护、交通运输、水文地质等单位的人员，以及当地有关部门的人员，共同组成选址工作组。选址工作组成员的专业配备应视工程项目的性质和内容不同而有所侧重。

（2）技术准备 选址工作人员根据拟建项目的设计任务书，以及审批机关对拟建项目选址的指标和要求，制定选址工作计划，编制厂址选择指标和收集资料提纲。厂址选择指标包括总投资、占地面积、建筑面积、职工总数、原材料及能源消耗、协作关系、环保设施和施工条件等。收集资料提纲包括地形、地势、地质、水文、气象、地震、资源、动力、交通运输、给排水、公用设施和施工条件等。在此基础上，对拟建项目进行初步的分析研究，确定工厂组成，估算厂区外形和占地面积，绘制出总平面布置示意图，并在图中注明各部分的特点和要求，作为选择厂址的初步指标。

2. 现场调查阶段

现场调查是厂址选择的关键环节，其目的是按照厂址选择指标，深入现场调查研究，收集相关资料，确定若干个具备建厂条件的厂址方案，以供比较。

现场调查前，选址工作组应首先向当地有关部门说明选址工作计划，汇报拟建厂的性质、规模和厂址选择指标，并根据地方有关部门的推荐，初步选择若干个需要进行现场调查的可能的厂址。

现场调查的重点是按照准备阶段编制的收集资料提纲收集相关资料，并按照厂址的选择指标分析建厂的可行性和现实性。在现场调查中，不仅要收集厂址的地形、地势、地质、水文、气象、面积等自然条件，而且要收集厂址周围的环境状况、动力资源、交通运输、给排水、公用设施等技术经济条件。收集资料是否齐全、准确，直接关系到厂址方案的比较结果。

　　3. 编制厂址选择报告阶段

　　编制厂址选择报告是厂址选择工作的最后阶段。根据准备阶段和现场调查阶段所取得的资料，对可选的几个厂址方案进行综合分析和比较，权衡利弊，提出选址工作组对厂址的推荐方案，编制出厂址选择报告，报上级批准机关审批。

三、厂址选择报告

　　厂址选择报告一般由工程项目的主管部门会同建设单位和设计单位共同编制，其主要内容如下。

　　1. 概述

　　说明选址的目的与依据、选址工作组成员及其工作过程。

　　2. 主要技术经济指标

　　根据工程项目的类型、工艺技术特点和要求等情况，列出选择厂址应具有的主要技术经济指标，如项目总投资、占地面积、建筑面积、职工总数、原材料及能源消耗、协作关系、环保设施和施工条件等。

　　3. 厂址条件

　　根据准备阶段和现场调查阶段收集的资料，按照厂址选择指标，确定若干个具备建厂条件的厂址，分别说明其地理位置、地形、地势、地质、水文、气象、面积等自然条件，以及土地征用与拆迁、原材料供应、动力资源、交通运输、给排水、环保工程和公用设施等技术经济条件。

　　4. 厂址方案比较

　　根据厂址选择的基本原则，对拟定的若干个厂址选择方案进行综合分析和比较，提出厂址的推荐方案，并对存在的问题提出建议。

　　厂址方案比较侧重于厂址的自然条件、建设费用和经营费用三个主要方面的综合分析和比较。其中自然条件的比较应包括对厂址的位置、面积、地形、地势、地质、水文、气象、交通运输、公用工程、协作关系、移民和拆迁等因素的比较；建设投资的比较应包括土地补偿和拆迁费用、土石方工程量以及给水、排水、动力工程等设施建设费用的比较；经营费用的比较应包括原料、燃料和产品的运输费用、污染物的治理费用以及给水、排水、动力等费用的比较。

　　5. 厂址方案推荐

　　对各厂址方案的优劣和取舍进行综合论证，并结合当地政府及有关部门对厂址选择的意见，提出选址工作组对厂址选择的推荐方案。

　　6. 结论和建议

　　论述推荐方案的优缺点，并对存在的问题提出建议。最后，对厂址选择作出初步的结论意见。

　　7. 主要附件

　　① 各试选厂址的区域位置图和地形图。

　　② 各试选厂址的地质、水文、气象、地震等调查资料。

　　③ 各试选厂址的总平面布置示意图。

　　④ 各试选厂址的环境资料及工程项目对环境的影响评价报告。

　　⑤ 各试选厂址的有关协议文件、证明材料和厂址讨论会议纪要等。

四、厂址选择报告的审批

大、中型工程项目，如编制设计任务书时已经选定了厂址，则有关厂址选择报告的内容可与设计任务书一起上报审批。在设计任务书批准后选址的，大型工程项目的厂址选择报告须经国家城乡建设环境保护部门审批。中、小型工程项目，应按项目的隶属关系，由国家主管部门或省、自治区、直辖市审批。

第二节　总平面设计

总平面设计是在主管部门批准的厂址上，按照生产工艺流程及安全、运输等要求，经济合理地确定各建（构）筑物、运输路线、工程管网等设施的平面及立面关系。总平面设计是工程设计的一个重要组成部分，其方案是否合理直接关系到工程设计的质量和建设投资的效果。总平面设计不协调、不完善，不仅会使工程项目的总体布局紊乱、不合理，建设投资增加，而且项目建成后还会带来生产、生活和管理上的问题，甚至影响产品质量和企业的经营效益。

总平面设计的内容繁杂，涉及的知识面很广，影响因素很多，矛盾也错综复杂。因此，在进行总平面设计时，设计人员要善于听取和集中各方面的意见，充分掌握厂址的自然条件、生产工艺特点、运输要求、安全和卫生要求、施工条件以及城镇规划等相关资料，按照总平面设计的基本原则和要求，对各种方案进行认真的分析和比较，力求获得最佳设计效果。

一、总平面设计的依据

① 上级部门下达的设计任务书。

② 建设单位提供的有关设计委托资料。

③ 有关的设计规范和各类标准，如《药品生产质量管理规范（2010 年修订版）》《GB 50187—2012 工业企业总平面设计规范》《GB 50489—2009 化工企业总图运输设计规范》《GBJ 22—1987 厂矿道路设计规范》《GB 50016—2014，2018 年版 建筑设计防火规范》《HG/T 20664—1999 化工企业供电设计技术规定》《GB 50058—2014 爆炸危险环境电力装置设计规范》《GB/T 20801—2020 压力管道规范—工业管道》《GB 50316—2000，2008 版 工业金属管道设计规范》《GB 50457—2019 医药工业洁净厂房设计规范》《GB 50073—2013 洁净厂房设计规范》《GB 50019—2015 工业建筑供暖通风与空气调节设计规范》《GBZ 1—2010 工业企业设计卫生标准》《GB 21903～20908—2008 制药工业水污染物排放标准》《GB 16297—1996 大气污染物综合排放标准》《GB 37823—2019 制药工业大气污染物排放标准》《GB 14554—1993 恶臭污染物排放标准》《GB/T 50087—2013 工业企业噪声控制设计规范》等。

④ 厂址选择报告。

⑤ 有关的设计基础资料，如设计规模、产品方案、生产工艺流程、车间组成、运输要求、劳动定员等生产工艺资料以及厂址的地形、地势、地质、水文、气象、面积等自然条件资料。

二、总平面设计的原则

1. 总平面设计应与城镇或区域的总体发展规划相适应

每个城镇或区域一般都有一个总体发展规划，对该城镇或区域的工业、农业、交通运输、服务业等进行合理布局和安排。城镇或区域的总体发展规划，尤其是工业区规划和交通运输规划，是所建企业的重要外部条件。因此，在进行总平面设计时，设计人员一定要了解项目所在城镇或区域的总体发展规划，使总平面设计与该城镇或区域的总体发展规划相适应。

在进行总平面设计时，应面向城镇交通干道方向作工厂的正面布置，正面的建（构）筑物应与城镇的建筑群保持协调。厂区内占地面积较大的主厂房一般应布置在中心地带，其他建（构）筑物可合理配置在其周围。工厂大门应设两个以上，如正门、侧门和后门等。工厂大门及生活区应与主厂房相适应，以便职工上下班。

2. 总平面设计应符合生产工艺流程的要求

车间、仓库等建（构）筑物应尽可能按照生产工艺流程的顺序进行布置，以缩短物料的传送路线，并避免原料、半成品和成品的交叉、往返。

总平面设计应将人流和物流通道分开，并尽量缩短物料的传送路线，避免与人流路线的交叉。同时，应合理设计厂内的运输系统，努力创造优良的运输条件和效益。

3. 总平面设计应充分利用厂址的自然条件

总平面设计应充分利用厂址的地形、地势、地质等自然条件，因地制宜，紧凑布置，提高土地的利用率。厂址的地形、地势的变化情况可用地形图中的等高线来描述。如图 2-1 所示，地面上相同高度的各点连接而成的曲线称为等高线，线上的数字表示绝对标高，即海拔高度。等高线的弯曲情况随地势高度的变化而变化。等高线的间距越小，地面的坡度越大。若厂址位置的地形坡度较大，可采用阶梯式布置，这样既能减少平整场地的土石方量，又能缩短车间之间的距离。当地形地质受到限制时，应采取相应的施工措施予以解决，既不能降低总平面设计的质量，也不能留下隐患，长期影响生产经营。

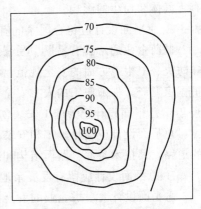

图 2-1　地形图中的等高线

4. 总平面设计应充分考虑地区的主导风向

总平面设计应充分考虑地区的主导风向对药厂环境质量的影响，合理布置厂区及各建（构）筑物的位置。厂址地区的主导风向是指风吹向厂址最多的方向，可从当地气象部门提供的风玫瑰图查得。风玫瑰图表示一个地区的风向和风向频率。风向频率是在一定的时间内，某风向出现的次数占总观测次数的百分比。风玫瑰图在直角坐标系中绘制，坐标原点表示厂址位置，风向可按 8 个、12 个或 16 个方位指向厂址，如图 2-2 所示。

02-01 等高线的来历

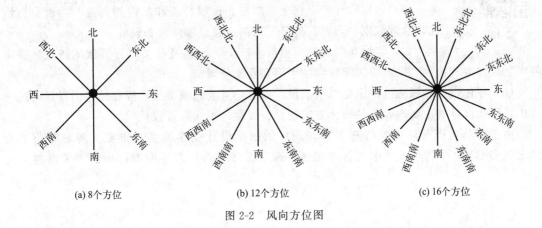

(a) 8个方位　　　　　　(b) 12个方位　　　　　　(c) 16个方位

图 2-2　风向方位图

当地气象部门根据多年的风向观测资料，将各个方向的风向频率按比例和方位标绘在直角坐标系中，并用直线将各相邻方向的端点连接起来，构成一个形似玫瑰花的闭合折线，这就是风玫瑰图。我国部分城市的风玫瑰图和室外气象参数见附录1和附录2。图2-3为某厂址位置全年风向的风玫瑰图，图中虚线表示夏季的风玫瑰图。可见，该厂址所在位置的全年主导风向为东南向。

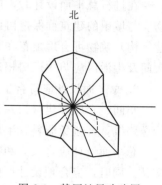

图2-3　某厂址风玫瑰图

原料药生产区应布置在全年主导风向的下风侧，而洁净区、办公区、生活区应布置在全年主导风向的上风侧，以减少有害气体和粉尘的影响。

5. 总平面设计应符合国家的有关规范和规定

制药企业通常具有易燃、易爆、有毒等特点，总平面设计应充分考虑安全布局，严格遵守防火、卫生等方面的安全规范、标准和有关规定，尤其是防止火灾和爆炸的发生，以利保护国家财产，保障职工的人身安全和改善劳动条件。

6. 总平面设计应为施工安装创造有利条件

总平面设计应满足施工和安装（特别是大型设备吊装）机具的作业要求，兼顾施工要求的道路，其技术条件、路面结构和桥涵载荷标准应满足施工安装的要求。

7. 总平面设计应留有发展余地

总平面设计要考虑企业的发展要求，留有一定的发展余地。分期建设的工程，总平面设计应一次完成，且要考虑前期工程与后续工程的衔接，然后分期建设。

三、总平面设计的内容和成果

1. 总平面设计的内容

工程项目的总平面设计一般包括以下内容。

（1）平面布置设计　平面布置设计是总平面设计的核心内容，其任务是结合生产工艺流程特点和厂址的自然条件，合理确定厂址范围内的建（构）筑物、道路、管线、绿化等设施的平面位置。

02-02 厂内
精准配送

（2）立面布置设计　立面布置设计是总平面设计的一个重要组成部分，其任务是结合生产工艺流程特点和厂址的自然条件，合理确定厂址范围内的建（构）筑物、道路、管线、绿化等设施的立面位置。

（3）运输设计　根据生产要求、运输特点和厂内的人流、物流分布情况，合理规划和布置厂址范围内的交通运输路线和设施。

（4）管线布置设计　根据生产工艺流程及各类工程管线的特点，确定各类物流、电气仪表、采暖通风等管线的平面和立面位置。

（5）绿化设计　绿化设计也是总平面设计的一个重要组成部分，应在总平面设计时统一考虑。绿化设计的主要内容包括绿化方式选择、绿化区平面布置设计等。

由于药品生产对环境的特殊要求，药厂的绿化设计就显得更为重要。随着制药工业的发展和GMP在制药工业中的普遍实施，绿化设计在药厂总平面设计中的重要性越来越显著。

2. 总平面设计的成果

总平面设计的成果主要有总平面布置示意图及说明书、总平面设计施工图及说明书。其中总平面布置示意图是根据生产工艺流程和厂区的自然条件绘制的建（构）筑物、道路和管线等的总平面布置方案图，总平面设计施工图是在总平面布置示意图的基础上，明确规定各建（构）筑物、道路、管线等的相对关系及标高，以满足现场施工的需要。总平面设计施工图包括建筑总平面布置施工图、建筑立面布置施工图、管线布置施工图等。如果工程项目比较简单，且厂址的地形变化不大，总平面设计施工图也可仅绘一张总平面布置施工图。总平面设计的有关说明书常以文字的形式附在相应图纸的一角，而无须单独编制。

四、总平面设计的技术经济指标

根据总平面设计的依据和原则，有时可以得到几种不同的布置方案。为保证总平面设计的质量，必须对各种方案进行全面的分析和比较，其中的一项重要内容就是对各种方案的技术经济指标进行分析和比较。总平面设计的技术经济指标包括全厂占地面积、露天堆场及作业场占地面积、建（构）筑物占地面积、建筑系数、道路长度及占地面积、绿地面积及绿化率、围墙长度、厂区利用系数和土方工程量等。其中比较重要的指标有建筑系数、厂区利用系数、土方工程量等。

1. 建筑系数

建筑系数可按式（2-1）计算

$$建筑系数 = \frac{建（构）筑物占地面积 + 露天设备、堆场及作业场占地面积}{全厂占地面积} \times 100\% \quad (2-1)$$

建筑系数反映了厂址范围内的建筑密度。建筑系数过小，不但占地多，而且会增加道路、管线等的费用；但建筑系数也不能过大，否则会影响安全、卫生及改造等。制药企业的建筑系数一般可取 $25\% \sim 30\%$。

2. 厂区利用系数

建筑系数尚不能完全反映厂区土地的利用情况，而厂区利用系数则能全面反映厂区的场地利用是否合理。厂区利用系数可按式（2-2）计算

$$厂区利用系数 = \frac{建（构）筑物、露天设备、堆场、作业场、道路、管线的总占地面积}{全厂占地面积} \times 100\%$$

$$(2-2)$$

厂区利用系数是反映厂区场地有效利用率高低的指标。制药企业的厂区利用系数一般为 $60\% \sim 70\%$。

3. 土方工程量

如果厂址的地形凹凸不平或自然坡度太大，则需要对场地进行平整。平整场地所需的土方工程量越大，则施工费用就越高。因此，要现场测量挖土填石所需的土方工程量，尽量少挖少填，并保持挖填土石方量的平衡，以减少土石方的运出量或运入量，从而加快施工进度，减少施工费用。

02-03 土方
工程量

4. 绿化率

由于药品生产对环境的特殊要求，保证一定的绿地率是药厂总平面设计中不可缺少的重要技术经济指标。厂区绿地率可按式（2-3）计算

$$绿化率 = \frac{厂区集中绿地面积 + 建（构）筑物与道路网及围墙之间的绿地面积}{全厂占地面积} \times 100\%$$

(2-3)

一般情况下，原料药企业的绿化率为 20%～30%，制剂企业的绿化率为 30%～40%。

五、厂区划分和总平面布置图

1. 厂区划分

厂区划分就是根据生产、管理和生活的需要，结合安全、卫生、管线、运输和绿化的特点，将全厂的建（构）筑物划分为若干个联系紧密且性质相近的单元，以便进行总平面布置。

厂区划分一般以主体车间为中心，分别对生产、辅助生产、公用系统、行政管理及生活设施进行归类分区，然后进行总平面布置。

（1）生产车间　厂内生产成品或半成品的主要工序部门，称为**生产车间**，如原料药车间、制剂车间等。生产车间可以是多品种共用，也可以为生产某一产品而专门设置。生产车间通常由若干建（构）筑物（厂房）组成，是全厂的主体。根据工厂的生产情况可将其中的 1～2 个主体车间作为厂区布置的中心。

（2）辅助车间　协助生产车间正常生产的辅助生产部门，称为**辅助车间**，如机修、电工、仪表等车间。辅助车间也由若干建（构）筑物（厂房）组成。

（3）公用系统　**公用系统**包括供水、供电、锅炉、冷冻、空气压缩等车间或设施，其作用是保证生产车间的顺利生产和全厂各部门的正常运转。

（4）行管区　由办公室、汽车库、食堂、传达室等建（构）筑物组成。

（5）生活区　由职工宿舍、绿化美化等建（构）筑物和设施组成。

2. 总平面布置示意图

对厂区进行区域划分后，即可根据各区域的建（构）筑物组成和性质特点进行总平面布置。图 2-4 是某药厂的总平面布置示意图。厂址所在位置的全年主导风向为东南风，因此，办公区、生活区均布置在东南上风处，多种制剂车间布置在原料药生产区的上风处，而原料药生产区则布置在下风处。库区布置在厂区西侧，且原料仓库靠近原料药生产车间，包装材料仓库和成品仓库靠近制剂车间，以缩短物料的运输路线。全厂分别设有物流出入口、人流出入口和自行车出入口，人流、物流路线互不交叉。在办公区和正门之间规划了三片集中绿地，出入厂区的人流可在此处集散，并使人有置身于园林之感。厂区主要道路的宽度为 10m，次要道路的宽度为 4m 或 7m，采用发尘量较少的水泥路面。绿化设计按 GMP 的要求，以不产生花絮的树木为主，并布置大面积的耐寒草皮，起到减尘、减噪、防火和美化的作用。

图 2-4 中的 AB 坐标系为建筑施工坐标系，A 轴与南围墙平行。在总平面布置中，为准确标定建（构）筑物的位置，常采用地理测量坐标系或建筑施工坐标系。

（1）**地理测量坐标系**　又称为 XY 坐标系，这是国家测绘局规定的坐标系，该坐标系以南北向增减为 X 轴，东西向增减为 Y 轴。在 XY 坐标系中作间距为 50m 或 100m 的方格网，并标定出厂址和各建（构）筑物的地理位置。

（2）**建筑施工坐标系**　若厂区和建（构）筑物的方位不是正南正北方向，即与地理测量坐标网不是平行的，而存在一定的方位角 θ。此时，用地理测量坐标网对厂区或建（构）筑物进行定位，就必须经过繁琐的换算，很不方便。为减少厂区和建（构）筑物定位时的麻烦，总平面设计常采用与厂区和建（构）筑物方位一致的建筑施工坐标系。建筑施工坐标系

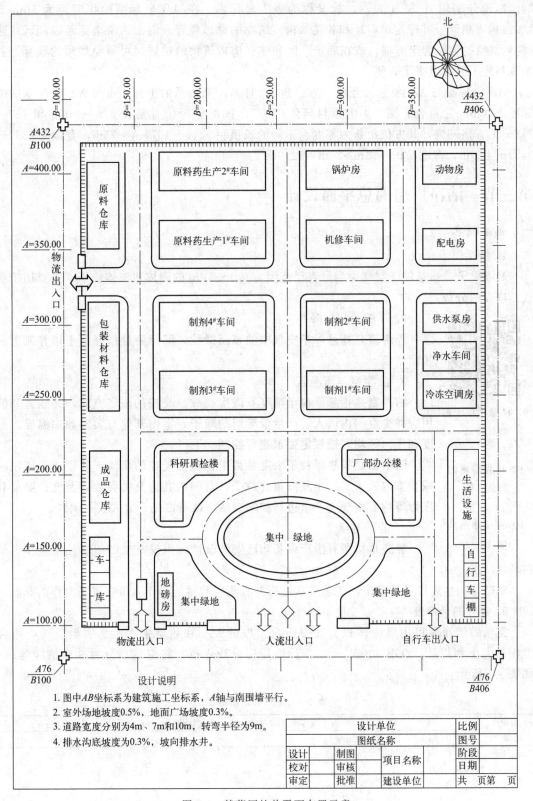

北

原料仓库

原料药生产2#车间

锅炉房

动物房

原料药生产1#车间

机修车间

配电房

包装材料仓库

制剂4#车间

制剂2#车间

供水泵房

净水车间

制剂3#车间

制剂1#车间

冷冻空调房

成品仓库

科研质检楼

厂部办公楼

生活设施

车库

地磅房

集中绿地

集中绿地

集中绿地

自行车棚

物流出入口

人流出入口

自行车出入口

物流出入口

设计说明

1. 图中AB坐标系为建筑施工坐标系，A轴与南围墙平行。

2. 室外场地坡度0.5%，地面广场坡度0.3%。

3. 道路宽度分别为4m、7m和10m，转弯半径为9m。

4. 排水沟底坡度为0.3%，坡向排水井。

设计单位		比例	
图纸名称		图号	
设计	制图	项目名称	阶段
校对	审核		日期
审定	批准	建设单位	共 页第 页

图 2-4 某药厂的总平面布置示意

的坐标轴分别用 A 和 B 表示，故又称为 AB 坐标系。在 AB 坐标系中作间距为 50m 或 100m 的方格网，并标定出厂址和各建（构）筑物的地理位置。由于 AB 坐标系以厂区或建（构）筑物的方位为坐标轴，故在确定厂区和建（构）筑物的位置时可避免烦琐的换算，并给现场施工放线带来了方便。

AB 坐标轴与 XY 坐标轴互成一方位角 θ，且 AB 坐标系的坐标原点与 XY 坐标系的坐标原点也不一定重合。图 2-4 中原料药生产 1$^\#$ 车间的坐标位置是在 343—369m 和 167—242m 的方格网内，其方位角 θ 为零度。车间的长度＝(242－167)m＝75m，宽度＝(369－343)m＝26m，占地面积＝75m×26m＝1950m^2。

第三节　洁净厂房的总平面设计

一、基本概念

1. 悬浮粒子

悬浮粒子是指悬浮于空气中当量直径范围为 0.1～5μm 的固体或液体粒子，主要用于空气洁净度的分级。

02-04 悬浮粒子的
测试方法

02-05 浮游菌的
测试方法

02-06 沉降菌的
测试方法

2. 浮游菌与沉降菌

浮游菌是指悬浮于空气中的带菌微粒，沉降菌是指降落于培养皿上的带菌微粒。

3. 洁净室与洁净区

洁净室是指悬浮粒子浓度及微生物数量受控的限定空间，其建造和使用应减少空间内诱入、产生及滞留的粒子，室内其他有关参数如温度、湿度和压力等均需按规定要求进行控制。

洁净区是指悬浮粒子浓度及微生物数量受控的房间，其建造和使用应减少室内诱入、产生及滞留的粒子，空间内其他有关参数如温度、湿度和压力等均需按规定要求进行控制。洁净区可以是开放式或封闭式。

4. 静态与动态

静态是指所有生产设备均已安装就绪，但没有生产活动且无操作人员在场的状态。

动态是指生产设备按预定的工艺模式运行并有规定数量的操作人员在现场操作的状态。

5. 空气的洁净度

空气的洁净度可用单位体积空气中所含尘埃的大小和数量来表示。根据空气中所含尘埃的大小和数量，《GB 50073—2013 洁净厂房设计规范》将空气划分为 9 个洁净等级，如表 2-1 所示。

表 2-1　空气的洁净等级

洁净度等级/级	大于或等于要求粒径的最大浓度限值/粒·m^{-3}					
	0.1μm	0.2μm	0.3μm	0.5μm	1μm	5μm
1	10	2	—	—	—	—
2	100	24	10	4	—	—
3	1000	237	102	35	8	—
4	10000	2370	1020	352	83	—

续表

洁净度等级/级	大于或等于要求粒径的最大浓度限值/粒·m^{-3}					
	0.1μm	0.2μm	0.3μm	0.5μm	1μm	5μm
5	100000	23700	10200	3520	832	29
6	1000000	237000	102000	35200	8320	293
7	—	—	—	352000	83200	2930
8	—	—	—	3520000	832000	29300
9	—	—	—	35200000	8320000	293000

注：按不同的测量方法，各等级水平的浓度数据的有效数字不应超过3位。

二、 GMP 对厂房洁净等级的要求

由于生产工艺等原因，需要采用空气净化系统以控制室内空气的含尘量或含菌浓度的厂房，称为洁净厂房。我国的 GMP 2010 年版将洁净厂房内的空气划分为 4 个洁净等级，如表 2-2 所示。

02-07 ISO 14664
标准

表 2-2　洁净厂房内空气的洁净等级

洁净度等级/级	悬浮粒子浓度限值/粒·m^{-3}				微生物监测的动态标准			
	静态		动态		浮游菌 /cfu·m^{-3}	沉降菌 (ϕ90mm) /cfu·(4h)$^{-1}$	表面微生物	
							接触(ϕ55mm) /cfu·碟$^{-1}$	5指手套 /cfu·手套$^{-1}$
	≥0.5μm	≥5.0μm	≥0.5μm	≥5.0μm				
A	3520	20	3520	20	<1	<1	<1	<1
B	3520	29	352000	2900	10	5	5	5
C	352000	2900	3520000	29000	100	50	25	—
D	3520000	29000	不作规定	不作规定	200	100	50	—

注：1. 表中各数值均为平均值。

2. 单个沉降碟的暴露时间可以少于4h，同一位置可使用多个沉降碟连续进行监测并累积计数。

需要指出的是，GMP 2010 年版对空气洁净等级的划分包含了静态和动态要求，而此前我国的 GMP 对空气洁净等级的划分仅有静态的概念，因此，不能简单地将旧版 GMP 中的百级等同于 2010 年版中的 A 级。事实上，原来厂房可达旧版百级的设备很难达到 2010 年版 A 级的要求。

洁净厂房内采用何种等级的洁净空气主要取决于药品的类型和生产工艺要求。GMP 2010 年版对不同等级洁净厂房的适用范围有明确的规定。例如，无菌药品的生产操作环境可分别参照表 2-3 和表 2-4 中的示例进行选择。

表 2-3　最终灭菌产品生产操作环境示例

洁净度级别	最终灭菌产品生产操作示例
C 级背景下的局部 A 级	高污染风险[①]的产品灌装或灌封
C 级	产品灌装或灌封；高污染风险[②]产品的配制和过滤；眼用制剂、无菌软膏剂、无菌混悬剂等的配制、灌装或灌封；直接接触药品的包装材料和器具最终清洗后的处理。
D 级	轧盖；灌装前物料的准备；产品配制[③]（指浓配或采用密闭系统的配制）和过滤直接接触药品的包装材料和器具的最终清洗

① 此处的高污染风险是指产品容易长菌、灌装速度慢、灌装用容器为广口瓶、容器须暴露数秒后方可密封等状况。

② 此处的高污染风险是指产品容易长菌、配制后需等待较长时间方可灭菌或不在密闭系统中配制等状况。

③ 指浓配或采用密闭系统的配制。

表 2-4　非最终灭菌产品生产操作环境示例

洁净度级别	非最终灭菌产品的无菌生产操作示例
B 级背景下的 A 级	处于未完全密封①状态下产品的操作和转运，如产品灌装（或灌封）、分装、压塞、轧盖②等；灌装前无法除菌过滤的药液或产品的配制；直接接触药品的包装材料、器具灭菌后的装配以及处于未完全密封状态下的转运和存放；无菌原料药的粉碎、过筛、混合、分装
B 级	处于未完全密封①状态下的产品置于完全密封容器内的转运；直接接触药品的包装材料、器具灭菌后处于密闭容器内的转运和存放
C 级	灌装前可除菌过滤的药液或产品的配制；产品的过滤
D 级	直接接触药品的包装材料、器具的最终清洗、装配或包装、灭菌

① 轧盖前产品视为处于未完全密封状态。

② 根据已压塞产品的密封性、轧盖设备的设计、铝盖的特性等因素，轧盖操作可选择在 C 级或 D 级背景下的 A 级送风环境中进行。A 级送风环境应当至少符合 A 级区的静态要求。

三、洁净厂房总平面设计的目的和意义

02-08 视觉识别技术应用于洁净区的污染控制

洁净厂房总平面设计的目的是确定药厂与周围环境之间以及药厂内洁净厂房与各建（构）筑物之间的位置关系。

按照 GMP 的要求，药品的全部生产过程应在一个洁净的内环境中进行，建造洁净厂房就是为了满足这一要求。洁净厂房可有效控制室内的空气质量，洁净室内的含尘量和含菌浓度几乎不受室外大气质量的影响，但这并不是说无须考虑洁净厂房周围的大气质量。表 2-5 和表 2-6 分别给出了国内外不同环境的大气含尘浓度，从中可以看出，洁净地区和污染地区的室外大气含尘浓度可相差 10 倍甚至几十倍。若洁净厂房周围的大气质量较差，将增加空气净化系统的除尘负荷，降低高效过滤器的使用寿命。反之，若洁净厂房周围的大气质量较好，如洁净度不低于 D 级，则空气净化系统的末级过滤器可不使用高效过滤器，仅使用中效过滤器，即可达到理想的净化效果。可见，在对洁净厂房进行总平面设计时，将洁净厂房布置在环境较好的区域，不仅可以节省投资，降低运行费用，而且可以提高洁净厂房的净化效果。

表 2-5　国内不同环境的大气含尘浓度

环境	尘埃浓度/10^7 粒·m^{-3}（粒径≥0.5 μm）	地区和单位情况
市区	15～35	北京、上海、天津三个地区的工厂、医院、研究所等 7 个单位
市郊	8～20	北京、上海、洛阳、无锡四个地区的工厂、学校等 6 个单位
农村	3.8～7.8	西北地区的汉中、临潼等地的工厂、研究所等 4 个单位

表 2-6　国外不同环境的大气含尘浓度

环境	尘埃浓度/10^7 粒·m^{-3}（粒径≥0.5μm）	资料来源	环境	尘埃浓度/10^7 粒·m^{-3}（粒径≥0.5μm）	资料来源
农村	3	苏联	污染地区	177	日本
大城市	12.5		普通地区	17.7	
工业中心	25		洁净地区	3.5	
农村	10	日本	洁净室设计用	17.5	
城郊	20		特别干净	0.19	
城市	50		特别污染	56	

四、洁净厂房总平面设计原则

根据 GMP 的要求，药品生产企业必须具有整洁的生产环境；厂区的地面、路面及运输等不应对药品的生产造成污染；生产、辅助生产及行政生活区的总体布局应合理，不得互相

妨碍；厂房应按生产工艺流程及所要求的空气洁净度进行合理布局；同一厂房内以及相邻厂房内的生产操作不得相互妨碍；洁净厂房应与那些散发污染物的车间、辅助车间或烟囱等保持一定的距离，并居于它们的上风向。可见，对有洁净厂房的药厂进行总平面设计时，污染问题是首要考虑的问题。

洁净厂房的总平面设计不仅要遵守一般工业厂房的总平面设计原则，而且要按照 GMP 的要求，遵守下列设计原则。

1. 洁净厂房应远离污染源，并布置在全年主导风向的上风处

有洁净厂房的工厂，厂址不宜选在多风沙地区，周围的环境应清洁，并远离灰尘、烟气、有毒和腐蚀性气体等污染源。如实在不能远离时，洁净厂房必须布置在全年主导风向的上风处。

工厂烟囱是典型的灰尘污染源，对有洁净厂房的工厂进行总平面设计时，不仅要处理好洁净厂房与烟囱之间的风向位置关系，而且要与烟囱保持足够的距离。

道路既是振动源和噪声源，又是主要的污染源。因此，有洁净厂房的工厂应尽量远离铁路、公路和机场。在总平面设计时，洁净厂房不宜布置在主干道两侧，要合理设计洁净厂房周围道路的宽度和转弯半径，限制重型车辆驶入，路面要采用沥青、混凝土等不易起尘的材料构筑，露土地面要用耐寒草皮覆盖或种植不产生花絮的树木。洁净厂房新风口与交通干道边沿的最近距离不宜小于 50m。

兼有原料药和制剂生产的药厂，原料药生产区应布置在制剂生产区全年主导风向的下风侧。除锅炉房外，其他有严重污染的区域，如三废处理等，也应布置在全年主导风向的下风侧。此外，青霉素类等高致敏性药品的生产厂房，应布置在其他生产厂房全年主导风向的下风侧。

2. 洁净厂房的布置应有利于生产和管理

将建（构）筑物按照生产工艺流程的顺序和洁净度要求的不同进行合理组合，可给生产、管理、质检、送风等带来很大的方便。如目前国内许多中小型药厂采用的大块式或组合式布置，既有利于生产和管理，又可以充分利用场地，缩短人流和物流路线，减少污染，降低能耗。

3. 合理布置人流和物流通道，并避免交叉往返

对有洁净厂房的药厂进行总平面设计时，设计人员应对全厂的人流和物流分布情况进行全面的分析和预测，合理规划和布置人流和物流通道，并尽可能避免不同物流之间以及物流与人流之间的交叉往返。厂区与外部环境之间以及厂内不同区域之间，可以设置若干个大门。为人流设置的大门，主要用于生产和管理人员出入厂区或厂内的不同区域；为物流设置的大门，主要用于厂区与外部环境之间以及厂内不同区域之间的物流输送。无关人员或物料不得穿越洁净区，以免影响洁净区的洁净环境。

4. 洁净厂房区域应布置成独立小区，区内应无露土地面

药品污染的最大危险来自环境。按照 GMP 要求，在总平面设计时，应尽可能将洁净厂房所在的区域布置成独立小区，区内应无露土地面。因此，洁净厂房周围的绿化设计具有特别重要的意义。通常是以厂房建筑为中心，露土地面铺种耐寒草皮，四周种植不产生花絮的树木，或设置水池和围墙等，形成独立小区。由于小区内的空气质量要优于外部环境的空气质量，故对厂房内的洁净环境可起到明显的保护作用。洁净厂房室外环境的常见处理方法如图 2-5 所示。

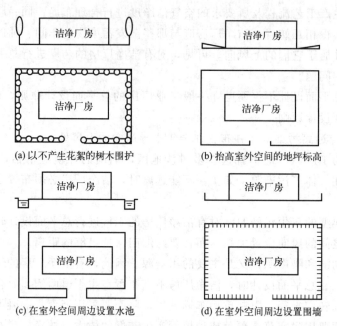

(a) 以不产生花絮的树木围护　　(b) 抬高室外空间的地坪标高

(c) 在室外空间周边设置水池　　(d) 在室外空间周边设置围墙

图 2-5　洁净厂房室外环境的常见处理方法

思 考 题

本章目标检测

1. 解释下列名词

①等高线；②风向频率；③主导风向；④风玫瑰图；⑤建筑系数；⑥厂区利用系数；⑦土方工程量；⑧绿化率；⑨生产车间；⑩辅助车间；⑪公用系统；⑫地理测量坐标系；⑬建筑施工坐标系；⑭悬浮粒子；⑮浮游菌；⑯沉降菌；⑰空气洁净度；⑱洁净室；⑲洁净区；⑳洁净厂房；㉑静态；㉒动态。

2. 简述厂址选择的基本原则。

3. 简述厂址选择的程序。

4. 简述总平面设计的原则。

5. 简述总平面设计的内容和成果。

6. 结合 GMP 2010 年版，简述洁净厂房内的空气等级划分。

7. 结合 GMP 2010 年版，简述最终灭菌产品和非最终灭菌产品生产操作环境的选择。

8. 简述洁净厂房总平面设计的原则。

第三章　工艺流程设计

学习要求

1. 掌握：工艺流程设计中的方案比较；以单元操作或单元反应为中心，完善工艺流程的设计技术。

2. 熟悉：工艺流程设计的作用、任务、程序和成果；工艺流程设计中应考虑的技术问题；不同深度的工艺流程图；常见单元设备的自控流程。

3. 了解：带控制点的工艺流程图的绘制要求和方法。

本章课件

第一节　概述

按照产品的工艺技术成熟程度，工艺流程设计可分为两类，即生产工艺流程设计和试验工艺流程设计。对工艺技术比较成熟的产品，如国内已经大量生产的产品、技术比较简单的产品以及中试成功需要通过设计实现工业化生产的产品，其工艺流程设计一般属于生产工艺流程设计；而对仅有文献资料、尚未进行试验和生产，且技术比较复杂的产品，其工艺流程设计一般属于试验工艺流程设计。本章主要讨论生产工艺流程设计。

一、工艺流程设计的作用

工艺流程设计是在确定的原料路线和技术路线的基础上进行的，它是整个工艺设计的中心。

工艺流程设计是工程设计中最重要、最基础的设计步骤，对后续的物料衡算、工艺设备设计、车间布置设计和管道布置设计等单项设计起着决定性的作用，并与车间布置设计一起决定着车间或装置的基本面貌。因此，设计人员在设计工艺流程时，要做到认真仔细，反复推敲，努力设计出技术上先进可靠、经济上合理可行的工艺流程。

二、工艺流程设计的任务

工艺流程设计的任务是按确定的原料路线和技术路线，通过图解和必要的文字说明将原料变成产品（包括污染物治理）的全部过程表示出来，具体包括以下内容。

1. 确定工艺流程的组成

确定工艺流程中各生产过程的具体内容、顺序和组合方式，是工艺流程设计的基本任务。生产过程是由一系列的单元反应和单元操作组成的，在工艺流程图中可用设备简图和过程名称来表示；各单元反应和单元操作的排列顺序和组合方式，可用设备之间的位置关系和物料流向来表示。

2. 确定载能介质的技术规格和流向

制药生产中常用的载能介质有水、水蒸气、冷冻盐水、空气（真空或压缩）等，其技术规格和流向可用文字和箭头直接表示在图纸中。

3. 确定操作条件和控制方法

保持生产方法所规定的工艺条件和参数，是保证生产过程按给定方法进行的必要条件。制药生产中的主要工艺参数有温度、压力、浓度、流量、流速和 pH 值等。在工艺流程设计中，对需要控制的工艺参数应确定其检测点、显示仪表和控制方法。

4. 确定安全技术措施

对生产过程中可能存在的各种安全问题，应确定相应的预防和应急措施，如设置事故贮槽、阻火器、报警装置、安全阀、安全水封、爆破片、放空管、溢流管、泄水装置、防静电装置和防雷装置等。在确定安全技术措施时，应特别注意开车、停车、停水、停电、检修等非正常运转情况下可能存在的各种安全问题。

03-01 智能
化工艺报警

5. 绘制不同深度的工艺流程图

工艺流程设计通常采用两阶段设计，即初步设计和施工图设计。在初步设计阶段，需绘制工艺流程框图、工艺流程示意图、物料流程图和带控制点的工艺流程图；在施工图设计阶段，需绘制施工阶段带控制点的工艺流程图，即 PID 图。

三、工艺流程设计的基本程序

工艺流程设计是一项非常复杂而细致的工作，除极少数非常简单又比较成熟的工艺流程外，都要经过由浅入深、由定性到定量、反复推敲和不断完善的过程。一般地，工艺流程设计可按以下基本程序进行。

1. 工艺路线的选择

当一种产品存在若干种不同的工艺路线时，应从工业化实施的可行性、可靠性和先进性的角度，对各工艺路线进行全面细致的分析和研究，并确定一条最优的工艺路线，作为工艺流程设计的依据。

在选择工艺路线时，应特别注意工艺路线中所涉及的关键设备和特殊工艺条件或参数。一些工艺路线常常因为解决不了工业化时的关键设备或难以满足所需的操作条件或参数，而不能实现工业化。

03-02 智能
制造用于工艺
开发与优化

2. 确定工艺流程的组成和顺序

根据选定的工艺路线，确定工艺流程的组成，包括全部单元反应和单元操作，并明确各单元反应和单元操作的主要设备、操作条件和基本操作参数（如温度、压力、浓度等）。在此基础上，确定各设备之间的连接顺序以及载能介质的技术规格和流向。

3. 绘制工艺流程框图

当工艺路线及工艺流程的组成和顺序确定之后，可用方框、圆框、文字和箭头等形式定性表示出由原料变成产品的路线和顺序，绘制出工艺流程框图。

4. 绘制工艺流程示意图

在工艺流程框图的基础上，分析各过程的主要工艺设备，在此基础上，以图例、箭头和必要的文字说明定性表示出由原料变成产品的路线和顺序，绘制出工艺流程示意图。

5. 绘制物料流程图

当工艺流程示意图确定之后，即可进行物料衡算和能量衡算。在此基础上，可绘制出物料流程图。此时，设计已由定性转入定量。

6. 绘制初步设计阶段带控制点的工艺流程图

当物料流程图确定之后，即可进行设备、管道的工艺计算以及仪表自控设计。在此基础上，可绘制出初步设计阶段带控制点的工艺流程图，并列出设备一览表。

7. 绘制施工阶段带控制点的工艺流程图

初步设计阶段的工艺流程设计经审查批准后，按照初步设计的审查意见，对工艺流程图中所选用的设备、管道、阀门、仪表等作必要的修改、完善和进一步的说明。在此基础上，可绘制出施工阶段带控制点的工艺流程图。

当然，上述设计程序不是一成不变的。根据工程项目的难易程度和设计人员的技术水平，工艺流程的设计程序会有所不同。例如，对一些难度不大、技术又非常成熟的小型工程项目，经验丰富的设计人员甚至可以直接设计出施工阶段带控制点的工艺流程图。

四、工艺流程设计的成果

在通常的两阶段设计即初步设计和施工图设计中，初步设计阶段的主要成果是初步设计阶段带控制点的工艺流程图和初步设计说明书；施工图设计阶段的主要成果是施工阶段带控制点的工艺流程图。

第二节　工艺流程设计技术

一、工艺流程设计中的方案比较

对于给定的工艺路线，工艺方法所规定的基本操作条件或参数，如反应温度、压力、浓度、流量、流速和 pH 值等，设计人员是不能随意改变的。为实现工艺所规定的基本操作条件或参数，设计人员往往可以采用不同的技术方案，此时，应通过方案比较来确定一条最优的技术方案，进行工艺流程的设计。例如，为达到规定的生产规模，可以采用连续生产，也可以采用间歇生产，还可以采用连续和间歇生产相组合的联合生产方式，但哪一种生产方式最好，须通过方案比较才能确定。又如，对于液固混合物的分离，可以选用的分离方法很多，如重力沉降、离心沉降、过滤、干燥等，但哪一种分离方法最好，也要通过方案比较才能确定。再如，在间壁传热设计中，可以选用的换热器型式很多，如列管式、套管式、板式、板翅式、螺旋板式等，但哪一种型式最佳，同样需要通过方案比较才能确定。

在进行方案比较时首先应明确评判标准。许多技术经济指标，如产物收率、原料单耗、能量单耗、产品成本、设备投资、操作费用等均可作为方案比较的评判标准。此外，环保、安全、占地面积等也是方案比较时应考虑的重要因素。

【实例 3-1】在药品精制中，粗品常先用溶剂溶解，然后加入活性炭脱色，最后再滤除活性炭等固体杂质。假设溶剂为低沸点易挥发溶剂，试确定适宜的过滤流程。

解：首先选定过滤速度和溶剂收率为方案比较的评判标准。

① 方案Ⅰ，常压过滤方案。其工艺流程如图 3-1 所示。

采用常压过滤方案虽可滤除活性炭等固体杂质，但过滤速度较慢，因而不宜采用。

② 方案Ⅱ，真空抽滤方案。其工艺流程如图 3-2 所示。

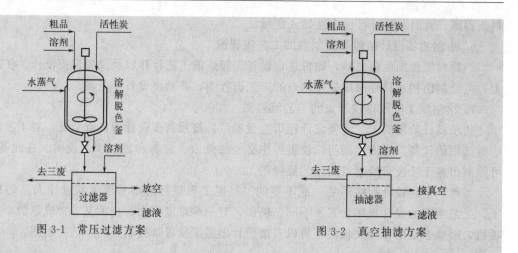

图 3-1　常压过滤方案　　　　　　　　　　图 3-2　真空抽滤方案

03-03 冷阱

　　　　该方案采用真空抽滤方式，过滤速度明显加快，从而克服了方案Ⅰ过滤速度较慢的缺陷，但由于出口未设置冷凝器，因而易造成大量低沸点溶剂的挥发损失，使溶剂的收率下降，故该方案不太合理。

　　　　③ 方案Ⅲ，真空抽滤-冷凝方案。其工艺流程如图 3-3 所示。

　　　　同方案Ⅱ相比，该方案在出口设置了冷凝器，以回收低沸点溶剂，从而减少了溶剂的挥发损失，提高了溶剂的收率，因而较为合理。

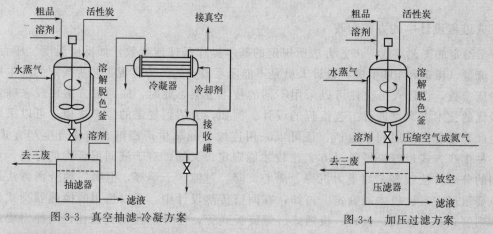

图 3-3　真空抽滤-冷凝方案　　　　　　　图 3-4　加压过滤方案

在线课堂：方案
比较【实例 3-1】

　　　　④ 方案Ⅳ，加压过滤方案。其工艺流程如图 3-4 所示。

　　　　该方案是在压滤器上部通入压缩空气或氮气，即采用加压过滤方式，过滤速度快，且溶剂的挥发损失很少，因而最为合理。

　　　　可见，为了减少低沸点溶剂热过滤时的挥发损失，一般应采用加压过滤，而不宜采用真空抽滤。若一定要采用真空抽滤，则在流程中必须考虑冷却回收装置。

　　　　【实例 3-2】用混酸硝化氯苯制备混合硝基氯苯。已知混酸的组成为 HNO_3 47%、H_2SO_4 49%、H_2O 4%；氯苯与混酸中 HNO_3 的摩尔比为 1:1.1；反应开始温度为 40～55℃，并逐渐升温至 80℃；硝化时间为 2h；硝化废酸中含硝酸小于 1.6%，含混合硝基氯苯为获得混合硝基氯苯量的 1%。试通过方案比较，确定适宜的硝化及后处理工艺流程。

解：首先选定混合硝基氯苯的收率以及硫酸、硝酸及氯苯的单耗作为方案比较的评判标准。

① 方案 I，硝化-分离方案。该方案将分离后的废酸直接出售，其工艺流程如图 3-5 所示。

03-04 硝基氯苯

采用硝化-分离方案虽可生产出合格的混合硝基氯苯，但该方案将分离后的废酸直接出售，这一方面要消耗大量的硫酸，使硫酸的单耗居高不下；另一方面，由于废酸中还含有未反应的硝酸以及少量的硝基氯苯，直接出售后不仅使硝酸的单耗增加，混合硝基氯苯的收率下降，而且存在于废酸中的硝酸和硝基氯苯还会使废酸的用途受到限制。

② 方案 II，硝化-分离-萃取方案。为克服方案 I 的缺点，方案 II 在硝化-分离之后，增加了一道萃取工序，其工艺流程如图 3-6 所示。

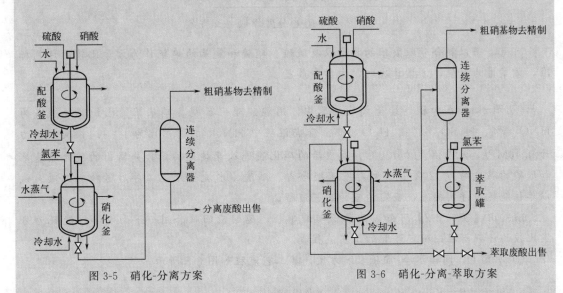

图 3-5 硝化-分离方案   图 3-6 硝化-分离-萃取方案

在方案 II 中，将氯苯和硝化废酸加入萃取罐后，硝化废酸中残留的硝酸将继续与氯苯发生硝化反应，生成硝基氯苯，从而回收了废酸中的硝酸，降低了硝酸的单耗。同时，生成的混合硝基氯苯与硝化废酸中原有的混合硝基氯苯一起进入氯苯层，从而提高了混合硝基氯苯的收率。

与方案 I 相比，采用方案 II 可降低硝酸的单耗，提高混合硝基氯苯的收率。但在方案 II 的萃取废酸中仍含有 1.2%～1.3% 的原料氯苯（参见图 3-16 和图 3-17），将其直接出售，不仅使硫酸的单耗居高不下，而且会增加氯苯的单耗。此外，存在于废酸中的氯苯也会使废酸的用途受到限制。

③ 方案 III，硝化-分离-萃取-浓缩方案。为克服方案 II 的不足，方案 III 在萃取之后，又增加了一道减压浓缩工序，其工艺流程如图 3-7 所示。

与方案 II 相比，方案 III 增加了废酸的浓缩工序，萃取后的废酸经减压浓缩后可循环使用，从而大大降低了硫酸的单耗。同时，由于氯苯与水可形成低共沸混合物，浓缩时氯苯将随水一起蒸出，经冷却后可回收其中的氯苯，从而降低了氯苯的单耗。

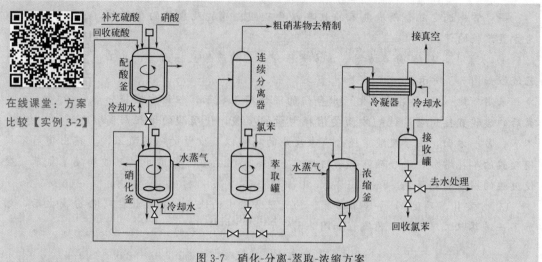

图 3-7　硝化-分离-萃取-浓缩方案

可见，若以混合硝基氯苯的收率以及硫酸、硝酸和氯苯的单耗作为方案比较的评判标准，方案Ⅲ为最佳，方案Ⅱ次之，方案Ⅰ最差。

【实例 3-3】在加压连续釜式反应器中，用混酸硝化苯制备硝基苯。已知混酸组成为 HNO_3 5%、H_2SO_4 65%、H_2O 30%；苯与混酸中 HNO_3 的摩尔比为 1∶1.1；反应压力为 0.46MPa，反应温度为 130℃；反应后的硝化液进入连续分离器，分离出的酸性硝基苯和废酸的温度约为 120℃；酸性硝基苯经冷却、碱洗、水洗等处理工序后送精制工段。试以单位能耗为评判标准，确定适宜的工艺流程。

解：由【实例 3-2】可知，为降低硫酸单耗，废酸应回收套用。下面以单位能耗为方案比较的评判标准，确定适宜的工艺流程。

① 方案Ⅰ，间接水冷-常压浓缩方案，其工艺流程如图 3-8 所示。

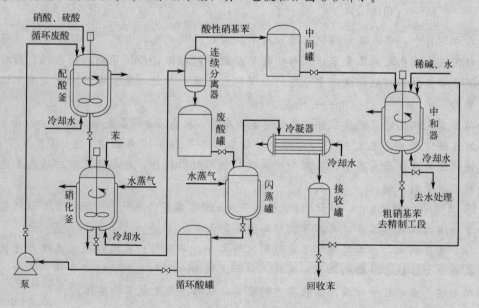

图 3-8　间接水冷-常压浓缩方案

采用间接水冷-常压浓缩方案可以满足硝化、废酸循环、冷却、水洗等工艺要求，但该方案在能量利用方面存在明显缺陷：其一是酸性硝基苯在中和器内冷却过程中所放出的热量全部被冷却水带走，既浪费了能量，又消耗了大量的冷却水；其二是硝化废酸在浓缩罐中常压浓缩脱水时要消耗大量的饱和水蒸气。显然，该方案的单位能耗较高，能量利用不合理，需要寻求更好的工艺流程方案。

② 方案Ⅱ。原料预热-闪蒸浓缩方案，其工艺流程如图 3-9 所示。

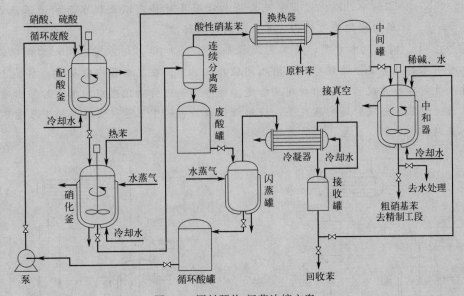

图 3-9　原料预热-闪蒸浓缩方案

针对方案Ⅰ的缺陷，方案Ⅱ在方案Ⅰ的基础上作了两点改进：其一是增加了一台间壁式换热器，并以原料苯代替冷却水冷却酸性硝基苯，这样酸性硝基苯在冷却过程中所放出的热量全部传给原料苯，提高了原料苯的温度，减少了硝化反应中的水蒸气消耗；其二是在浓缩废酸时将常压浓缩工艺改为闪蒸浓缩工艺。由于浓缩所需的热量主要来自于废酸本身所放出的热量，因而仅需消耗少量的低压蒸汽。显然，该方案的能量利用较为合理，单位能耗较低。

可见，若以单位能耗为方案比较的评判标准，方案Ⅱ是比较适宜的工艺流程。

需要说明的是，本例中仅采用了一台连续釜式反应器，而在实际生产中，为了提高硝化反应速度和产品收率，常采用 4 台连续釜式反应器串联操作。

03-05 闪蒸

【实例 3-4】甲苯用浓硫酸磺化制备对甲苯磺酸的反应方程式为

$$\text{C}_6\text{H}_5\text{CH}_3 + \text{H}_2\text{SO}_4 \xrightarrow{110\sim140℃} \text{CH}_3\text{C}_6\text{H}_4\text{SO}_3\text{H} + \text{H}_2\text{O}$$

已知反应在间歇釜（磺化釜）中进行，磺化反应速度与甲苯浓度成正比，与硫酸含水量的平方成反比。为保持较高的反应速度，可向甲苯中慢慢加入浓硫酸。同时，应采取措施将磺化生成的水及时移出磺化釜。试通过方案比较，确定适宜的脱水工艺流程。

03-06 硫酸
的储存和输送

解：常温下，甲苯与水不互溶，但甲苯与水能形成共沸混合物，共沸点为84.1℃。因此，可在釜内加入过量50%～100%的甲苯，利用甲苯与水的共沸特性，将反应生成的水及时移出磺化釜，经冷却后再将水分出。为保证釜内的甲苯量，分水后的甲苯应及时返回磺化釜。可见，在本例中，磺化过程中产生的水能否及时移走以及脱水后的甲苯能否及时返回磺化釜可作为方案比较的评判标准。

① 方案Ⅰ。间歇脱水方案，其工艺流程如图3-10所示。该方案采用一台间歇式脱水器，水与甲苯的共沸混合物经冷凝后进入间歇式脱水器，在脱水器中分层后，水层（下层）由工作人员定期打开脱水器的出口阀而排走。该方案虽可将磺化生成的水及时移出磺化釜，但脱水后的甲苯不能及时返回磺化釜，故难以保证釜内的甲苯量。当釜内的甲苯量不足时，还需向釜内补充甲苯。显然，该方案不太合理。

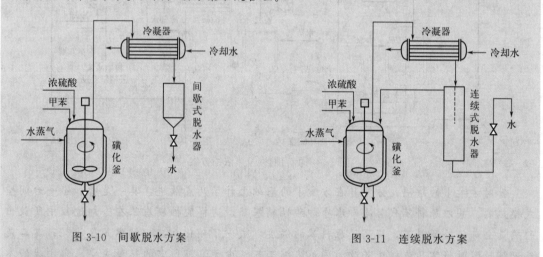

图3-10　间歇脱水方案　　　　　　　图3-11　连续脱水方案

在线课堂：方案
比较【实例3-3】
和【实例3-4】

② 方案Ⅱ。连续脱水方案，其工艺流程如图3-11所示。该方案采用一台连续式脱水器，水与甲苯的共沸混合物经冷凝后进入连续式脱水器，在脱水器中分层后，甲苯层（上层）经上部回流管连续返回磺化釜，水层（下层）由下部出水管连续排出脱水器。显然，该方案既能将磺化生成的水及时移出磺化釜，又能使脱水后的甲苯及时返回磺化釜，故反应过程中无须向釜内补充甲苯。此外，使用连续式脱水器还可降低工作人员的劳动强度。

比较方案Ⅰ和Ⅱ可知，方案Ⅱ是比较适宜的脱水工艺流程。

二、以单元操作或单元反应为中心，完善工艺流程

产品的生产过程都是由一系列单元操作或单元反应过程所组成的。在工艺流程设计中，常以单元操作或单元反应为中心，建立与之相适应的工艺流程。例如，在设计和完善工艺流程时，常以单元操作或单元反应所涉及的主要设备为单位，标明进料和出料的名称、数量、组成及工艺条件；根据单元操作或单元反应过程的温度、热效应等情况，确定传热设备和载能介质的技术规格；根据单元操作或单元反应过程的参数显示和控制方式，确定仪表和自动控制方案；根据单元操作或单元反应过程的燃烧、爆炸、毒害情况，确定相应的安全技术措

施；根据单元操作或单元反应过程所产生的污染物，确定相应的污染治理方案等。

【实例 3-5】工业生产中，硝化混酸的配制常在间歇搅拌釜中进行，试以搅拌釜为中心，完善硝化混酸配制过程的工艺流程。

解：在实验室配制硝化混酸的过程非常简单，只要将水、硫酸和硝酸按规定的配比和程序加入烧杯中，并用玻璃棒搅拌均匀即可。但工业混酸的配制过程就不那么简单了，需要考虑一系列互相关联的因素。

① 配制混酸需有一台搅拌釜，并考虑到混酸配制过程是一个放热过程，搅拌釜还应带有夹套，以便操作时在夹套中通入冷却水冷却。

② 混酸配制采用间歇操作，是间歇过程。为保证硫酸与硝酸的配比，应设置硫酸计量罐和硝酸计量罐。

③ 在工业生产中，要配制一定浓度的混酸，通常并不加水调节，而是用硝化后回收的废酸来调节。因此，还应设置废酸计量罐。

④ 在工业生产中，配制硝化混酸所用的原料硫酸和硝酸须有一定的贮存量，因此，要设置硫酸贮罐和硝酸贮罐。此外，还需设置废酸贮罐以贮存硝化后回收的废酸。

03-07 计量罐

⑤ 在实验室配制硝化混酸时，可将有关原料直接倒入烧杯中。但在配制工业混酸时就需要考虑将硫酸、硝酸和废酸由贮罐送入计量罐的方式。如采用泵输送时，则应设置相应的送料泵。此外，为防止工作人员失误使硫酸、硝酸或废酸溢出计量罐，可在计量罐和贮罐之间设置溢流管。

03-08 溢流管

⑥ 为了贮存配制好的硝化混酸，应设置相应的混酸贮罐。

最后设计出工业混酸配制过程的工艺流程如图 3-12 所示。

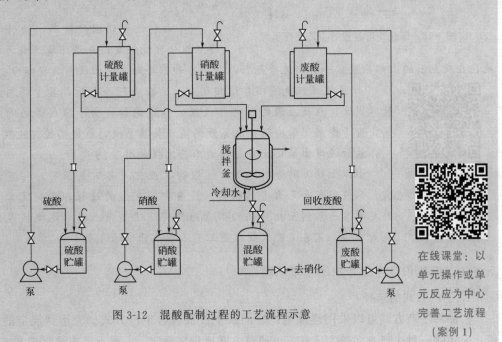

图 3-12　混酸配制过程的工艺流程示意

在线课堂：以单元操作或单元反应为中心完善工艺流程

（案例 1）

【实例3-6】 在合成抗菌药诺氟沙星的生产中，以对氯硝基苯为原料制备对氟硝基苯的反应方程式为

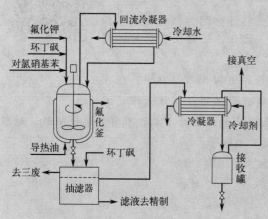

反应拟在间歇釜式反应器中进行，试以反应器为中心，完善反应过程的工艺流程。

解：该过程只有一步反应，若在实验室中进行，仅需几个玻璃仪器和几台简单的设备即可完成。但要将该过程实现工业化就是一件比较复杂的事。

① 对氯硝基苯与氟化钾之间的反应为固液两相反应，可在带搅拌的釜式反应器中进行，即需要一台搅拌釜。由于反应需在较高的温度下进行，该搅拌釜应带有夹套，以作为载热体的流动空间。

② 根据反应温度，可确定载热体的技术规格。由于反应温度达到了 170～180℃，因此，采用低压饱和水蒸气作为载热体是不行的。此时，可选择目前应用较普遍的导热油如联苯混合物作为载热体。联苯混合物是一种常用的高温有机载热体，它是由 26.5% 的联苯和 73.5% 的二苯醚组成的低共熔和低共沸混合物，熔点为 12.3℃，沸点为 258℃，可在较低的压力下得到较高的加热温度。

图 3-13　氟化反应过程的工艺流程示意

③ 由于过程的温度较高，物料中的低沸点组分可能挥发，并对环境造成污染，因此，在反应器的上部应设置一台回流冷凝器，并用冷却水冷却，以回收易挥发组分。

④ 氟化反应是液固非均相反应，反应液经冷却后，其中的固体应滤除。因此，在反应器的下部可设置一台过滤器。由于溶剂等的沸点均较高，可考虑采用带冷凝回收系统的减压抽滤系统，以提高过滤速度。

最后设计出氟化反应过程的工艺流程如图 3-13 所示。

由以上两例的分析可知，过程的工业化是非常复杂的，在实验室仅需几只玻璃瓶和几台普通仪器、设备即可完成的过程，在实现工业化时因要考虑一系列互相关联的因素而变得非常复杂。以单元操作或单元反应为中心，完善工艺流程，是工艺流程设计中的常用方法。

在线课堂：以单元操作或单元反应为中心完善工艺流程（案例2）

三、工艺流程设计中应考虑的技术问题

1. 生产方式的选择

产品的生产方式可以采用连续生产、间歇生产或联合生产方式。为达到规定的生产规模，采用哪一种生产方式较为适宜，可通过方案比较来确定。一般地，连续生产方式具有生产能力大、产品质量稳定、易实现机械化和自动化、生产成本较低等优点。因此，当产品的生产规模较大、生产水平要求较高时，应尽可能采用连续生产方式。但连续生产方式的适应

能力较差，装置一旦建成，要改变产品品种往往非常困难，有时甚至要较大幅度地改变产品的产量也不容易实现。

药品生产一般具有规模小、品种多、更新快、生产工艺复杂等特点，而间歇生产方式具有装置简单、操作方便、适应性强等优点，尤其适用于小批量、多品种的生产，因此，间歇生产方式是制药工业中的主要生产方式。

联合生产方式是一种组合生产方式，其特点是产品的整个生产过程是间歇的，但其中的某些生产过程是连续的，这种生产方式兼有连续和间歇生产方式的一些优点。

在选择产品的生产方式时，若技术上可行，应尽可能采用连续生产方式，但不能片面追求装置的连续化。对规模较小、生产工艺比较复杂的产品，要实行连续生产往往非常困难，甚至得不偿失。因此，在制药工业中，全过程采用连续生产方式的并不多见，绝大多数采用间歇生产方式，少数采用联合生产方式。

2. 提高设备利用率

产品的生产过程都是由一系列单元操作或单元反应过程所组成的，在工艺流程设计中，保持各单元操作或单元反应设备之间的能力平衡，提高设备利用率，是设计者必须考虑的技术问题。设计合理的工艺流程，各工序的处理能力应相同，各设备均满负荷运转，无闲置时间。由于各单元操作或反应的操作周期可能相差很大，要做到前一步操作完成，后一步设备刚好空出

03-09 生产模式创新——连续制造

来，往往比较困难。为实现主要设备之间的衔接和能力平衡，常采用中间贮罐进行缓冲。此外，操作方式不同的设备之间也常设置中间贮罐作为过渡。例如，在【实例3-3】中，连续分离器为连续操作的设备，而中和器为间歇操作的设备，故在两者之间设置中间贮罐作为过渡。

【实例3-7】某原料药的生产过程由磺化、冷却中和、浓缩三道工序组成，磺化液和中和液均为液态，磺化釜的操作周期为12h，冷却中和釜的操作周期为4h，浓缩釜的操作周期为8h。试确定适宜的设备配置方案。

解：该原料药的生产过程有多种不同的设备配置方案，部分方案列于表3-1中。

表 3-1　实例 3-7 的附表

设备名称		磺化釜	冷却中和釜	浓缩釜	备注
操作周期/h		12	4	8	
方案Ⅰ	设备台数	1	1	1	
	每批操作折合成的产品量 日产品量	1	1	1	
	日总操作批数	1	1	1	
	每台设备日闲置时间/h	12	20	16	
方案Ⅱ	设备台数	1	1	1	
	每批操作折合成的产品量 日产品量	0.5	0.5	0.5	
	日总操作批数	2	2	2	
	每台设备日闲置时间/h	0	16	8	
方案Ⅲ	设备台数	1	1	1	磺化釜与冷却中和釜之间以及冷却中和釜与浓缩釜之间均设置中间贮罐
	每批操作折合成的产品量 日产品量	0.5	0.25	1/3	
	日总操作批数	2	4	3	
	每台设备日闲置时间/h	0	8	0	

续表

	设备名称	磺化釜	冷却中和釜	浓缩釜	备注
	操作周期/h	12	4	8	
方案Ⅳ	设备台数	2	1	1	磺化釜与冷却中和釜之间以及冷却中和釜与浓缩釜之间均设置中间贮罐
	每批操作折合成的产品量 / 日产品量	0.25	1/6	1/3	
	日总操作批数	4	6	3	
	每台设备日闲置时间/h	0	0	0	
方案Ⅴ	设备台数	2	1	2	磺化釜与冷却中和釜之间设置中间贮罐
	每批操作折合成的产品量 / 日产品量	0.25	1/6	1/6	
	日总操作批数	4	6	6	
	每台设备日闲置时间/h	0	0	0	

分析表 3-1 中的 5 种方案可知，从提高设备利用率的角度，方案Ⅰ、方案Ⅱ和方案Ⅲ均不合理，这是因为这 3 种方案的全部或部分主要设备存在闲置时间；而方案Ⅳ和方案Ⅴ均是合理的设备配置方案，因为这两种方案的主要设备均满负荷工作，不存在闲置时间。

由方案Ⅳ和方案Ⅴ可知，为保持主要设备之间的能力平衡，提高设备利用率，设备台数、批生产能力和操作周期之间应满足下列关系

$$\frac{\text{以产品量计算的批生产能力}}{\text{日产品量}} \times \text{设备台数} \times \frac{24}{\text{操作周期}} = 1 \qquad (3-1)$$

为保持主要设备之间的能力平衡，提高设备利用率，设备之间应根据需要设置中间贮罐。由于贮罐结构简单，制造容易，因此因设置中间贮罐而增加的设备投资将远小于因设备利用率的提高而节省的费用。

3. 物料的回收与套用

在工艺流程设计中，充分考虑物料的回收与套用，以降低原辅材料消耗，提高产品收率，是降低产品成本的重要措施。例如，在用混酸硝化氯苯制备混合硝基氯苯的工艺流程设计中，在硝化-分层之后增加一道萃取工序（见【实例 3-2】中的方案Ⅱ），既回收了硝化废酸中未反应的硝酸，又提高了硝基氯苯的收率。同时，为降低硫酸的单耗，在萃取之后又增加了一道浓缩工序（见【实例 3-2】中的方案Ⅲ），并用回收的硫酸配制硝化混酸，从而大大降低了硫酸的单耗。此外，还可回收氯苯，降低氯苯的单耗。又如，许多药物合成反应不能进行得十分完全，且大多存在副反应，产物也不能从反应混合物中完全分离出来，故分离母液中常含有一定数量的未反应原料、副产物和产物。在这些药物的工艺流程设计中，若能实现反应母液的循环套用或经适当处理后套用（参见第十章第二节），则不仅能降低原辅材料消耗，提高产品收率，而且能减少环境污染。再如，在药品生产中经常使用各种有机溶剂，在工艺流程设计时应充分考虑这些溶剂的回收与套用。若设计得当，则可构成溶剂的闭路循环，既降低了溶剂单耗，又减少了环境污染。

4. 能量的回收与利用

在工艺流程设计中，充分考虑能量的回收与利用，以提高能量利用率，降低能量单耗，是降低产品成本的又一重要措施。例如，在硝化混酸配制的工艺流程（图 3-12）设计中，为减少输送物料的能耗，可将计量罐布置在最上层，搅拌釜居中，贮罐布置在底层。这样，硫酸、硝酸和废酸由泵输送至相应的计量罐后，可借助于重力流入搅拌釜，配制好的混酸再

借助于重力流入混酸贮罐。又如，在混酸硝化苯制备硝基苯（见【实例 3-3】中的方案Ⅱ）的工艺流程设计中，用原料苯代替冷却水冷却酸性硝基苯以及用闪蒸浓缩代替常压浓缩都是为了回收物料的余热，以达到降低能耗和产品成本的目的。

5. 安全技术措施

在药品生产中，所处理的物料常常是易燃、易爆和有毒的物质，因此安全问题十分突出。在工艺流程设计中，对所设计的设备或装置在正常运转以及开车、停车、停水、停电、检修等非正常运转情况下可能产生的各种安全问题，应进行认真而细致的分析，制订出切实可靠的安全技术措施。例如，在强放热反应设备的下部可设置事故贮槽，其内贮有足够数量的冷溶剂，遇到紧急情况时可将反应液迅速放入事故贮槽，使反应终止或减弱，以防发生事故；在低沸点易燃液体的贮罐上可设置阻火器，以防火种进入贮罐而引起事故；在含易燃、易爆气体或粉尘的场所可设置报警装置；对可能出现超压的管道或设备，可根据需要设置安全阀、安全水封或爆破片；当用泵向高层设备中输送物料时可设置溢流管（图 3-12），以防冲料；当设备内部的液体可能冻结时，其最底部应设置排空阀，以便停车时排空设备中的液体，从而避免设备因液体冻结而损坏；对可产生静电火花的管道或设备，应设置可靠的接地装置；对可能遭受雷击的管道或设备，应设置相应的防雷装置（参见第十一章第二节）等。

03-10 贮罐
阻火器

03-11 安全阀、
安全水封、
爆破片

03-12 制药
过程的智能
化控制

03-13 产品
质量的智能
化控制

6. 仪表和控制方案的选择

在工艺流程设计中，对需要控制的工艺参数如温度、压力、浓度、流量、流速、pH 值、液位等，都要确定适宜的检测位置、检测和显示仪表以及控制方案。现代制药企业对仪表和自控水平的要求越来越高，仪表和自控水平的高低在很大程度上反映了一个制药企业的技术水平。

第三节　工艺流程图

工艺流程图是以图解形式表示的工艺流程，在工艺流程设计的不同阶段，工艺流程图的深度是不同的。在通常的两阶段设计中，初步设计阶段需绘制工艺流程框图、工艺流程示意图、物料流程图和带控制点的工艺流程图；在施工图设计阶段需绘制施工阶段带控制点的工艺流程图。

一、工艺流程框图

工艺流程框图是在工艺路线和生产方法确定之后，物料衡算开始之前表示生产工艺过程的一种定性图纸，是最简单的工艺流程图，其作用是定性表示出由原料变成产品的路线和顺序，包括全部单元操作和单元反应。

在设计工艺流程框图时，首先要对选定的工艺路线和生产方法进行全面而细致的分析和研究。在此基础上，确定出工艺流程的全部组成和顺序。图 3-14 是阿司匹林的生产工艺流程框图。图中以方框表示单元操作，以圆框表示单元反应，以箭头表示物料和载能介质的流向，以文字表示物料、载能介质及单元操作和单元反应的名称。

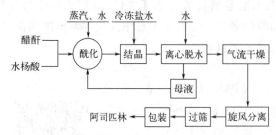

图 3-14　阿司匹林的生产工艺流程框图

二、工艺流程示意图

在工艺流程框图的基础上，分析各过程的主要工艺设备，在此基础上，以图例、箭头和必要的文字说明定性表示出由原料变成产品的路线和顺序，绘制出工艺流程示意图。

图 3-15 是阿司匹林的生产工艺流程示意图。图中各单元操作和单元反应过程的主要工艺设备均以图例（即设备的几何图形）来表示，物料和载能介质的流向以箭头来表示，物料、载能介质和工艺设备的名称以文字来表示。有关设备的图例将在带控制点的工艺流程图中叙述。

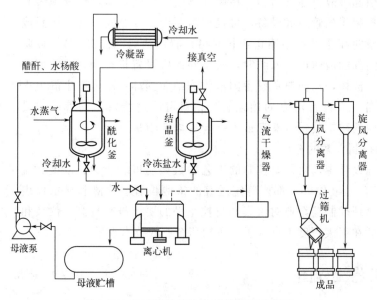

图 3-15　阿司匹林的生产工艺流程示意图

三、物料流程图

当工艺流程示意图确定之后，即可进行物料衡算和能量衡算。在此基础上，可绘制出物料流程图。此时，设计已由定性转入定量。

物料流程图可用不同的方法绘制。最简单的方法是将物料衡算和能量衡算的结果以及设备的名称和位号直接加进工艺流程示意图中，得到物料流程图。图 3-16 是氯苯硝化制备硝基氯苯的物料流程图。

物料流程图也常用框图绘制。图 3-17 是用框图绘制的氯苯硝化的物料流程图。图中每一个框表示过程名称、流程号及物料组成和数量。

物料流程图作为初步设计的成果之一，编入初步设计说明书中。

四、带控制点的工艺流程图

带控制点的工艺流程图又称为管道仪表流程图（piping and instrument diagram，PID）。当物料流程图确定后，即可进行设备和管道的工艺计算以及仪表的自控设计。在此基础上，

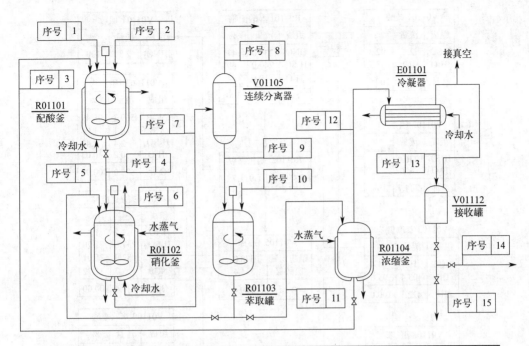

图 3-16 氯苯硝化的物料流程图

序号	物料名称	流量/kg·h^{-1}					
		HNO$_3$	H$_2$SO$_4$	H$_2$O	氯苯	硝基氯苯	总计
1	补充硫酸		2.4	0.2			2.6
2	硝酸	230		4.7			234.7
3	回收废酸		237.6	14.7			252.3
4	配制混酸	230	240	19.6			489.6
5	萃取氯苯				403.4	18.7	422.1
6	硝酸损失	2.3					2.3
7	硝化液						909.4
8	粗硝基苯		2.4	0.2	6.1	569.3	578.0
9	分离废酸	5.2	237.6	82.9		5.7	331.4
10	氯苯				416.8		416.8
11	萃取废酸		237.6	84.4	4.1		326.1
12	浓缩蒸汽						73.8
13	冷凝液						73.8
14	废水			69.7			69.7
15	回收氯苯				4.1		4.1

可绘制出带控制点的工艺流程图。

在初步设计阶段和施工图设计阶段都要绘制带控制点的工艺流程图,但两者的要求和深度是不同的。初步设计阶段带控制点的工艺流程图是在物料流程图的基础上,加上设备、仪表、自控、管路等设计结果设计而成,并作为正式设计成果编入初步设计文件中。而施工阶段带控制点的工艺流程图则是根据初步设计的审查意见,对初步设计阶段带控制点的工艺流

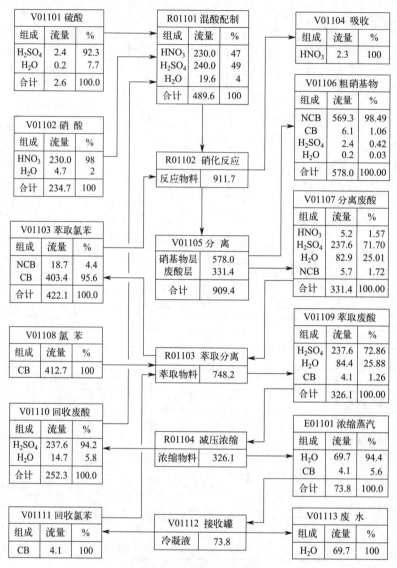

图 3-17 用框图绘制的氯苯硝化的物料流程图

CB—氯苯；NCB—硝基氯苯；基准：$kg \cdot h^{-1}$

程图进行修改和完善，并充分考虑施工要求设计而成。施工阶段带控制点的工艺流程图作为正式设计成果编入施工设计文件中。

（一）基本要求

带控制点的工艺流程图应达到下列基本要求。

① 表示出生产过程中的全部工艺设备，包括设备图例、位号和名称。

② 表示出生产过程中的全部工艺物料和载能介质的名称、技术规格及流向。

③ 表示出全部物料管道和各种辅助管道（如水、冷冻盐水、蒸汽、压缩空气及真空等管道）的代号、材质、管径及保温情况。

④ 表示出生产过程中的全部工艺阀门以及阻火器、视镜、管道过滤器、疏水器等附件，但无须绘出法兰、弯头、三通等一般管件。

⑤ 表示出生产过程中的全部仪表和控制方案，包括仪表的控制参数、功能、位号以及

检测点和控制回路等。

（二）图面要求

1. 图纸尺寸

带控制点的工艺流程图一般在 1 号或 2 号图纸上绘制。按车间或工段，原则上一个主项绘制一张图，若流程过于复杂，也可分成几部分进行绘制。

2. 比例

在带控制点的工艺流程图中，各种设备图例一般按相对比例进行绘制。为了使图面协调、美观，允许将实际尺寸过高或过大的设备比例适当缩小，而将实际尺寸过小或过低的设备比例适当放大。此外，对同一车间或装置的流程，绘制时应采用统一比例（图上不注比例）。

3. 图线和字体

在带控制点的工艺流程图中，主物料管道、辅助管道总管、公用系统管道总管以及设备位号线用粗线（0.6～0.9mm）表示；其他物料管道以及支管用中粗线（0.3～0.5mm）表示；设备及机器轮廓用 0.25mm 的细实线绘制，其他采用（0.15～0.25mm）的细线绘制。仪表引出线及连接线用细实线。此外，流程图中一般无须标注尺寸，但当需要注明尺寸时，尺寸线用细实线表示。

有关图线和字体的具体要求见附录 3。

（三）绘制方法

1. 设备

① 常用设备的代号和图例见附录 4。对于图例中没有表示的设备，则在流程图中可绘出其象征性的几何图形，以表明该设备的几何特征即可。

② 为使图形简单明了，设备上的管道接头、支脚、支架、基础、平台等一般不需表示。

③ 在流程图中，当有多台相同的设备并联时，可只画 1 台设备，其余设备可分别用细实线方框表示，在方框内注明设备位号，并画出通往该设备的支管。在初步设计阶段的工艺流程图中，当有多台相同的设备串联或轮换使用时，一般只画 1 台设备；而在施工阶段的工艺流程图中则应根据需要画出 2 台或 2 台以上的设备，以表示清楚。

④ 在带控制点的工艺流程图中要标示出设备位号，每台设备只编一个位号，其表示方法如图 3-18 所示。

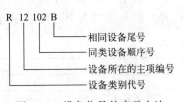

图 3-18　设备位号的表示方法

图 3-18 中的设备类别代号可由附录 4 查得；设备所在的主项编号按工程设计总负责人给定的主项编号填写，采用两位数字（01～99）表示。同类设备顺序号按主项内同类设备在工艺流程中流向及立面位置的先后顺序编写，采用三位数字，其中第一位数字一般可采用楼层代号，从 1 开始，后两位为设备顺序号，可用两位数字（01～99）表示。两台或两台以上的设备并联时，它们的位号前三项完全相同，可用不同的数量尾号予以区别，按数量和排列顺序依次以大写英文字母 A、B、C…作为每台设备的尾号。当相同设备数量只有 1 台时可不加设备尾号，超过 26 台时，则用数字表示相同设备的数量。例如，位号 R12102B 中的 R 可表示反应器，12 表示设备所在的主项编号为 12，102 表示 1 楼设备顺序号为 02 的反应器，B 表示相同反应器中编号为 2 的反应器。

在带控制点的工艺流程图、设备布置图以及管道布置图中书写设备位号时，应在适当的位置画一条粗实线，线上方书写设备位号，线下方在需要时可书写设备名称。例如

$$\underline{\text{R 12 102 B}} \quad 或 \quad \frac{\text{R 12 102 B}}{\text{反应器}}$$

2. 管道、管件和阀门

① 常见管道、管件和阀门的图例见附录 5。对于图例中没有的管件或阀门可根据其特点增补图例。流程图中采用的管道、管件和阀门图例应在流程图或首页图（将设计中所采用的部分规定以图表的形式绘制成首页图，包括图纸目录、设备一览表以及各种图例、符号、代号和说明等）中加以说明。

② 在初步设计阶段的工艺流程图中，应绘出主要管道、阀门、管件和控制点；而在施工图设计阶段的工艺流程图中，则应绘出全部管道、阀门、管件和控制点。

③ 物料管线用粗线表示，其他管线用中粗线，控制回路用细线表示。

④ 在同一流程图中，当两设备相距较远时，其物料管线仍需连通，不能用文字表示。当两根无联系的管线相互交叉时，可将一根画成连续实线，而另一根在交叉处断开或用半圆弧连接。线条拐弯处可画成直角。

⑤ 当流程图中的管道需与另一流程图中的管道相连时，可在管道断开处用箭头注明至某设备或管道的图号，即

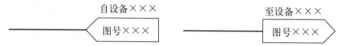

此外，对于排水或排污管道，应用文字说明排入何处。

⑥ 在带控制点的工艺流程图中，应对每一根管道进行标注。管道的标注方法可按 HG 20519 的标准执行，也可根据本单位的标准执行，但应易于区别和记忆，满足施工和安装要求。一般情况下，管道应注明四部分内容，包括管道号或管段号（由介质代号、主项编号和管道顺序号三个单元组成）、管径、管道等级以及隔热或隔声代号。常见的标注方法如图 3-19 所示。

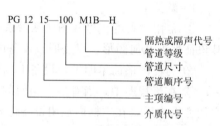

图 3-19　管道的标注方法

药品生产中常见介质的代号列于表 3-2 中。若介质的代号在表中没有规定，则可补充其代号，但不应与表中的代号相同。

表 3-2　常见介质的代号

介质名称	代号	介质名称	代号	介质名称	代号
空气	A	中压蒸汽	MS	循环冷却水（供）	CWS
压缩空气	CA	高压蒸汽	HS	循环冷却水（回）	CWR
工艺空气	PA	蒸汽冷凝液	C	冷冻盐水（供）	BS
仪表空气	IA	蒸汽冷凝水	SC	冷冻盐水（回）	BR
放空	VT	水	W	排污	BD
真空	VE	精制水	PW	排液、排水	DR
氮气	N	饮用水	DW	废水	WW
氧气	OX	雨水	RW	生活污水	SS
工艺气体	PG	软水	SEW	化学污水	CS
工艺液体	PL	自来水、生活用水	DW	含油污水	OS
蒸汽	S	锅炉给水	BW	油	OL
伴热蒸汽	TS	热水（供）	HWS	工艺固体	PS
低压蒸汽	LS	热水（回）	HWR		

管道顺序号是指相同类别的介质在同一主项内以流向先后为序的顺序编号，可用两位数字（01～99）表示。

介质代号、主项编号和管道顺序号一起组成管道号或管段号。

管道尺寸以 mm 为单位，只注数字，不注单位。管道尺寸一般只标注管径，可用公称直径表示。

管道等级由管材代号、管材等级顺序号和公称压力等级代号三部分组成，如图 3-20 所示。

管材等级顺序号用阿拉伯数字表示，由 1～9 组成。在压力等级和管道材质类别代号相同的情况下，可以有九个不同系列的管材等级。

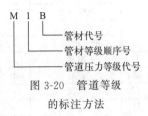

图 3-20　管道等级的标注方法

管材代号和管道公称压力等级代号均用大写英文字母表示，表 3-3 中列出了几种管材的代号，表 3-4 列出了管道的公称压力等级代号。

表 3-3　几种管材的代号

管道材质名称	代号	管道材质名称	代号	管道材质名称	代号
铸铁	A	合金钢	D	非金属	G
碳钢	B	不锈钢	E	衬里及内防腐	H
普通低合金钢	C	有色金属	F		

表 3-4　我国的管道标准压力等级代号

压力等级/MPa	1.0	1.6	2.5	4.0	6.4	10.0	16.0	20.0	22.0	25.0	32.0
代号	L	M	N	P	Q	R	S	T	U	V	W

管道的隔热或隔声代号用大写英文字母表示，如表 3-5 所示。

表 3-5　管道的隔热或隔声代号

隔热或隔声功能名称	代号	隔热或隔声功能名称	代号	隔热或隔声功能名称	代号
保温	H	电伴热	E	夹套伴热	J
保冷	C	蒸汽伴热	S	隔声	N
人身防护	P	热水伴热	W		
防结露	D	热油伴热	O		

3. 自控和仪表

① 在带控制点的工艺流程图中应绘出全部与工艺过程有关的检测仪表、检测点和控制回路。

② 在检测控制系统中，控制回路中的每一个仪表或元件都要标注仪表位号。仪表位号的表示方法如图 3-21 所示。

仪表位号中的第一个字母表示被测变量的代号，后续字母表示仪表的功能。工段或工序序号一般可用一位数字（1～9）表示，当工段或工序数超过 9 时，可用两位数字（01～99）表示。仪表序号是按工段或工序编制的仪表顺序号，可用两位数字（01～99）表示。常见被测变量和功能的代号如表 3-6 所示。

③ 在带控制点的工艺流程图中，检测仪表、显示仪表的图例均用圆圈来表示，并用圆圈中间的横线来区分不同的安装位置。仪表的常见图例和安装位置如图 3-22 所示。

表 3-6　常见被测变量和功能的代号

字母	第一字母		后续字母	字母	第一字母		后续字母
	被测变量	修饰词	功能		被测变量	修饰词	功能
A	分析		报警	N	供选用		供选用
B	喷嘴火焰		供选用	O	供选用		节流孔
C	电导率		控制或调节	P	压力或真空		连接点或测试点
D	密度或比重	差		Q	数量或件数	累计、积算	累计、积算
E	电压		检出元件	R	放射性		记录或打印
F	流量	比（分数）		S	速度或频率	安全	开关或联锁
G	尺度		玻璃	T	温度		传达或变送
H	手动			U	多变量		多功能
I	电流		指示	V	黏度		阀、挡板
J	功率	扫描		W	重量或力		套管
K	时间或时间程序		自动或手动操作器	X	未分类		未分类
L	物位或液位		信号	Y	供选用		计算器
M	水分或湿度			Z	位置		驱动、执行

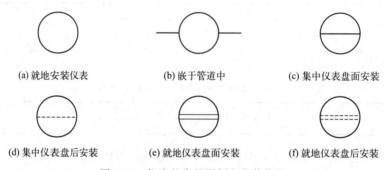

(a) 就地安装仪表　　　　(b) 嵌于管道中　　　　(c) 集中仪表盘面安装

(d) 集中仪表盘后安装　　(e) 就地仪表盘面安装　　(f) 就地仪表盘后安装

图 3-22　仪表的常见图例和安装位置

④ 在带控制点的工艺流程图中，仪表的位号可直接填写在仪表图例中，其中字母代号填写在圆圈的上半部分，数字编号填写在圆圈的下半部分。

图 3-23 是一个管道压力控制点的示意图。在该控制系统中有一个引至仪表盘的压力计，它具有压力指示功能，其编号为 203。管道中的压力变化通过变送器（图中以符号"⊗"表示）将信号送至压力计，并通过它控制调节阀的开启，以调节管道内的流体压力，使其保持在正常的操作压力范围之内。

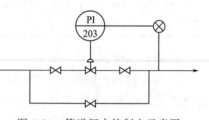

图 3-23　管道压力控制点示意图

（四）常见单元设备的自控流程

1. 流体输送设备

（1）离心泵　离心泵是最常用的液体输送设备，其被控变量一般为流量。改变出口阀门的开度或回路阀门的开度或泵的转速均可调节离心泵的流量。由于改变泵的转速需要变速装置或价格昂贵的变速原动机，且难以做到流量的连续调节，因而在实际生产中很少采用。

通过改变出口阀门的开度来调节流量的自控流程如图 3-24 所示。该法快速简便，且流量连续变化，因此应用非常广泛。缺点是当阀门开度减小时，要多消耗一部分能量，不太经济。

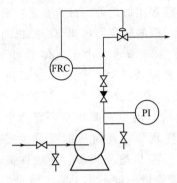

图 3-24　改变出口阀门开度调节流量

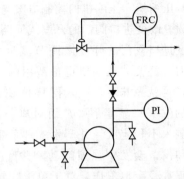

图 3-25　改变回路阀门开度调节流量

通过改变回路阀门的开度来调节流量的自控流程如图 3-25 所示。该方案是在泵的进出口管路间设置一条回路，通过调节回路阀门的开度控制从泵出口返回到泵入口的液体量，以达到调节液体流量的目的。该法可用于液体流量偏低的场合，缺点是要消耗一部分高压液体能量，使泵的总效率下降。

（2）容积式泵　往复泵、齿轮泵、螺杆泵、旋涡泵等都是常见的容积式泵，此类泵的出口不能堵死，否则泵体内的压强会急剧升高，造成泵体、管路或电机的损坏。与离心泵一样，容积式泵的被控变量一般也是流量，但容积式泵不能像离心泵那样用出口管路上的阀门来调节流量。

容积式泵的流量一般可通过控制回路阀门的开度来调节，也可通过改变泵的转速或冲程来调节。图 3-26 是齿轮泵的回路调节自控流程，该流程原则上也适用于其他容积式泵的流量调节。

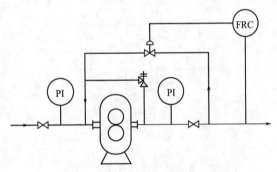

图 3-26　齿轮泵的流量调节

（3）真空泵　在制药生产中，经常需要使用真空泵从设备或管道内抽出气体，以使其中的绝对压强低于大气压。常用的真空泵可分为机械泵和喷射泵两大类，水环泵和活塞泵均为常见的机械泵，水喷射泵和蒸汽喷射泵均为常见的喷射泵。真空泵的被控变量一般为真空度，改变吸入管路或吸入支管阀门的开度均可调节系统的真空度，其自控流程如图 3-27 和图 3-28 所示。

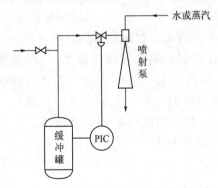

图 3-27　改变吸入管路阀门开度控制真空度

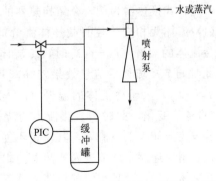

图 3-28　改变吸入支管阀门开度控制真空度

（4）压缩机　压缩机的控制方案与泵的控制方案有很多相似之处，被控变量一般也是流量或压力。改变进口阀门的开度或回路阀门的开度或压缩机的转速均可调节压缩机的流量。

改变进口阀门的开度来调节流量的自控流程如图 3-29 所示。由于气体的可压缩性，该方案对于往复式压缩机也是适用的。但当进口阀门开度较小时，会在压缩机进口处产生负压，这就意味着，吸入同样体积的气体，其质量流量减少了。当负压较为严重时，压缩机的效率将显著下降。而对离心式压缩机，当负荷（流量）减小至一定程度时，工作点将进入不稳定区，并产生一种危害极大的"喘振"现象。此时压缩机及所连接的管网系统和设备会发生强烈震动，并产生噪声，甚至使压缩机遭到损坏。为确保离心式压缩机能正常稳定地工作，对于单级叶轮压缩机，其工作流量一般不小于额定流量的 50%；对于多级叶轮的高压压缩机，其工作流量一般不小于额定流量的 75%~80%。为避免在压缩机进口处产生严重负压或使离心式压缩机的负荷低于规定值，可采用图 3-30 所示的分程控制流程。该流程在压缩机的进出口管路间设置了一条回路，进口阀门只能关小至一定开度，若需要继续减少流量，可打开回路阀门，以避免在压缩机进口处产生严重的负压或使负荷低于规定值。

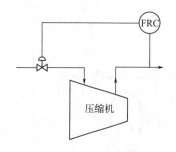 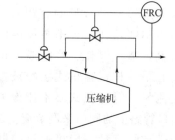

图 3-29　改变进口阀门开度调节流量　　　　图 3-30　压缩机流量的分程控制流程

压缩机的流量调节也可采用图 3-25 中的控制方案，即通过改变回路阀门的开度来调节流量。此外，通过改变压缩机的转速来调节流量的方案也较为常用，该方案的效率最高，节能效果最好，缺点是调速机构比较复杂。

2. 换热器

药品生产中所用的换热器种类很多，特点不一。按热量传递方式的不同，换热器有间壁式、直接接触式和蓄热式三种。由于传热的目的不同，换热器的被控变量也不完全相同。多数情况下，换热器的被控变量为温度，也可以是流量、压力等。现以典型的间壁式换热器——列管式换热器为例，介绍换热器的自控流程。

（1）流体无相变　控制载热体流量是最常用的控制方案。当热流体的温降（$T_1 - T_2$）小于冷流体的温升（$t_2 - t_1$）时，冷流体的流量变化将引起热流体出口温度 T_2 的显著变化，此时调节冷流体的流量效果较好，其自控流程如图 3-31 所示。反之，当热流体的温降（$T_1 - T_2$）大于冷流体的温升（$t_2 - t_1$）时，热流体的流量变化将引起冷流体出口温度 t_2 的显著变化，此时调节热流体的流量效果较好，其自控流程如图 3-32 所示。

若被控流体为工艺流体，其流量不能改变，则可设置相应的旁路，如图 3-33 和图 3-34 所示。利用三通阀来调节进入换热器的载热体流量与旁路流量的比例，不仅可改变进入换热器的载热体流量，而且可使载热体的总流量保持不变。

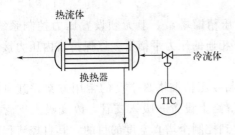

图 3-31 调节冷流体流量控制温度

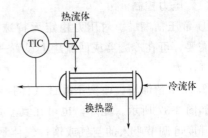

图 3-32 调节热流体流量控制温度

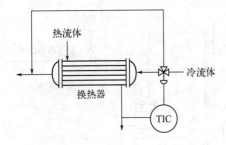

图 3-33 冷流体流量的旁路调节

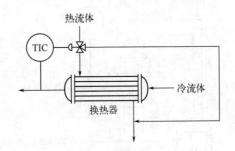

图 3-34 热流体流量的旁路调节

（2）一侧流体有相变 若用蒸汽来加热工艺流体，则可用调节蒸汽压力的方法来改变其冷凝温度，从而使传热温差发生改变，以达到控制被加热工艺流体温度的目的，其自控流程如图 3-35 所示。此外，通过调节换热器中的冷凝水量，使蒸汽冷凝面积发生改变，也可达到控制被加热工艺流体温度的目的，其自控流程如图 3-36 所示。

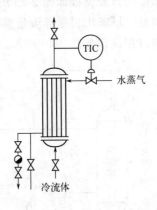

图 3-35 调节蒸汽压力控制工艺流体温度

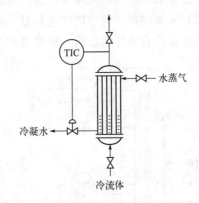

图 3-36 调节冷凝面积控制工艺流体温度

（3）两侧流体均有相变 间壁两侧流体均有相变时换热器的控制方案与一侧流体有相变时的换热器的控制方案相似。例如，对于用蒸汽加热的再沸器、蒸发器等，其被控变量一般为被加热流体的汽化速度。采用调节蒸汽压力或传热面积的方法，均可达到控制被加热流体汽化速度的目的。

3. 塔设备

制药生产中所用的塔设备种类很多，如精馏塔、吸收塔、吸附塔等。塔设备的被控变量很多，如温度、压力或真空度、流量、液位等。因此，塔设备的控制过程复杂，控制方案繁多。现以药品生产中较为常用的常压和减压精馏塔为例，介绍塔设备的自控流程。

（1）压力控制

① 常压精馏塔。对压力稳定无特殊要求的常压精馏塔，一般无须设置压力控制系统。根据需要，可在冷凝器或回流罐上设置一根与大气相通的压力平衡管，以保持塔内压力接近于大气压力。

② 减压精馏塔。改变不凝性气体抽吸量是控制减压精馏塔真空度的常用方案，其自控流程如图3-37所示。此外，也可在真空泵的吸入管路上设置一吸入支管，改变吸入支管的阀门开度可调节吸入的空气或惰性气体量，从而达到控制全塔真空度的目的，其自控流程如图3-38所示。

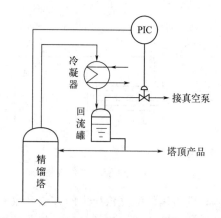

图 3-37 改变不凝性气体抽吸量控制塔压   图 3-38 旁路吸入空气或惰性气体控制塔压

（2）温度控制 改变塔顶冷凝液的回流量是控制塔顶温度的常用方法。再沸器的温度一般可通过调节加热剂的流量来控制。塔顶温度和再沸器温度的自控流程如图3-39所示。

（3）流量控制 精馏塔的进料量、回流量、塔顶出料量、塔釜出料量等流量参数对精馏塔的稳定操作有重要的影响。精馏塔的进料量、回流量的自控流程如图3-40所示。

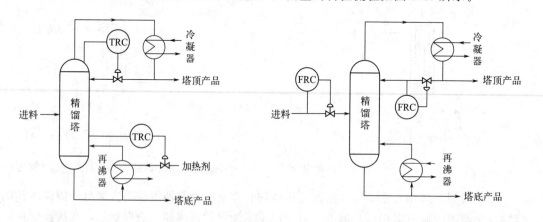

图 3-39 精馏塔的温度控制   图 3-40 精馏塔的流量控制

（4）液位控制 精馏操作中，塔釜、回流罐、进料贮罐、成品贮罐等的液位均应设置相应的检测和控制系统，其中塔釜、回流罐的液位自控流程如图3-41所示。

4. 反应器

反应器是药品生产的常用设备，其控制变量主要有温度、压力、进料量等。现以釜式反

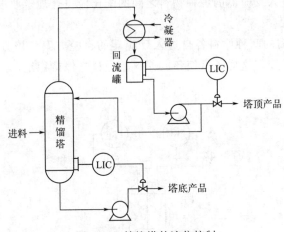

图 3-41　精馏塔的液位控制

应器为例，介绍反应器的自控流程。

（1）温度控制　化学反应大多具有一定的温度要求，保持生产方法所规定的反应温度，是使生产过程按给定方法进行的必要条件之一。因此，对反应温度进行控制是十分必要的。

釜式反应器的温度测量与控制方法很多，最常用的方法是改变加热剂或冷却剂的流量以控制反应温度。图 3-42 是通过改变冷却剂流量的办法来控制反应温度的自控流程，该方案比较简单，使用仪表较少。缺点是当釜内物料较多时，温度滞后比较严重；当物料温度不均时还会造成局部过冷或过热。因此，该方案常用于对温度控制要求不高的场合。

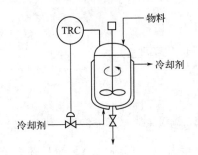

图 3-42　改变冷却剂流量控制反应温度

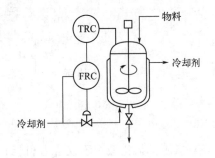

图 3-43　反应温度与冷却剂流量串接控制方案

针对釜式反应器温度滞后比较严重的特点，可采用串接温度控制方案。图 3-43 是将反应温度与冷却剂流量串接的温度控制方案，该方案以冷却剂流量为副参数，可及时有效地反映冷却剂流量和压力变化的干扰，但不能反映冷却剂温度变化的干扰。图 3-44 是将反应温度与夹套温度串接的温度控制方案，该方案以夹套温度为副参数，不仅可反映冷却剂方面的干扰，而且对反应器内的干扰也有一定的反映。

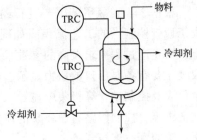

图 3-44　反应温度与夹套温度串接控制方案

（2）进料流量控制　保持生产方法所规定的配料比，是使生产过程按给定方法进行的又一必要条件。对连续操作的釜式反应器,进入反应器的各种物料之间的配比应符合规定要求。因此,对进料流量进行控制是十分必要的。

图 3-45 是反应所需的两种原料各自进入反应器的自控方案。该方案对每一股原料均设置了一个单回路控制系统,这样既可使各股原料的进料量保持稳定,又可使各原料之间的配比符合规定要求。

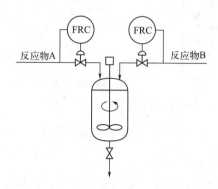

图 3-45　进料流量控制方案

(五) 带控制点的工艺流程图

现以 2,4-二氯甲苯生产过程中的分离工段为例介绍带控制点的工艺流程图。

2,4-二氯甲苯的工业生产方法是以三氯化锑为催化剂,以对氯甲苯和氯气为原料,经反应、分离等工序而制得,其工艺流程框图如图 3-46 所示。

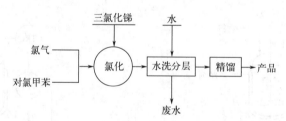

图 3-46　2,4-二氯甲苯生产工艺流程框图

在对氯甲苯氯化液中不仅含有目标产物 2,4-二氯甲苯 (52%~62%),而且还含有未反应的对氯甲苯以及一定量的 3,4-二氯甲苯 (6%~10%) 和少量的多氯甲苯 (1%左右) 等副产物。氯化液经水洗分层后,油层经精馏分离即可获得 2,4-二氯甲苯。

根据 2,4-二氯甲苯生产过程的特点,可将生产过程分为反应和分离两个工段,其中分离工段带控制点的工艺流程图如图 3-47 所示。图中设备位号 R12102 表示反应工段的水洗釜。对生产过程要求较高的参数采用集中检测和控制,由计算机统一管理。分离工段的显示仪表主要有各泵出口的压力显示、蒸馏罐及精馏塔顶的温度和压力显示与记录(包括现场指示仪表及控制室计算机集中显示)、全凝器热介质的出口温度、接收罐和缓冲罐的压力显示与记录等。控制回路有循环泵的流量控制、全凝器热介质的出口温度控制、回流比的控制、缓冲罐的真空度控制等。

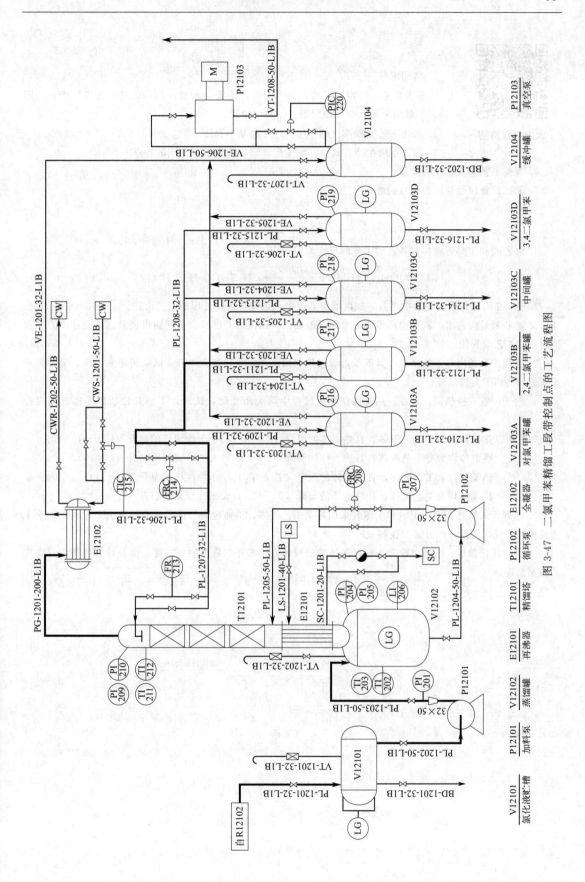

图 3-47　二氯甲苯精馏工段带控制点的工艺流程图

本章目标检测

思 考 题

1. 名词解释

①报警装置；②事故贮槽；③安全阀；④安全水封；⑤爆破片；⑥溢流管；⑦阻火器；⑧载能介质；⑨就地仪表；⑩集中仪表。

2. 简述工艺流程设计的作用、任务和基本程序。

3. 简述连续生产方式、间歇生产方法和联合生产方式的特点。

4. 简述工艺流程设计的成果。

5. 简述设备位号和仪表位号的表示方法。

习 题

1. 以乙酸和丁醇为原料制备乙酸丁酯的反应方程式为

$$CH_3COOH + C_4H_9OH \xrightarrow[\text{浓 } H_2SO_4]{120℃} CH_3COOC_4H_9 + H_2O$$

反应拟在间歇釜式反应器中进行，试以反应器为中心，完善反应过程的工艺流程。

2. 离心泵是最常用的液体输送设备，常通过改变出口阀门的开度来调节其输出流量，试设计该方案带控制点的工艺流程图。

3. 容积式泵的出口不能堵死，其流量常通过控制回路阀门的开度来调节，试以齿轮泵为例，设计容积式泵的回路调节自控流程。

4. 对于列管式换热器，若冷、热流体在换热过程中均无相变化，试设计下列几种情况下适宜的自控流程。

(1) 冷、热流体均为非工艺流体，且热流体的温降（$T_1 - T_2$）小于冷流体的温升（$t_2 - t_1$）。

(2) 冷、热流体均为非工艺流体，且热流体的温降（$T_1 - T_2$）大于冷流体的温升（$t_2 - t_1$）。

(3) 冷、热流体均为工艺流体，且热流体的温降（$T_1 - T_2$）小于冷流体的温升（$t_2 - t_1$）。

(4) 冷、热流体均为工艺流体，且热流体的温降（$T_1 - T_2$）大于冷流体的温升（$t_2 - t_1$）。

5. 在列管式换热器中，用饱和水蒸气来加热某工艺流体，拟通过调节蒸汽压力的方法来控制被加热工艺流体的温度，试设计该方案的控制流程。

6. 某减压精馏塔，拟通过改变不凝性气体抽吸量的方法来控制塔内的真空度，试设计维持塔内真空度的控制流程。

第四章　物料衡算

学习要求

1. 掌握：物料平衡方程式；物料衡算的常用基准；化学过程的物料衡算。
2. 熟悉：物料衡算的方法和步骤。
3. 了解：物料衡算的意义。

本章课件

第一节　概述

在制药工程设计中，当工艺流程示意图确定之后，即可进行物料衡算。通过物料衡算，可以深入地分析和研究生产过程，得出生产过程中所涉及的各种物料的数量和组成，从而使设计由定性转入定量。在整个工艺设计中，物料衡算是最先进行的一个计算项目，其结果是后续的能量衡算、设备选型与工艺设计、车间布置设计、管道设计等各单项设计的依据，因此，物料衡算结果的正确与否直接关系到整个工艺设计的可靠程度。

物料衡算的依据是工艺流程示意图以及为物料衡算收集的有关资料。虽然工艺流程示意图只是定性地给出了物料的来龙去脉，但它决定了应对哪些过程或设备进行物料衡算，以及这些过程或设备所涉及的物料，使之既不遗漏，也不重复。可见，工艺流程示意图对物料衡算起着重要的指导作用。

根据物料衡算结果，将工艺流程示意图进一步深化，可绘制出物料流程图。在物料衡算的基础上，可进行能量衡算、设备选型与工艺设计，以确定设备的容积、台数和主要工艺尺寸，进而可进行车间布置设计和管道设计等项目。

在实际应用中，根据需要，也可对已经投产的一台设备、一套装置、一个车间或整个工厂进行物料衡算，以寻找生产中的薄弱环节，为改进生产、完善管理提供可靠的依据，并可作为判断工程项目是否达到设计要求以及检查原料利用率和三废处理完善程度的一种手段。

制药工业包括原料药工业和制剂工业，其中制剂工业的生产过程通常为物理过程，其物料衡算比较简单，在此不再叙述。原料药的生产途径很多，如化学合成、生物发酵、中草药提取等。本章主要讨论化学过程的物料衡算。

第二节　物料衡算基本理论

一、物料平衡方程式

物料衡算的理论基础是质量守恒定律，运用该定律可以得出各种过程的物料平衡方程式。

1. 物理过程

根据质量守恒定律，物理过程的总物料平衡方程式为

$$\sum G_{\mathrm{I}} = \sum G_{\mathrm{O}} + G_{\mathrm{A}} \tag{4-1}$$

式中　$\sum G_{\mathrm{I}}$——输入体系的总物料量；

　　　$\sum G_{\mathrm{O}}$——输出体系的总物料量；

　　　G_{A}——物料在体系中的总累积量。

式(4-1) 也适用于物理过程中任一组分或元素的物料衡算。

对于稳态过程，物料在体系内没有累积，式(4-1) 可简化为

$$\sum G_{\mathrm{I}} = \sum G_{\mathrm{O}} \tag{4-2}$$

式(4-2) 表明，对于物理过程，若物料在体系内没有累积，则输入体系的物料量等于离开体系的物料量，不仅总质量平衡，而且对其中的任一组分或元素也平衡。

2. 化学过程

对于有化学反应的体系，式(4-1) 和式(4-2) 仍可用于体系的总物料衡算或任一元素的物料衡算，但不能用于组分的物料衡算。

对于化学过程，某组分的物料平衡方程式可表示为

$$\sum G_{\mathrm{I}i} + \sum G_{\mathrm{P}i} = \sum G_{\mathrm{O}i} + \sum G_{\mathrm{R}i} + G_{\mathrm{A}i} \tag{4-3}$$

式中　$\sum G_{\mathrm{I}i}$——输入体系的 i 组分的量；

　　　$\sum G_{\mathrm{O}i}$——输出体系的 i 组分的量；

　　　$\sum G_{\mathrm{P}i}$——体系中因化学反应而产生的 i 组分的量；

　　　$\sum G_{\mathrm{R}i}$——体系中因化学反应而消耗的 i 组分的量；

　　　$G_{\mathrm{A}i}$——体系中 i 组分的累积量。

同样，对于稳态过程，组分在体系内没有累积，则式(4-3) 可简化为

$$\sum G_{\mathrm{I}i} + \sum G_{\mathrm{P}i} = \sum G_{\mathrm{O}i} + \sum G_{\mathrm{R}i} \tag{4-4}$$

二、衡算基准

在进行物料衡算或热量衡算时，都必须选择相应的衡算基准作为计算的基础。根据过程特点合理地选择衡算基准，不仅可以简化计算过程，而且可以缩小计算误差。物料衡算常用的衡算基准主要有以下几种。

(1) 单位时间　对于间歇生产过程和连续生产过程，均可以单位时间间隔内的投料量或产品量为基准进行物料衡算。根据计算的方便，对于间歇生产过程，单位时间间隔通常取一批操作的生产周期；对于连续生产过程，单位时间间隔可以是 1 秒、1 小时、1 天或 1 年。

以单位时间为基准进行物料衡算可直接联系到生产规模和设备的设计计算。例如，对于给定的生产规模，以时间天为基准就是根据产品的年产量和年生产日计算出产品的日产量，再根据产品的总收率折算出 1 天操作所需的投料量，并以此为基础进行物料衡算。产品的年产量、日产量和年生产日之间的关系为

$$日产量 = \frac{年产量}{年生产日} \tag{4-5}$$

式(4-5) 中的年产量由设计任务所规定；年生产日要视具体的生产情况而定。制药厂，尤其是化学制药厂在生产过程中大多具有腐蚀性，设备需要定期检修或更换。因此，每年一般要安排一次大修和次数不定的小修，年生产日常按 10 个月（即 300 天）来计算，腐蚀较轻或较重的，年生产日可根据具体情况适当增加或缩短。

（2）单位质量　对于间歇生产过程和连续生产过程，也可以一定质量，如 1kg、1000kg（1 吨）或 1mol、1kmol 的原料或产品为基准进行物料衡算。

（3）单位体积　若所处理的物料为气体，则可以单位体积的原料或产品为基准进行物料衡算。由于气体的体积随温度和压力而变化，因此，应将操作状态下的气体体积全部换算成标准状态下的体积，即以 1m^3（标况下）的原料或产品为基准进行物料衡算。这样既能消除温度和压力变化所带来的影响，又能方便地将气体体积换算成物质的量。

三、衡算范围

在进行物料衡算时，经常会遇到比较复杂的计算。为计算方便，一般要划定物料衡算范围。根据衡算目的和对象的不同，衡算范围可以是一台设备、一套装置、一个工段、一个车间或整个工厂等。衡算范围一经划定，即可视为一个独立的体系。凡进入体系的物料均为输入项，离开体系的物料均为输出项。

四、衡算方法和步骤

① 明确衡算目的，如通过物料衡算确定生产能力、纯度、收率等数据。

② 明确衡算对象，划定衡算范围，绘出物料衡算示意图，并在图上标注与物料衡算有关的已知和未知的数据。

③ 对于有化学反应的体系，应写出化学反应方程式（包括主反应、副反应），以确定反应前后的物料组成及各组分之间的摩尔比。

④ 收集与物料衡算有关的计算数据，包括生产规模和年生产日；原辅材料、中间体及产品的规格；有关的定额和消耗指标，如产品单耗、配料比、回收率、转化率、选择性、收率等；有关的物理化学常数，如密度、蒸气压、相平衡常数等。

⑤ 选定衡算基准。

⑥ 列出物料平衡方程式，进行物料衡算。

⑦ 根据物料衡算结果，编制物料平衡表。

第三节　物料衡算举例

一、物理过程的物料衡算

【实例 4-1】硝化混酸配制过程的物料衡算。已知混酸组成为 H_2SO_4 46%（质量分数，下同）、HNO_3 46%、H_2O 8%，配制混酸用的原料为 92.5% 的工业硫酸、98% 的硝酸及含 H_2SO_4 69% 的硝化废酸，试通过物料衡算确定配制 1000kg 混酸时各原料的用量。为简化计算，设原料中除水外的其他杂质可忽略不计。

解：混酸配制过程可在搅拌釜中进行。以搅拌釜为衡算范围，绘制混酸配制过程的物料衡算示意图，如图 4-1 所示。图中 $G_{H_2SO_4}$ 为 92.5% 的硫酸用量，G_{HNO_3} 为 98% 的硝酸用量，$G_{废}$ 为含 69% 硫酸的废酸用量。

图 4-1　混酸配制过程
物料衡算示意图

图中共有 4 股物料，3 个未知数，需列出 3 个独立方程。对 HNO_3 进行物料衡算得

$$0.98G_{HNO_3} = 0.46 \times 1000 \tag{a}$$

对 H_2SO_4 进行物料衡算得

$$0.925G_{H_2SO_4}+0.69G_{废}=0.46\times1000 \tag{b}$$

对 H_2O 进行物料衡算得

$$0.02G_{HNO_3}+0.075G_{H_2SO_4}+0.31G_{废}=0.08\times1000 \tag{c}$$

联解式(a)、(b) 和 (c) 得

$$G_{HNO_3}=469.4kg,\ G_{H_2SO_4}=399.5kg,\ G_{废}=131.1kg$$

根据物料衡算结果，可编制混酸配制过程的物料平衡表，如表 4-1 所示。

表 4-1　混酸配制过程的物料平衡表

	物料名称	工业品量/kg	质量分数/%		物料名称	工业品量/kg	质量分数/%
输入	硝酸	469.4	HNO_3:98 H_2O:2	输出	硝化混酸	1000	H_2SO_4:46 HNO_3:46 H_2O:8
	硫酸	399.5	H_2SO_4:92.5 H_2O:7.5				
	废酸	131.1	H_2SO_4:69 H_2O:31				
	总计	1000			总计	1000	

【实例 4-2】拟用连续精馏塔分离苯和甲苯混合液。已知混合液的进料流量为 $200kmol\cdot h^{-1}$，其中含苯 0.4（摩尔分数，下同），其余为甲苯。若规定塔底釜液中苯的含量不高于 0.01，塔顶馏出液中苯的回收率不低于 98.5%，试通过物料衡算确定塔顶馏出液、塔釜釜液的流量及组成，以摩尔流量和摩尔分数表示。

解：以连续精馏塔为衡算范围，绘出物料衡算示意图，如图 4-2 所示。图中 F 为混合液的进料流量，D 为塔顶馏出液的流量，W 为塔底釜液的流量，x 为苯的摩尔分数。

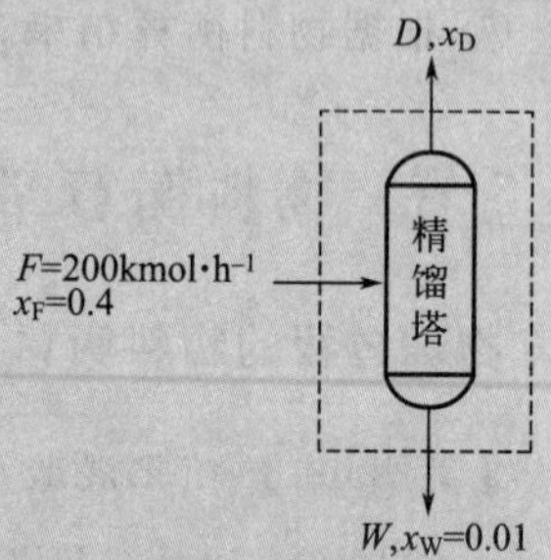

图 4-2 中共有 3 股物料，3 个未知数，需列出 3 个独立方程。对全塔进行总物料衡算得

$$200=D+W \tag{a}$$

对苯进行物料衡算得

$$200\times0.4=Dx_D+0.01W \tag{b}$$

由塔顶馏出液中苯的回收率得

$$\frac{Dx_D}{200\times0.4}=0.985 \tag{c}$$

图 4-2　苯和甲苯混合液精馏过程物料衡算示意图

联解式(a)、(b) 和 (c) 得

$$D=80kmol\cdot h^{-1},\ W=120kmol\cdot h^{-1},\ x_D=0.985$$

根据物料衡算结果，可编制苯和甲苯精馏过程的物料平衡表，如表 4-2 所示。

表 4-2　苯和甲苯精馏过程的物料平衡表

	物料名称	流量/kmol·h⁻¹	摩尔分数		物料名称	流量/kmol·h⁻¹	摩尔分数
输入	苯和甲苯混合液	200	苯:0.4 甲苯:0.6	输出	馏出液	80	苯:0.985 甲苯:0.015
					釜液	120	苯:0.01 甲苯:0.99
	总计	200			总计	200	

04-01 间歇精馏
和连续精馏

二、化学过程的物料衡算

与物理过程的物料衡算相比，化学过程的物料衡算要复杂得多。在有化学反应的体系中，对每一参与反应的物质而言，输入或输出体系的量是不平衡的。

1. 化学过程的几个概念

为了对化学过程进行物料衡算，必须收集与化学反应有关的数据，如转化率、收率、选择性等。

（1）转化率　某反应物的转化率可用该反应物的反应消耗量与反应物的原始投料量之比来表示，即

$$x_A = \frac{反应物\ A\ 的反应消耗量}{反应物\ A\ 的投料量} \times 100\% \tag{4-6}$$

式中　x_A——反应物 A 的转化率。

由于各反应物的原始投料量不一定符合化学计量关系，因此以不同反应物为基准进行计算所得的转化率不一定相同。所以，在计算时必须指明是何种反应物的转化率。若没有指明，一般是指主要反应物或限制反应物的转化率。

（2）收率（产率）　某产物的收率可用转化为该产物的反应物 A 的量与反应物 A 的原始投料量之比来表示，即

$$y = \frac{按目标产物收得量折算的反应物\ A\ 的量}{反应物\ A\ 的投料量} \times 100\% \tag{4-7}$$

式中　y——目标产物的收率。

某产物的收率也可用该产物的实际获得量与按投料量计算应得到的理论量之比来表示，即

$$y = \frac{实际得到的产物量}{按投料量计算应得到的产物量} \times 100\% \tag{4-8}$$

（3）选择性　若反应体系中存在副反应，则在各种主、副产物中，转化成目标产物的反应物 A 的量与反应物 A 的反应消耗量之比称为反应的选择性，即

$$\varphi = \frac{按目标产物收得量折算的反应物\ A\ 的量}{反应物\ A\ 的反应消耗量} \times 100\% \tag{4-9}$$

式中　φ——反应的选择性。

由式(4-6)、式(4-8) 和式(4-9) 得

$$y = x\varphi \qquad (4\text{-}10)$$

【实例 4-3】　甲苯用浓硫酸磺化制备对甲苯磺酸。已知甲苯的投料量为 1000kg，反应产物中含对甲苯磺酸 1460kg，未反应的甲苯 20kg，试分别计算甲苯的转化率、对甲苯磺酸的收率和选择性。

解：化学反应方程式为

相对分子质量　　　92　　　98　　　　　　172　　18

则甲苯的转化率为

$$x_A = \frac{1000 - 20}{1000} \times 100\% = 98\%$$

对甲苯磺酸的收率为

$$y = \frac{1460 \times 92}{1000 \times 172} \times 100\% = 78.1\%$$

对甲苯磺酸的选择性为

$$\varphi = \frac{1460 \times 92}{(1000 - 20) \times 172} \times 100\% = 79.7\%$$

（4）总收率　产品的生产工艺过程通常由若干个物理工序和化学反应工序所组成，各工序都有一定的收率，各工序的收率之积即为总收率。

【实例 4-4】邻氯甲苯经 α-氯代、氰化、水解工序可制得邻氯苯乙酸，邻氯苯乙酸再与 2,6-二氯苯胺缩合即可制得消炎镇痛药——双氯芬酸。已知各工序的收率分别为：氯代工序 $y_1 = 83.6\%$、氰化工序 $y_2 = 90\%$、水解工序 $y_3 = 88.5\%$、缩合工序 $y_4 = 48.4\%$。试计算以邻氯甲苯为起始原料制备双氯芬酸的总收率。

解：设以邻氯甲苯为起始原料制备双氯芬酸的总收率为 y_T，则

$$\begin{aligned} y_T &= y_1 \times y_2 \times y_3 \times y_4 \\ &= 83.6\% \times 90\% \times 88.5\% \times 48.4\% \\ &= 32.2\% \end{aligned}$$

（5）单程转化率和总转化率　某些化学反应过程，主要反应物经一次反应的转化率不高，甚至很低，但未反应的主要反应物经分离回收后可循环套用，此时的转化率有单程转化率和总转化率之分。

【实例 4-5】用苯氯化制备一氯苯时，为减少副产二氯苯的生成量，应控制氯的消耗量。已知每 100mol 苯与 40mol 氯反应，反应产物中含 38mol 氯苯、1mol 二氯苯以及 61mol 未反应的苯。反应产物经分离后可回收 60mol 的苯，损失 1mol 苯。试计算苯的单程转化率和总转化率。

解：苯的单程转化率 x_A 为

$$x_A = \frac{100-61}{100} \times 100\% = 39.0\%$$

设苯的总转化率为 x_T，则

$$x_T = \frac{100-61}{100-60} \times 100\% = 97.5\%$$

可见，对于某些反应，主要反应物的单程转化率可以很低，但总转化率却可以提高。

2. 间歇操作过程的物料衡算

【实例 4-6】　在间歇釜式反应器中用浓硫酸磺化甲苯生产对甲苯磺酸，其工艺流程如图 3-11 所示，试对该过程进行物料衡算。已知每批操作的投料量为：甲苯 1000kg，纯度 99.9%（质量分数，下同）；浓硫酸 1100kg，纯度 98%。甲苯的转化率为 98%，生成对甲苯磺酸的选择性为 82%，生成邻甲苯磺酸的选择性为 9.2%，生成间甲苯磺酸的选择性为 8.8%。物料中的水约 90% 经连续脱水器排出。此外，为简化计算，假设原料中除纯品外都是水，且在磺化过程中无物料损失。

解：以甲苯磺化装置（包括磺化釜、冷凝器和脱水器）为衡算范围，绘出物料衡算示意图，如图 4-3 所示。

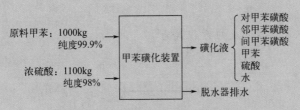

图 4-3　甲苯磺化过程物料衡算示意图

图中共有 4 股物料，物料衡算的目的就是确定各股物料的数量和组成，并据此编制物料平衡表。

对于间歇操作过程，常以单位时间间隔（一个操作周期）内的投料量为基准进行物料衡算。

进料：

原料甲苯中的甲苯量为

$$1000 \times 0.999 = 999(kg)$$

原料甲苯中的水量为

$$1000 - 999 = 1(kg)$$

浓硫酸中的硫酸量为

$$1100 \times 0.98 = 1078(kg)$$

浓硫酸中的水量为

$$1100 - 1078 = 22(kg)$$

进料总量为

$$1000 + 1100 = 2100(kg)$$

其中含甲苯 999kg，硫酸 1078kg，水 23kg。

出料：

反应消耗的甲苯量为

$$999 \times 98\% = 979 (\text{kg})$$

未反应的甲苯量为

$$999 - 979 = 20 (\text{kg})$$

生成目标产物对甲苯磺酸的反应方程式为

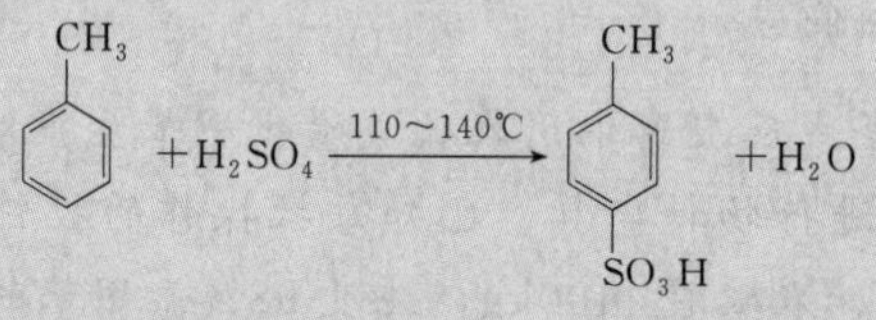

相对分子质量　　　　92　　　98　　　　　172　　　18

生成副产物邻甲苯磺酸的反应方程式为

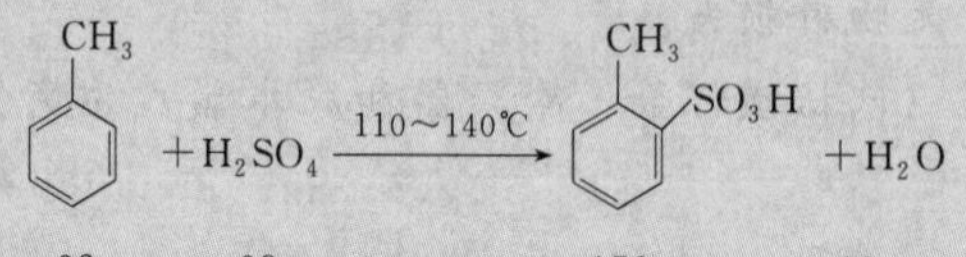

相对分子质量　　　　92　　　98　　　　　172　　　18

生成副产物间甲苯磺酸的反应方程式为

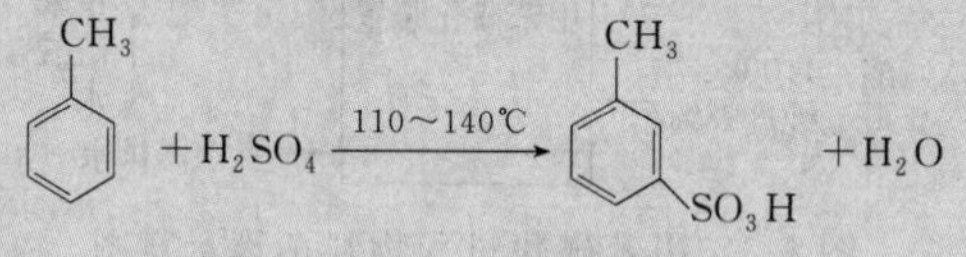

相对分子质量　　　　92　　　98　　　　　172　　　18

反应生成的对甲苯磺酸量为

$$979 \times \frac{172}{92} \times 82\% = 1500.8 (\text{kg})$$

反应生成的邻甲苯磺酸量为

$$979 \times \frac{172}{92} \times 9.2\% = 168.4 (\text{kg})$$

反应生成的间甲苯磺酸量为

$$979 \times \frac{172}{92} \times 8.8\% = 161.1 (\text{kg})$$

反应生成的水量为

$$979 \times \frac{18}{92} = 191.5 (\text{kg})$$

经脱水器排出的水量为

$$(23 + 191.5) \times 90\% = 193.1 (\text{kg})$$

磺化液中剩余的水量为

$$(23+191.5)-193.1=21.4(kg)$$

反应消耗的硫酸量为

$$979\times\frac{98}{92}=1042.8(kg)$$

未反应的硫酸量为

$$1078-1042.8=35.2(kg)$$

磺化液总量为

$$1500.8+168.4+161.1+20+35.2+21.4=1906.9(kg)$$

根据物料衡算结果，可编制甲苯磺化过程的物料平衡表，如表4-3所示。

表 4-3　甲苯磺化过程的物料平衡表

	物料名称	质量/kg	质量分数/%		纯品量/kg
输 入	原料甲苯	1000	甲苯	99.9	999
			水	0.1	1
	浓硫酸	1100	硫酸	98.0	1078
			水	2.0	22
	总计	2100			2100
输 出	磺化液	1906.9	对甲苯磺酸	78.70	1500.8
			邻甲苯磺酸	8.83	168.4
			间甲苯磺酸	8.45	161.1
			甲苯	1.05	20.0
			硫酸	1.85	35.2
			水	1.12	21.4
	脱水器排水	193.1	水	100	193.1
	总计	2100			2100

3. 连续操作过程的物料衡算

【实例 4-7】在催化剂作用下，乙醇脱氢可制备乙醛，其反应方程式为

$$C_2H_5OH\longrightarrow CH_3CHO+H_2$$

同时存在副反应

$$2C_2H_5OH\longrightarrow CH_3COOC_2H_5+2H_2$$

已知原料为无水乙醇（纯度以100%计），流量为1000kg·h^{-1}，其转化率为95%，生成乙醛的选择性为80%，试对该过程进行物料衡算。

解：以反应器为衡算范围，绘出物料衡算示意图，如图4-4所示。

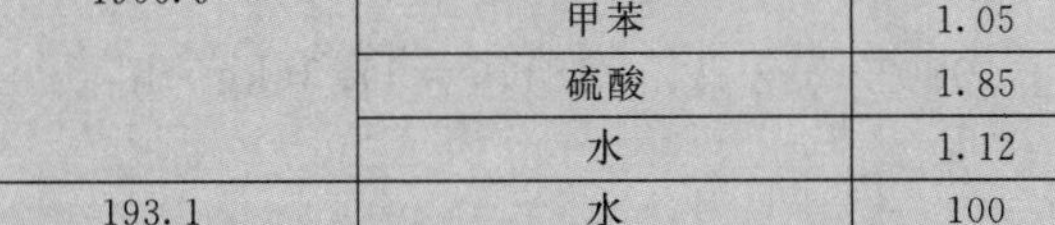

图 4-4　乙醇催化脱氢制乙醛过程物料衡算示意图

图中仅有1股进料和1股出料，且进料乙醇的数量和组成为已知，因此，物料衡算的目的就是为了确定出料的组成。该过程为连续操作过程，以单位时间，即1h内的进料量为基准进行物料衡算比较方便。

主反应方程式为

$$C_2H_5OH \longrightarrow CH_3CHO + H_2$$

相对分子质量 　　　46 　　　　　44 　　　2

副反应方程式为

$$2C_2H_5OH \longrightarrow CH_3COOC_2H_5 + 2H_2$$

相对分子质量 　　2×46=92 　　　　88 　　　2×2=4

出料：

乙醇流量为

$$1000 \times (1-0.95) = 50.0 (kg \cdot h^{-1})$$

乙醛流量为

$$1000 \times 0.95 \times 0.8 \times \frac{44}{46} = 727.0 (kg \cdot h^{-1})$$

乙酸乙酯流量为

$$1000 \times 0.95 \times (1-0.8) \times \frac{88}{92} = 181.7 (kg \cdot h^{-1})$$

氢气流量为

$$1000 - 50 - 727 - 181.7 = 41.3 (kg \cdot h^{-1})$$

或

$$1000 \times 0.95 \times 0.8 \times \frac{2}{46} + 1000 \times 0.95 \times (1-0.8) \times \frac{4}{92} = 41.3 (kg \cdot h^{-1})$$

根据物料衡算结果，可编制乙醇催化脱氢过程的物料平衡表，如表4-4所示。

表4-4　乙醇催化脱氢过程物料平衡表

	物料名称	流量/kg·h^{-1}	质量分数/%
输入	乙醇	1000	100
	总计	1000	100
输出	乙醇	50.0	5.0
	乙醛	727.0	72.7
	乙酸乙酯	181.7	18.2
	氢气	41.3	4.1
	总计	1000	100.0

04-02 醉酒的隐形
凶手——乙醛

4. 含有化学平衡的物料衡算

【实例4-8】蒽醌用混酸硝化后所得硝化液的组成为：硝基蒽醌5.6％（质量分数，下同）、H_2SO_4 34.5％、HNO_3 6.7％、H_2O 53.2％。拟采用含量为18％、密度为932kg·m^{-3}的氨水将硝化液中和至pH＝7。已知每批操作硝化液的投料量为3000kg，硝化液的密度为1170kg·m^{-3}，$K_水=\dfrac{1}{1.77}\times10^{-9}$，试对硝化液中和过程进行物料衡算。为简化计算，假设中和前后物料的总体积保持不变。

解：以中和反应器为衡算范围，绘出物料衡算示意图，如图4-5所示。

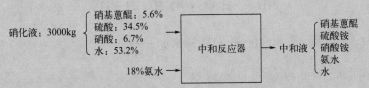

图4-5　蒽醌硝化液中和过程物料衡算示意图

硝化液总量为3000kg，其中含硝基蒽醌的量为

$$3000\times5.6\%=168(kg)$$

硫酸的量为

$$3000\times34.5\%=1035(kg)$$

硝酸的量为

$$3000\times6.7\%=201(kg)$$

水的量

$$3000\times53.2\%=1596(kg)$$

H_2SO_4 中和反应方程式为

$$H_2SO_4+2NH_3\longrightarrow(NH_4)_2SO_4$$

相对分子质量　　　98　　2×17=34　　132

反应生成的硫酸铵量为

$$\frac{1035\times132}{98}=1394.1(kg)$$

NH_3 的消耗量为

$$\frac{1035\times34}{98}=359.1(kg)$$

HNO_3 中和反应方程式为

$$HNO_3+NH_3\longrightarrow NH_4NO_3$$

相对分子质量　　　63　　17　　80

反应生成的硝酸铵量为

$$\frac{201\times80}{63}=255.2(kg)$$

NH_3 的消耗量为

$$\frac{201\times17}{63}=54.2(kg)$$

中和反应中 18% 氨水的消耗量为

$$\frac{359.1+54.2}{0.18}=2296(\text{kg})$$

18% 氨水的体积为

$$\frac{2296}{932}=2.464\text{m}^3$$

pH＝7 时溶液中的氨量可根据铵盐水解的离子平衡方程式计算，即

$$NH_4^+ + H_2O \rightleftharpoons NH_4OH + H^+$$

$$[NH_4OH]=K_* \frac{[NH_4^+]}{[H^+]}$$

式中

$$K_*=\frac{1}{1.77}\times 10^{-9}$$

$$[H^+]=10^{-7}$$

硝化液的体积为

$$\frac{3000}{1170}=2.564(\text{m}^3)$$

则

$$[NH_4^+]=\frac{359.1+54.2}{17\times(2.464+2.564)}=4.835(\text{mol} \cdot \text{L}^{-1})$$

故

$$[NH_4OH]=\frac{1}{1.77}\times 10^{-9}\times \frac{4.835}{10^{-7}}=2.732\times 10^{-2}(\text{mol} \cdot \text{L}^{-1})$$

需过量 18% 氨水的量为

$$\frac{2.732\times 10^{-2}\times(2.464+2.564)\times 17}{18\%}=13.0(\text{kg})$$

其中含 NH_3 量为

$$13.0\times 18\%=2.3(\text{kg})$$

因此，为达到中和要求，需加入 18% 氨水的总量为

$$(2296+13)=2309(\text{kg})$$

其中含 NH_3 量为

$$2309\times 18\%=416(\text{kg})$$

含水量为

$$2309\times 82\%=1893(\text{kg})$$

故溶液中水的总量为

$$(1596+1893)=3489(\text{kg})$$

根据物料衡算结果，可编制蒽醌硝化液中和过程的物料平衡表，如表 4-5 所示。

表 4-5　蒽醌硝化液中和过程的物料平衡表

	物料名称	质量/kg	质量分数/%		纯品量/kg
输入	硝化液	3000	硝基蒽醌	5.6	168
			硫酸	34.5	1035
			硝酸	6.7	201
			水	53.2	1596
	氨水	2309	氨(NH_3)	18	416
			水	82	1893
	总计	5309			5309
输出	中和液	5309	硝基蒽醌	3.2	168
			硫酸铵	26.3	1394.1
			硝酸铵	4.8	255.2
			水	65.7	3489
			氨(NH_3)	0.0	2.3
			误差	0.0	0.4
	总计	5309			5309

思 考 题

1. 解释下列名词
①转化率；②收率（产率）；③选择性；④总收率；⑤单程转化率；⑥总转化率。
2. 简述物理过程与化学过程组分物料平衡方程式的不同点。
3. 简述物料衡算的常用基准、衡算范围以及衡算方法和步骤。

本章目标检测

习 题

1. 拟用连续精馏塔分离甲醇和水的混合液。已知混合液的进料流量为 $100kmol \cdot h^{-1}$，其中甲醇含量为 0.1（摩尔分数，下同），其余为水。若要求塔顶馏出液中甲醇含量不低于 0.9，塔底釜液中甲醇含量不高于 0.05，试通过物料衡算确定塔顶馏出液、塔釜釜液的流量，以摩尔流量表示。

2. 在间歇釜式反应器中用浓硫酸磺化甲苯生产对甲苯磺酸，其工艺流程如图 3-11 所示，试对该过程进行物料衡算。已知每批操作的投料量为：甲苯 800kg，纯度 99.9%（质量分数，下同）；浓硫酸 550kg，纯度 98%。甲苯的单程转化率为 62%，生成对甲苯磺酸的选择性为 82%，生成邻甲苯磺酸的选择性为 9.2%，生成间甲苯磺酸的选择性为 8.8%。物料中的水约 90% 经连续脱水器排出。此外，为简化计算，假设原料中除纯品外都是水，且在磺化过程中无物料损失。

第五章　能量衡算

学习要求

1. 掌握：热量平衡方程式；热量衡算的计算基准；化学过程的热量衡算；常用加热剂和冷却剂的性能、特点及消耗量的计算方法。

2. 熟悉：热量衡算的方法和步骤；过程的热效应；燃料、压缩空气消耗量以及真空抽气量的计算。

3. 了解：热量衡算的意义；常用加热剂和冷却剂的能耗系数。

第一节　概述

当物料衡算完成后，对于没有热效应的过程，可直接根据物料衡算结果以及物料的性质、处理量和工艺要求进行设备的工艺设计，以确定设备的型式、数量和主要工艺尺寸。而对于伴有热效应的过程，则还必须进行能量衡算，才能确定设备的主要工艺尺寸。在药品生产中，无论是进行物理过程的设备，还是进行化学过程的设备，大多存在一定的热效应，因此，通常要进行能量衡算。

对于新设计的设备或装置，能量衡算的目的主要是为了确定设备或装置的热负荷。根据热负荷的大小以及物料的性质和工艺要求，可进一步确定传热设备的型式、数量和主要工艺尺寸。此外，热负荷也是确定加热剂或冷却剂用量的依据。

在实际生产中，根据需要，也可对已经投产的一台设备、一套装置、一个车间或整个工厂进行能量衡算，以寻找能量利用的薄弱环节，为完善能源管理、制定节能措施、降低单位能耗提供可靠的依据。

05-01 能源
智能化管理

能量衡算的依据是物料衡算结果以及为能量衡算而收集的有关物料的热力学数据，如定压比热、相变热、反应热等。

能量衡算的理论基础是热力学第一定律，即能量守恒定律。能量有不同的表现形式，如内能、动能、位能、热能等。在药品生产中，热能是最常见的能量表现形式，且在多数情况下，能量衡算可简化为热量衡算。

第二节　热量衡算

一、热量平衡方程式

当内能、动能、位能的变化量可以忽略且无轴功时，输入系统的热量与离开系统的热量应平衡，由此可得出传热设备的热量平衡方程式为

$$Q_1+Q_2+Q_3=Q_4+Q_5+Q_6 \tag{5-1}$$

式中 Q_1——物料带入设备的热量，kJ；

Q_2——加热剂或冷却剂传递给设备及所处理物料的热量或冷量，kJ；

Q_3——过程的热效应，kJ；

Q_4——物料带出设备的热量，kJ；

Q_5——加热或冷却设备所消耗的热量或冷量，kJ；

Q_6——设备向环境散失的热量，kJ。

在应用式(5-1) 时，应注意除 Q_1 和 Q_4 外，其他 Q 值都有正负两种情况。例如，当过程放热时，Q_3 取"＋"号；反之，当过程吸热时，Q_3 取"－"号，这与热力学中的规定正好相反。

由式(5-1) 可求出 Q_2，即设备的热负荷。若 Q_2 为正值，表明需要向设备及所处理的物料提供热量，即需要加热；反之，若 Q_2 为负值，表明需要从设备及所处理的物料移走热量，即需要冷却。此外，对于间歇操作，由于不同时间段内的操作情况可能不同，因此，应按不同的时间段分别计算 Q_2 的值，并取其绝对值最大者作为设备热负荷的设计依据。

为求出传热设备的热负荷，即 Q_2，必须求出式(5-1) 中其他各项热量的值。

二、各项热量的计算

1. 计算基准

在计算各项热量之前，首先要确定一个计算基准。一般情况下，可以 $0℃$ 和 $1.013×10^5\,Pa$ 为计算基准。对于有化学反应的过程，也常以 $25℃$ 和 $1.013×10^5\,Pa$ 为计算基准。

2. Q_1 或 Q_4 的计算

若物料在基准温度和实际温度之间没有相变化，则可利用定压比热计算物料所含有的显热，即

$$Q_1 \text{ 或 } Q_4 = \sum G \int_{T_0}^{T_2} C_p \mathrm{d}T \tag{5-2}$$

式中 G——输入或输出设备的物料量，kg；

T_0——基准温度,℃；

T_2——物料的实际温度,℃；

C_p——物料的定压比热，$kJ \cdot kg^{-1} \cdot ℃^{-1}$。

物料的定压比热与温度之间的函数关系常用多项式来表示，即

$$C_p = a + bT + cT^2 + dT^3 \tag{5-3}$$

或

$$C_p = a + bT + cT^2 \tag{5-4}$$

式中 a、b、c、d——物质的特性常数，可从有关手册查得。

若已知物料在所涉及温度范围内的平均定压比热，则式(5-2) 可简化为

$$Q_1 \text{ 或 } Q_4 = \sum GC_p(T_2 - T_0) \tag{5-5}$$

式中 C_p——物料在 $(T_0 \sim T_2)$℃范围内的平均定压比热，$kJ \cdot kg^{-1} \cdot ℃^{-1}$。

3. Q_3 的计算

过程的热效应由物理变化热和化学变化热两部分组成，即

$$Q_3 = Q_p + Q_c \tag{5-6}$$

式中 Q_p——物理变化热，kJ；

Q_c——化学变化热，kJ。

物理变化热是指物料的浓度或状态发生改变时所产生的热效应，如蒸发热、冷凝热、结晶热、熔融热、升华热、凝华热、溶解热、稀释热等。化学变化热是指组分之间发生化学反应时所产生的热效应，可根据物质的反应量和化学反应热计算。若所进行的过程为纯物理过程，无化学反应发生，如固体的溶解、硝化混酸的配制、液体混合物的精馏等过程均为纯物理过程，则 $Q_c=0$。

有关物理变化热和化学变化热的计算方法见本章第三节。

4. Q_5 的计算

对于稳态操作过程，$Q_5=0$；对于非稳态操作过程，如开车、停车以及各种间歇操作过程，Q_5 可按式(5-7) 计算

$$Q_5=\sum GC_p(T_2-T_1) \tag{5-7}$$

式中 G——设备各部件的质量，kg；

C_p——设备各部件材料的平均定压比热，$kJ \cdot kg^{-1} \cdot ℃^{-1}$；

T_1——设备各部件的初始温度，℃；

T_2——设备各部件的最终温度，℃。

与其他各项热量相比，Q_5 的数值一般较小，因此，Q_5 常可忽略不计。

5. Q_6 的计算

设备向环境散失的热量 Q_6 可用式(5-8) 计算

$$Q_6=\sum \alpha_T S_w(T_w-T)\tau \times 10^{-3} \tag{5-8}$$

式中 α_T——对流-辐射联合传热系数，$W \cdot m^{-2} \cdot ℃^{-1}$；

S_W——与周围介质直接接触的设备外表面积，m^2；

T_W——与周围介质直接接触的设备外表面温度，℃；

T——周围介质的温度，℃；

τ——散热过程持续的时间，s。

对于有保温层的设备或管道，其外壁向周围介质散热的联合传热系数可用下列经验公式估算。

(1) 空气在保温层外作自然对流，且 $T_w<150℃$ 在平壁保温层外，α_T 可按式(5-9) 估算

$$\alpha_T=9.8+0.07(T_W-T) \tag{5-9}$$

在圆筒壁保温层外，α_T 可按式(5-10) 估算

$$\alpha_T=9.4+0.052(T_W-T) \tag{5-10}$$

(2) 空气沿粗糙壁面作强制对流 当空气流速不大于 $5m \cdot s^{-1}$ 时，α_T 可按式(5-11) 估算

$$\alpha_T=6.2+4.2u \tag{5-11}$$

式中 u——空气流速，$m \cdot s^{-1}$。

当空气流速大于 $5m \cdot s^{-1}$ 时，α_T 可按式(5-12) 估算

$$\alpha_T=7.8u^{0.78} \tag{5-12}$$

（3）对于室内操作的釜式反应器　α_T 的数值可近似取为 $10W \cdot m^{-2} \cdot ℃^{-1}$。

在实际应用中常将 Q_5 与 Q_6 合并在一起按式（5-13）估算

$$Q_5 + Q_6 = (5\% \sim 10\%)Q_2 \qquad (5\text{-}13)$$

式（5-13）是一个通式。对于连续过程，当操作达到稳态时，$Q_5 = 0$；开车、停车均为非稳态操作，需要考虑 Q_5，而 Q_6 可直接推导估算。对于间歇过程，应分段分别进行热量衡算，每段的 $(Q_5 + Q_6)$ 均按该段的 $(5\% \sim 10\%)$ Q_2 估算。

三、衡算方法和步骤

① 明确衡算目的，如通过热量衡算确定某设备或装置的热负荷、加热剂或冷却剂的消耗量等数据。

② 明确衡算对象，划定衡算范围，并绘出热量衡算示意图。为计算方便，常结合物料衡算结果，将进出衡算范围的各股物料的数量、组成和温度等数据标在热量衡算示意图中。

③ 收集与热量衡算有关的热力学数据，如定压比热、相变热、反应热等。

④ 选定衡算基准。

⑤ 列出热量平衡方程式，进行热量衡算。

⑥ 根据热量衡算结果，编制热量平衡表。

第三节　过程的热效应

一、物理变化热

物理变化热是指物料的状态或浓度发生变化时所产生的热效应，常见的有相变热和浓度变化热。

1. 相变热

物质从一相转变至另一相的过程，称为**相变过程**，如蒸发、冷凝、熔融、结晶、升华、凝华都是常见的相变过程。相变过程常在恒温恒压下进行，所产生的热效应称为**相变热**。由于相变过程中，体系的温度不发生改变，故相变热常称为**潜热**。蒸发、熔融、升华过程要克服液体或固体分子间的相互吸引力，因此，这些过程均为吸热过程，按式（5-1）中的符号规定，其相变热为负值；反之，冷凝、结晶、凝华过程的相变热为正值。

各种纯化合物的相变热可从有关手册或文献中查得，但应注意相变热的单位及正负号。一般热力学数据中的相变热以吸热为正，放热为负，与式（5-1）中的符号规定正好相反。

2. 浓度变化热

恒温恒压下，溶液因浓度发生改变而产生的热效应，称为**浓度变化热**。在药品生产中，以物质在水溶液中的浓度变化热最为常见。但除了某些酸、碱水溶液的浓度变化热较大外，大多数物质在水溶液的浓度变化热并不大，不会影响整个过程的热效应，因此，一般可不予考虑。

某些物质在水溶液中的浓度变化热可直接从有关手册或资料中查得，也可根据溶解热或稀释热的数据来计算。

（1）积分溶解热　恒温恒压下，将 1mol 溶质溶解于 n mol 溶剂中，该过程所产生的热效应称为积分溶解热，简称**溶解热**，用符号 ΔH_s 表示。常见物质在水中的积分溶解热可从有关手册或资料中查得。表 5-1 是 H_2SO_4 水溶液的积分溶解热。

表 5-1　25℃时 H₂SO₄ 水溶液的积分溶解热

H₂O 物质的量(n)/mol	积分溶解热(ΔH_s)/kJ·mol^{-1}	H₂O 物质的量(n)/mol	积分溶解热(ΔH_s)/kJ·mol^{-1}
0.5	15.74	50	73.39
1.0	28.09	100	74.02
2	41.95	200	74.99
3	49.03	500	76.79
4	54.09	1000	78.63
5	58.07	5000	84.49
6	60.79	10000	87.13
8	64.64	100000	93.70
10	67.07	500000	95.38
25	72.35	∞	96.25

注：表中积分溶解热的符号规定为放热为正、吸热为负。

对于一些常用的酸、碱水溶液，也可将溶液的积分溶解热数据回归成相应的经验公式，以便于应用。例如：硫酸的积分溶解热可按 SO₃ 溶于水的热效应用式(5-14) 估算

$$\Delta H_s = \frac{2111}{\frac{1-m}{m}+0.2013} + \frac{2.989(T-15)}{\frac{1-m}{m}+0.062} \tag{5-14}$$

式中　ΔH_s——SO₃ 溶于水形成硫酸的积分溶解热，kJ·(kg H₂O)$^{-1}$；

　　　m——以 SO₃ 计，硫酸的质量分数；

　　　T——操作温度，℃。

又如，硝酸的积分溶解热可用式(5-15) 估算

$$\Delta H_s = \frac{37.57n}{n+1.757} \tag{5-15}$$

式中　ΔH_s——硝酸的积分溶解热，kJ·(mol HNO₃)$^{-1}$；

　　　n——溶解 1mol HNO₃ 的 H₂O 的物质的量，mol。

再如，盐酸的积分溶解热可用下式估算

$$\Delta H_s = \frac{50.158n}{1+n} + 22.5 \tag{5-16}$$

式中　ΔH_s——盐酸的积分溶解热，kJ·(mol HCl)$^{-1}$；

　　　n——溶解 1mol HCl 的 H₂O 的物质的量，mol。

（2）积分稀释热　恒温恒压下，将一定量的溶剂加入到含 1mol 溶质的溶液中，形成较稀的溶液时所产生的热效应称为积分稀释热，简称稀释热。显然，两种不同浓度下的积分溶解热之差就是溶液由一种浓度稀释至另一种浓度的积分稀释热。例如，向由 1mol H₂SO₄ 和 1mol H₂O 组成的溶液中加入 5mol 水进行稀释的过程可表示为

$$\text{H}_2\text{SO}_4(1\text{mol H}_2\text{O}) + 5\text{H}_2\text{O} \xrightarrow{Q_p} \text{H}_2\text{SO}_4(6\text{mol H}_2\text{O})$$

由表 5-1 可知，1mol H₂SO₄ 和 6mol H₂O 组成的 H₂SO₄ 水溶液的积分溶解热为 60.79kJ·mol^{-1}，1mol H₂SO₄ 和 1mol H₂O 组成的 H₂SO₄ 水溶液的积分溶解热为 28.09kJ·mol^{-1}，则上述稀释过程的浓度变化热或积分稀释热为

$$Q_p = 60.79 - 28.09 = 32.70(\text{kJ})$$

【实例 5-1】 在 25℃和 1.013×10^5 Pa 下，用水稀释 78％的硫酸水溶液以配制 25％的硫酸水溶液。拟配制 25％的硫酸水溶液 1000kg，试计算：①78％的硫酸溶液和水的用量；②配制过程中 H_2SO_4 的浓度变化热。

解：①78％的硫酸溶液和水的用量　设 $G_{H_2SO_4}$ 为 78％的硫酸溶液的用量，G_{H_2O} 为水的用量，则

$$G_{H_2SO_4} \times 78\% = 1000 \times 25\% \tag{a}$$

$$G_{H_2SO_4} + G_{H_2O} = 1000 \tag{b}$$

联解式(a)、(b) 得

$$G_{H_2SO_4} = 320.5 \text{kg}, \quad G_{H_2O} = 679.5 \text{kg}$$

② 配制过程中 H_2SO_4 的浓度变化热　配制前后，H_2SO_4 的物质的量均为

$$n_{H_2SO_4} = \frac{320.5 \times 10^3 \times 0.78}{98} = 2550.9 (\text{mol})$$

配制前 H_2O 的物质的量为

$$n_{H_2O} = \frac{320.5 \times 10^3 \times 0.22}{18} = 3917.2 (\text{mol})$$

则

$$n_1 = \frac{3917.2}{2550.9} = 1.54$$

由表 5-1 用内插法查得

$$\Delta H_{s1} = 35.57 \text{kJ} \cdot \text{mol}^{-1}$$

配制后 H_2O 的物质的量变为

$$n_{H_2O} = \frac{1000 \times 10^3 \times 0.75}{18} = 41666.7 (\text{mol})$$

则

$$n_2 = \frac{41666.7}{2550.9} = 16.33$$

由表 5-1 查得

$$\Delta H_{s2} = 69.30 \text{kJ} \cdot \text{mol}^{-1}$$

设计如下途径完成配制过程

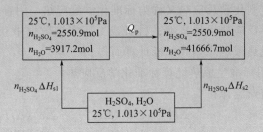

根据<u>盖斯定律</u>得

$$n_{H_2SO_4}\Delta H_{s1} + Q_p = n_{H_2SO_4}\Delta H_{s2}$$

$$Q_p = n_{H_2SO_4}(\Delta H_{s2} - \Delta H_{s1})$$

$$= 2550.9 \times (69.30 - 35.57)$$

$$= 8.604 \times 10^4 (kJ)$$

可见，硫酸配制过程中将放出 8.604×10^4 kJ 的热量。

二、化学变化热

过程的化学变化热可根据反应进度和化学反应热来计算，即

$$Q_c = \xi \Delta H_r^T \tag{5-17}$$

式中　ξ——反应进度，mol；

ΔH_r^T——化学反应热（放热为正值，吸热为负值），kJ·mol^{-1}。

以反应物 A 表示的反应进度为

$$\xi = \frac{n_{A0} - n_A}{\delta_A} \tag{5-18}$$

式中　n_{A0}——反应开始时反应物 A 的物质的量，mol；

n_A——某时刻反应物 A 的物质的量，mol；

δ_A——反应物 A 在化学反应方程式中的系数。

显然，对于同一化学反应而言，以参与反应的任一组分计算的反应进度都相同。但反应进度与反应方程式的写法有关。例如，氢与氧的热化学方程式为

$$H_2(g) + \frac{1}{2}O_2(g) \longrightarrow H_2O(l) \quad \Delta H_r^0 = -285.8 \text{kJ·mol}^{-1}（放热）$$

当反应进度为 2mol 时，过程的化学变化热为

$$Q_c = \xi \Delta H_r^T = 2 \times 285.8 = 571.6 (kJ)$$

若将氢与氧的热化学方程式改写为

$$2H_2(g) + O_2(g) \longrightarrow 2H_2O(l) \quad \Delta H_r^0 = -571.6 \text{kJ·mol}^{-1}（放热）$$

而其他条件均不变，则反应进度变为 1mol，过程的化学变化热为

$$Q_c = \xi \Delta H_r^T = 1 \times 571.6 = 571.6 (kJ)$$

可见，反应进度与反应方程式的写法有关，但过程的化学变化热不变。

化学反应热与反应物和产物的温度有关。热力学中规定化学反应热是反应产物回复到反应物的温度时，反应过程放出或吸收的热量。若反应在标准状态（25℃和 1.013×10^5 Pa）下进行，则化学反应热又称为标准化学反应热，用符号 ΔH_r^0 表示。

化学反应热可从文献、科研或工厂实测数据中获得。当缺少数据时，也可由生成热或燃烧热数据经计算而得。

1. 用标准生成热计算标准化学反应热

由盖斯定律得

$$\Delta H_r^0 = \sum_{产物} \delta_i (\Delta H_f^0)_i - \sum_{反应物} \delta_i (\Delta H_f^0)_i \tag{5-19}$$

式中　δ——反应物或产物在反应方程式中的系数；

　　　ΔH_f^0——反应物或产物的标准生成热，$kJ \cdot mol^{-1}$。

物质的标准生成热数据可从有关手册中查得。但应注意，一般手册中标准生成热的数据常用焓差，即 ΔH_f^0 表示，并规定吸热为正值，放热为负值，这与式(5-1)中的符号规定正好相反。为使求得的 ΔH_r^0 的符号与式(5-1)中的符号规定相一致，在查手册时可在 ΔH_f^0 前加"－"号。

2. 用标准燃烧热计算标准化学反应热

由盖斯定律得

$$\Delta H_r^0 = \underset{\text{反应物}}{\sum \delta_i (\Delta H_c^0)_i} - \underset{\text{产物}}{\sum \delta_i (\Delta H_c^0)_i} \tag{5-20}$$

式中　ΔH_c^0——反应物或产物的标准燃烧热，$kJ \cdot mol^{-1}$。

物质的标准燃烧热也可从有关手册中查得。同样，在查手册时应在 ΔH_c^0 前加"－"号，以使 ΔH_r^0 的符号与式(5-1)中的符号规定相一致。

3. 非标准条件下的化学反应热

若反应在 T℃下进行，且反应物和产物在 $(25 \sim T)$℃ 均无相变化，则可设计如下途径完成该过程

由盖斯定律得

$$\Delta H_r^T = \Delta H_r^0 + (T-25)\underset{\text{反应物}}{\sum \delta_i C_{pi}} - (T-25)\underset{\text{产物}}{\sum \delta_i C_{pi}} \tag{5-21}$$

式中　T——反应温度，℃；

　　　C_{pi}——反应物或产物在 $(25 \sim T)$℃ 的平均定压比热，$kJ \cdot mol^{-1} \cdot ℃^{-1}$。

若某反应物或产物在 $(25 \sim T)$℃ 存在相变，则式(5-21)等号右面的加和项应作修正。例如，若反应物中的 j 组分在温度 T'（$25 < T' < T$）时发生相变，则可设计如下途径完成该过程

由盖斯定律得

$$\Delta H_r^T = \Delta H_r^0 + (T-T')\underset{\text{反应物}}{\sum \delta_i C_{pi}} + \underset{\text{反应物}}{\delta_j r_j} + (T'-25)\sum \delta_i C_{pi} - (T-25)\underset{\text{产物}}{\sum \delta_i C_{pi}} \tag{5-22}$$

式中　δ_j——反应物 j 在化学反应方程式中的系数；

　　　r_j——反应物 j 在 T'℃时的相变热，$kJ \cdot mol^{-1}$。

应用式(5-22)时应注意物质的相态不同，其定压比热的数值也不同。

第四节　热量衡算举例

【**实例 5-2**】物料衡算数据如表 4-3 所示。已知加入甲苯和浓硫酸的温度均为 30℃，脱水器的排水温度为 65℃，磺化液的出料温度为 140℃，甲苯与硫酸的标准化学反应热为 117.2kJ·mol^{-1}（放热），设备（包括磺化釜、回流冷凝器和脱水器，下同）升温所需的热量为 $1.3×10^5$kJ，设备表面向周围环境的散热量为 $6.2×10^4$kJ，回流冷凝器中冷却水移走的热量共 $9.8×10^5$kJ。试对甲苯磺化过程进行热量衡算。

有关热力学数据为：原料甲苯的定压比热为 1.71kJ·kg^{-1}·℃$^{-1}$；98%硫酸的定压比热为 1.47kJ·kg^{-1}·℃$^{-1}$；磺化液的平均定压比热为 1.59kJ·kg^{-1}·℃$^{-1}$；水的定压比热为 4.18kJ·kg^{-1}·℃$^{-1}$。

解：对甲苯磺化过程进行热量衡算的目的是确定磺化过程中的补充加热量。依题意可将甲苯磺化装置（包括磺化釜、回流冷凝器和脱水器等）作为衡算对象。此时，输入及输出磺化装置的物料还应包括进、出回流冷凝器的冷却水（参见图 3-11），其带出和带入热量之差即为回流冷凝器移走的热量。若将过程的热效应作为输入热量来考虑，则可绘出如图 5-1 所示的热量衡算示意图。

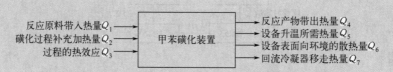

图 5-1　甲苯磺化装置热量衡算示意图

则热量平衡方程式可表示为

$$Q_1+Q_2+Q_3=Q_4+Q_5+Q_6+Q_7$$

取热量衡算的基准温度为 25℃，则

$$Q_1=1000×1.71×(30-25)+1100×1.47×(30-25)$$
$$=1.66×10^4(\text{kJ})$$

$$Q_3=Q_p+Q_c$$

反应中共加入 98%浓硫酸的质量为 1100kg，其中含水 22kg。若以 SO_3 计，98%硫酸的质量分数为 80%。由式(5-14) 得

$$\Delta H_{s1}=\cfrac{2111}{\cfrac{1-m}{m}+0.2013}+\cfrac{2.989(T-15)}{\cfrac{1-m}{m}+0.062}$$

$$=\cfrac{2111}{\cfrac{1-0.8}{0.8}+0.2013}+\cfrac{2.989×(25-15)}{\cfrac{1-0.8}{0.8}+0.062}$$

$$=4773.4[\text{kJ}·(\text{kgH}_2\text{O})^{-1}]$$

反应结束后，磺化液中含硫酸 35.2kg，水 21.4kg。以 SO_3 计，硫酸的质量分数为 50.8%。则

$$\Delta H_{s2} = \frac{2111}{\frac{1-0.508}{0.508}+0.2013} + \frac{2.989\times(25-15)}{\frac{1-0.508}{0.508}+0.062}$$

$$=1833.6[kJ \cdot (kgH_2O)^{-1}]$$

所以

$$Q_p = 22\times4773.4 - 21.4\times1833.6 = 6.6\times10^4(kJ)$$

反应消耗的甲苯量为979kg，则

$$Q_c = \frac{979\times10^3}{92}\times117.2 = 1.25\times10^6(kJ)$$

$$Q_3 = Q_p + Q_c = 6.6\times10^4 + 1.25\times10^6 = 1.32\times10^6(kJ)$$

$$Q_4 = 1906.9\times1.59\times(140-25) + 193.1\times4.18\times(65-25)$$

$$= 3.81\times10^5(kJ)$$

$$Q_5 = 1.3\times10^5 kJ$$

$$Q_6 = 6.2\times10^4 kJ$$

$$Q_7 = 9.8\times10^5 kJ$$

则

$$Q_2 = Q_4 + Q_5 + Q_6 + Q_7 - Q_1 - Q_3$$

$$= 3.81\times10^5 + 1.3\times10^5 + 6.2\times10^4 + 9.8\times10^5 - 1.66\times10^4 - 1.32\times10^6$$

$$= 2.16\times10^5(kJ)$$

可见，磺化过程需要补充热量$2.16\times10^5 kJ$。

根据热量衡算结果，可编制甲苯磺化过程的热量平衡表，如表5-2所示。

表5-2　甲苯磺化过程热量平衡表

	项目名称	热量/kJ		项目名称	热量/kJ
输入	甲苯:1000kg	1.66×10^4	输出	磺化液:1906.9kg	3.81×10^5
	浓硫酸:1100kg			脱水器排水:193.1kg	
	过程热效应	1.32×10^6		设备升温	1.3×10^5
	补充加热	2.16×10^5		设备表面散热	6.2×10^4
				冷却水带走热量	9.8×10^5
	合计	1.55×10^6		合计	1.55×10^6

【实例5-3】物料衡算数据如表4-4所示。已知乙醇的进料温度为300℃，反应产物的温度为265℃，乙醇脱氢制乙醛反应的标准化学反应热为$-69.11kJ \cdot mol^{-1}$（吸热），乙醇脱氢生成副产物乙酸乙酯的标准化学反应热为$-21.91kJ \cdot mol^{-1}$（吸热），设备表面向周围环境的散热量可忽略不计。试对乙醇脱氢制乙醛过程进行热量衡算。

有关热力学数据为：乙醇的定压比热为$0.110kJ \cdot mol^{-1} \cdot ℃^{-1}$；乙醛的定压比热为$0.080kJ \cdot mol^{-1} \cdot ℃^{-1}$；乙酸乙酯的定压比热为$0.169kJ \cdot mol^{-1} \cdot ℃^{-1}$；氢气的定压比热为$0.029kJ \cdot mol^{-1} \cdot ℃^{-1}$。

解：由例 4-7 可知，乙醇脱氢制乙醛过程为连续过程，对该过程进行热量衡算的目的是确定反应过程中的补充加热速率。依题意，可以反应器为衡算对象，绘出热量衡算示意图，如图 5-2 所示。

图 5-2　乙醇脱氢制乙醛过程热量衡算示意图

则热量平衡方程式可表示为

$$Q_1 + Q_2 + Q_3 = Q_4 + Q_5 + Q_6$$

由于是连续过程，则 $Q_5 = 0$；依题意知 $Q_6 = 0$。

取热量衡算的基准温度为 25℃，则

$$Q_1 = \frac{1000 \times 10^3}{46} \times 0.110 \times (300 - 25) = 6.58 \times 10^5 \, (\mathrm{kJ \cdot h^{-1}})$$

过程的热效应 Q_3 主要为化学变化热，即

$$Q_3 = Q_p + Q_c \approx Q_c$$

Q_c 由两部分组成，其中乙醇脱氢制乙醛的化学变化热为

$$Q_{c1} = \frac{1000 \times 10^3 \times 0.95 \times 0.8}{46} \times (-69.11) = -1.142 \times 10^6 \, (\mathrm{kJ \cdot h^{-1}})$$

乙醇脱氢生成副产物乙酸乙酯的化学变化热为

$$Q_{c2} = \frac{1000 \times 10^3 \times 0.95 \times 0.2}{46} \times (-21.91) = -9.05 \times 10^4 \, (\mathrm{kJ \cdot h^{-1}})$$

则

$$Q_3 \approx Q_c = Q_{c1} + Q_{c2} = -1.142 \times 10^6 + (-9.05 \times 10^4) = -1.233 \times 10^6 \, (\mathrm{kJ \cdot h^{-1}})$$

Q_4 由 4 部分组成，其中未反应的乙醇带走热量为

$$Q_{41} = \frac{50 \times 10^3}{46} \times 0.110 \times (265 - 25) = 2.87 \times 10^4 \, (\mathrm{kJ \cdot h^{-1}})$$

乙醛带走热量为

$$Q_{42} = \frac{727 \times 10^3}{44} \times 0.080 \times (265 - 25) = 3.17 \times 10^5 \, (\mathrm{kJ \cdot h^{-1}})$$

乙酸乙酯带走热量为

$$Q_{43} = \frac{181.7 \times 10^3}{88} \times 0.169 \times (265 - 25) = 8.37 \times 10^4 \, (\mathrm{kJ \cdot h^{-1}})$$

氢气带走热量为

$$Q_{44} = \frac{41.3 \times 10^3}{2} \times 0.029 \times (265 - 25) = 1.44 \times 10^5 \, (\mathrm{kJ \cdot h^{-1}})$$

则

$$\begin{aligned} Q_4 &= Q_{41} + Q_{42} + Q_{43} + Q_{44} \\ &= 2.87 \times 10^4 + 3.17 \times 10^5 + 8.37 \times 10^4 + 1.44 \times 10^5 \\ &= 5.73 \times 10^5 \, (\mathrm{kJ \cdot h^{-1}}) \end{aligned}$$

所以

$$Q_2 = Q_4 + Q_5 + Q_6 - Q_1 - Q_3$$
$$= 5.73 \times 10^5 + 0 + 0 - 6.58 \times 10^5 - (-1.233 \times 10^6)$$
$$= 1.148 \times 10^6 (kJ \cdot h^{-1})$$

可见，反应过程所需的补充加热速率为 $1.148 \times 10^6 kJ \cdot h^{-1}$。

根据热量衡算结果，可编制乙醇催化脱氢过程的热量平衡表，如表 5-3 所示。

表 5-3　乙醇催化脱氢过程热量平衡表

	项目名称	热量/kJ·h⁻¹		项目名称	热量/kJ·h⁻¹
输入	乙醇:1000kg·h⁻¹	6.58×10^5	输出	乙醇:50.0kg·h⁻¹	2.87×10^4
	过程热效应	-1.233×10^6		乙醛:727.0kg·h⁻¹	3.17×10^5
	补充加热	1.148×10^6		乙酸乙酯:181.7kg·h⁻¹	8.37×10^4
				氢气:41.3kg·h⁻¹	1.44×10^5
	合计	5.73×10^5		合计	5.73×10^5

第五节　加热剂、冷却剂及其他能量消耗的计算

一、常用加热剂和冷却剂

由热量衡算可确定设备的热负荷，根据热负荷的大小和工艺要求，可选择适宜的加热剂或冷却剂，以向设备提供或从设备移除热量。常用的加热剂有热水、饱和水蒸气（低压、高压）、导热油、道生液、烟道气和熔盐等；常用的冷却剂有空气、冷却水、冰和冷冻盐水等。常见加热剂和冷却剂的性能如表 5-4 所示。

表 5-4　常见加热剂和冷却剂的性能

序号	加热剂或冷却剂	使用温度/℃	传热系数/W·m⁻²·℃⁻¹	性能及特点
1	热水	30~100	50~1400	加热温度较低,可用于热敏性物料的加热
2	低压饱和水蒸气（表压<600kPa）	100~150	$1.7 \times 10^3 \sim 1.2 \times 10^4$	蒸汽的冷凝潜热大,传热系数高,调节温度方便。缺点是高压饱和水蒸气或高压汽水混合物均需采用高压管道输送,故投资费用较大。需蒸汽锅炉和蒸汽输送系统
3	高压饱和水蒸气（表压>600kPa）	150~250		
4	高压汽水混合物	200~250		
5	导热油	100~250	50~175	可在较低的蒸汽压力（一般<1.013×10^5Pa）下获得较高的加热温度,且加热均匀,使用方便。需热油炉和循环装置
6	道生油（液体）	100~250	200~500	由26.5%的联苯和73.5%的二苯醚组成的低共熔和低共沸混合物,熔点12.3℃,沸点258℃,可在较低的蒸汽压力（一般<1.013×10^5Pa）下获得较高的加热温度。需道生炉和循环装置
7	道生油（蒸汽）	250~350	1000~2200	
8	烟道气	300~1000	12~50	加热效率低,传热系数小,温度不易控制。常用于加热温度较高的场合
9	熔盐	400~540		由40%的$NaNO_2$、53%的KNO_3和7%的$NaNO_3$组成,蒸汽压力低,传热效果好,加热稳定。常用于高温加热

续表

序号	加热剂或冷却剂	使用温度/℃	传热系数/W·m⁻²·℃⁻¹	性能及特点
10	电加热	<500		加热速度快,清洁,效率高,操作、控制方便,使用温度范围广,但成本较高。常用于所需热量不大以及加热要求较高的场合
11	空气	$10\sim40$		设备简单,价格低廉,但冷却效果较差
12	冷却水	$15\sim30$		设备简单,控制方便,价格低廉,是最常用的冷却剂
13	冷冻盐水	$-15\sim30$		使用方便,冷却效果好,但冷冻系统的投资较大。常用于冷却水无法达到的低温冷却

二、加热剂或冷却剂消耗量的计算

05-04 热载体

1. 水蒸气的消耗量

（1）间接蒸汽加热时的蒸汽消耗量　若以 0℃ 为基准温度,则间接蒸汽加热时水蒸气的消耗量可用式（5-23）计算

$$W=\frac{Q_2}{(H-C_pT)\eta} \tag{5-23}$$

式中　W——蒸汽的消耗量,kg 或 kg·h⁻¹;

　　　Q_2——由蒸汽传递给物料及设备的热量,kJ 或 kJ·h⁻¹;

　　　H——蒸汽的焓,kJ·kg⁻¹;

　　　C_p——冷凝水的定压比热,可取 4.18kJ·kg⁻¹·℃⁻¹;

　　　t——冷凝水的温度,℃;

　　　η——热效率。对保温设备可取 0.97~0.98；对不保温设备可取 0.93~0.95。

若冷凝水为饱和水,则式（5-23）中的（$H-C_pT$）即为蒸汽的冷凝潜热。

（2）直接蒸汽加热时水蒸气的消耗量　若以 0℃ 为基准温度,直接蒸汽加热时水蒸气的消耗量可用式（5-24）计算

$$W=\frac{Q_2}{(H-C_pT_K)\eta} \tag{5-24}$$

式中　T_K——被加热液体的最终温度,℃。

2. 冷却剂的消耗量

在药品生产中,水、冷冻盐水和空气均为常用的冷却剂,其消耗量可用式（5-25）计算

$$W=\frac{Q_2}{C_p(T_2-T_1)} \tag{5-25}$$

式中　W——冷却剂的消耗量,kg 或 kg·h⁻¹;

　　　C_p——冷却剂的平均定压比热,kJ·kg⁻¹·℃⁻¹;

　　　T_1——冷却剂的初温,℃;

　　　T_2——冷却剂的终温,℃。

水和空气的定压比热均随温度而变化,但变化并不显著。一般情况下,水的定压比热可取 4.18kJ·kg⁻¹·℃⁻¹,空气的定压比热可取 1.01kJ·kg⁻¹·℃⁻¹。氯化钠水溶液的定压比热与温度和浓度有关,如表 5-5 所示。

表 5-5 氯化钠水溶液的定压比热/kJ·kg⁻¹·℃⁻¹

NaCl 的质量分数/%	0℃	10℃	20℃	30℃	40℃	50℃
2	4.046	4.057	4.073	4.089	4.104	4.117
6	3.868	3.878	3.892	3.905	3.920	3.934
10	3.709	3.722	3.738	3.748	3.760	3.769
14	3.574	3.585	3.602	3.608	3.616	3.629
18	3.459	3.470	3.484	3.492	3.500	3.509
22	3.355	3.363	3.374	3.382	3.390	3.399
26	3.253	3.262	3.266	3.278	3.283	3.291

三、燃料消耗量的计算

燃料的消耗量可用式（5-26）计算

$$G = \frac{Q_2}{\eta Q_\mathrm{p}} \tag{5-26}$$

式中 G——燃料的消耗量，kg 或 kg·h⁻¹；

η——燃烧炉的热效率，一般燃烧炉的 η 值可取 0.3～0.5，锅炉的 η 值可取 0.6～0.92；

Q_p——燃料的发热量，kJ·kg⁻¹。几种燃料的发热量如表 5-6 所示。

表 5-6 几种燃料的发热量

燃料名称	褐煤	烟煤	无烟煤	燃料油	天然气
发热量/kJ·kg⁻¹	8400～14600	14600～33500	14600～29300	40600～43100	33500～37700

四、电能消耗量的计算

电能的消耗量可用式（5-27）计算

$$E = \frac{Q_2}{3600\eta} \tag{5-27}$$

式中 E——电能的消耗量，kW·h（1kW·h=3600kJ）；

η——电热装置的热效率，一般可取 0.85～0.95。

五、压缩空气消耗量的计算

一般情况下，压缩空气的消耗量均要折算成常压（1.013×10^5 Pa）下的空气体积或体积流量。因此，首先要计算出压缩空气的压强以及操作状态下的空气体积或体积流量。

1. 压送液体物料时压缩空气的消耗量

如图 5-3 所示，用压缩空气将贮罐内的液体压送至高位槽。根据柏努利方程，贮罐内压缩空气的最低压强为

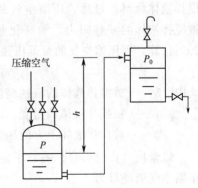

图 5-3 压送液体物料示意图

$$P = P_0 + \rho g h + \lambda \frac{l + \sum l_\mathrm{e}}{d} \frac{\rho u^2}{2} \tag{5-28}$$

式中 P_0——高位槽内液面上方的压强，Pa；

h——压送液体的高度，m；

ρ——液体的密度，kg·m⁻³；

g——重力加速度，9.81m·s⁻²；

λ——摩擦系数，无因次；

u——管内液体的流速，m·s⁻¹；

l——管路系统各段直管的总长度，m；

$\sum l_e$——管路系统的全部管件、阀门以及进、出口等的当量长度之和，m。

应用式(5-28)时，由流动阻力而引起的压力降可根据实际情况进行计算。为简化起见，也可按压送液体高度的 20%～50% 估算。

（1）每次操作均将设备中的液体全部压完时的压缩空气消耗量　以常压（1.013×10^5 Pa）下的空气体积计，一次操作所需的压缩空气消耗量为

$$V_b=\frac{V_T P}{1.013\times10^5}\qquad(5\text{-}29)$$

式中　V_b——一次操作所需的压缩空气体积，$m^3\cdot$次$^{-1}$；

V_T——设备容积，m^3；

P——压缩空气在设备内建立的压强，Pa。

若每天压送物料的次数为 n，则每天操作所需的压缩空气体积为

$$V_d=nV_b\qquad(5\text{-}30)$$

式中　V_d——每天操作所需的压缩空气体积，$m^3\cdot d^{-1}$。

每小时操作所需的压缩空气体积为

$$V_h=\frac{V_b}{\tau}\qquad(5\text{-}31)$$

式中　V_h——每小时操作所需的压缩空气体积，$m^3\cdot h^{-1}$；

τ——每次压送液体所持续的时间，h。

（2）每次操作仅将设备中的部分液体压出时的压缩空气消耗量　以常压（1.013×10^5 Pa）下的空气体积计，一次操作所需的压缩空气消耗量为

$$V_b=\frac{V_T(1-\varphi)+V_1}{1.013\times10^5}P\qquad(5\text{-}32)$$

式中　φ——设备的装料系数，即设备的实际装料体积与设备容积之比，无因次；

V_1——每次压送的液体体积，m^3。

每天或每小时操作所需的压缩空气体积可分别按式(5-30) 式(5-31) 计算。

2. 搅拌液体时压缩空气的消耗量

如图 5-4 所示，向液体物料中通入压缩空气，利用高速气流可搅拌液体物料。显然，压缩空气的压强必须足以克服管路阻力及被搅拌液体的液柱阻力。为简化起见，管路阻力可按液柱高度的 20% 估算，则压缩空气的最低压强为

$$P=1.2\rho gh+P_0\qquad(5\text{-}33)$$

式中　h——被搅拌液体的液柱高度，m；

ρ——被搅拌液体的密度，$kg\cdot m^{-3}$；

P_0——被搅拌液体上方的压强，Pa。

以常压（1.013×10^5 Pa）下的空气体积计，一次操作所需的压缩空气消耗量为

$$V_b=\frac{KA\tau P}{1.013\times10^5}\qquad(5\text{-}34)$$

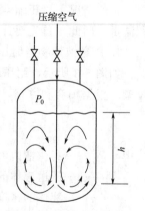

图 5-4　搅拌液体示意图

式中　K——与搅拌强度有关的常数，缓和搅拌取 24，中等强度搅拌取 48，强烈搅拌取 60；

　　　A——被搅拌液体的横截面积，m^2；

　　　τ——一次搅拌操作持续的时间，h。

每天或每小时操作所需的压缩空气体积可分别按式(5-30) 或式(5-31) 计算。

六、真空抽气量的计算

1. 抽吸液体物料

一次抽吸操作所需的抽气量为

$$V_b = V_T \ln \frac{1.013 \times 10^5 P_k}{P_k} \tag{5-35}$$

式中　P_k——设备中的剩余压强，Pa。

每天或每小时操作所需的抽气量可分别按式(5-30) 或式(5-31) 计算。

2. 真空抽滤

一次抽滤操作所需的抽气量为

$$V_b = CA\tau \tag{5-36}$$

式中　C——经验常数，可取 15～18；

　　　A——真空过滤器的过滤面积，m^2；

　　　τ——一次抽滤操作持续的时间，h。

每天或每小时操作所需的抽气量可分别按式(5-30) 或式(5-31) 计算。

3. 真空蒸发

在真空蒸发操作中，由设备、管道等的连接处漏入的空气以及溶液中的不凝性气体会在冷凝器内积聚，这不仅会使被冷凝蒸汽的分压下降，而且会导致冷凝器的传热系数显著减小。因此，必须从冷凝器中连续抽走空气和不凝性气体。

在标准状态（$P_0 = 1.013 \times 10^5 Pa$，$T_0 = 273.15K$）下，1kg 水蒸气中约含 $2.5 \times 10^{-5} kg$ 的空气。每冷凝 1kg 蒸汽，由设备、管道等的连接处漏入的空气约为 0.01kg。据此可计算出真空蒸发的抽气量。

（1）间壁式冷凝器　当采用间壁式冷凝器时，每小时必须从冷凝器抽走的空气量为

$$G_h = 2.5 \times 10^{-5} D_h + 0.01 D_h \approx 0.01 D_h \tag{5-37}$$

式中　G_h——从冷凝器抽走的空气量，$kg \cdot h^{-1}$；

　　　D_h——进入冷凝器的蒸汽量，$kg \cdot h^{-1}$。

以标准状态下的空气体积计，每小时应从冷凝器抽走的空气体积为

$$V_h = \frac{G_h}{M}\frac{RT_0}{P_0} = \frac{0.01 D_h \times 10^3}{29} \times \frac{8.314 \times 273.15}{1.013 \times 10^5} = 7.73 \times 10^{-3} D_h \tag{5-38}$$

式中　M——空气的平均摩尔质量，常取 $29g \cdot mol^{-1}$；

　　　R——通用气体常数，$8.314 J \cdot mol^{-1} \cdot K^{-1}$。

（2）直接混合式冷凝器　当采用直接混合式冷凝器时，每小时必须从冷凝器抽走的空气量为

$$G_h = 2.5 \times 10^{-5}(D_h + W_h) + 0.01 D_h \tag{5-39}$$

式中　W_h——进入冷凝器的冷却水量，$kg \cdot h^{-1}$。

以标准状态下的空气体积计，每小时应从冷凝器抽走的空气体积为

$$V_h = \frac{G_h}{M}\frac{RT_0}{P_0} = 1.93 \times 10^{-5}(D_h + W_h) + 7.73 \times 10^{-3} D_h \tag{5-40}$$

4. 建立真空所需的抽气量

建立真空时每小时需抽走的空气体积为

$$V_h = \frac{V_T}{\tau} \ln \frac{P_1}{P_2} \qquad (5\text{-}41)$$

式中　τ——抽气时间，h；

　　　P_1——设备内的初始压强，Pa；

　　　P_2——设备内的终了压强，Pa。

5. 维持真空所需的抽气量

在系统内建立真空后，外界空气会从设备、管道等的各连接处漏入系统，这种气体泄漏一般是无法避免的。因此，在建立真空后仍需继续抽气，以维持系统内的真空度。

维持真空所需的抽气量可用下式计算

$$G_h = K(G_1 + G_2) \qquad (5\text{-}42)$$

式中　G_h——真空系统的气体泄漏量，$kg \cdot h^{-1}$；

　　　G_1——由真空系统容积确定的气体泄漏量，$kg \cdot h^{-1}$；

　　　G_2——真空系统中各连接件的气体泄漏量之和，$kg \cdot h^{-1}$；

　　　K——校正系数。对密封性能较好的小型装置，K 值可取 $0.5 \sim 0.75$；对密封性能较差及有腐蚀的装置，K 值可取 $2 \sim 3$。

对于无搅拌器的真空系统，由系统容积确定的气体泄漏量 G_1 可根据图 5-5 进行估算。真空系统中常见连接件的气体泄漏量见表 5-7。

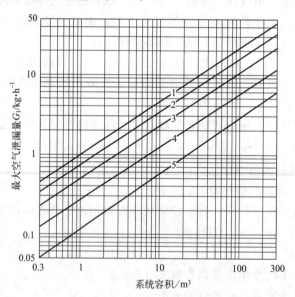

图 5-5　无搅拌器的密闭系统内所允许的最大空气泄漏量

1—绝对压力为 $0 \sim 8.8 \times 10^4 Pa$ 或真空度为 $99 \sim 760 mmHg$；

2—绝对压力为 $9 \times 10^4 \sim 9.85 \times 10^4 Pa$ 或真空度为 $21 \sim 88 mmHg$；

3—绝对压力为 $9.87 \times 10^4 \sim 1.01 \times 10^5 Pa$ 或真空度为 $3.1 \sim 20 mmHg$；

4—绝对压力为 $1.01 \times 10^5 \sim 1.012 \times 10^5 Pa$ 或真空度为 $1 \sim 3 mmHg$；

5—绝对压力 $> 1.012 \times 10^5 Pa$ 或真空度 $< 1 mmHg$

表 5-7　真空系统中连接件或部件的空气泄漏量

连接件或部件名称		平均泄漏量/kg·h⁻¹	连接件或部件名称	平均泄漏量/kg·h⁻¹
丝扣连接	$D_g < 50$①	0.045	视镜	0.45
	$D_g \geq 50$	0.09	玻璃液位计 （含旋塞）	0.91
法兰连接	$D_g < 150$	0.23		
	$150 \leq D_g < 600$ （含人孔）	0.36	带液封填料箱的 搅拌器、泵轴等	0.14
	$600 \leq D_g < 1800$	0.5	普通填料箱 （以每 mm 轴径计）	0.027
	$D_g \geq 1800$	0.91		
阀门 （有密封圈）	$d < 15$②	0.23	安全阀、放气口 （以每 mm 公称直径计）	0.018
	$d \geq 15$	0.45		
润滑旋塞		0.045	轴封　普通	2.3
泄放用小型旋塞		0.09	十分严密	0.5～1

① D_g——公称直径，mm。

② d——阀杆直径，mm。

　　求出各种能量消耗后，还应考虑输送过程中的损失。通常的做法是将所求得的能量消耗再乘上适当的能耗系数。常见能耗系数见表 5-8。

表 5-8　能耗系数

名称	水	水蒸气	冷冻盐水	压缩空气	真空抽气量
能耗系数	1.20	1.25	1.20	1.30	1.30

　　通过进一步计算，可确定每吨产品的各种能量消耗定额、每小时的最大用量、日消耗量和年消耗量，最后可编制出能耗一览表，如表 5-9 所示。

表 5-9　能耗一览表

序号	名称	规格	单位	每吨产品消耗定额	每小时最大用量	日消耗量	年消耗量	备注
1	2	3	4	5	6	7	8	9

思　考　题

　　1. 解释下列名词

　　①设备的热负荷；②物理变化热；③化学变化热；④相变热；⑤浓度变化热；⑥积分溶解热；⑦积分稀释热；⑧反应进度；⑨标准化学反应热；⑩能耗系数。

　　2. 简述能量衡算的目的、计算基准以及衡算方法和步骤。

　　3. 简述热水、低压饱和水蒸气、导热油和道生油（液体）4 种加热剂的性能、特点及使用温度范围。

本章目标检测

习　题

　　根据第四章习题 2 的物料衡算结果，对甲苯磺化过程进行热量衡算。已知加入甲苯和浓硫酸的温度均为 25℃，脱水器的排水温度为 63℃，磺化液的出料温度为 140℃，甲苯与硫酸的标准化学反应热为 117.2kJ·mol^{-1}（放热），设备（包括磺化釜、回流冷凝器和脱水器，下同）升温所需的热量为 1.8×10^5kJ，设备表面向周围环境的散热量为 6.8×10^4kJ，回流冷凝器中冷却水移走的热量共 2.2×10^6kJ。

　　有关热力学数据为：原料甲苯的定压比热为 1.71kJ·kg^{-1}·$℃^{-1}$；98％硫酸的定压比热为 1.47kJ·kg^{-1}·$℃^{-1}$；磺化液的平均定压比热为 1.59kJ·kg^{-1}·$℃^{-1}$；水的定压比热为 4.18kJ·kg^{-1}·$℃^{-1}$。

第六章 制药反应设备

第一节 制药设备概论

一、制药设备的分类

药品生产企业为生产药品所采用的各种机械设备统称为制药设备。GB/T 15692—2008将完成和辅助完成制药工艺的生产设备统称为制药机械。从广义上说制药设备和制药机械所包含的内容是相近的。根据 GB/T 15692，制药设备按其基本属性可分为八大类。

（1）原料药机械及设备 利用生物、化学及物理方法，实现物质转化，制取医药原料的机械及工艺设备，包括反应设备、塔设备、结晶设备、分离机械及设备、萃取设备、换热器、蒸发设备、蒸馏设备、干燥机械及设备、贮存设备、灭菌设备等。

（2）制剂机械及设备 将药物原料制成各种剂型药品的机械及设备，包括颗粒剂机械、片剂机械、胶囊剂机械、粉针剂机械、注射剂机械及设备、丸剂机械、栓剂机械、软膏剂机械、口服液体制剂机械、气雾剂机械、眼用制剂机械、药膜剂机械等。

（3）药用粉碎机械 以机械力、气流、研磨的方式粉碎药物的机械，包括机械式粉碎机、气流粉碎机、研磨机械、低温粉碎机等。

（4）饮片机械 中药材通过净制、切制、炮炙、干燥等方法，改变其形态和性状，以制取中药饮片的机械及设备，包括净制机械、切制机械、炮炙机械、药材烘干机械等。

（5）制药用水、气（汽）设备 采用适宜的方法，制取制药用水和制药工艺用气（汽）的机械及设备，包括制药工艺用气（汽）设备、纯化水设备、注射用水设备、离子交换设备等。

（6）药品包装机械 完成药品直接包装、药品包装物外包装和药包材制造的机械与设备，包括药品直接包装机械、药品包装物外包装机械、药包材制造机械等。

（7）药物检测设备 检测各种药物质量的仪器与设备。

（8）其他制药机械及设备 与制药生产相关的其他机械与设备，包括输送机械及装置、辅助机械等。

二、 GMP 对制药设备的要求

GMP 2010 年版对直接参与药品生产的制药设备作了指导性的规定，如设备的设计、选型、安装、改造和维护必须符合预定用途，应当尽可能降低产生污染、交叉污染、混淆和差错的风险，便于操作、清洁、维护，以及必要时进行的消毒或灭菌；应当建立设备使用、清洁、维护和维修的操作规程，并保存相应的操作记录；应当建立并保存设备采购、安装、确认的文件和记录等。

1. 设备的设计和安装

① 生产设备不得对药品质量产生任何不利影响。与药品直接接触的生产设备表面应当平整、光洁、易清洗或消毒、耐腐蚀，不得与药品发生化学反应、吸附药品或向药品中释放物质。

② 应当配备有适当量程和精度的衡器、量具、仪器和仪表。

③ 应当选择适当的清洗、清洁设备，并防止这类设备成为污染源。

④ 设备所用的润滑剂、冷却剂等不得对药品或容器造成污染，应当尽可能使用食用级或级别相当的润滑剂。

**06-01 设备
自动巡检**

**06-02 设备
在线监测与
故障诊断**

**06-03 设备
预测性维护与
运行优化**

⑤ 生产用模具的采购、验收、保管、维护、发放及报废应当制定相应操作规程，设专人专柜保管，并有相应记录。

2. 设备的维护和维修

① 设备的维护和维修不得影响产品质量。

② 应当制定设备的预防性维护计划和操作规程，设备的维护和维修应当有相应的记录。

③ 经改造或重大维修的设备应当进行再确认，符合要求后方可用于生产。

3. 设备的使用和清洁

① 主要生产和检验设备都应当有明确的操作规程。

② 生产设备应当在确认的参数范围内使用。

③ 应当按照详细规定的操作规程清洁生产设备。生产设备清洁的操作规程应当规定具体而完整的清洁方法、清洁用设备或工具、清洁剂的名称和配制方法、去除前一批次标识的方法、保护已清洁设备在使用前免受污染的方法、已清洁设备最长的保存时限、使用前检查设备清洁状况的方法，使操作者能以可重现的、有效的方式对各类设备进行清洁。

如需拆装设备，还应当规定设备拆装的顺序和方法；如需对设备消毒或灭菌，还应当规定消毒或灭菌的具体方法、消毒剂的名称和配制方法。必要时，还应当规定设备生产结束至清洁前所允许的最长间隔时限。

④ 已清洁的生产设备应当在清洁、干燥的条件下存放。

⑤ 用于药品生产或检验的设备和仪器，应当有使用日志，记录内容包括使用、清洁、维护和维修情况以及日期、时间、所生产及检验的药品名称、规格和批号等。

⑥ 生产设备应当有明显的状态标识，标明设备编号和内容物（如名称、规格、批号）；

没有内容物的应当标明清洁状态。

⑦ 不合格的设备如有可能应当搬出生产和质量控制区，未搬出前，应当有醒目的状态标识。

⑧ 主要固定管道应当标明内容物名称和流向。

4. 设备的校准

① 应当按照操作规程和校准计划定期对生产和检验用衡器、量具、仪表、记录和控制设备以及仪器进行校准和检查，并保存相关记录。校准的量程范围应当涵盖实际生产和检验的使用范围。

② 应当确保生产和检验使用的关键衡器、量具、仪表、记录和控制设备以及仪器经过校准，所得出的数据准确、可靠。

③ 应当使用计量标准器具进行校准，且所用计量标准器具应当符合国家有关规定。校准记录应当标明所用计量标准器具的名称、编号、校准有效期和计量合格证明编号，确保记录的可追溯性。

④ 衡器、量具、仪表、用于记录和控制的设备以及仪器应当有明显的标识，标明其校准有效期。

⑤ 不得使用未经校准、超过校准有效期、失准的衡器、量具、仪表以及用于记录和控制的设备、仪器。

⑥ 在生产、包装、仓储过程中使用自动或电子设备的，应当按照操作规程定期进行校准和检查，确保其操作功能正常。校准和检查应当有相应的记录。

06-04 设备
全生命周期管理

三、制药设备应具有的功能

从 GMP 的角度，制药设备应具有以下功能。

1. 净化功能

洁净是 GMP 的要点之一，对设备来讲包含两层意思，即设备自身不对生产环境形成污染以及不对药物产生污染。要达到这一标准就必须在药品加工中，凡有药物（药品）暴露的、室区洁净度达不到要求或有人机污染可能的，原则上均应在设备上设计有净化功能。

2. 清洗功能

目前制药设备的清洗多处于人工清洗，能原位清洗（CIP）的不多。人工清洗克服了物料之间的交叉污染，但也容易带来新的污染，而且设备常因结构因素导致清洗困难。随着对药品纯度和有效性的重视，GMP 提倡的设备原位清洗功能，将成为清洗技术的发展方向。

3. 在线监测与控制功能

GMP 提倡设备具有分析、处理系统，能够根据设定的程序完成几个工序的工作，这也是设备连线、联动操作和控制的前提。但在目前纯机械及功能单一设备多的情况下，是较难实现这一要求的，与此同时却具有了扩展这一功能的有利条件。

4. 安全保护功能

药品常具有热敏性、引湿性和挥发性等性质，在生产过程中若不注意药品的这些性质，药品可能会发生变质。为此，GMP 对制药设备产生了诸如防尘、防水、防过热、防爆、防渗入、防静电、防过载等保护功能，并且有些还要考虑在非正常情况下的保护。

　　制药设备是实施药品生产的关键因素，其性能直接影响药品的质量。不同药品的生产，所采用的设备差异悬殊。本章着重讨论化学原料药生产的核心设备——反应器的工作原理、工艺计算和选型。

第二节　反应器基础

一、反应器类型

　　反应、分离、制剂构成了药品生产的主要工艺过程。原料在反应器内进行反应，通过分离等方法获得原料药，原料药经过一定的制剂工艺（如混合、造粒、干燥、压片、包衣、包装等）即成为出厂的药品。其中，反应是整个生产工艺过程的核心，而反应器则是反应过程的核心设备。反应器的类型很多，特点不一，可按不同的方式进行分类。

　　1. 按结构分类

　　按结构的不同，反应器可分为釜式反应器、管式反应器、塔式反应器、固定床反应器和流化床反应器等。不同结构的反应器如图 6-1 所示。

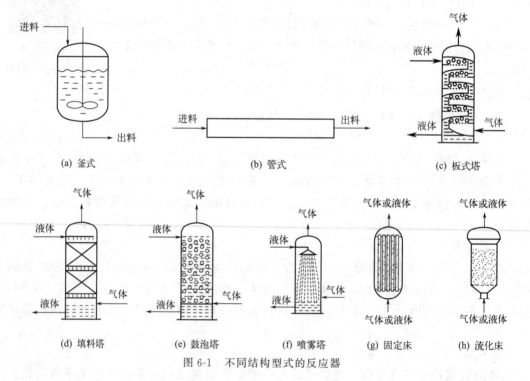

图 6-1　不同结构型式的反应器

　　2. 按相态分类

　　按物料所处相态的不同，反应器可分为均相反应器和非均相反应器，如图 6-2 所示。

　　3. 按操作方式分类

　　按操作方式的不同，反应器可分为间歇式反应器、半连续式（或半间歇式）反应器和连续式反应器。

4. 按操作温度分类

按操作温度的不同，反应器可分为等温反应器和非等温反应器。

5. 按流动状况分类

按物料流动状况的不同，反应器可分为理想反应器和非理想反应器。

二、反应器操作方式

工业反应器的操作方式可分为间歇操作、半连续操作（或半间歇操作）和连续操作 3 种。

1. 间歇操作

间歇操作的特点是将反应所需的原料一次加入反应器，达到规定的反应程度后即卸出全部物料。然后对反应器进行清理，随后进入下一个操作循环，即进行下一批投料、反应、卸料和清理等过程。

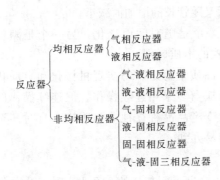

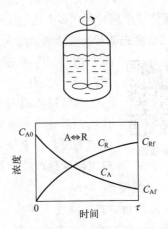

图 6-2　反应器按相态分类　　　　　　　　图 6-3　间歇釜式反应器及其浓度变化

间歇反应过程是一个典型的非稳态过程，反应器内物料的组成随时间而变化，这是间歇过程的基本特征。间歇釜式反应器内反应物和产物的浓度随时间的变化关系如图 6-3 所示。对于不可逆反应，随着反应时间的增加，反应物 A（不过量）的浓度将由开始时的 C_{A0} 逐渐降低至零，但对某些反应时间需要无限长；而对于可逆反应则降至其平衡浓度，但要达到平衡浓度，时间需要无限长。值得注意的是，对于单一反应，产物 R 的浓度随反应时间的增加而增大；但若反应体系中同时存在多个化学反应，这一结论就未必成立。如连串反应 A→R（产物）→S，产物 R 的浓度先随反应时间的增加而增大，达到极大值后又随反应时间的增加而减小。

间歇操作通常采用釜式反应器，且反应过程中既无物料加入，又无物料输出，因此，可视为恒容过程。如气相反应，反应体积为整个反应器容积，反应过程中保持不变；又如液相反应，反应体积为液体所占据的空间，虽不充满整个反应器，但液体可视为不可压缩流体，故反应体积仍可视为恒定。

由于药品生产的规模一般较小，且品种多、生产工艺复杂，而间歇反应器具有装置简单、操作方便、适应性强等优点，因此，在制药工业中有着广泛的应用。

2. 连续操作

连续操作的特点是将反应原料连续地输入反应器，反应物料也从反应器连续流出。前述各类反应器均可采用连续操作。

连续操作多属于稳态操作，此时反应器内任一位置上的反应物浓度、温度、压力、反应速度等参数均不随时间而变化。管式反应器内反应物和产物的浓度随管长的变化关系如图 6-4 所示。沿着反应物料的流动方向，反应物 A 的浓度由入口处的浓度 C_{A0} 逐渐降低至出口浓度 C_{Af}，产物 R 的浓度则由入口处的浓度（通常为零）逐渐升高至出口浓度 C_{Rf}。对于不可逆反应，若管长足够，反应物 A（不过量）将由入口处的浓度 C_{A0} 逐渐降低至出口浓度零，但对某些反应管长需要无限长；而对于可逆反应则降至其平衡浓度，但要达到平衡浓度，管长需要无限长。值得注意的是，对于单一反应，产物 R 的浓度随管长的增加而增大；

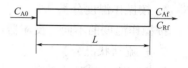
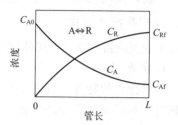

图 6-4　管式反应器及其浓度变化

但若反应体系中同时存在多个化学反应，这一结论也未必成立。如连串反应 A→R（产物）→S，产物 R 的浓度先随管长的增加而增大，达一极大值后又随管长的增加而减小。

06-06 稳态

图 6-3 与图 6-4 有些类似，但一个是随时间而变化，另一个是随位置（管长）而变化，这是两种操作方式的本质区别。

连续操作具有生产能力大、产品质量稳定、易实现机械化和自动化等优点，因此，大规模工业生产的反应器多采用连续操作。但连续操作的适应能力较差，系统一旦建成，要改变产品品种往往非常困难，有时甚至要较大幅度地改变产品的产量也不容易办到。

3. 半连续操作

原料或产物中有一种或一种以上的为连续输入或输出，而其余的（至少一种）为分批加入或卸出的操作，均属半连续操作，相应的反应器称为半连续反应器。原料药生产中的气液相反应常常采用半连续操作。例如，由氯气和对氯甲苯生产 2，4-二氯甲苯即采用半连续操作方式。对氯甲苯和催化剂一次加入反应器内，氯气则连续通入反应器，未反应的氯气及反应产生的氯化氢从反应器连续排出。反应结束后，卸出反应物料。

半连续操作同时具有连续操作和间歇操作的某些特征。有连续输入或输出的物料，这点与连续操作相似；也有分批加入或卸出的物料，因而生产是间歇的，这是间歇操作的特点。因此，半连续反应器中的物料组成既随时间而变化，又随位置而变化。釜式反应器、管式反应器、塔式反应器以及固定床反应器等都有采用半连续方式操作的。

三、反应器计算基本方程式

反应器计算所应用的基本方程式主要有反应动力学方程式、物料衡算式和热量衡算式。若反应过程有较大的压力降，并影响到化学反应速度时，还要应用动量衡算式。

1. 反应动力学方程式

对于均相反应，反应速度可用单位时间、单位体积的反应物料中某一组分物质的量的变化量来表示，即

$$r_A = \pm \frac{1}{V_R} \frac{dn_A}{d\tau} \tag{6-1}$$

式中　r_A——以组分 A 表示的化学反应速度，$kmol \cdot m^{-3} \cdot s^{-1}$ 或 $kmol \cdot m^{-3} \cdot h^{-1}$；

　　　V_R——反应器的有效容积或反应体积，m^3；

n_A——组分 A 的物质的量，mol 或 kmol；

τ——反应时间，s 或 h。

当 A 为生成物时，式(6-1) 取"＋"号，表示生成速度；当 A 为反应物时，取"－"号，表示消耗速度。

对于等容过程

$$r_A = \pm \frac{1}{V_R} \frac{dn_A}{d\tau} = \pm \frac{dC_A}{d\tau} \tag{6-2}$$

式中　C_A——组分 A 的浓度，$kmol \cdot m^{-3}$。

反应速度也可用转化率来表示。由式(4-6) 可知，反应物的转化率可表示为

$$x_A = \frac{n_{A0} - n_A}{n_{A0}} \tag{6-3}$$

式中　x_A——反应物 A 的转化率，无因次；

n_{A0}——反应开始时反应物 A 的物质的量，mol；

n_A——某时刻反应物 A 的物质的量，mol。

由式(6-3) 得

$$n_A = n_{A0}(1 - x_A) \tag{6-4}$$

则

$$dn_A = -n_{A0} dx_A \tag{6-5}$$

代入式(6-1)，并取"－"号得

$$r_A = -\frac{1}{V_R} \frac{dn_A}{d\tau} = \frac{1}{V_R} \frac{n_{A0} dx_A}{d\tau} \tag{6-6}$$

对于等容过程，式(6-3) 可改写为

$$x_A = \frac{n_{A0} - n_A}{n_{A0}} = \frac{C_{A0} - C_A}{C_{A0}} \tag{6-7}$$

则

$$C_A = C_{A0}(1 - x_A) \tag{6-8}$$

$$dC_A = -C_{A0} dx_A \tag{6-9}$$

代入式(6-2) 得

$$r_A = -\frac{dC_A}{d\tau} = \frac{C_{A0} dx_A}{d\tau} \tag{6-10}$$

化学反应速度与温度、压力和反应物浓度有关，反应速度与各影响因素之间的函数关系称为反应动力学方程式或反应速度方程式。如反应 A→R 为 n 级不可逆反应，则反应动力学方程式可写成

$$r_A = -\frac{1}{V_R} \frac{dn_A}{d\tau} = k C_A^n \tag{6-11}$$

式中　k——反应速度常数，$kmol^{1-n} \cdot m^{3(n-1)} \cdot s^{-1}$ 或 $kmol^{1-n} \cdot m^{3(n-1)} \cdot h^{-1}$；

n——反应级数。

上述反应若为气相反应，则反应动力学方程式也可以组分的分压表示

$$r_A = -\frac{1}{V_R} \frac{dn_A}{d\tau} = k_p p_A^n \tag{6-12}$$

式中　k_p——以反应物压力表示的反应速度常数，$kmol \cdot m^{-3} \cdot s^{-1} \cdot Pa^{-n}$ 或 $kmol \cdot m^{-3} \cdot h^{-1} \cdot Pa^{-n}$；

p_A——反应体系中反应物 A 的分压，Pa。

若反应气体可视为理想气体，则 k_p 和 k 之间的关系为

$$k_p = \frac{k}{(RT)^n} \tag{6-13}$$

式中　R——理想气体常数，$8.314kJ \cdot kmol^{-1} \cdot K^{-1}$；

　　　T——体系温度，K。

由于反应时各组分的物质的量变化不一定相同，因此，用不同组分表示化学反应速度时，数值也不一定相同。如在反应 $aA + bB \longrightarrow mM + nN$ 中，组分 A、B 的消耗速度与组分 M、N 的生成速度各不相同，但若将它们分别除以该组分的化学计量系数，则有下列关系

$$\frac{r_A}{a} = \frac{r_B}{b} = \frac{r_M}{m} = \frac{r_N}{n} \tag{6-14}$$

2. 物料衡算式

对于简单的化学反应，如 $aA + bB \Longrightarrow mM + nN$，只要列出任一反应物的物料衡算式，其余反应物和产物的量都可以通过化学计量关系来确定。

由于反应器内反应物的浓度、温度等参数随时间或空间而变化，化学反应速度也随之发生改变，因此，应分别选取微元体积 dV_R 和微元时间 $d\tau$ 作为物料衡算的空间基准和时间基准。

在微元时间 $d\tau$ 内，在微元体积 dV_R 中，对反应物 A 进行物料衡算得

$$\text{A 的输入量} - \text{A 的输出量} - \text{A 的消耗量} = \text{A 的积累量} \tag{6-15}$$

反应物的消耗量取决于化学反应速度。在微元时间 $d\tau$ 内，在微元体积 dV_R 中因反应而消耗的反应物 A 的量为 $r_A dV_R d\tau$。

物料衡算式(6-15)给出了反应器内反应物浓度或转化率随位置或时间的变化关系。

3. 热量衡算式

化学反应通常都有显著的热效应，因此，反应体系的温度会随着反应的进行而发生改变，而温度的改变又会影响化学反应速度，所以必须进行热量衡算，以确定温度随反应器内位置或时间的变化关系，从而进一步计算化学反应速度。

与物料衡算一样，分别选取微元体积 dV_R 和微元时间 $d\tau$ 作为热量衡算的空间基准和时间基准。在微元时间 $d\tau$ 内对微元体积 dV_R 进行热量衡算得

物料带入热量－物料带出热量＋过程的热效应－传递至环境或载热体的热量＝积累热量

$$\tag{6-16}$$

由式(5-6)可知，过程的热效应由物理变化热和化学变化热组成。当物理变化热可以忽略时，式(6-16)可改写为

物料带入热量－物料带出热量＋化学变化热－传递至环境或载热体的热量＝积累热量

$$\tag{6-17}$$

由式(5-16)和式(5-17)可知，在微元时间 $d\tau$ 内，在微元体积 dV_R 中因反应而产生的化学变化热为 $\dfrac{r_A dV_R d\tau \Delta H_r^T}{\delta_A}$。

热量衡算式(6-16)或式(6-17)给出了反应器内温度随位置或时间的变化关系。

反应器计算实际上就是联立求解物料衡算式、热量衡算式和反应动力学方程式。对于等温过程，由于温度不随时间和空间而改变，因此仅需联立求解物料衡算式和反应动力学方程式。

　　由于物料的流动混合状况直接影响着反应器内的浓度和温度分布，因此，在联立求解物料衡算式和热量衡算式时，必须知道反应器内物料的流动混合状况。下面首先讨论流动混合处于理想状况的理想反应器，在此基础上，再讨论非理想流动反应器。

四、理想反应器

　　理想反应器是指流体的流动处于理想状况的反应器。对于流体混合，有两种理想极限，即理想混合和理想置换，其流型如图 6-5 所示。

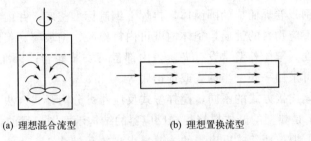

(a) 理想混合流型　　　　　　　　(b) 理想置换流型

图 6-5　反应器的两种理想流型

　　理想混合的特征是物料达到完全混合，浓度、温度和反应速度处处相等。工业生产中，搅拌良好的釜式反应器可近似看成理想混合反应器。

　　理想混合釜式反应器可采用连续、半连续或间歇操作方式。连续操作时，物料一进入反应器，就立即与反应器内的物料完全混合。达到稳定状态时，反应器内物料的组成和温度既与位置无关，又不随时间而变，且与出口的浓度和温度相同。半连续或间歇操作时，反应器内物料的组成、温度等参数仅随时间而变，与位置无关。

　　理想置换的特征是在与流动方向垂直的截面上，各点的流速和流向完全相同，就像活塞平推一样，故又称为"活塞流"或"平推流"。由于这种流动特征，在与流动方向垂直的截面上，流体的浓度和温度处处相等，不随时间而变；而沿流动方向，流体的浓度和温度不断改变。由于在流动方向上不存在流体混合，故所有的流体质点在反应器内的停留时间相同。工业生产中，细长型的管式反应器可近似看成理想置换反应器。

　　理想反应器内反应物和产物的浓度变化情况如图 6-6 所示。

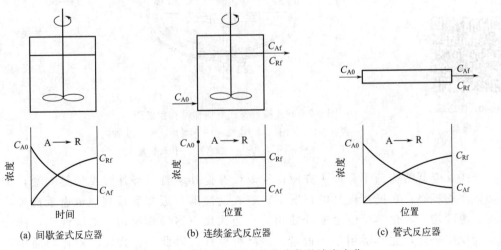

(a) 间歇釜式反应器　　　　(b) 连续釜式反应器　　　　(c) 管式反应器

图 6-6　理想反应器内反应物和产物的浓度变化

　　由于理想反应器的计算比较简单，且工业生产中的许多反应器又可近似地按理想状况处理，故常以理想反应器的设计计算作为实际反应器的设计基础。本章所述反应器如无特别说明均指理想反应器。

第三节　釜式反应器的工艺计算

一、釜式反应器的结构、特点及应用

　　釜体一般是由钢板卷焊而成的圆筒体，再焊上钢制标准釜底，并配上封头、搅拌器等零部件而制成。根据反应物料的性质，釜体内壁可内衬橡胶、搪玻璃、聚四氟乙烯等耐腐蚀材料。为控制反应温度，釜体外壁常设有夹套，内部也可安装蛇管。标准釜底一般为椭圆形，根据工艺要求，也可采用平底、半球底或锥形底等。

　　根据釜盖与釜体连接方式的不同，搅拌釜式反应器可分为开式（法兰连接）和闭式（焊接）两大类。图 6-7 是典型的开式搅拌釜式反应器的结构示意图。目前，釜式反应器的技术参数已实现标准化，搪玻璃釜式反应器的主要技术参数见附录 6。

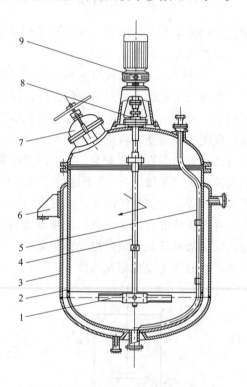

06-07 搪玻璃
反应釜

图 6-7　开式搅拌釜式反应器结构示意图
1—搅拌器；2—釜体；3—夹套；4—搅拌轴；5—压出管；
6—支座；7—人孔；8—轴封；9—传动装置

　　釜式反应器结构简单、加工方便；釜内设有搅拌装置，釜外常设传热夹套，传质和传热效率均较高；在搅拌良好的情况下，釜式反应器可近似看成理想混合反应器，釜内浓度、温度均一，化学反应速度处处相等；釜式反应器操作灵活，适应性强，便于控制和改变反应条件，尤其适用于小批量、多品种生产。因此，釜式反应器在药品生产中有着广泛的应用。

二、间歇釜式反应器的工艺计算

釜式反应器间歇操作时，反应物料按一定配比一次加入反应器，通过搅拌使物料混合均匀。经过一定时间的反应，且达到规定的转化率后，将物料排出反应器，即完成一个生产周期。间歇操作属非稳态过程，随着反应的进行，釜内物料的组成、温度及反应速度等均随时间而变化。

1. 反应时间的计算

搅拌良好的间歇釜式反应器可视为理想混合反应器，其物料衡算具有以下特点。

① 由于反应器内浓度、温度均一，不随位置而变，故可对整个反应器有效容积（反应体积）进行物料衡算。

② 由于间歇操作，式(6-15)中的输入量和输出量均为零，因而得到间歇釜式反应器的物料衡算式为

$$-A\text{ 的消耗量} = A\text{ 的积累量} \tag{6-18}$$

即

$$-r_A V_R \mathrm{d}\tau = \mathrm{d}n_A \tag{6-19}$$

将式(6-5)代入式(6-19)得

$$r_A V_R \mathrm{d}\tau = n_{A0}\mathrm{d}x_A$$

则

$$\mathrm{d}\tau = \frac{n_{A0}\mathrm{d}x_A}{r_A V_R}$$

积分得

$$\tau = n_{A0}\int_0^{x_{Af}} \frac{\mathrm{d}x_A}{r_A V_R} \tag{6-20}$$

式中 x_{Af}——反应终止时反应物 A 的转化率。

式(6-20)对等温、非等温、等容和变容过程均适用。对于非等温和变容过程，尤其是非等温过程，式(6-20)的求解比较复杂，可参考理想管式反应器非等温和变容过程的计算方法（参见本章第四节）。此处仅讨论等温等容过程的计算。

在等容情况下，V_R 保持不变，故式(6-20)中的 V_R 可移至积分号外，即

$$\tau = \frac{n_{A0}}{V_R}\int_0^{x_{Af}} \frac{\mathrm{d}x_A}{r_A} = C_{A0}\int_0^{x_{Af}} \frac{\mathrm{d}x_A}{r_A} \tag{6-21}$$

式(6-21)表明，达到一定转化率所需要的反应时间仅与反应物的初始浓度和化学反应速度有关，而与物料的处理量无关。因此，若能保证放大后的装置在搅拌和传热两方面均与提供试验数据的装置完全相同，就可以简单地计算出大生产装置的尺寸，实现高倍数的放大。

要对式(6-21)进行积分，尚需知道反应速度与转化率之间的函数关系，即反应动力学方程式。

对于零级反应，反应动力学方程式为

$$r_A = k \tag{6-22}$$

代入式(6-21)得

$$\tau = C_{A0} \int_0^{x_{Af}} \frac{dx_A}{k}$$

对于等温过程，k 为常数，故

$$\tau = \frac{C_{A0}}{k} \int_0^{x_{Af}} dx_A = \frac{C_{A0} x_{Af}}{k} \tag{6-23}$$

对于一级反应，反应动力学方程式为

$$r_A = k C_A \tag{6-24}$$

对于等容过程，将式(6-8)代入上式得

$$r_A = k C_{A0}(1 - x_A) \tag{6-25}$$

代入式(6-21)得

$$\tau = C_{A0} \int_0^{x_{Af}} \frac{dx_A}{k C_{A0}(1 - x_A)} = \frac{1}{k} \int_0^{x_{Af}} \frac{dx_A}{(1 - x_A)} = \frac{1}{k} \ln \frac{1}{1 - x_{Af}} \tag{6-26}$$

类似地，将二级反应的反应动力学方程式 $r_A = k C_A^2 = k C_{A0}^2 (1 - x_A)^2$ 代入式(6-21)得

$$\tau = C_{A0} \int_0^{x_{Af}} \frac{dx_A}{k C_{A0}^2 (1 - x_A)^2} = \frac{1}{k C_{A0}} \int_0^{x_{Af}} \frac{dx_A}{(1 - x_A)^2} = \frac{x_{Af}}{k C_{A0}(1 - x_{Af})} \tag{6-27}$$

若反应动力学方程式比较复杂，则代入式(6-21)后往往难以获得解析解，此时可采用图解积分法或数值积分法求得近似解。

2. 反应器总容积的计算

釜式反应器间歇操作时，每处理一批物料都需要一定的出料、清洗、加料等辅助操作时间，故处理一定量物料所需要的有效容积不仅与反应时间有关，而且与辅助操作时间有关。

$$V_R = V_h(\tau + \tau') \tag{6-28}$$

式中　V_R——反应器的有效容积或反应体积，即物料所占有的体积，m^3；

　　　　V_h——每小时所需处理的物料体积，$m^3 \cdot h^{-1}$；

　　　　τ——达到规定转化率所需要的反应时间，h；

　　　　τ'——辅助操作时间，h。

辅助操作时间一般根据经验确定。为提高间歇釜式反应器的生产能力，应设法减少辅助操作时间。

决定反应器的总容积 V_T，还需考虑装料系数 φ。

$$V_T = \frac{V_R}{\varphi} \tag{6-29}$$

装料系数 φ 一般为 0.4~0.85。对于不起泡、不沸腾的物料，φ 可取 0.7~0.85；对于起泡或沸腾的物料，φ 可取 0.4~0.6。此外，确定装料系数还应考虑搅拌器和换热器的体积。

【实例 6-1】在搅拌良好的间歇釜式反应器中，用乙酸和丁醇生产乙酸丁酯，反应方程式为

$$CH_3COOH + C_4H_9OH \underset{\text{浓 } H_2SO_4}{\overset{100℃}{\rightleftharpoons}} CH_3COOC_4H_9 + H_2O$$

当丁醇过量时，反应动力学方程式为

$$r_A = k C_A^2$$

式中，C_A 为乙酸浓度，$kmol \cdot m^{-3}$。已知反应速度常数 k 为 $1.04 m^3 \cdot kmol^{-1} \cdot h^{-1}$，投料摩尔比为乙酸：丁醇＝1：4.97，反应前后物料的密度为 $750 kg \cdot m^{-3}$，乙酸、丁醇及乙酸丁酯的相对分子质量分别为 60、74 和 116。若每天生产 3000kg 乙酸丁酯（不考虑分离过程损失），乙酸的转化率为 50%，每批辅助操作时间为 0.5h，装料系数为 0.7，试计算所需反应器的有效容积和总容积。

解：（1）计算反应时间 τ　因为是二级反应，由式（6-27）知

$$\tau = \frac{x_{Af}}{kC_{A0}(1-x_{Af})}$$

反应原料的平均相对分子质量为

$$\overline{M} = 60 \times \frac{1}{5.97} + 74 \times \frac{4.97}{5.97} = 71.7$$

则

$$C_{A0} = \frac{1 \times 750}{71.7} \times \frac{1}{5.97} = 1.75 (kmol \cdot m^{-3})$$

所以

$$\tau = \frac{0.5}{1.04 \times 1.75 \times (1-0.5)} = 0.55 (h)$$

（2）计算所需反应器的有效容积 V_R　每天生产 3000kg 乙酸丁酯，则每小时乙酸的用量为

$$\frac{3000}{24 \times 116} \times 60 \times \frac{1}{0.5} = 129 (kg \cdot h^{-1})$$

每小时处理的总原料量为

$$129 + \left(\frac{129}{60} \times 4.97 \times 74\right) = 920 (kg \cdot h^{-1})$$

每小时处理的原料体积为

$$V_h = \frac{920}{750} = 1.23 (m^3 \cdot h^{-1})$$

故反应器的有效容积为

$$V_R = V_h(\tau + \tau') = 1.23 \times (0.55 + 0.5) = 1.29 (m^3)$$

（3）计算所需反应器的总容积 V_T　由式（6-29）得

$$V_T = \frac{V_R}{\varphi} = \frac{1.29}{0.7} = 1.84 (m^3)$$

3. 釜式反应器的台数及单釜容积的确定

对于给定的生产任务，在求得所需反应器的总容积 V_T 后，再根据工艺要求和反应器系列标准，即可确定所需釜式反应器的台数 N 及单釜容积 V_{TS}。生产中可能有以下几种情况。

（1）已知 V_{TS}，求 N　这种情况在产品扩产或更新时比较常见。此时，工厂已有若干台反应器，需通过计算确定扩产或更新后所需的反应器台数。

对于给定的处理量，每天需操作的总批数为

$$\alpha = \frac{V_d}{V_{RS}} = \frac{V_d}{V_{TS}\varphi} \tag{6-30}$$

式中　V_d——每天需处理的物料体积，$m^3 \cdot d^{-1}$；

　　　V_{RS}——单台反应器的有效容积，即装料容积，m^3。

每天每台反应器可操作的批数为

$$\beta = \frac{24}{\tau + \tau'} \tag{6-31}$$

则完成给定生产任务所需的反应器台数为

$$N_P = \frac{\alpha}{\beta} = \frac{V_d(\tau + \tau')}{24\varphi V_{TS}} = \frac{V_h(\tau + \tau')}{\varphi V_{TS}} \tag{6-32}$$

若由式（6-32）计算出的 N_P 值不是整数，则应向上圆整成整数 N。这样反应器的实际生产能力较设计要求提高了，其提高程度可用生产能力后备系数 δ 表示，即

$$\delta = \frac{N}{N_P} \tag{6-33}$$

一般情况下，δ 的数值在 $1.1 \sim 1.15$ 之间较为合适。

（2）已知 N，求 V_{TS}　即先确定了反应器的台数，这种情况在厂房面积受到限制时比较常见。由式（6-32）和式（6-33）可求得每台反应器的容积为

$$V_{TS} = \frac{V_d(\tau + \tau')\delta}{24\varphi N} = \frac{V_h(\tau + \tau')\delta}{\varphi N} \tag{6-34}$$

式（6-34）中的 δ 可取 $1.1 \sim 1.15$。

（3）N 及 V_{TS} 均为未知，求 N 和 V_{TS}　这种情况在新建制药工程项目中较为常见。计算时，可结合工艺要求及厂房等具体情况，先假设反应器的单釜容积 V_{TS} 或所需反应器的台数 N，然后按上述方法计算出 N 或 V_{TS} 值。由于台数一般不会很多，因此常先假设几个不同的 N 值求出相应的反应釜容积 V_{TS}，然后再根据工艺要求及厂房等具体情况，确定一组适宜的 N 和 V_{TS} 值作为设计值。

4. 釜式反应器的主要工艺尺寸

釜式反应器的主要工艺尺寸如图 6-8 所示。一般情况下，釜式反应器的高度 H 为直径 D 的 1.2 倍左右，釜盖和釜底均采用标准椭圆形封头，封头高度 H_1（不含直边）为直径 D 的 0.25 倍，则釜式反应器的圆筒体高度 H_2（含封头直边）为

$$H_2 = H - 2H_1 = 1.2D - 2 \times 0.25D = 0.7D \tag{6-35}$$

反应器的总容积可按式（6-36）计算

$$V_{TS} = \frac{\pi}{4}D^2 H_2 + 0.262D^3 \tag{6-36}$$

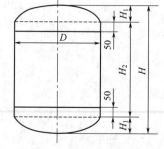

图 6-8　釜式反应器的
主要工艺尺寸

由工艺计算求出反应器的单釜容积 V_{TS} 后，即可由式（6-35）和式（6-36）求出反应器直径的计算值。将反应器直径计算值按筒体规格圆整后即得反应器直径的设计值。然后按 $H = 1.2D$ 求出反应器的高度 H，并检验装料系数是否合适。

釜式反应器的主要工艺尺寸确定后，其壁厚可通过强度计算确定，法兰、手孔、视镜等附件可根据工艺条件从相应的标准中选取。

三、连续釜式反应器的工艺计算

搅拌良好的连续釜式反应器可视为理想混合反应器，其构造与间歇釜式反应器相同。釜式反应器采用连续操作时，物料连续流动，随进随出，且出口物料的组成和温度与釜内物料

的组成和温度完全相同。连续釜式反应器内均装有搅拌器，在强烈搅拌下，各点的浓度、温度均匀一致。当连续釜式反应器的操作达到稳定时，釜内物料的组成和温度均不随时间而变化，即属于稳态操作过程。

釜式反应器既可采用单釜连续操作，也可采用多釜串联连续操作。当采用单釜连续操作时，新鲜原料一进入反应器就立即与釜内物料完全混合，釜内反应物的浓度与出口物料中的反应物浓度相同，整个反应都在较低的反应物浓度下进行，因而反应速度较慢，这是单釜连续操作的缺点。前已述及，管式反应器内反应物浓度沿管长要经历一个由大到小逐渐变化的过程，相应地，反应速度也有一个由大到小逐渐变化的过程，并在出口处达到最小。可见，与管式反应器相比，同一反应要达到相同的转化率，单釜连续操作反应器所需的反应时间较长，因而对于给定的生产任务所需的有效容积较大。

当采用多釜串联连续操作时，对单釜连续操作的缺点可有所克服。例如，采用 3 台有效容积均为 $V_R/3$ 的釜式反应器串联连续操作，以代替一台有效容积为 V_R 的连续釜式反应器。若两者的反应物初始浓度、终了浓度和反应温度均相同，则三釜串联连续操作时仅第三台釜内的反应物浓度 C_{A3} 与单釜连续操作反应器内的反应物浓度 C_{Af} 相同，而其余两台的浓度均较之为高，如图 6-9 所示。所以，三釜串联连续操作时的平均反应速度较单釜连续操作的要快，因而完成相同的反应，若两者的有效容积相同，则三釜串联连续操作的处理量可以增大；反之，若处理量相同，则三釜串联连续操作反应器所需的总有效容积可以减小。可以推知，串联的釜数越多，各釜反应物浓度的变化就愈接近于理想管式反应器，当釜数为无穷多时，各釜反应物浓度的变化与管式反应器内的完全相同，因而为完成相同的任务，两者所需的有效容积相同。但是，当串联的釜数超过某一极限后，因釜数增加而引起的设备投资和操作费用的增加，将超过因反应器容积减少而节省的费用。实践表明，采用多釜串联连续操作时，釜数一般不宜超过 4 台。

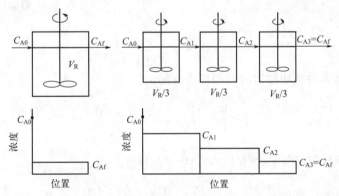

图 6-9　单釜连续操作和多釜串联连续操作反应器内的浓度变化

釜式反应器采用连续操作时，釜内物料的组成、温度及反应速度均保持恒定，这对自催化反应特别有利。自催化反应的特征是利用自身的反应产物作为催化剂，其反应速度与反应物浓度的关系如图 6-10 所示。随着反应物浓度的变化，反应速度有一个最大值。

06-08 自催化反应

采用间歇釜式反应器或管式反应器进行自催化反应时，反应物浓度都要经历一个由大变小的过程，相应地，反应速度都要经历一个由小变大、再由大变小的过程。若采用单釜连续操作，可使釜内的反应物浓度始终维持在最大反应速度所对应的 C_A 值，从而可大大提高反应器的生产能力或减小反应器的容积。

1. 单釜连续操作

连续釜式反应器达到稳态操作时，其物料衡算具有如下特点。

① 反应器内温度均一，不随时间而变，为等温反应器，故计算反应器容积时，只需进行物料衡算。

② 反应器内浓度均一，不随时间而变，故可对反应器的有效容积和任意时间间隔进行物料衡算。

③ 物料衡算式(6-15) 中的积累量为零。

④ 反应速度可按出口处的浓度和温度计算。

如图 6-11 所示，反应物 A 的物料衡算式为

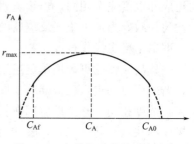

图 6-10　自催化反应的反应速度

$$F_{A0} - F_{Af} - r_A V_R = 0 \tag{6-37}$$

式中　F_{A0}——进入反应器的反应物 A 的摩尔流量，$kmol \cdot s^{-1}$ 或 $kmol \cdot h^{-1}$；

F_{Af}——离开反应器的反应物 A 的摩尔流量，$kmol \cdot s^{-1}$ 或 $kmol \cdot h^{-1}$。

对于连续过程，式(6-4) 可改写为

$$F_A = F_{A0}(1 - x_A)$$

则

$$F_{Af} = F_{A0}(1 - x_{Af})$$

代入式(6-37) 并化简得

$$F_{A0} x_{Af} = r_A V_R$$

即

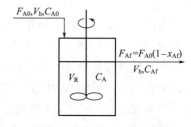

图 6-11　单釜连续操作反应
器的物料衡算

$$V_R = F_{A0} \frac{x_{Af}}{r_A} \tag{6-38}$$

物料在反应器内的平均停留时间即反应时间为

$$\tau = \frac{V_R}{V_h} = \frac{F_{A0} x_{Af}}{V_h r_A} = \frac{C_{A0} x_{Af}}{r_A} \tag{6-39}$$

对于零级等容反应，将 $r_A = k$ 代入式(6-39) 得

$$\tau = \frac{V_R}{V_h} = \frac{C_{A0} x_{Af}}{k} \tag{6-40}$$

对于一级等容反应，将 $r_A = kC_{A0}(1 - x_A)$ 代入式(6-39) 得

$$\tau = \frac{V_R}{V_h} = \frac{C_{A0} x_{Af}}{kC_{A0}(1 - x_{Af})} = \frac{x_{Af}}{k(1 - x_{Af})} \tag{6-41}$$

对于二级等容反应，将 $r_A = kC_{A0}^2(1 - x_A)^2$ 代入式(6-39) 得

$$\tau = \frac{V_R}{V_h} = \frac{C_{A0} x_{Af}}{kC_{A0}^2(1 - x_{Af})^2} = \frac{x_{Af}}{kC_{A0}(1 - x_{Af})^2} \tag{6-42}$$

【**实例 6-2**】用连续操作釜式反应器生产乙酸丁酯，反应条件和产量同【**实例 6-1**】，试计算所需反应器的有效容积。

解：因为是二级反应，由式(6-42) 得

$$\tau = \frac{V_R}{V_h} = \frac{x_{Af}}{kC_{A0}(1-x_{Af})^2}$$

由【实例 6-1】可知，$V_h = 1.23 m^3 \cdot h^{-1}$，$x_{Af} = 0.5$，$C_{A0} = 1.75 kmol \cdot m^{-3}$，$k = 1.04 m^3 \cdot kmol^{-1} \cdot h^{-1}$。则

$$V_R = \frac{V_h x_{Af}}{kC_{A0}(1-x_{Af})^2} = \frac{1.23 \times 0.5}{1.04 \times 1.75 \times (1-0.5)^2} = 1.35 (m^3)$$

2. 多釜串联连续操作

采用多釜串联连续操作时，各釜仍具有单釜连续操作反应器所具有的特点。此外，为简化计算，还作如下假设。

① 釜间不存在混合。

② 对于液相反应，因反应和温度改变而引起的密度变化可忽略不计。

图 6-12 为多釜串联连续操作反应器的物料衡算示意图。若为液相反应，由假设②可知，单位时间内各釜处理的物料体积均相等，即 $V_h = V_{h1} = V_{h2} = \cdots = V_{hN}$。

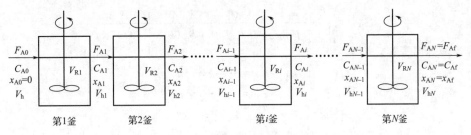

图 6-12　多釜串联连续操作反应器的物料衡算

在第 i 釜中对反应物 A 进行物料衡算得

$$F_{Ai-1} = F_{Ai} + r_{Ai}V_{Ri} \tag{6-43}$$

式中　F_{Ai-1}——进入第 i 釜的反应物 A 的摩尔流量，$kmol \cdot s^{-1}$ 或 $kmol \cdot h^{-1}$；

　　　F_{Ai}——离开第 i 釜的反应物 A 的摩尔流量，$kmol \cdot s^{-1}$ 或 $kmol \cdot h^{-1}$；

　　　V_{Ri}——第 i 釜的有效容积，m^3。

将 $F_{Ai-1} = F_{A0}(1-x_{Ai-1})$ 及 $F_{Ai} = F_{A0}(1-x_{Ai})$ 代入式(6-43) 并整理得

$$F_{A0}(x_{Ai} - x_{Ai-1}) = r_{Ai}V_{Ri}$$

即

$$V_{Ri} = \frac{F_{A0}(x_{Ai} - x_{Ai-1})}{r_{Ai}}$$

则

$$\tau_i = \frac{V_{Ri}}{V_h} = \frac{C_{A0}(x_{Ai} - x_{Ai-1})}{r_{Ai}} \tag{6-44}$$

或由式(6-43) 得

$$\tau_i = \frac{V_{Ri}}{V_h} = \frac{F_{Ai-1} - F_{Ai}}{V_h r_{Ai}} = \frac{C_{Ai-1} - C_{Ai}}{r_{Ai}} \tag{6-45}$$

在多釜串联连续操作中，前一釜的出料即为后一釜的进料，因此，利用式（6-44）或式（6-45），并结合反应动力学方程式进行逐釜计算，即可计算出达到规定转化率所需的反应釜数、各釜容积和相应的转化率。例如，对于一级反应，将 $r_{Ai} = k_i C_{Ai}$ 代入式（6-45）得

$$\tau_i = \frac{V_{Ri}}{V_h} = \frac{C_{Ai-1} - C_{Ai}}{k_i C_{Ai}}$$

则

$$C_{Ai} = \frac{C_{Ai-1}}{1 + k_i \tau_i}$$

第一釜

$$C_{A1} = \frac{C_{A0}}{1 + k_1 \tau_1}$$

第二釜

$$C_{A2} = \frac{C_{A1}}{1 + k_2 \tau_2} = \frac{C_{A0}}{1 + k_1 \tau_1} \frac{1}{1 + k_2 \tau_2}$$

……   ……

第 N 釜

$$C_{AN} = \frac{C_{AN-1}}{1 + k_N \tau_N} = \frac{C_{A0}}{1 + k_1 \tau_1} \frac{1}{1 + k_2 \tau_2} \cdots \frac{1}{1 + k_N \tau_N}$$

若各釜等温等容，则

$$k_1 = k_2 = \cdots = k_N = k$$
$$\tau_1 = \tau_2 = \cdots = \tau_N = \tau$$

所以

$$C_{AN} = \frac{C_{A0}}{(1 + k\tau)^N} \tag{6-46}$$

或

$$x_{AN} = 1 - \frac{1}{(1 + k\tau)^N} \tag{6-47}$$

类似地，对于零级反应，若各釜等温等容，同样可以导出

$$C_{AN} = C_{A0} - Nk\tau \tag{6-48}$$

对于二级反应，亦可导出

$$\tau_i = \frac{V_{Ri}}{V_h} = \frac{C_{Ai-1} - C_{Ai}}{k_i C_{Ai}^2} \tag{6-49}$$

若各釜等温等容，则上式可改写为

$$\tau = \frac{C_{Ai-1} - C_{Ai}}{k C_{Ai}^2}$$

则

$$C_{Ai} = \frac{-1 \pm \sqrt{1 + 4k\tau C_{Ai-1}}}{2k\tau}$$

由于浓度不能为负值，故弃去负根，即

$$C_{Ai} = \frac{-1 + \sqrt{1 + 4k\tau C_{Ai-1}}}{2k\tau} \tag{6-50}$$

第一釜

$$C_{A1} = \frac{-1 + \sqrt{1 + 4k\tau C_{A0}}}{2k\tau}$$

第二釜

$$C_{A2} = \frac{-1 + \sqrt{1 + 4k\tau C_{A1}}}{2k\tau}$$

【实例 6-3】用两釜串联连续操作反应器生产乙酸丁酯，已知各釜等温等容，反应条件、总转化率和产量同【实例 6-1】，试计算第一釜的转化率及反应器所需的有效容积。

解：由【实例 6-1】可知，$x_{AN} = x_{Af} = 0.5$，$C_{A0} = 1.75\text{kmol} \cdot \text{m}^{-3}$，$k = 1.04\text{m}^3 \cdot \text{kmol}^{-1} \cdot \text{h}^{-1}$。

又 $N = 2$，因为是二级反应，则由式（6-49）得

$$\tau_1 = \tau_2 = \frac{C_{A0} - C_{A1}}{kC_{A1}^2} = \frac{C_{A1} - C_{A2}}{kC_{A2}^2}$$

将 $C_{Ai} = C_{A0}(1 - x_{Ai})$ 代入解得

$$x_{A1} \approx 0.32$$

则再由式（6-49）解得

$$\tau = 0.4(\text{h})$$

由【实例 6-1】可知，$V_h = 1.23\text{m}^3 \cdot \text{h}^{-1}$，则各反应器所需的有效容积为

$$V_{R1} = V_{R2} = \tau V_h = 0.4 \times 1.23 = 0.49(\text{m}^3)$$

所以，采用两釜串联连续操作所需反应器的总有效容积为

$$V_R = V_{R1} + V_{R2} = 2\tau V_h = 2 \times 0.49 = 0.98(\text{m}^3)$$

第四节　管式反应器的工艺计算

一、管式反应器的结构、特点及应用

管式反应器的主体通常是一根或多根水平或竖直放置的管子，管子常为无缝钢管，当为多根管子时，相邻管子的两端可用 U 型管件连接。管外常设有夹套，构成的套管环隙作为加热或冷却介质的流动通道。图 6-13 是典型管式反应器的结构示意。

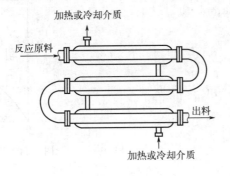

图 6-13　管式反应器结构示意

06-09 无缝钢管和有缝钢管

　　管式反应器结构简单，易于加工制造和检修，金属管子能耐高压，可用于加压反应。此类反应器也可采用玻璃等非金属材料制成，此时耐压能力受到限制，但耐腐蚀能力大为提高。与釜式反应器相比，管式反应器单位体积所具有的传热面积较大，因而特别适用于热效应较大的反应。管式反应器是一种典型的连续操作反应器，由于是连续操作，因而生产能力较大，并容易实现自动控制。此外，为保证管式反应器内具有良好的传热和传质条件，一般要求反应物料在管内作高速湍流运动。

　　管式反应器可用于气相、均液相、非均液相、气液相、气固相、液固相、固相等反应。许多反应，如乙酸裂解制双乙烯酮、邻硝基氯苯氨化制邻硝基苯氨、石蜡氧化制脂肪酸、己内酰胺聚合等均可采用管式反应器进行工业化生产。

二、管式反应器设计基础方程式

　　工业生产中，细长型的管式反应器可近似看成理想置换反应器。管式反应器常用于液相反应或气相反应。当用于液相反应时，可忽略因反应和温度改变而引起的密度变化，视为等容过程。当用于气相反应时，则有两种情况，①反应过程中气体物质的总物质的量保持不变，应按等容过程处理；②反应过程中气体物质的总物质的量要发生改变，则应按变容过程处理。温度也有类似情况，当过程的热效应可以忽略或采取适当措施使体系的温度保持不变时，则按等温过程处理，否则应视为非等温过程。

　　等温等容过程的计算比较简单，但在实际应用中也经常会遇到变容和非等温情况。下面首先建立管式反应器的物料衡算式，以导出管式反应器的设计基础方程式，然后对各种情况分别加以讨论。

　　管式反应器达到稳态操作时，其物料衡算具有如下特点。

　　① 物料组成、温度和反应速度不随时间而变化，故可对任意时间间隔进行物料衡算。

　　② 物料组成、温度和反应速度沿流动方向（管长方向）而变，故应取微元管长进行物料衡算。

　　③ 物料在反应器中的积累量为零。

　　如图 6-14 所示，沿管式反应器的管长方向取长为 dl 的微元圆柱体，相应的体积为 dV_R。在微元体中对反应物 A 进行物料衡算得

$$F_A - (F_A + dF_A) - r_A dV_R = 0$$

即

$$dF_A = -r_A dV_R \qquad (6-51)$$

式中　F_A——进入微元体的反应物 A 的摩尔流量，kmol·s^{-1} 或 kmol·h^{-1}。

　　由 $F_A = F_{A0}(1 - x_A)$ 得

$$dF_A = -F_{A0} dx_A$$

代入式(6-51) 得

$$F_{A0} dx_A = r_A dV_R$$

积分得

$$V_R = F_{A0} \int_0^{x_{Af}} \frac{dx_A}{r_A} \qquad (6-52)$$

则管式反应器设计基础方程式为

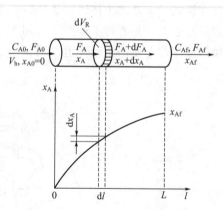

图 6-14　管式反应器的物料衡算

$$\tau_c = \frac{V_R}{V_h} = C_{A0} \int_0^{x_{Af}} \frac{\mathrm{d}x_A}{r_A} \tag{6-53}$$

式中　τ_c——管式反应器的空间时间，h。

值得注意的是，对于变容过程，随着反应的进行，物料在反应器中的体积流量不断发生改变，因此，空间时间不等于物料在反应器内的停留时间。只有对于等容过程，空间时间才与物料的停留时间相等，并为管式反应器内物料的反应时间，即

$$\tau_c = \frac{V_R}{V_h} = \frac{反应器的有效容积}{进料体积流量} = \frac{反应器的有效容积}{反应器中物料的体积流量}$$

三、液相管式反应器的工艺计算

1. 等温液相管式反应器

液相反应可视为等容过程。结合等温等容条件，应用式（6-53）即可计算出达到规定转化率所需要的反应器容积或空间时间。

对于零级反应，将 $r_A = k$ 代入式（6-53）得

$$\tau_c = \frac{V_R}{V_h} = \frac{C_{A0} x_{Af}}{k} \tag{6-54}$$

对于一级反应，将 $r_A = kC_{A0}(1-x_A)$ 代入式（6-53）得

$$\tau_c = \frac{V_R}{V_h} = C_{A0} \int_0^{x_{Af}} \frac{\mathrm{d}x_A}{kC_{A0}(1-x_A)} = \frac{1}{k} \ln \frac{1}{1-x_{Af}} \tag{6-55}$$

对于二级反应，将 $r_A = kC_{A0}^2(1-x_A)^2$ 代入式（6-53）得

$$\tau_c = \frac{V_R}{V_h} = C_{A0} \int_0^{x_{Af}} \frac{\mathrm{d}x_A}{kC_{A0}^2(1-x_A)^2} = \frac{1}{kC_{A0}} \int_0^{x_{Af}} \frac{\mathrm{d}x_A}{(1-x_A)^2} = \frac{x_{Af}}{kC_{A0}(1-x_{Af})} \tag{6-56}$$

将式（6-54）~式（6-56）分别与式（6-23）、式（6-26）和式（6-27）进行比较，可以发现两者完全相同。可见，对于等温等容过程，同一反应在相同条件下，达到相同转化率时，在间歇釜式反应器中所需要的反应时间与在管式反应器中所需要的空间时间相同。因此，可用间歇釜式反应器中的试验数据进行管式反应器的设计与放大。

值得注意的是，间歇釜式反应器与管式反应器是两种不同结构型式的反应器，其中的物料流动状况也有着本质的区别。在间歇釜式反应器中，物料流动是一种混合均匀的间歇非稳态流动；而在管式反应器中则是一种不混合的连续稳态流动。两种反应器的计算公式之所以相同，是因为在这两种反应器中，不仅全部物料粒子的反应时间完全相同，而且从反应开始到结束，物料组成经历的变化过程也完全相同。只是间歇釜式反应器中的物料组成随时间而变，而管式反应器中的物料组成随位置（管长）而变。

【实例6-4】用管式反应器生产乙酸丁酯，反应条件和产量同【实例6-1】，试计算所需反应器的容积。

解：因为是二级反应，由式（6-56）得

$$\tau_c = \frac{V_R}{V_h} = \frac{x_{Af}}{kC_{A0}(1-x_{Af})}$$

由【实例6-1】可知，$V_h = 1.23\mathrm{m}^3 \cdot \mathrm{h}^{-1}$，$C_{A0} = 1.75\mathrm{kmol} \cdot \mathrm{m}^{-3}$，$k = 1.04\mathrm{m}^3 \cdot \mathrm{kmol}^{-1} \cdot \mathrm{h}^{-1}$，$x_{Af} = 0.5$。则

$$V_R = \frac{V_h x_{Af}}{k C_{A0}(1-x_{Af})} = \frac{1.23 \times 0.5}{1.04 \times 1.75 \times (1-0.5)} = 0.68 (\text{m}^3)$$

将【实例 6-1】～【实例 6-4】的计算结果一并列于表 6-1 中以便于比较。

表 6-1 反应器有效容积的比较

反应器类型	有效容积/m³	有效容积比
管式反应器	0.68	1.00
两釜串联连续反应器	0.98	1.44
单釜连续反应器	1.35	1.99
间歇釜式反应器	1.29	1.90

注：1. 乙酸转化率为 50%，乙酸丁酯产量为 3000kg·d⁻¹。

2. 若不考虑间歇釜式反应器的辅助操作时间，则所需间歇釜式反应器的有效容积与管式反应器的有效容积相同，即为 0.68m³。

计算出所需管式反应器的容积 V_R 后，可进一步计算管径与管长，具体可参阅有关手册或参考书，此处不再赘述。

2. 变温液相管式反应器

化学反应通常都有一定的热效应，当反应热不能及时传递时，体系的温度就要发生改变。管式反应器内物料组成沿管长而变，反应速度和热效应也随之发生改变。因此，管式反应器多为非等温操作。由于提高温度可使反应速度加快，因此，当反应的热效应不大，且反应选择性受温度的影响较小时，常采用绝热操作，以提高反应温度，加快反应速度，缩小反应器容积或提高设备的生产能力。若反应的热效应较大或温度对反应选择性有显著影响，则应通过载热体及时移走或供给反应热，以控制反应温度。

非等温液相管式反应器可视为变温等容过程，必须联解物料衡算式、热量衡算式和反应动力学方程式才能获得温度或转化率沿管长的变化情况，进而求得达到规定转化率所需要的反应器容积。

管式反应器达到稳态操作时，其热量衡算具有如下特点。

① 物料组成、温度和反应速度均不随时间而变化，故可取任意时间间隔进行热量衡算。

② 物料组成、温度和反应速度沿流动方向（管长方向）而变，故应取微元管长进行热量衡算。

③ 反应器中没有热量的积累。

此外，为简化推导过程，还作如下假设。

① 反应体系中的物理变化热可忽略不计。

② 反应体系中无相变过程发生。

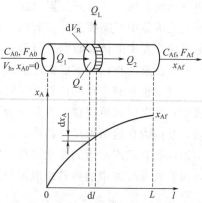

图 6-15 管式反应器的热量衡算

如图 6-15 所示，沿管式反应器的管长方向取长为 dl 的微元圆柱体，相应的体积为 dV_R。结合式(6-17)，对该微元体进行热量衡算得

$$Q_1 - Q_2 + Q_c - Q_L = 0 \tag{6-57}$$

式中 Q_1——物料带入微元体的热量，kJ·h⁻¹；

Q_2——物料带出微元体的热量，kJ·h⁻¹；

Q_c——微元体中的化学变化热，$kJ \cdot h^{-1}$；

Q_L——微元体传递至环境或载热体的热量，$kJ \cdot h^{-1}$。

取 0℃为热量衡算的基准温度，则 Q_1 的计算式为

$$Q_1 = F'_t M' C'_p T' \tag{6-58}$$

式中　F'_t——进入微元体的总物料流量，$kmol \cdot s^{-1}$ 或 $kmol \cdot h^{-1}$；

M'——进入微元体的物料的平均摩尔质量，$kg \cdot kmol^{-1}$；

C'_p——物料在（$0 \sim T'$）℃范围内的平均定压比热，$kJ \cdot kg^{-1} \cdot ℃^{-1}$；

T'——进入微元体的物料的温度，℃。

Q_2 的计算式为

$$Q_2 = F_t M C_p T \tag{6-59}$$

式中　F_t——离开微元体的总物料流量，$kmol \cdot h^{-1}$；

M——离开微元体的物料的平均摩尔质量，$kg \cdot kmol^{-1}$；

C_p——物料在（$0 \sim T$）℃范围内的平均定压比热，$kJ \cdot kg^{-1} \cdot ℃^{-1}$；

T——离开微元体的物料的温度，℃。

由式(5-16) 和式(5-17) 得

$$Q_c = \frac{r_A dV_R}{\delta_A} \Delta H_r^T = \frac{F_{A0} dx_A}{\delta_A} \Delta H_r^T \tag{6-60}$$

式中　ΔH_r^T——化学反应热（放热为正，吸热为负），$kJ \cdot mol^{-1}$。

Q_L 的计算式为

$$Q_L = KS(\overline{T} - T_W) \tag{6-61}$$

式中　K——总传热系数，$W \cdot m^{-2} \cdot ℃^{-1}$；

S——微元体积的传热面积，m^2；

$\overline{T}$——物料的平均温度，℃；

T_W——载热体或环境的温度，℃。

将式(6-58)～式(6-61) 代入式(6-57) 得

$$F'_t M' C'_p T' - F_t M C_p T + \frac{F_{A0} dx_A}{\delta_A} \Delta H_r^T - KS(\overline{T} - T_W) = 0$$

在微元体积内 $F'_t M' C'_p$ 与 $F_t M C_p$ 的差别很小，且 $T - T' = dT$，则上式可简化为

$$\frac{F_{A0} dx_A}{\delta_A} \Delta H_r^T - KS(\overline{T} - T_W) = F_t M C_p dT \tag{6-62}$$

对于等温过程，$dT = 0$，式(6-62) 可简化为

$$\frac{F_{A0} dx_A}{\delta_A} \Delta H_r^T = KS(\overline{T} - T_W) \tag{6-63}$$

对于绝热过程，$Q_L = KS(\overline{T} - T_W) = 0$，式(6-62) 可简化为

$$\frac{F_{A0} dx_A}{\delta_A} \Delta H_r^T = F_t M C_p dT \tag{6-64}$$

现以绝热过程为例，讨论管式反应器容积的计算方法。

由于 $M C_p$ 是物料组成和温度的函数，ΔH_r^T 是温度的函数，F_t 又是转化率的函数，故式(6-64) 的积分计算是非常繁琐的。由于液相反应可视为等容过程，故过程的焓变仅取决

于过程的始态和终态，而与过程的途径无关。根据这一特点可设计如下途径完成绝热反应过程。

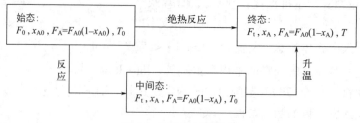

图 6-16 绝热反应过程

如图 6-16 所示，总流量为 F_0 的物料先在进口温度 T_0 下进行等温反应，使转化率由 x_{A0} 变化到 x_A，物料总流量由 F_0 变化到 F_t；然后再将转化率为 x_A、总流量为 F_t 的物料由温度 T_0 升至出口温度 T。显然，反应所放出的热量全部用于物料升温，则

$$\frac{F_{A0}(x_A - x_{A0})}{\delta_A} \Delta H_r^{T_0} = F_t M C_p (T - T_0) \tag{6-65}$$

式中　$\Delta H_r^{T_0}$——温度为 T_0 时的化学反应热，$kJ \cdot kmol^{-1}$

　　　　F_t——转化率为 x_A 时的总物料流量，$kmol \cdot h^{-1}$；

　　　　M——转化率为 x_A 时物料的平均相对摩尔质量，$kg \cdot kmol^{-1}$；

　　　　C_p——物料在 $(T_0 \sim T)$℃范围内的平均定压比热，$kJ \cdot kg^{-1} \cdot ℃^{-1}$。

由式(6-65)得

$$T - T_0 = \frac{F_{A0} \Delta H_r^{T_0}}{\delta_A F_t M C_p}(x_A - x_{A0}) \tag{6-66}$$

上式即为绝热管式反应器内温度与转化率之间的关系。

若反应过程中物料的总摩尔流量保持不变，即 $F_t = F_0$，则

$$T - T_0 = \frac{F_{A0} \Delta H_r^{T_0}}{\delta_A F_t M C_p}(x_A - x_{A0}) = \frac{F_{A0} \Delta H_r^{T_0}}{\delta_A F_0 M C_p}(x_A - x_{A0})$$

$$= \frac{y_{A0} \Delta H_r^{T_0}}{\delta_A M C_p}(x_A - x_{A0})$$

式中　F_0——进料总摩尔流量，$kmol \cdot h^{-1}$；

　　　　y_{A0}——进料中反应物 A 的摩尔分数，无因次。

令

$$\lambda = \frac{y_{A0} \Delta H_r^{T_0}}{\delta_A M C_p}$$

则

$$T - T_0 = \lambda(x_A - x_{A0}) \tag{6-67}$$

上式表明，绝热过程中温度与转化率呈线性关系。当 $x_{A0} = 0$，$x_A = 100\%$，即反应物 A 全部转化时，$\lambda = T - T_0$，故 λ 的物理意义为反应物 A 的转化率达到 100% 时，反应体系升高或降低的温度，又称为绝热温升或绝热温降。可见，λ 是体系温度可能上升或下降的限度。

根据式(6-67)，再结合反应动力学方程式和物料衡算式，即可求出达到规定转化率时所需管式反应器的容积。例如，变温等容一级反应

$$r_A = kC_A = kC_{A0}(1-x_A) = f(x_A, T) = f[x_A, T_0 + \lambda(x_A - x_{A0})] = g(x_A)$$

代入式(6-52) 得

$$V_R = F_{A0} \int_0^{x_{Af}} \frac{dx_A}{r_A} = F_{A0} \int_0^{x_{Af}} \frac{dx_A}{g(x_A)}$$

上式积分后即为达到规定转化率时所需管式反应器的容积。

四、气相管式反应器的工艺计算

前已述及，对于气相反应，若反应过程中气体物质的总物质的量发生改变，而体系的温度和压力保持不变，则气体的体积流量将发生改变，此时应按变容过程处理。

为计算反应前后体系的体积变化，可引入膨胀因子的概念，其定义为每转化 1mol 反应物所引起的反应体系内气相物质物质的量的改变量。例如，对于如下气相反应

$$a\,A(g) + b\,B(g) \longrightarrow m\,M(g) + n\,N(g)$$

以反应物 A 表示的膨胀因子为

$$\varepsilon_A = \frac{m+n-a-b}{a} \tag{6-68}$$

体系中若含有惰性气体，并不影响 ε_A 值的大小。如上述反应体系中含 $u\,\mathrm{mol}$ 惰性气体，则

$$\varepsilon_A = \frac{m+n+u-a-b-u}{a} = \frac{m+n-a-b}{a}$$

设一变容过程，总进料体积流量为 V_0，进料总摩尔流量为 F_0，其中反应物 A 的摩尔流量为 F_{A0}，则进料中反应物 A 的摩尔分数为

$$y_{A0} = \frac{F_{A0}}{F_0}$$

当转化率为 x_A 时，反应体系中物料的总摩尔流量为

$$F_t = F_0 + \varepsilon_A F_{A0} x_A = F_0 + \varepsilon_A F_0 y_{A0} x_A = F_0(1 + \varepsilon_A y_{A0} x_A)$$

若气体可视为理想气体，且流动压力降可以忽略，则相应的体积流量为

$$V_t = \frac{RT}{P} F_0 (1 + \varepsilon_A y_{A0} x_A) = V_0 (1 + \varepsilon_A y_{A0} x_A)$$

从而，C_A 与 x_A 的关系为

$$C_A = \frac{F_A}{V_t} = \frac{F_{A0}(1-x_A)}{V_0(1+\varepsilon_A y_{A0} x_A)} = C_{A0} \frac{1-x_A}{1+\varepsilon_A y_{A0} x_A} \tag{6-69}$$

将式(6-69) 的两边同乘 RT 得

$$p_A = p_{A0} \frac{1-x_A}{1+\varepsilon_A y_{A0} x_A} \tag{6-70}$$

式(6-70) 给出了管式反应器内任一截面上的分压 p_A 与转化率 x_A 之间的关系。

对于等容过程，$\varepsilon_A = 0$，代入式(6-69) 得

$$C_A = C_{A0}(1-x_A) \tag{6-8}$$

对于气相非等容过程，可将式(6-69) 或式(6-70) 代入反应动力学方程式，再利用式(6-52)，即可求出达到规定转化率时所需管式反应器的容积。

【实例 6-5】 在管式反应器中进行 2,5-二氢呋喃的气相裂解反应，反应动力学方程式为

$$r_A = kC_A$$

式中 C_A 为 2,5-二氢呋喃的浓度，$kmol \cdot m^{-3}$。已知反应在恒温恒压下进行，反应动力学常数 k 为 $3h^{-1}$，膨胀因子 $\varepsilon_A = 1$；2,5-二氢呋喃的进料体积流量为 $0.3 m^3 \cdot h^{-1}$，其中含 2,5-二氢呋喃 80%（体积分数），其余为惰性气体。若要求 2,5-二氢呋喃的转化率为 75%，试计算所需反应器的容积。

解：将式(6-69) 代入 $r_A = kC_A$ 得

$$r_A = kC_A = kC_{A0} \frac{1-x_A}{1+\varepsilon_A y_{A0} x_A}$$

代入式(6-52) 得

$$V_R = F_{A0} \int_0^{x_{Af}} \frac{dx_A}{r_A} = C_{A0} V_h \int_0^{x_{Af}} \frac{dx_A}{kC_{A0} \dfrac{1-x_A}{1+\varepsilon_A y_{A0} x_A}}$$

$$= \frac{V_h}{k} \int_0^{0.75} \frac{1+\varepsilon_A y_{A0} x_A}{1-x_A} dx_A = \frac{0.3}{3} \int_0^{0.75} \frac{1+0.8 x_A}{1-x_A} dx_A$$

$$= 0.1 \times \int_0^{0.75} \frac{1+0.8-0.8 \times (1-x_A)}{1-x_A} dx_A$$

$$= 0.1 \times \left(\int_0^{0.75} \frac{1.8}{1-x_A} dx_A - 0.8 \times \int_0^{0.75} dx_A \right)$$

$$= 0.1 \times (-1.8\ln(1-x_A) \big|_0^{0.75} - 0.8 \times 0.75) = 0.19(m^3)$$

第五节　反应器型式和操作方式选择

反应器型式和操作方式选择是反应器设计的重要内容。对于特定的化学反应和给定的生产任务，设计人员应结合反应特点和操作方式，从生产能力、反应选择性等方面，对不同型式的反应器进行认真的分析和比较，以确定适宜的反应器型式和操作方式。

一、简单反应

简单反应是指可用一个反应方程式和一个反应动力学方程式来描述的那些反应。由于不存在副反应，产物分布明确，因此，对于简单反应，反应器性能的比较可简单归结为生产能力的比较。

生产能力是指单位时间、单位容积反应器所获得的产物量，其值越大，反应器的生产能力就越大。换言之，为了获得相同的产物量，所需反应器的容积越小，生产能力就越大。可见，反应器生产能力的比较也就是所需反应器容积的比较。

1. 间歇釜式反应器与管式反应器

对于等温等容过程，同一反应在相同条件下，达到相同转化率时，在间歇釜式反应器中所需的反应时间与在管式反应器中所需的空间时间相同。换言之，如果忽略间歇釜式反应器的辅助操作时间，两种反应器所需的容积相同，亦即生产能力相同。当然，若考虑间歇釜式反应器的辅助操作时间，则所需间歇釜的实际容积要大一些，即间歇釜的生产能力较小。

　　两种反应器容积的定量比较，可用容积效率来描述。对于间歇釜式反应器与管式反应器而言，容积效率的定义为

$$\eta = \frac{(V_R)_P}{(V_R)_I} \tag{6-71}$$

式中　η——容积效率；

　$(V_R)_P$——管式反应器的容积，m^3；

　$(V_R)_I$——间歇釜式反应器的有效容积，m^3。

　　显然，对于间歇釜式反应器和管式反应器而言，若忽略间歇釜式反应器的辅助操作时间，容积效率 η 等于1。

　　2. 间歇釜式反应器与连续釜式反应器

　　现以一级反应为例。对于间歇釜式反应器，由式（6-26）和式（6-28）得

$$(V_R)_I = V_h(\tau + \tau') = V_h\left(\frac{1}{k}\ln\frac{1}{1-x_{Af}} + \tau'\right)$$

　　对于连续釜式反应器，由式（6-41）得

$$(V_R)_c = \frac{V_h x_{Af}}{k(1-x_{Af})}$$

式中　$(V_R)_c$——连续釜式反应器的有效容积，m^3。

则

$$\eta = \frac{(V_R)_I}{(V_R)_c} = \frac{k(1-x_{Af})}{x_{Af}}\left(\frac{1}{k}\ln\frac{1}{1-x_{Af}} + \tau'\right) \tag{6-72}$$

　　当 $\eta=1$ 时，两种反应器所需的有效容积相同。此时间歇釜式反应器的辅助操作时间满足下列关系

$$\frac{k(1-x_{Af})}{x_{Af}}\left(\frac{1}{k}\ln\frac{1}{1-x_{Af}} + \tau'\right) = 1$$

即

$$\tau' = \frac{1}{k}\left(\frac{x_{Af}}{1-x_{Af}} - \ln\frac{1}{1-x_{Af}}\right) \tag{6-73}$$

　　【实例6-6】某一级反应的反应速度常数 k 为 $40h^{-1}$，规定的转化率 x_{Af} 为 95%，试分别按以下条件比较采用间歇釜式反应器和单釜连续操作反应器所需有效容积的大小。① 忽略间歇釜式反应器的辅助操作时间；② 每批辅助操作时间为 0.4h；③ 每批辅助操作时间为 1h。

　　解：① 将 $k=40h^{-1}$，$x_{Af}=0.95$，$\tau'=0$ 代入式（6-72）得

$$\eta = \frac{(V_R)_I}{(V_R)_C} = \frac{40\times(1-0.95)}{0.95}\times\left(\frac{1}{40}\times\ln\frac{1}{1-0.95} + 0\right) = 0.158$$

　　② 将 $k=40h^{-1}$，$x_{Af}=0.95$，$\tau'=0.4h$ 代入式（6-72）得

$$\eta = \frac{(V_R)_I}{(V_R)_C} = \frac{40\times(1-0.95)}{0.95}\times\left(\frac{1}{40}\times\ln\frac{1}{1-0.95} + 0.4\right) = 1.000$$

　　③ 将 $k=40h^{-1}$，$x_{Af}=0.95$，$\tau'=1h$ 代入式（6-72）得

$$\eta = \frac{(V_R)_I}{(V_R)_C} = \frac{40\times(1-0.95)}{0.95}\times\left(\frac{1}{40}\times\ln\frac{1}{1-0.95} + 1\right) = 2.262$$

由【实例 6-6】可知，当间歇釜式反应器的辅助操作时间可以忽略时，为完成相同的产量，间歇釜式反应器所需的有效容积比连续釜式反应器的要小，即间歇釜式反应器的生产能力比连续釜式反应器的要大。但是，随着辅助操作时间的增加，间歇釜式反应器的生产能力将逐渐下降。当辅助操作时间超过某一限度（如【实例 6-6】中为 0.4h）后，间歇釜式反应器的生产能力将小于连续釜式反应器的生产能力。可见，间歇釜式反应器和连续釜式反应器的生产能力的大小，与间歇釜式反应器的辅助操作时间密切相关。

3. 连续釜式反应器与管式反应器

对于零级反应，由式(6-40) 和式(6-54) 得

$$\eta_0 = \frac{(V_R)_P}{(V_R)_C} = 1 \tag{6-74}$$

可见，对于零级反应，由于化学反应速度与浓度无关，所以反应器容积的大小与物料的流动型式无关。

对于一级反应，由式(6-41) 和式(6-55) 得

$$\eta_1 = \frac{(V_R)_P}{(V_R)_C} = \frac{1-x_{Af}}{x_{Af}} \ln \frac{1}{1-x_{Af}} \tag{6-75}$$

对于二级反应，由式(6-42) 和式(6-56) 得

$$\eta_2 = \frac{(V_R)_P}{(V_R)_C} = 1 - x_{Af} \tag{6-76}$$

分别由式(6-74)～式(6-76) 作出不同反应级数时容积效率与转化率之间的关系曲线，如图 6-17 所示。由图 6-17 可知，①零级反应的容积效率等于 1，且与转化率无关。即达到规定转化率时，连续釜式反应器所需的有效容积与管式反应器的相同。②转化率一定时，反应级数越高，容积效率就越小，即连续釜式反应器所需的有效容积比管式反应器的大得越多。③除零级反应外，其他各级反应的容积效率均小于 1，且当反应级数一定时，转化率越高，容积效率就越小，即连续釜式反应器所需的有效容积比管式反应器的大得越多。

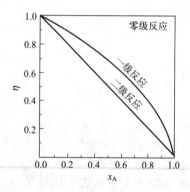

图 6-17　连续釜式反应器与管式反应器的容积效率

4. 多釜串联反应器与管式反应器

仍以一级反应为例。设有 N 个等温等容釜串联，则由式(6-47) 可导出物料在每一釜中的停留时间（即反应时间）为

$$\tau = \frac{1}{k} \left[\left(\frac{1}{1-x_{AN}} \right)^{\frac{1}{N}} - 1 \right] = \frac{1}{k} \left[\left(\frac{1}{1-x_{Af}} \right)^{\frac{1}{N}} - 1 \right]$$

所以，物料在整个反应器中的停留时间为

$$\tau_t = \frac{N}{k} \left[\left(\frac{1}{1-x_{Af}} \right)^{\frac{1}{N}} - 1 \right] \tag{6-77}$$

结合式(6-55) 得

$$\eta=\frac{(V_R)_P}{(V_R)_M}=\frac{\dfrac{1}{k}\ln\left(\dfrac{1}{1-x_{Af}}\right)}{\dfrac{N}{k}\left[\left(\dfrac{1}{1-x_{Af}}\right)^{\frac{1}{N}}-1\right]}=\frac{\ln\left(\dfrac{1}{1-x_{Af}}\right)}{N\left[\left(\dfrac{1}{1-x_{Af}}\right)^{\frac{1}{N}}-1\right]} \tag{6-78}$$

式中 $(V_R)_M$——多釜串联反应器的总有效容积，m^3。

由式(6-78)可作出不同釜数时容积效率与转化率之间的关系曲线，如图6-18所示。由图6-18可知，①串联的釜数越多，容积效率就越高，其极限值为1。②当釜数一定时，转化率越高，容积效率就越低。

综上所述，对于简单反应，选择反应器时应考虑以下几条原则。①对于零级反应，单台连续釜式反应器所需的有效容积与管式反应器的相同。但因釜式反应器存在装料系数，故实际容积有所增大。②若忽略辅助操作时间，则间歇釜式反应器所需的有效容积与管式反应器的相同。但因釜式反应器存在装料系数，故实际容积有所增大。当然，若考虑辅助操作时间，则间歇釜式反应器所需的有效容积较大。③若忽略辅助操作时间，则间歇釜式反应器所需的

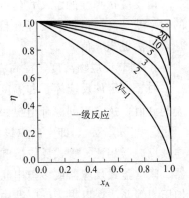

图6-18 多釜串联反应器与管式
反应器的容积效率

有效容积比连续釜式反应器的要小。但随着辅助操作时间的增加，间歇釜式反应器所需的有效容积将逐渐增大。当辅助操作时间超过某一限度后，间歇釜式反应器所需的有效容积将比连续釜式反应器的要大。④反应级数越高或转化率越高，单台连续釜式反应器所需的有效容积就越大，此时可采用管式反应器。⑤对于热效应很大的反应，从有利于传热的角度，宜采用管式反应器。但为了控温的方便，亦可采用间歇釜式反应器或多釜串联反应器。⑥采用多釜串联反应器时，容积效率随釜数的增加而增大，但增大的速度渐趋缓慢。因此，串联的釜数一般不超过4。⑦对于反应速度较慢，且要求的转化率较高的液相反应，宜采用间歇釜式反应器。⑧对于反应速度较快的气相或液相反应，宜采用管式反应器。⑨对于反应级数较低，且要求的转化率不高的液相反应以及自催化反应，宜采用单台连续釜式反应器。

二、复杂反应

复杂反应要用多个化学反应方程式和多个反应动力学方程式来描述。在复杂反应的产物中，既有目标产物，又有副产物。副产物的多少，直接影响着原材料的消耗、分离方案的选择以及分离设备的大小。因此，在选择反应器型式和操作方法时，首要考虑的是反应选择性。

（一）平行反应

先来讨论一种最简单的平行反应。

$$A \xrightarrow{k_1} R(目标产物) \qquad 主反应$$

$$A \xrightarrow{k_2} S(副产物) \qquad 副反应$$

其反应速度方程式为

$$r_R=\frac{dC_R}{d\tau}=k_1 C_A^{a_1}$$

$$r_S = \frac{dC_S}{d\tau} = k_2 C_A^{a_2}$$

主、副反应速度之比为

$$\beta = \frac{r_R}{r_S} = \frac{dC_R}{dC_S} = \frac{k_1}{k_2} C_A^{a_1 - a_2} \tag{6-79}$$

由反应选择性的定义式(4-9)可知，β 值越大，反应选择性 φ 的值就越大，目标产物 R 的收率就越高。可见，要提高目标产物 R 的收率，就要提高反应选择性 φ 的值，其实质就是要设法提高 β 值。

1. 调节反应物浓度，提高 β 值

对于特定的反应体系和温度，k_1、k_2、a_1 和 a_2 均为常数，此时可调节 C_A，以得到较大的 β 值，这有下列 3 种情况。

① 当 $a_1 > a_2$，即主反应级数较高时，提高 C_A，β 值将增大，R 的收率将增加。与单釜连续反应器相比，管式反应器和间歇釜式反应器中的反应物浓度较高，所以宜采用管式反应器、间歇釜式反应器或多釜串联反应器。此外，可采用浓度较高的原料或对气相反应采用增加压力等办法，以提高反应器中的反应物浓度。

② 当 $a_1 < a_2$，即主反应级数较低时，降低 C_A，β 值将增大，R 的收率将增加。此时宜采用单釜连续反应器，但所需反应器的容积较大，故应从经济的角度进行优化选择。此外，可采用浓度较低的原料或对气相反应采用降低压力等办法，以降低反应器中的反应物浓度。

③ 当 $a_1 = a_2$ 时，反应物的浓度对 R 的收率没有影响。

总之，对于平行反应，提高反应物浓度有利于级数较高的反应，降低反应物浓度有利于级数较低的反应。

2. 改变操作温度，提高 β 值

反应速度常数随温度而变，其关系可用阿伦尼乌斯（Arrhenius）经验式表示，即

$$k = A \exp(-E/RT) \tag{6-80}$$

式中　A——频率因子，单位与 k 相同；

　　　E——反应活化能，$kJ \cdot kmol^{-1}$；

　　　R——理想气体常数，$8.314 kJ \cdot kmol^{-1} \cdot K^{-1}$；

　　　T——温度，K。

则

$$\frac{k_1}{k_2} = \frac{A_1 \exp(-E_1/RT)}{A_2 \exp(-E_2/RT)} = \frac{A_1}{A_2} \exp\left[\frac{-(E_1 - E_2)}{RT}\right] \tag{6-81}$$

① 当 $E_1 > E_2$，即主反应的活化能较高时，提高温度，β 值将增大，R 的收率将增加。

② 当 $E_1 < E_2$，即主反应的活化能较低时，降低温度，β 值将增大，R 的收率将增加。

③ 当 $E_1 = E_2$，即主反应的活化能等于副反应的活化能时，温度对 R 的收率没有影响。

总之，提高温度有利于活化能较高的反应，降低温度有利于活化能较低的反应。

3. 选择或开发高选择性催化剂

选择或开发高选择性催化剂是提高反应选择性的最有效的方法。

其他类型的平行反应也可按上述类似方法进行分析。如

06-10 催化剂的发现

$$A + B \xrightarrow{k_1} R（目标产物）\quad 主反应$$

$$A+B \xrightarrow{k_2} S(副产物) \qquad 副反应$$

其反应速度方程式为

$$r_R = \frac{dC_R}{d\tau} = k_1 C_A^{a_1} C_B^{b_1}$$

$$r_S = \frac{dC_S}{d\tau} = k_2 C_A^{a_2} C_B^{b_2}$$

则

$$\beta = \frac{r_R}{r_S} = \frac{dC_R}{dC_S} = \frac{k_1}{k_2} C_A^{a_1-a_2} C_B^{b_1-b_2} \qquad (6-82)$$

同样，为提高目标产物 R 的收率，必须设法提高 β 值。有关分析结果列于表 6-2 中。

表 6-2　适宜的反应器型式和操作方法

反应级数大小	对浓度要求	适宜的反应器型式和操作方式
$a_1 > a_2, b_1 > b_2$	C_A、C_B 均高	A、B 同时加入管式反应器、间歇釜式反应器或多釜串联反应器
$a_1 < a_2, b_1 < b_2$	C_A、C_B 均低	单釜连续反应器；将 A、B 缓缓滴入间歇釜式反应器；使用稀释剂降低 C_A 和 C_B
$a_1 > a_2, b_1 < b_2$	C_A 高、C_B 低	管式反应器，A 在进口处连续加入，B 沿管长分几处连续加入；半连续釜式反应器，A 一次加入，B 连续加入；多釜串联反应器，A 在第一釜连续加入，B 分别在各釜连续加入
$a_1 < a_2, b_1 > b_2$	C_A 低、C_B 高	管式反应器，B 在进口处连续加入，A 沿管长分几处连续加入；半连续釜式反应器，B 一次加入，A 连续加入；多釜串联反应器，B 在第一釜连续加入，A 分别在各釜连续加入

（二）连串反应

设有如下连串反应

$$A \xrightarrow{k_1} R \xrightarrow{k_2} S$$

其反应速度方程式为

$$r_R = \frac{dC_R}{d\tau} = k_1 C_A - k_2 C_R$$

$$r_S = \frac{dC_S}{d\tau} = k_2 C_R$$

则

$$\beta = \frac{r_R}{r_S} = \frac{dC_R}{dC_S} = \frac{k_1 C_A - k_2 C_R}{k_2 C_R} = \frac{k_1}{k_2} \frac{C_A}{C_R} - 1 \qquad (6-83)$$

当 k_1、k_2 一定时，若 R 为目标产物，则应设法使 C_A 高、C_R 低，以增大 β 值，提高 R 的收率，此时宜采用管式反应器、间歇釜式反应器或多釜串联反应器。反之，若 S 为目标产物，则应设法使 C_A 低、C_R 高，以提高 S 的收率，此时宜采用单釜连续反应器。值得注意的是，R 生成量增加，将有利于 S 的生成。因此，若 R 为目标产物，则当 $k_2 \geqslant k_1$ 时，应保持较低的单程转化率；反之，当 $k_1 \geqslant k_2$ 时，应保持较高的转化率，这样收率降低不多，但可大大减轻反应后的分离负荷。

综上所述，对于复杂反应，控制反应物浓度是提高目标产物收率的常用方法。同种原料在反应器内的浓度还与加料方式有关。图 6-19 和图 6-20 分别给出了间歇操作和连续操作时反应物浓度与加料方式之间的关系。

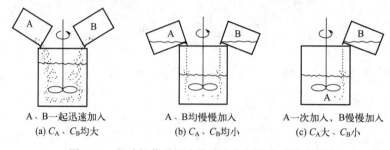

A、B一起迅速加入   A、B均慢慢加入   A一次加入，B慢慢加入
(a) C_A、C_B均大   (b) C_A、C_B均小   (c) C_A大、C_B小

图 6-19   间歇操作时反应物浓度与加料方式的关系

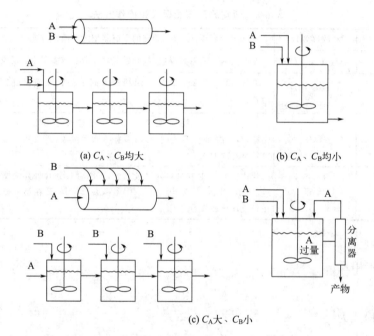

(a) C_A、C_B均大   (b) C_A、C_B均小

(c) C_A大、C_B小

图 6-20   连续操作时反应物浓度与加料方式的关系

第六节   搅拌器

搅拌在药品生产中的应用非常广泛，原料药生产的许多过程都是在有搅拌器的釜式反应器中进行的。通过搅拌，可以加速物料之间的混合，提高传热和传质速率，促进反应的进行或加快物理变化过程。例如，在液相催化加氢反应中，搅拌既能使固体催化剂颗粒处于悬浮状态，又能使气体均匀地分散于液相中，从而加快化学反应速度。同时，搅拌还能提高传热速率，有利于反应热的及时移除。

搅拌操作可分为机械搅拌和气流搅拌。气流搅拌是利用气体在液体层中鼓泡，从而对液体产生搅拌作用，或使气泡群以密集状态在液体层中上升，促使液体产生对流循环。与机械搅拌相比，气流搅拌的作用比较弱，尤其对于高黏度液体，气流搅拌很难适用。因此，在实际生产中，搅拌操作多采用机械搅拌，而气流搅拌仅用于一些特殊场合。

一、常见搅拌器

1. 小直径高转速搅拌器

（1）推进式搅拌器　图 6-21 是常见的三叶推进式搅拌器的结构示意图。此类搅拌器实质上是一个无泵壳的轴流泵，叶轮直径一般为釜径的 0.2～0.5 倍，常用转速为 100～500r·min^{-1}，叶端圆周速度可达 5～15m·s^{-1}。高速旋转的搅拌器使釜内液体产生轴向和切向运动。液体的轴向分速度可使液体形成如图 6-22 所示的总体循环流动，起到混合液体的作用；而切向分速度使釜内液体产生圆周运动，并形成旋涡，不利于液体的混合，且当物料为多相体系时，还会产生分层或分离现象，因此，应采取措施予以抑制或消除。推进式搅拌器产生的湍动程度不高，但液体循环量较大，常用于低黏度（<2Pa·s）液体的传热、反应以及固液比较小的悬浮、溶解等过程。

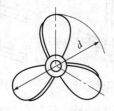

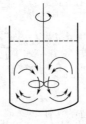

图 6-21　推进式搅拌器　　　　　　图 6-22　推进式搅拌器的总体循环流动　　**06-11 常见流体的黏度**

（2）涡轮式搅拌器　图 6-23 是几种涡轮式搅拌器的结构示意图。此类搅拌器实质上是一个无泵壳的离心泵，叶轮直径一般为釜径的 0.2～0.5 倍，常用转速为 10～500r·min^{-1}，叶端圆周速度可达 4～10m·s^{-1}。高速旋转的搅拌器使釜内液体产生切向和径向运动，并以很高的绝对速度沿叶轮半径方向流出。流出液体的径向分速度使液体流向壁面，然后形成上、下两条回路流入搅拌器，其总体循环流动如图 6-24 所示。流出液体的切向分速度使釜内液体产生圆周运动，同样应采取措施予以抑制或消除。与推进式搅拌器相比，涡轮式搅拌器不仅能使釜内液体产生较大的循环量，而且对桨叶外缘附近的液体产生较强的剪切作用，常用于黏度小于 50Pa·s 液体的传热、反应以及固液悬浮、溶解和气体分散等过程。

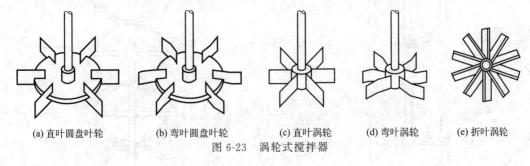

(a) 直叶圆盘叶轮　　(b) 弯叶圆盘叶轮　　(c) 直叶涡轮　　(d) 弯叶涡轮　　(e) 折叶涡轮

图 6-23　涡轮式搅拌器

2. 大直径低转速搅拌器

液体的流速越大，流动阻力就越大；而在达到完全湍流区之前，随着液体黏度的增大，流动阻力也随之增大。因此，当小直径高转速搅拌器用于中、高黏度的液体搅拌时，其总体流动范围会因巨大的流动阻力而大为缩小。例如，当涡轮式搅拌器用于与水相近的低黏度液体搅拌时，其轴向所及范围约为釜径的 4 倍；但当液体的黏度增大至 50Pa·s 时，其所及范围将缩小为釜径的一半。此时，距搅拌器较远的液体流速很慢，甚至是静止的。研究表明，对于中、高黏度液体的搅拌，宜采用大直径低转速搅拌器。

（1）桨式搅拌器　图 6-25 为几种桨式搅拌器的结构示意图。桨式搅拌器的旋转直径一般为釜径的 0.35～0.8 倍，用于高黏度液体时可达釜径的 0.9 倍以上，桨叶宽度为旋转直径的 1/10～1/4，常用转速为 1～100r·min^{-1}，叶端圆周速度为 1～5m·s^{-1}。平桨式搅拌器可使液体产生切向和径向运动，可用于简单的固液悬浮、溶解和气体分散等过程。但是，即使是斜桨式搅拌器，所造成的轴向流动范围也不大，故当釜内液位较高时，应采用多斜桨式搅拌器，或与螺旋桨配合使用。当旋转直径达到釜径的 0.9 倍以上，并设置多层桨叶时，可用于较高黏度液体的搅拌。

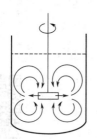

图 6-24　涡轮式搅拌器的总体循环流动

(a) 平桨式

(b) 斜桨式

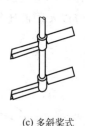

(c) 多斜桨式

图 6-25　桨式搅拌器

（2）锚式和框式搅拌器　当液体黏度更大时，可根据釜底的形状，将桨式搅拌器做成锚式或框式，如图 6-26 所示。此类搅拌器的旋转直径较大，一般可达釜径的 0.9～0.98 倍，常用转速为 1～100r·min^{-1}，叶端圆周速度为 1～5m·s^{-1}。此类搅拌器一般在层流状态下操作，主要使液体产生水平环向流动，基本不产生轴向流动，故难以保证轴向混合均匀。但此类搅拌器的搅动范围很大，且可根据需要在桨上增加横梁和竖梁，以进一步增大搅拌范围，所以一般不会产生死区。此外，由于搅拌器与釜内壁的间隙很小，故可防止固体颗粒在釜内壁上的沉积现象。锚式和框式搅拌器常用于中、高黏度液体的混合、传热及反应等过程。

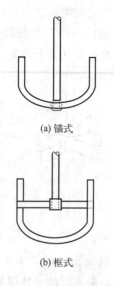

(a) 锚式

(b) 框式

图 6-26　锚式和框式搅拌器

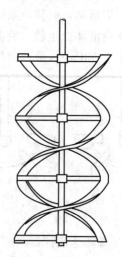

图 6-27　螺带式搅拌器

（3）螺带式搅拌器 为进一步提高轴向混合效果，可采用螺带式搅拌器。图 6-27 为螺带式搅拌器的结构示意图。此类搅拌器一般具有 1～2 条螺带，其旋转直径亦为釜径的 0.9～0.98 倍，常用转速为 0.5～50r·min^{-1}，叶端圆周速度小于 2m·s^{-1}。此类搅拌器亦在层流状态下操作，但在螺带的作用下，液体将沿着螺旋面上升或下降形成轴向循环流动，故混合效果比锚式或框式的好，常用于中、高黏度液体的混合、传热及反应等过程。

06-12 搅拌器的标准

二、提高搅拌效果的措施

1. 打旋现象及其消除

如图 6-28 所示，当搅拌器置于容器中心搅拌低黏度液体时，若叶轮转速足够高，液体就会在离心力的作用下涌向釜壁，使釜壁处的液面上升，而中心处的液面下降，结果形成了一个大漩涡，这种现象称为打旋。叶轮的转速越大，形成的旋涡就越深，但各层液体之间几乎不发生轴向混合，且当物料为多相体系时，还会发生分层或分离现象。更为严重的是，当液面下凹至一定深度后，叶轮的中心部位将暴露于空气中，并吸入空气，使被搅拌液体的表观密度和搅拌效率下降。此外，打旋还会引起功率波动和异常作用力，加剧搅拌器的振动，甚至使其无法工作。因此，必须采取措施抑制或消除打旋现象。

（1）装设挡板 在釜内装设挡板，既能提高液体的湍动程度，又能使切向流动变为轴向和径向流动，从而抑制打旋现象的发生。图 6-29 是装设挡板后釜内液体的流动情况。可见，装设挡板后，釜内液面的下凹现象基本消失，从而使搅拌效果显著提高。

图 6-28 打旋现象

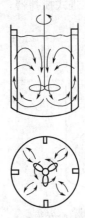

图 6-29 有挡板时的流动情况

挡板的安装方式与液体黏度有关。对于低黏度（＜7Pa·s）液体，可将挡板垂直纵向地安装在釜的内壁上，上部伸出液面，下部到达釜底。对于中等黏度（7～10Pa·s）液体或固液体系，应使挡板离开釜壁，以防液体在挡板后形成较大的流动死区或固体在挡板后积聚。对于高黏度（＞10Pa·s）液体，应使挡板离开釜壁并与壁面倾斜。由于液体的黏性力可抑制打旋，所以当液体黏度为 5～12Pa·s 时，可减小挡板的宽度；而当黏度大于 12Pa·s 时，则无须安装挡板。挡板的常见安装方式如图 6-30 所示。

若挡板符合下列条件，则称为全挡板条件，即

$$\frac{W \times N}{D} \approx 0.4 \tag{6-84}$$

式中 W——挡板宽度，m；

D——釜内径，m；

N——挡板数。

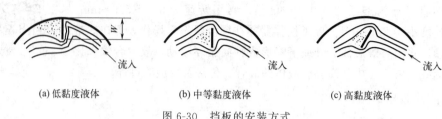

(a) 低黏度液体   (b) 中等黏度液体   (c) 高黏度液体

图 6-30 挡板的安装方式

研究表明，当挡板符合式(6-84)时，可获得很好的挡板效果，此时即使再增加附件，搅拌器的功率也不再增大。例如，当挡板数为 4，挡板宽度为釜径的 1/10 时，即可近似认为符合全挡板条件。

（2）偏心安装 将搅拌器偏心或偏心且倾斜地安装，不仅可以破坏循环回路的对称性，有效地抑制打旋现象，而且可增加流体的湍动程度，从而使搅拌效果得到显著提高。搅拌器的典型偏心安装方式如图 6-31 所示。

2. 设置导流筒

导流筒为一圆筒体，其作用是使桨叶排出的液体在导流筒内部和外部形成轴向循环流动。导流筒可限定釜内液体的流动路线，迫使釜内液体通过导流筒内的强烈混合区，既提高了循环流量和混合效果，又有助于消除短路与流动死区。导流筒的安装方式如图 6-32 所示。应注意，对于推进式搅拌器，导流筒应套在叶轮外部；而对涡轮式搅拌器，则应安装在叶轮上方。

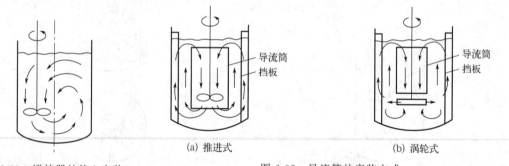

(a) 推进式   (b) 涡轮式

图 6-31 搅拌器的偏心安装   图 6-32 导流筒的安装方式

三、搅拌器选型

不同的搅拌操作对搅拌的要求常具有共性，而不同类型的搅拌器亦具有一定的共性，因此，同一搅拌操作往往可选用几种类型的搅拌器。反之，同一搅拌器也可用于多种搅拌操作。目前，对搅拌器的选型主要是根据实践经验，也可根据小试数据，采用适当方法进行放大设计。根据搅拌过程的特点和主要控制因素，可按表 6-3 中的方法选择适宜型式的搅拌器。

表 6-3 搅拌器选型表

搅拌过程	主要控制因素	搅拌器型式
混合(低黏度均相液体)	循环流量	推进式、涡轮式，要求不高时用桨式

续表

搅拌过程	主要控制因素	搅拌器型式
混合（高黏度液体）	①循环流量；②低转速	涡轮式、锚式、框式、螺带式、带横挡板的桨式
分散（非均相液体）	①液滴大小（分散度）；②循环流量	涡轮式
溶液反应（互溶体系）	①湍流强度；②循环流量	涡轮式、推进式、桨式
固体悬浮	①循环流量；②湍流强度	按固体颗粒的粒度、含量及比重决定采用桨式、推进式或涡轮式
固体溶解	①剪切作用；②循环流量	涡轮式、推进式、桨式
气体吸收	①剪切作用；②循环流量；③高转速	涡轮式
结晶	①循环流量；②剪切作用；③低转速	按控制因素采用涡轮式、桨式或桨式的变形
传热	①循环流量；②传热面上高流速	桨式、推进式、涡轮式

1. 低黏度均相液体的混合

这是一种难度很小的搅拌过程，只有当容积很大且要求快速混合时才比较困难。由于推进式的循环流量较大且动力消耗较少，所以是最适用的。涡轮式的剪切作用较强，但对于这种混合过程不太需要，且动力消耗较大，故不太合理。桨式的结构比较简单，在小容量液体混合中有着广泛的应用，但当液体容量较大时，其循环流量不足。

2. 高黏度液体的混合

当液体黏度在 $0.1 \sim 1 Pa \cdot s$ 时，可采用锚式搅拌器。当液体黏度在 $1 \sim 10 Pa \cdot s$ 时，可采用框式搅拌器，且黏度越高，横、竖梁就越多。当液体黏度在 $2 \sim 500 Pa \cdot s$ 时，可采用螺带式搅拌器。在需冷却的夹套釜的内壁上易形成一层黏度更高的膜层，其传热热阻很大，此时宜选用大直径低转速搅拌器，如锚式或框式搅拌器，以减薄膜层厚度，提高传热效果。若反应过程中物料的黏度会发生显著变化，且反应对搅拌强度又很敏感，可考虑采用变速装置或分釜操作，以满足不同阶段的需要。

3. 分散

对于非均相液体的分散过程，由于涡轮式搅拌器具有较强的剪切作用和较大的循环流量，所以最为合适，尤其是平直叶的剪切作用比折叶和弯叶的大，则更为合适。当液体的黏度较大时，为减少动力消耗，宜采用弯叶涡轮。

4. 固体悬浮

在低黏度液体中悬浮易沉降的固体颗粒时，由于开启涡轮没有中间圆盘，不致阻碍桨叶上下的液相混合，所以最为合适，尤其是弯叶开启涡轮，桨叶不易磨损，则更为合适。推进式的使用范围较窄，当固液密度差较大或固液比超过 50% 时不适用。桨式或锚式的转速较低，仅适用于固液比较大（$>50\%$）或沉降速度较小的固体悬浮。

5. 固体溶解

此类操作要求搅拌器具有较强的剪切作用和较大的循环流量，所以涡轮式最为合适。推进式的循环流量较大，但剪切作用较小，所以用于小容量的固体溶解过程比较合理。桨式需借助挡板来提高循环能力，因此一般用于易悬浮固体的溶解操作。

6. 气体吸收

此类操作以各种圆盘涡轮式搅拌器最为适宜，此类搅拌器不仅有较强的剪切作用，而且圆盘下面可存住一些气体，使气体的分散更趋平稳，而开启涡轮则没有这一优点，故效果不好。推进式和桨式一般不适用于气体吸收操作。

7. 结晶

带搅拌的结晶过程比较复杂，尤其是需要严格控制晶体大小和形状时更是如此。一般情况下，小直径高转速搅拌器，如涡轮式，适用于微粒结晶，但晶体形状不易一致；而大直径低转速搅拌器，如桨式，适用于大颗粒定形结晶，但釜内不宜设置挡板。

8. 传热

传热量较小的夹套釜可采用桨式搅拌器；中等传热量的夹套釜亦可采用桨式搅拌器，但釜内应设置挡板；当传热量很大时，釜内可用蛇管传热，采用推进式或涡轮式搅拌器，并在釜内设置挡板。

四、搅拌功率

（一）均相液体的搅拌功率

1. 功率曲线和搅拌功率的计算

搅拌器工作时，旋转的叶轮将能量传递给液体。搅拌器所需的功率取决于釜内物料的流型和湍动程度，它是叶轮形状、大小、转速、位置以及液体性质、反应釜尺寸与内部构件的函数。

研究表明，均相液体的功率准数关联式可表示为

$$N_P = KRe^a Fr^b \tag{6-85}$$

$$N_P = \frac{P}{\rho n^3 d^5} \tag{6-86}$$

$$Re = \frac{d^2 n\rho}{\mu} \tag{6-87}$$

$$Fr = \frac{dn^2}{g} \tag{6-88}$$

式中　N_P——功率准数，是反映搅拌功率的准数，无因次；

　　　Re——搅拌雷诺数，是反映物料流动状况对搅拌功率影响的准数，无因次；

　　　Fr——弗劳德数，即流体的惯性力与重力之比，是反映重力对搅拌功率影响的准数，无因次；

　　　K——系统的总形状系数，反映系统的几何构型对搅拌功率的影响，无因次；

　　　P——功率消耗，W；

　　　n——叶轮转速，$r \cdot s^{-1}$；

　　　d——叶轮直径，m；

　　　ρ——液体密度，$kg \cdot m^{-3}$；

　　　μ——液体黏度，$Pa \cdot s$；

　　　g——重力加速度，$9.81 m \cdot s^{-2}$；

　　　a、b——指数，其值与物料流动状况及搅拌器型式和尺寸等因素有关，一般由实验确定，无因次。

式(6-85)亦可改写为

$$\Phi = \frac{N_P}{Fr^b} = KRe^a \tag{6-89}$$

式中　Φ——功率因数，无因次。

对于不打旋的搅拌系统，重力的影响可以忽略，即 $b=0$，则式(6-89)可简化为

$$\Phi = N_P = KRe^a \tag{6-90}$$

由实验测出各种搅拌器的 Φ 或 N_P 与 Re 的关系，并标绘在双对数坐标纸上，即得功率曲线。几种搅拌器的功率曲线如图 6-33 所示。显然，在相同条件下，径向型的涡轮式搅拌器比轴流型的推进式搅拌器提供的功率要大。

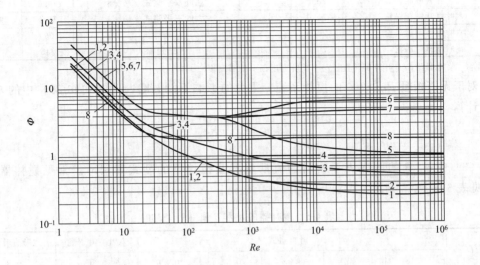

图 6-33　搅拌器的功率曲线

1—三叶推进式，$s=d$，无挡板；2—三叶推进式，$s=d$，全挡板；

3—三叶推进式，$s=2d$，无挡板；4—三叶推进式，$s=2d$，全挡板；

5—六叶直叶圆盘涡轮，无挡板；6—六叶直叶圆盘涡轮，全挡板；

7—六叶弯叶圆盘涡轮，全挡板；8—双叶平桨，全挡板

全挡板：$N=4$，$W=0.1D$；各曲线：$d/D \approx 1/3$，$b/d=1/4$，$H_L/D=1$

s—桨叶螺距，N—挡板数，W—挡板宽度，D—釜内径，d—叶轮旋转直径，b—桨叶宽度，H_L—液层深度

根据 Re 的大小，亦可将搅拌釜内的流动情况分为层流、过渡流和湍流。当然，搅拌器的型式不同，划分层流区与湍流区的 Re 值不完全相同。

由图 6-33 可知，在层流区（$Re<10$），不同型式搅拌器的功率曲线均为直线，直线的斜率均为-1，且同一型式几何相似的搅拌器，不论是否装有挡板，功率曲线均相同，即挡板对搅拌功率没有影响。而在完全湍流区（$Re>10^4$），同一种桨叶，有挡板时比无挡板时提供的功率要大。

对于给定的搅拌系统，可先由功率曲线查出功率因数或功率准数，然后再经计算得出所需的搅拌功率。此外，对于特定的搅拌器，还可按流动状况对功率曲线进行回归，得到计算搅拌功率的经验关联式。例如，由层流区（$Re<10$）的功率曲线可得搅拌功率的计算式为

$$P = K_1 \mu n^2 d^3 \tag{6-91}$$

式中　K_1——与搅拌器结构型式有关的常数，常见搅拌器的 K_1 值如表 6-4 所示。

又如，由完全湍流区（$Re>10^4$）的功率曲线可得有挡板时的搅拌功率的计算式为

$$P = K_2 \rho n^3 d^5 \tag{6-92}$$

式中　K_2——与搅拌器结构型式有关的常数，常见搅拌器的 K_2 值见表 6-4。

表 6-4 搅拌器的 K_1、K_2 值

搅拌器型式		K_1	K_2	搅拌器型式		K_1	K_2
三叶推进式	$s=d$	41.0	0.32	双叶单平桨式	$d/b=4$	43.0	2.25
	$s=2d$	43.5	1.0		$d/b=6$	36.5	1.60
四叶直叶圆盘涡轮		70.0	4.5		$d/b=8$	33.0	1.15
六叶直叶涡轮		70.0	3.0	四叶双平桨式 $d/b=6$		49.0	2.75
六叶直叶圆盘涡轮		71.0	6.1	六叶三平桨式 $d/b=6$		71.0	3.82
六叶弯叶圆盘涡轮		70.0	4.8	螺带式		$340h/d$	
六叶斜叶涡轮		70.0	1.5	搪瓷锚式		245	

注：s—桨叶螺距；d—叶轮旋转直径；b—桨叶宽度；h—螺带高度。

对于无挡板且 $Re>300$ 的搅拌系统，重力的影响不能忽略，此时式（6-89）中的 b 可按下式计算

$$b=\frac{\alpha-\lg Re}{\beta} \tag{6-93}$$

式（6-93）中 α、β 的值取决于物料的流动状况及搅拌器的型式和尺寸。常见搅拌器的 α、β 值见表 6-5。

表 6-5 搅拌器的 α 和 β 值（$Re>300$）

d/D	三叶推进式					六叶弯叶涡轮	六叶直叶涡轮
	0.48	0.37	0.33	0.30	0.20	0.30	0.33
α	2.6	2.3	2.1	1.7	0	1.0	1.0
β	18.0	18.0	18.0	18.0	18.0	40.0	40.0

【实例 6-7】某釜式反应器的内径为 1.5m，装有六叶直叶圆盘涡轮式搅拌器，搅拌器的直径为 0.5m，转速为 150r·min^{-1}，反应物料的密度为 960kg·m^{-3}，黏度为 0.2Pa·s。试计算搅拌功率。

解：（1）计算 Re 由式（6-87）得

$$Re=\frac{d^2n\rho}{\mu}=\frac{0.5^2\times\left(\frac{150}{60}\right)\times960}{0.2}=3000>300$$

（2）计算搅拌功率 P 由图 6-33 中的曲线 5 查得 $\Phi=1.8$；由表 6-5 查得 $\alpha=1.0$，$\beta=40.0$。则

$$Fr=\frac{dn^2}{g}=\frac{0.5\times\left(\frac{150}{60}\right)^2}{9.81}=0.319$$

$$b=\frac{\alpha-\lg Re}{\beta}=\frac{1.0-\lg3000}{40.0}=-0.0619$$

由式（6-86）和（6-89）得

$$P=\Phi Fr^b\rho n^3d^5=1.8\times0.319^{-0.0619}\times960\times\left(\frac{150}{60}\right)^3\times0.5^5=906(\text{W})$$

2. 搅拌功率的校正

功率曲线都是以一定型式、尺寸的搅拌器进行实验而测得的，利用功率曲线计算搅拌功率，搅拌器的型式、尺寸应符合功率曲线的测定条件。但在实际生产中，搅拌器的型式、尺

寸是多种多样的，其功率曲线往往不能从手册或资料中直接查到。此时，若已知各种参数对搅拌功率的影响，则可按构型相似的搅拌器的功率曲线计算出搅拌功率，然后再加以校正，估算出实际装置的搅拌功率。

（1）桨叶数量的影响　对圆盘涡轮式搅拌器，可先利用图 6-33 计算出搅拌功率，再按下式进行校正

$$P' = P\left(\frac{n_b}{6}\right)^{m_1} \tag{6-94}$$

式中　P'——校正后的搅拌功率，W 或 kW；

P——按 6 片桨叶由图 6-33 求出的搅拌功率，W 或 kW；

n_b——实际桨叶数；

m_1——与桨叶数有关的常数。当 $n_b = 2$、4、6 时，$m_1 = 0.8$；当 $n_b = 8$、10、12 时，$m_1 = 0.7$。

（2）桨叶直径的影响　当桨叶直径不符合 $d/D = 1/3$ 时，可先利用图 6-33 计算出搅拌功率，再按下式进行校正

$$P' = P\left(\frac{D}{3d}\right)^{m_2} \tag{6-95}$$

式中　m_2——与搅拌器型式有关的常数。对推进式或涡轮式搅拌器，$m_2 = 0.93$；对桨式搅拌器，$m_2 = 1.1$。

（3）桨叶宽度的影响　当桨叶宽度不符合 $b/d = 1/4$ 时，可先利用图 6-33 计算出搅拌功率，再按下式进行校正

$$P' = P\left(\frac{4b}{d}\right)^{m_3} \tag{6-96}$$

式中　m_3——与搅拌器型式、尺寸及物料流动状况有关的常数。湍流状态下，对径向流叶轮（平桨、开式涡轮），$m_3 = 0.3 \sim 0.4$；对六叶圆盘涡轮，当 $b/d = 0.2 \sim 0.5$ 时，$m_3 = 0.67$。

（4）液层深度的影响　当液层深度不符合 $H_L/D = 1$ 时，可先利用图 6-33 计算出搅拌功率，再按下式进行校正

$$P' = P\left(\frac{H_L}{D}\right)^{0.6} \tag{6-97}$$

（5）桨叶层数及层间距的影响　若液层过高，即使是低黏度液体，也要考虑设置多层桨叶。一般情况下，当 $\dfrac{H_L}{D} > 1.25$ 时，应考虑采用多层桨叶，各层桨叶之间的距离可取桨径的 1.0～1.5 倍。

图 6-34 为开启涡轮的层间距对搅拌功率的影响，从中可以看出，当层间距 s_1 大于 1.5d 时，双层直叶的功率约为单层直叶的 2 倍，直叶和折叶组合的功率约为单层直叶的 1.5 倍，而双层折叶的功率与单层直叶的功率基本相当。

对于推进式搅拌器，在层流区，双层推进式的功率约为单层时的 2 倍；而在湍流区，双层推进式的功率随着层间距的增大而线性增大，如图 6-35 所示。

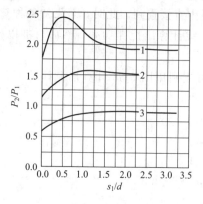

图 6-34　开启涡轮的层间距对功率的影响
1—双层直叶；2—直叶与折叶；3—双层折叶
P_1—单层直叶的功率；P_2—双层涡轮的功率

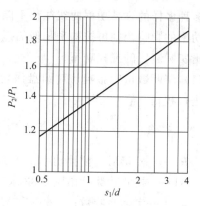

图 6-35　推进式的层间距对功率的影响
P_1—单层时的功率；P_2—双层时的功率

【实例 6-8】某釜式反应器的内径为 1.5m，装有单层八叶直叶圆盘涡轮式搅拌器，搅拌器的直径为 0.4m，转速为 150r·min^{-1}，叶片宽度约为叶轮直径的 1/5。釜内装有挡板，并符合全挡板条件。装液深度为 2m，物料密度为 1000kg·m^{-3}，黏度为 0.004Pa·s。试计算搅拌功率。

解：以图 6-33 中的曲线 6 为依据进行计算。曲线 6 所对应的搅拌器为单层六叶直叶圆盘涡轮式搅拌器，其几何尺寸为 $d/D=1/3$、$b/d=1/4$、$H_L/D=1$，并符合全挡板条件。

（1）由图 6-33 中的曲线 6 计算搅拌功率　由式（6-87）得

$$Re=\frac{d^2 n\rho}{\mu}=\frac{0.4^2\times\left(\frac{150}{60}\right)\times1000}{0.004}=1.0\times10^5$$

由图 6-33 中的曲线 6 查得 $\Phi=N_P=6.4$。由式（6-86）得

$$P_1=N_P\rho n^3 d^5=6.4\times1000\times\left(\frac{150}{60}\right)^3\times0.4^5=1024(W)$$

（2）校正桨叶数量的影响　由式（6-94）得

$$P_2=P_1\left(\frac{n_b}{6}\right)^{m_1}=1024\times\left(\frac{8}{6}\right)^{0.7}=1252.4(W)$$

（3）校正桨叶直径的影响　由式（6-95）得

$$P_3=P_2\left(\frac{D}{3d}\right)^{m_2}=1252.4\times\left(\frac{1.5}{3\times0.4}\right)^{0.93}=1541.2(W)$$

（4）校正桨叶宽度的影响　由式（6-96）得

$$P_4=P_3\left(\frac{4b}{d}\right)^{m_3}=1541.2\times\left(4\times\frac{1}{5}\right)^{0.67}=1327.2(W)$$

（5）校正液层深度的影响　由式（6-97）得

$$P_5=P_4\left(\frac{H_L}{D}\right)^{0.6}=1327.2\times\left(\frac{2}{1.5}\right)^{0.6}=1577.2(W)$$

故所求搅拌功率为

$$P=P_5=1577.2(W)\approx1.58(kW)$$

（二）非均相液体的搅拌功率

1. 液-液相搅拌

对于液-液非均相体系，可先计算出平均密度和平均黏度，再按均相液体计算搅拌功率。

（1）平均密度　对于液-液非均相体系，平均密度可按式（6-98）计算

$$\bar{\rho} = \phi_d \rho_d + (1 - \phi_d) \rho_c \tag{6-98}$$

式中　$\bar{\rho}$——液-液非均相体系的平均密度，$kg \cdot m^{-3}$；

ρ_d——分散相的密度，$kg \cdot m^{-3}$；

ρ_c——连续相的密度，$kg \cdot m^{-3}$；

ϕ_d——分散相的体积分数，无因次。

（2）平均黏度　对于液-液非均相体系，当两相液体的黏度均较低时，平均黏度可按式（6-99）计算

$$\bar{\mu} = \mu_d^{\phi_d} \mu_c^{(1-\phi_d)} \tag{6-99}$$

式中　$\bar{\mu}$——液-液非均相体系的平均黏度，$Pa \cdot s$；

μ_d——分散相的黏度，$Pa \cdot s$；

μ_c——连续相的黏度，$Pa \cdot s$。

对常用的水-有机溶剂体系，当水的体积分数小于40%时，平均黏度可按式（6-100）计算

$$\bar{\mu} = \frac{\mu_o}{1 - \phi_w} \left[1 + \frac{1.5 \phi_w \mu_w}{\mu_w + \mu_o} \right] \tag{6-100}$$

式中　μ_w——水相的黏度，$Pa \cdot s$；

μ_o——有机溶剂相的黏度，$Pa \cdot s$；

ϕ_w——水相的体积分数，无因次。

当水的体积分数大于40%时，平均黏度可按式（6-101）计算

$$\bar{\mu} = \frac{\mu_w}{\phi_w} \left[1 + \frac{6 \phi_o \mu_o}{\mu_w + \mu_o} \right] \tag{6-101}$$

2. 气-液相搅拌

通入气体后，搅拌器周围液体的表观密度将减小，从而使搅拌所需的功率显著降低。

对于涡轮式搅拌器，通气搅拌功率可用式（6-102）计算

$$\lg\left(\frac{P_g}{P}\right) = -192 \left(\frac{d}{D}\right)^{4.38} \left(\frac{d^2 n \rho}{\mu}\right)^{0.115} \left(\frac{dn^2}{g}\right)^{\frac{1.96d}{D}} \left(\frac{Q}{nd^3}\right) \tag{6-102}$$

式中　P_g——通入气体时的搅拌功率，W 或 kW；

P——不通入气体时的搅拌功率，W 或 kW；

Q——操作状态下的通气量，$m^3 \cdot s^{-1}$。

【实例 6-9】若在【实例 6-8】的反应釜中通入空气，操作状态下的通气量为 $2m^3 \cdot min^{-1}$，试计算搅拌功率。

解：由式（6-102）得

$$\lg\left(\frac{P_g}{P}\right) = -192 \left(\frac{d}{D}\right)^{4.38} \left(\frac{d^2 n \rho}{\mu}\right)^{0.115} \left(\frac{dn^2}{g}\right)^{\frac{1.96d}{D}} \left(\frac{Q}{nd^3}\right)$$

$$=-192\times\left(\frac{0.4}{1.5}\right)^{4.38}\times\left(\frac{0.4^2\times\frac{150}{60}\times1000}{0.004}\right)^{0.115}\times\left[\frac{0.4\times\left(\frac{150}{60}\right)^2}{9.81}\right]^{\frac{1.96\times0.4}{1.5}}\times\left(\frac{\frac{2}{60}}{\frac{150}{60}\times0.4^3}\right)$$

$$=-0.225$$

则

$$P_g=10^{-0.225}P=10^{-0.225}\times1.58=0.94(\mathrm{kW})$$

3. 固-液相搅拌

当固体颗粒的量不大时，可近似看成均一的悬浮状态。此时可先计算出平均密度和平均黏度，然后再按均相液体计算搅拌功率。

（1）平均密度　对于固-液非均相体系，平均密度可按式（6-103）计算

$$\bar{\rho}=\phi\rho_s+(1-\phi)\rho \tag{6-103}$$

式中　$\bar{\rho}$——固-液非均相体系的平均密度，$\mathrm{kg\cdot m^{-3}}$；

　　　ρ_s——固体颗粒的密度，$\mathrm{kg\cdot m^{-3}}$；

　　　ρ——液相的密度，$\mathrm{kg\cdot m^{-3}}$；

　　　ϕ——固体颗粒所占的体积分数，无因次。

（2）平均黏度　对于固-液非均相体系，当固液体积比不大于 1 时，平均黏度可按式（6-104）计算

$$\bar{\mu}=\mu(1+2.5\phi') \tag{6-104}$$

式中　$\bar{\mu}$——固-液非均相体系的平均黏度，$\mathrm{Pa\cdot s}$；

　　　μ——液相的黏度，$\mathrm{Pa\cdot s}$；

　　　ϕ'——固体颗粒与液体的体积比。

当固液体积比大于 1 时，平均黏度可按式（6-105）计算

$$\bar{\mu}=\mu(1+4.5\phi') \tag{6-105}$$

应当指出的是，固-液相的搅拌功率与固体颗粒的大小有很大关系。当颗粒尺寸大于 200 目时，粒子与桨叶接触时的阻力将增大，按上述算法所求得的搅拌功率将偏小。

（三）非牛顿型液体的搅拌功率

牛顿型液体服从牛顿黏性定律，非牛顿型液体不服从牛顿黏性定律。搅拌牛顿型液体时，釜内液体的黏度处处相等，即不存在黏度分布。而搅拌非牛顿型液体时，釜内液体难以混合均匀，即存在黏度分布。一般地，在搅拌非牛顿型液体时，桨叶附近的液体黏度最小，离桨叶愈远，液体的黏度愈大，至釜壁附近处液体的黏度达到最大。由于釜壁附近处液体的黏度较大，因而层流边界层较厚，这对传热是十分不利的。此时采用锚式、框式、螺带式等大直径低转速搅拌器，可以刮薄附着在釜内壁上的物料层，减薄层流边界层的厚度，从而使传热膜系数显著提高。

06-13 典型的
非牛顿型液体

计算非牛顿型液体的搅拌功率仍可采用牛顿型液体搅拌功率的计算方法，但应将 $Re=\dfrac{d^2n\rho}{\mu}$ 中的 μ 改为非牛顿型液体的表观黏度。表观黏度可按式（6-106）计算

$$\mu_a=K(Bn)^{m-1} \tag{6-106}$$

式中 μ_a——非牛顿型液体的表观黏度，Pa·s；

  K——稠度系数，取决于流体的温度和压力，无因次；

  m——流变指数，反映与牛顿型流体的差异程度，无因次。对于牛顿型流体，$m=1$；

  B——与搅拌器结构有关的常数，无因次。

某些液体的 K 和 m 值以及搅拌器的 B 值分别列于表6-6和表6-7中。

表6-6 某些液体的 K 与 m 值（20℃）

聚合物	质量分数/%	溶剂	K	m
羟甲基纤维素	23	水	800	0.38
羟甲基纤维素	20	水+甘油(1∶1)	1500	0.50
聚乙烯醇	30	水	440	0.75
聚乙烯醇	20	水+甘油(1∶1)	800	0.65
聚甲基硅氧烷	100		1000	0.98
异戊二烯合成橡胶	20	汽油	50	0.58
乙丙合成橡胶	21	汽油	7.0	0.92
丁苯合成橡胶	25	庚烷	42	0.91
丁二烯合成橡胶	25	庚烷	45	0.97
聚戊烷合成橡胶	20	甲苯	700	0.47
250℃的聚乙烯熔体	100		1800	0.65

表6-7 搅拌器的 B 值

推进式	三叶及六叶开启涡轮	弯叶开启涡轮	桨式	锚式($d/D=0.95$)	双螺带式 ($d/D=0.95,s/D=1$)
10.0	11~12	7.1	10.5~11	22~25	30

注：d—旋转直径；D—釜式反应器内径；s—螺带螺距。

【实例6-10】在20℃时用双螺带式搅拌器搅拌聚乙烯醇水溶液（质量分数为30%）。已知釜内物料流动为层流，釜内径 $D=1.5\text{m}$，搅拌器直径 $d=1.42\text{m}$，搅拌器高度 $h=1.5\text{m}$，转速为 10r·min^{-1}，试计算搅拌器的功率。

解：由表6-6查得聚乙烯醇水溶液的 K 为440、m 为0.75，由表6-7查得双螺带式搅拌器的 B 为30。由式(6-106)得

$$\mu_a=K(Bn)^{m-1}=440\times\left(30\times\frac{10}{60}\right)^{0.75-1}=294.25(\text{Pa·s})$$

因釜内物料流动为层流，故由式(6-91)和表6-4得搅拌器的搅拌功率为

$$P=K_1\mu_a n^2 d^3=340\frac{h}{d}\mu_a n^2 d^3$$

$$=340\times\frac{1.5}{1.42}\times294.25\times\left(\frac{10}{60}\right)^2\times1.42^3=8405(\text{W})\approx8.41(\text{kW})$$

思 考 题

1. 解释下列名词

①反应速度；②反应动力学方程式；③反应级数；④理想混合反应器；⑤理想置换反应器；⑥装料系数；⑦生产能力后备系数；⑧空间时间；⑨绝热温升或温降；⑩膨胀因子；⑪容积效率；⑫打旋现象；⑬全挡板条件；⑭功率准数；⑮搅拌雷诺数；⑯弗劳德数；⑰功率因数；⑱非牛顿型液体。

本章目标检测

2. 从 GMP 的角度，制药设备应具有哪些功能？

3. 分别按结构、相态、操作方式、操作温度及流动状况的不同，简述反应器的类型。

4. 简述下列几种理想反应器内反应物及产物的浓度变化情况。①间歇操作理想釜式反应器；②单台连续操作理想釜式反应器；③三台串联的理想釜式反应器；④理想管式反应器。

5. 对于简单反应，简述反应器选型时应考虑的原则。

6. 以下列等温平行反应为例，简述反应器的选择方法。

$$A \xrightarrow{k_1} R(目标产物) \quad 主反应$$

$$A \xrightarrow{k_2} S(副产物) \quad 副反应$$

7. 以下列等温平行反应为例，简述反应器的选择方法。

$$A+B \xrightarrow{k_1} R(目标产物) \quad 主反应$$

$$A+B \xrightarrow{k_2} S(副产物) \quad 副反应$$

8. 以下列等温连串反应为例，简述反应器的选择方法。

$$A \xrightarrow{k_1} R \xrightarrow{k_2} S$$

9. 分别简述推进式和涡轮式搅拌器的结构特点及搅拌时物料的总体循环流动。

10. 分别简述桨式、锚式、框式和螺带式搅拌器的搅拌特点。

11. 简述提高搅拌效果的措施。

12. 对于推进式和涡轮式搅拌器，其导流筒的安装方式有何不同？

13. 简述下列过程的搅拌器选型。

①低黏度均相液体的混合；②高黏度均相液体的混合；③非均相液体的混合；④固体溶解；⑤气体吸收；⑥结晶；⑦传热。

习　题

1. 试证明间歇釜式反应器中进行一级反应，转化率达 99.9% 所需的反应时间是转化率为 50% 时的 10 倍。

2. 在间歇釜式反应器中进行某二级反应，已知反应经历 30s 时某主要反应物的转化率为 60%，试问欲使该反应物的转化率达到 98%，还需要多少时间？

3. 在间歇釜式反应器中，己二酸与己二醇在硫酸为催化剂和 70℃ 的条件下发生等摩尔缩聚反应，反应动力学方程为 $r_A = k C_A^2$，式中 C_A 为己二酸浓度，$kmol \cdot L^{-1}$。已知 $C_{A0} = 0.004 kmol \cdot L^{-1}$，$k = 1.97 L \cdot kmol^{-1} \cdot min^{-1}$。若每天处理己二酸 2400kg，转化率为 90%，每批辅助操作时间为 1h，装料系数为 0.75，试计算反应器的有效容积和总容积。

4. 在单台连续釜式反应器中进行均相液相反应 $2A+B \rightarrow R$，反应动力学方程式为 $r_A = k C_A^2 C_B$。已知 $k = 2.5 \times 10^{-3} L^2 \cdot mol^{-2} \cdot min^{-1}$，$C_{A0} = 2.0 mol \cdot L^{-1}$，$C_{B0} = 3.0 mol \cdot L^{-1}$，原料的体积流量为 28L·h^{-1}，反应物 A 的转化率为 80%，试计算所需的反应器容积。

5. 当水大量过量时，醋酐的水解反应为一级反应。已知 40℃ 时，$k = 0.38 min^{-1}$。若进料浓度为 2mol·L^{-1}，进料量为 80L·min^{-1}，要求的转化率为 99%，试计算用 3 台等温等容釜串联操作时所需的反应器容积。

6. 在理想管式反应器中进行等温液相反应 $A+B \rightarrow R$，反应动力学方程式为 $r_A = k C_A^2$。已知 $C_{A0} = 5 mol \cdot L^{-1}$，$k = 1.97 \times 10^{-3} L \cdot mol^{-1} \cdot min^{-1}$，反应物的体积流量为 180L·h^{-1}，试计算下列条件下所需的反应器容积。①转化率为 80%；②转化率为 90%；③转化率为 80%，但进料浓度增加 1 倍，即 $C_{A0} = 10 mol \cdot L^{-1}$，而其他条件保持不变。

7. 在等温操作的间歇釜中进行一级液相反应，已知 20min 后反应物的转化率为 80%，试计算采用下列反应器时达到相同转化率所需的停留时间。①单台连续釜式反应器；②管式反应器。

8. 已知用硫酸作催化剂时，过氧化氢异丙苯的分解反应符合一级反应的规律，且当硫酸浓度为 $0.03\text{mol} \cdot \text{L}^{-1}$、反应温度为86℃时，其反应速率常数 k 为 $8.0 \times 10^{-2}\text{s}^{-1}$。若原料中过氧化氢异丙苯的浓度为 $3.2\text{kmol} \cdot \text{m}^{-3}$，分解率为99.8%，物料处理量为 $3\text{m}^3 \cdot \text{h}^{-1}$，试计算：①采用间歇釜式反应器所需的有效容积；②采用管式反应器所需的容积；③采用单台连续釜式反应器所需的有效容积；④采用2台等容釜式反应器串联所需的总有效容积；⑤采用4台等容釜式反应器串联所需的总有效容积。

9. 醋酐稀水溶液在25℃时连续进行水解，其反应动力学方程式为 $r_A = 0.158C_A \, \text{mol} \cdot \text{L}^{-1} \cdot \text{min}^{-1}$，醋酐浓度为 $0.15\text{mol} \cdot \text{L}^{-1}$，进料流量为 $0.5\text{L} \cdot \text{min}^{-1}$。现有2台2.5L和1台5L的搅拌釜式反应器可供利用，试通过计算确定：①用1台5L的搅拌釜或2台2.5L的搅拌釜串联操作，何者转化率高？②若用2台2.5L搅拌釜并联操作，能否提高转化率？③若用一台5L的管式反应器，转化率为多少？

10. 某釜式反应器的内径为1.5m，装有三叶推进式搅拌器，其螺距和直径均为0.5m，转速为 $180\text{r} \cdot \text{min}^{-1}$。釜内装有挡板，并符合全挡板条件。反应物料的密度为 $1000\text{kg} \cdot \text{m}^{-3}$，黏度为 $0.2\text{Pa} \cdot \text{s}$。试计算搅拌功率。

11. 某釜式反应器的内径为1.5m，装有单层8叶弯叶圆盘涡轮式搅拌器，搅拌器的直径为0.4m，转速为 $120\text{r} \cdot \text{min}^{-1}$，叶片宽度约为叶轮直径的1/5。釜内装有挡板，并符合全挡板条件。装液深度为2m，物料密度为 $1000\text{kg} \cdot \text{m}^{-3}$，黏度为 $0.002\text{Pa} \cdot \text{s}$。试计算搅拌功率。

12. 若向上题的釜式反应器内通入空气，操作状态下的通气量为 $4\text{m}^3 \cdot \text{min}^{-1}$，试计算所需的搅拌功率。

13. 在20℃时用搪瓷锚式搅拌器搅拌羟甲基纤维素水溶液（质量分数为23%）。已知釜内物料流动为层流，釜内径 $D = 1.5\text{m}$，搅拌器直径 $d = 1.42\text{m}$，搅拌器高度 $h = 1.5\text{m}$，转速 $n = 20\text{r} \cdot \text{min}^{-1}$，试计算搅拌器的功率。

第七章　制药专用设备

第一节　药物粉体生产设备

粉体普遍存在于自然界、工业生产、医药和日常生活中。某些制剂，如散剂等，本身就是粉体，压片所用的药物细粉、填充胶囊所用的药物粉末等也都属于粉体。在药品生产中，粉碎是获得药物粉体的常用方法。粉碎后的药粉颗粒粗细不均，可用药筛将其按规定的粒度要求分离开来，以获得粒度较为均匀的药粉。然后再按一定的配料比混合均匀，即可制成加工各种剂型所需的原料。可见，粉碎、筛分和混合均是制备药物粉体的常用单元操作。

一、粉碎设备

粉碎是利用机械力将大块固体药物制成适宜粒度的碎块或细粉的操作过程，它是药物生产中的基本单元操作之一。

按粉碎后颗粒的粒度不同，粉碎可分为粗碎、中碎、细碎和超细碎。粗碎后颗粒的粒径为数十毫米至数毫米，中碎后粒径为数毫米至数百微米，细碎后粒径为数百微米至数十微米，而超细碎后粒径则在数十微米以下，其中粉碎后粒径在 $1 \sim 100nm$ 之间的又称为纳米粉碎。

粉碎在药品生产中具有重要的意义。例如，将中药材粉碎至适宜粒度，有利于药材中有效成分的浸出或溶出。又如，制备散剂、颗粒剂、丸剂、片剂等所需的固体原料药均应粉碎成细粉，以利于制备成型。再如，将固体药物粉碎成较小粒径的颗粒，可增大药物的比表面积，促进药物的溶解与吸收，从而可提高生物利用度。但固体药物应粉碎成多大的粒径，还与药物性质、剂型及使用要求等具体情况有关，过细的药物颗粒并非总是有利的。例如，有刺激性、不良臭味以及易分解的药物不宜粉碎得过细，否则会增加苦味或加速分解；易溶性药物也不必研成细粉。

此外，粉碎操作也可能对药物产生不良影响。例如，多晶型药物的晶型在粉碎过程中可能会遭到破坏，从而导致药效下降或出现不稳定晶型；粉碎操作产生的热效应有可能引起热敏性药物的分解；易氧化药物粉碎后会因比表面积增大而加速氧化。

（一）粉碎方法

根据药物的性质、使用要求以及粉碎机械性能的不同，粉碎有多种不同的方法。

1. 自由粉碎和缓冲粉碎

在粉碎过程中，若将达到规定粒度的细粉及时移出，则称为**自由粉碎**。反之，若细粉始终保持在粉碎系统中，则称为**缓冲粉碎**。在自由粉碎过程中，细粉的及时移出可使粗粒有充分的机会接受机械能，因而粉碎设备所提供的机械能可有效地作用于粉碎过程，故粉碎效率较高。而在缓冲粉碎过程中，由于细粉始终保持在系统中，并在粗粒间起到缓冲作用，因而要消耗大量的机械能，导致粉碎效率下降，同时产生大量的过细粉末。

2. 开路粉碎和循环粉碎

在粉碎过程中，若药物仅通过粉碎设备一次即获得所需的粉体产品，则称为**开路粉碎**，如图 7-1(a) 所示。开路粉碎适用于粗碎或用作细碎的预粉碎。若粉体产品中含有尚未达到规定粒度的粗颗粒，则可通过筛分设备将粗颗粒分离出来，再将其重新送回粉碎设备中粉碎，这种粉碎称为**循环粉碎**或**闭路粉碎**，如图 7-1(b) 所示。循环粉碎适用于细碎或对粒度范围要求较严的粉碎。

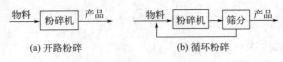

(a) 开路粉碎 (b) 循环粉碎

图 7-1 开路粉碎与循环粉碎

3. 单独粉碎和混合粉碎

将处方中的一味药材单独进行粉碎的方法称为**单独粉碎**。单独粉碎既可按被粉碎药物的性质选取较为适宜的粉碎机械，又可避免粉碎过程中因药物损耗程度的不同而产生含量不准的现象。在单独粉碎过程中，已粉碎的粉末有重新聚结的趋向，因而可减少损耗，并有利于劳动保护。若药物的氧化性或还原性较强，则必须采用单独粉碎，否则易引起反应甚至爆炸。此外，剧毒药物以及需进行特殊处理的药料也应采用单独粉碎。

将两种或两种以上的药物同时进行粉碎的方法称为**混合粉碎**。混合粉碎可减少粉末的重新聚结趋向，并可使粉碎与混合过程同时进行，因而生产效率较高。目前复方制剂中的多数药材均可采用混合粉碎。此外，对于黏性或油性药物，采用混合粉碎可适当降低这些药物单独粉碎时的难度。

4. 干法粉碎和湿法粉碎

干法粉碎是通过干燥处理使药物中的含水量降至一定限度后再进行粉碎的方法。粉碎固体药物时，应根据药物的性质选用适宜的干燥方法，干燥温度一般不宜超过 80℃。药物的适宜含水量与粉碎机械的性能有关。例如，采用万能粉碎机时药物的含水量应降至 10% 左右，而采用球磨机时药物的含水量则应降至 5% 以下。

湿法粉碎是在固体药物中加入适量液体进行研磨粉碎的方法，但应注意，所用液体应不影响药效，也不应使药物溶解或膨胀。湿法粉碎的优点是不产生粉尘，可用于刺激性较强或有毒药物以及对产品细度要求较高的药物的粉碎，如冰片、樟脑、朱砂等。

5. 低温粉碎

低温粉碎是利用药物在低温下脆性较大的特点进行粉碎的方法，其产品粒度较细，并能较好地保持药物有效成分的原有特性。对常温下难以粉碎的药物，如软化点和熔点较低的药物、热可塑性药物以及某些热敏性药物等，可采用低温粉碎方法。

低温粉碎过程中，空气中的水分会在粉碎机及物料表面冷凝或结霜，从而增大物料中的含水量，因此低温粉碎不宜在潮湿环境中进行，粉碎后的产品也应及时置于防潮容器内，以免因长时间暴露于空气中而使含水量增大。

6. 超微粉碎

一般粉碎方法可将固体药物粉碎至 $75\mu m$ 左右，而超微粉碎则可将固体药物粉碎至 $5\mu m$ 左右。中药材的细胞尺度一般在 $10\sim100\mu m$ 左右，运用现代超微粉碎技术，可将原生药粉碎至 $5\sim10\mu m$ 以下，此时一般药材细胞的破壁率可达 95% 以上。因此，中药材的超微粉碎又称为细胞级的微粉碎，它是以动植物类药材细胞破壁为目的的粉碎操作，所得中药微粉称为细胞级中药微粉，以细胞级中药微粉为基础制成的中药称为细胞级微粉中药，即微粉中药。此外，中药材在细胞级的超微粉碎中，与细胞尺度相当的虫卵也会因破壁而被杀死，从而可减少虫害对中药材的影响，降低中药的毒副作用。

（二）粉碎比

固体药物在粉碎前后的粒度之比称为粉碎比，即

$$n=\frac{d_1}{d_2} \tag{7-1}$$

式中　n——粉碎比，无因次；

　　d_1——粉碎前固体药物颗粒的粒径，mm 或 μm；

　　d_2——粉碎后固体药物颗粒的粒径，mm 或 μm。

由式(7-1)可知，粉碎比越大，所得药物颗粒的粒径就越小。可见，粉碎比是衡量粉碎效果的一个重要指标，也是选择粉碎设备的重要依据。一般情况下，粗碎的粉碎比为 $3\sim7$，中碎的粉碎比为 $20\sim60$，细碎的粉碎比在 100 以上，超细碎的粉碎比则高达 $200\sim1000$。

（三）粉碎设备

粉碎设备的种类很多，特点各异，可根据物料的性质和粉碎要求来选用。

1. 切药机

切药机主要由切刀、曲柄连杆机构、输送带、给料辊和出料槽等组成，其结构如图 7-2 所示。

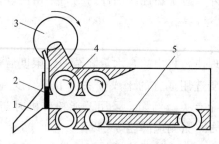

图 7-2　切药机的结构

1—出料槽；2—切刀；3—曲柄连杆机构；4—给料辊；5—输送带

工作时，将药材均匀加至输送带上，输送带将药材输送至两对给料辊之间。给料辊挤压药材，并将其推出适宜长度，切刀在曲柄连杆机构的带动下作上下往复运动，切断药材。切碎后的药材经出料槽落入容器中。切药机可用于根、茎、叶、草等植物药材的切制，可将植物药材的药用部位切制成片、段、细条或碎块，但不适用于颗粒状或块茎等药材的切制。

2. 辊式粉碎机

图 7-3 是常见的双辊式粉碎机的工作原理示意图。它有两个互相平行的辊子，其中一个安装在固定轴承上，另一个则支撑于活动轴承上，活动轴承由弹簧与机架相连。工作时，两个辊子均由电动机驱动，转速相等，但方向相反。固体物料自上而下进入两辊之间，被挤压成较小的颗粒后，由下部排出。

当尺寸较大的坚硬杂物进入两辊之间时，支撑于活动轴承上的辊子的受力将增大，并迫使活动轴承压迫弹簧向右移动，使两辊之间的间隙增加，排出杂物，从而起到保护粉碎设备的作用。

辊子的表面可以是光面的，也可以是带齿的。光面辊子表面不易磨损，可用于坚硬及腐蚀性物料的粉碎。带齿辊子的粉碎效果较好，但抗磨损能力较差，不适用于腐蚀性物料的粉碎。此外，光面辊子也适用于软质物料的粉碎，粉碎比通常为 6～8，且粒度较小。带齿辊子可用于大颗粒黏性物料的粉碎，粉碎比通常为 10～15。

辊式粉碎机具有运行平稳、振动较轻、过粉碎较少等优点，可用于固体药物的粗碎、中碎、细碎和粗磨。

3. 锤式粉碎机

锤式粉碎机是一种撞击式粉碎机，一般由加料器、转盘（子）、锤头、衬板、筛板（网）等部件组成，其结构如图 7-4 所示。锤头安装在转盘上，并可自由摆动。衬板的工作面呈锯齿状，并可更换。工作时，固体药物由加料斗加入，并被螺旋加料器送入粉碎室。在粉碎室内，高速旋转的圆盘带动其上的 T 形锤对固体药物进行强烈锤击，使药物被锤碎或与衬板相撞而破碎。粉碎后的微细颗粒通过筛板由出口排出，不能通过筛板的粗颗粒则继续在室内粉碎。选用不同规格的筛板（网），可获得粒径为 4～325 目的药物颗粒。

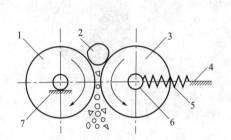

图 7-3　双辊粉碎机的工作原理

1、3—辊子；2—固体物料；4—机架；
5—弹簧；6—活动轴承；7—固定轴承

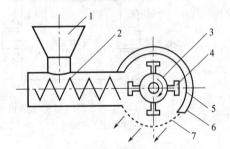

图 7-4　锤式粉碎机的结构

1—加料斗；2—螺旋加料器；3—转盘；
4—锤头；5—衬板；6—外壳；7—筛板

锤式粉碎机的优点是结构紧凑，操作安全，维修方便，粉碎能耗小，生产能力大，且产品粒度比较均匀。缺点是锤头易磨损，筛孔易堵塞，过度粉碎的粉尘较多。锤式粉碎机常用于脆性药物的中碎或细碎，但不适用于黏性固体药物的粉碎。

4. 万能粉碎机

万能粉碎机主要由定子、转子及环形筛板等组成，其结构如图 7-5 所示。

定子和转子均为带钢齿的圆盘，钢齿在圆盘上相互交错排列。工作时，转子高速旋转，药物在钢齿间被粉碎。操作时，应先开启机器空转，至高速转动后再加入待粉碎药物，以免药物固体阻塞于钢齿间而增加电机的启动负荷。

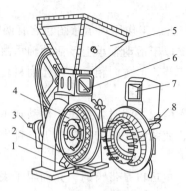

图 7-5　万能粉碎机

1—出粉口；2—筛板；3—水平轴；4—转子；5—加料斗；6—抖动装置；7—入料口；8—定子

彩图展示：
万能粉碎机

万能粉碎机的优点是适用范围广，适宜粉碎各种干燥的非组织性药物，如中草药的根、茎、皮及干浸膏等，但不宜粉碎腐蚀性、剧毒及贵重药材。此外，由于粉碎过程会发热，因而也不宜粉碎含有大量挥发性成分或软化点低且黏性较大的药物。

5. 球磨机

球磨机是一种常用的细碎设备，在制药工业中有着广泛的应用。球磨机的结构如图 7-6 所示，其主体是一个不锈钢或瓷制的圆筒体，筒体内装有直径为 25～150mm 的钢球或瓷球，即研磨介质，装入量为筒体有效容积的 25%～45%。

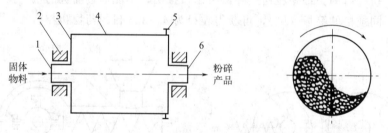

图 7-6　球磨机的结构与工作原理

1—进料口；2—轴承；3—端盖；4—圆筒体；5—大齿圈；6—出料口

工作时，电动机通过联轴器和小齿轮带动大齿圈，使筒体缓慢转动。当筒体转动时，研磨介质随筒体上升至一定高度后向下滚落或滑动。固体物料由进料口进入筒体，并逐渐向出料口运动。在运动过程中，物料在研磨介质的连续撞击、研磨和滚压下而逐渐粉碎成细粉，并由出料口排出。

球磨机筒体的转速对粉碎效果有显著影响。转速过低，研磨介质随筒壁上升至较低的高度后即沿筒壁向下滑动，或绕自身轴线旋转，此时研磨效果很差，应尽可能避免。转速适中，研磨介质将连续不断地被提升至一定高度后再向下滑动或滚落，且均发生在物料内部，如图 7-7（a）所示，此时研磨效果最好。转速更高时，研磨介质被进一步提升后将沿抛物线轨迹抛落，如图 7-7（b）所示，此时研磨效果下降，且容易造成研磨介质的破碎，并加剧筒壁的磨损。当转速再进一步增大时，离心力将起主导作用，使物料和研磨介质紧贴于筒壁，并随筒壁一起旋转，如图 7-7（c）所示，此时研磨介质之间以及研磨介质与筒壁之间不再有相对运动，物料的粉碎作用将停止。

|(a) 滑落或滚落|(b) 抛落|(c) 离心运动|

图 7-7　研磨介质在筒体内的运动方式

　　研磨介质开始在筒体内发生离心运动时的筒体转速称为**临界转速**，它与筒体直径有关，可用式(7-2)计算

$$N_c = \frac{42.2}{\sqrt{D}}\tag{7-2}$$

式中　N_c——球磨机筒体临界转速，$r \cdot min^{-1}$；

　　　　D——球磨机筒体内径，m。

　　球磨机粉碎效率最高时的筒体转速称为**最佳转速**。一般情况下，最佳转速为临界转速的60%~85%。

　　球磨机结构简单，运行可靠，无须特别管理，且可密闭操作，因而操作粉尘少，劳动条件好。球磨机常用于结晶性或脆性药物的粉碎。密闭操作时，可用于毒性药、贵重药以及引湿性、易氧化性和刺激性药物的粉碎。球磨机的缺点是体积庞大，笨重；运行时有强烈的振动和噪声，须有牢固的基础；工作效率低，能耗大；研磨介质与筒体衬板的损耗较大。

　　6. 振动磨

　　振动磨是利用研磨介质在有一定振幅的筒体内对固体物料产生冲击、摩擦、剪切等作用而达到粉碎物料的目的。与球磨机不同，振动磨在工作时，其筒体内的研磨介质会产生强烈的高频振动，从而可在较短的时间内将物料研磨成细小颗粒。

彩图展示：球磨机

　　图 7-8 是常见振动磨的结构示意图。筒体支承于弹簧上，主轴穿过筒体，轴承装在筒体上。主轴的两端还设有偏心配重，并通过挠性联轴器与电动机相连。当电动机带动主轴快速旋转时，偏心配重的离心力使筒体产生近似于椭圆轨迹的运动，从而使筒体中的研磨介质及物料呈悬浮状态，研磨介质的抛射、撞击、研磨等均能起到粉碎物料的作用。

　　由于振动磨采用较小直径的研磨介质，因而比球磨机的研磨表面积增大了许多倍。此外，振动磨的研磨介质填充率可达 60%~70%，所以研磨介质对物料的冲击频率比球磨机高出数万倍。

　　与球磨机相比，振动磨的粉碎比较高，粉碎速度较快，可使物料混合均匀，并能进行超细粉碎。缺点是机械部件的强度和加工要求较高，运行时的振动和噪声较大。

　　7. 气流粉碎机

　　气流粉碎机是一种重要的超细碎设备，又称流能磨，其工作原理是利用高速气流使药物颗粒之间以及颗粒与器壁之间产生强烈的冲击、碰撞和摩擦，从而达到粉碎药物的目的。

　　如图 7-9 所示，在空气室的内壁上装有若干个喷嘴，高压气体由喷嘴以超音速喷入粉碎室，固体药物则由加料口经高压气体引射进入粉碎室。在粉碎室内，高速气流夹带着固体药物颗粒，并使其加速到 $50\sim300\mathrm{m\cdot s^{-1}}$。在强烈的碰撞、冲击及高速气流的剪切作用下，固体颗粒被粉碎。粗细颗粒均随气流高速旋转，但所受离心力的大小不同。细小颗粒因所受的离心力较小，被气流夹带至分级涡并随气流一起由出料管排出，而粗颗粒因所受离心力较大在分级涡外继续被粉碎。

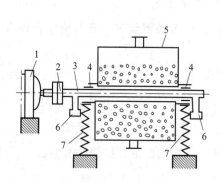

图 7-8 振动磨的结构

1—电动机；2—挠性联轴器；3—主轴；4—轴承；
5—筒体；6—偏心配重；7—弹簧

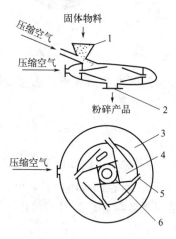

图 7-9 气流粉碎机的工作原理

1—加料斗；2—出料管；3—空气室；
4—粉碎室；5—喷嘴；6—分级涡

图 7-10 是一种循环管式气流粉碎机，又称为 O 形环气流粉碎机，它主要由进料系统、循环系统、粉碎区、喷嘴及出料系统等部分组成。

工作时，高压气体经一组研磨喷嘴以极高的速度射入循环管式粉碎区，而固体药物则由加料口经高压气体引射进入粉碎区。在粉碎区内，高速气流夹带着固体颗粒沿循环管运动。在强烈的碰撞、冲击及高速气流的剪切作用下，固体颗粒被粉碎。在离心力的作用下，粒径较大的颗粒靠近循环管的外层运动，而粒径较小的颗粒则靠近内层运动。当颗粒的粒度达到一定细度后，即被气流夹带至分级区并随气流一起由出料管排出，而粗颗粒仍沿外层作循环运动，即继续在粉碎区内被粉碎。

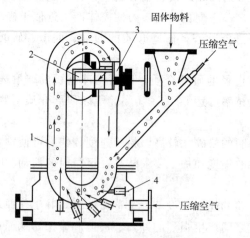

图 7-10 循环管式气流粉碎机

1—粉碎区；2—出料口；3—分级区；4—喷嘴

气流粉碎机结构简单、紧凑；粉碎成品粒度细，可获得 $5\sim1\mu m$ 以下的超微粉；经无菌处理后，可达到无菌粉碎的要求；由于压缩气体膨胀时的冷却作用，粉碎过程中的温度几乎不升高，故特别适用于热敏性药物，如抗生素、酶等的粉碎。缺点是能耗高，噪声大，运行时会产生振动。

二、筛分设备

固体药物被粉碎后，粉末中的颗粒粗细不均。筛分即是用筛将粉末按规定的粒度要求分离开来的操作过程，是药品生产中的基本单元操作之一，其目的是获得粒度比较均匀的物料，以满足后续制剂工艺对颗粒的粒度要求。

（一）药筛标准

药筛是指按药典规定用于药物筛粉的筛，又称标准筛。按制作方法的不同，药筛可分为编织筛和冲制筛。

编织筛的筛网常用金属丝（如不锈钢丝、铜丝等）、化学纤维（如尼龙丝）、绢丝等织成。采用金属丝的编织筛，其交叉处应固定，以免因金属丝移位而使筛孔变形，此类筛常用于粗、细粉的筛分。尼龙丝对一般药物较为稳定，在制剂生产中应用较多，缺点是筛孔容易变形。

冲制筛是在金属板上冲压出一系列一定形状的筛孔而制成的筛，其筛孔坚固，孔径不易变动，但孔径不能太细，常用作高速粉碎机的筛板及药丸的分档筛选。

目前，我国药品生产所用筛的标准是美国泰勒标准和《中国药典》标准。

泰勒标准筛以筛网每英寸（25.4mm）长度上的孔数来定义筛号，目为单位，如每英寸有 100 个孔的标准筛称为 100 目筛。能通过 100 目筛的粉末称为 100 目粉。筛号数越大，粉末越细。

07-01 编织筛和
冲制筛

2020 年版《中国药典》按筛孔内径规定了 9 种筛号，其规格如表 7-1 所示。显然，筛的号数越大，筛孔的内径就越小。

表 7-1　我国药典规定的药筛标准

筛号/号	1	2	3	4	5	6	7	8	9
筛孔内径/μm	2000±70	850±29	355±13	250±9.9	180±7.6	150±6.6	125±5.8	90±4.6	75±4.1
相当的标准筛/目	10	24	50	65	80	100	120	150	200

（二）粉末等级

各种药物制剂对药粉粒度有不同的要求，因此要对药粉分级，并控制粉末的均匀度。粉末的等级可用不同规格的筛网经两次筛选确定。根据制剂生产的实际需要，常将粉末划分为6级，如表 7-2 所示。

表 7-2　粉末等级标准

序号	等级	标准
1	最粗粉	能全部通过 1 号筛,但混有能通过 3 号筛不超过 20%的粉末
2	粗粉	能全部通过 2 号筛,但混有能通过 4 号筛不超过 40%的粉末
3	中粉	能全部通过 4 号筛,但混有能通过 5 号筛不超过 60%的粉末
4	细粉	能全部通过 5 号筛,但混有能通过 6 号筛不少于 95%的粉末

续表

序号	等级	标准
5	最细粉	能全部通过 6 号筛,但混有能通过 7 号筛不少于 95％的粉末
6	极细粉	能全部通过 6 号筛,但混有能通过 9 号筛不少于 95％的粉末

（三）筛选设备

筛分设备的种类很多,可以根据粉末的性质、数量以及制剂对粉末的细度要求来选用。

1. 手摇筛

手摇筛又称为套筛,筛网常用不锈钢丝、铜丝、尼龙丝等编织而成,边框为圆形或长方形的金属框。通常按筛号大小依次套叠,自上而下筛号依次增大,底层的最细筛套于接受器上。使用时将适宜号数的药筛套于接受器上,加入药粉,盖好上盖,用手摇动过筛即可。

手摇筛适用于小批量粉末的筛分,用于毒性、刺激性或质轻药粉的筛分时可避免粉尘飞扬。

2. 双曲柄摇动筛

双曲柄摇动筛主要由筛网、偏心轮、连杆和摇杆等组成,其结构如图 7-11 所示。筛网通常为长方形,放置时保持水平或略有倾斜。筛框支承于摇杆或悬挂于支架上。工作时,旋转的偏心轮通过连杆使筛网作往复运动,物料由一端加入,其中的细颗粒通过筛网落于网下,粗颗粒则在筛网上运动至另一端排出。

双曲柄摇动筛具有结构简单、能耗小、可连续操作等优点,缺点是生产能力较低,一般用于小批量物料的筛分。

3. 悬挂式偏重筛

悬挂式偏重筛主要由电动机、偏重轮、筛网和接受器等组成,如图 7-12 所示。主轴下部有偏重轮,偏重轮一侧有偏心配重,偏心轮外有保护罩。工作时,电动机带动主轴和偏心轮高速旋转,由于偏心轮两侧重量的不平衡而产生振动,从而使物料中的细粉快速通过筛网而落于接受器内,粗粉则留在筛网上。

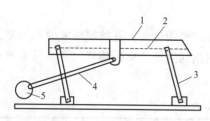

图 7-11　双曲柄摇动筛的结构

1—筛框;2—筛网;3—摇杆;4—连杆;5—偏心轮

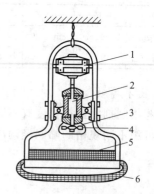

图 7-12　悬挂式偏重筛的结构

1—电动机;2—主轴;3—保护罩;
4—偏重轮;5—筛网;6—接受器

悬挂式偏重筛可密闭操作,因而可有效防止粉尘飞扬。采用不同规格的筛网可适应不同的筛分要求。此外,悬挂式偏重筛还具有结构简单、体积小、造价低、效率高等优点。缺点是间歇操作,生产能力较小。

4. 旋转筛

旋转筛主要由筛筒、筛板和打板等组成，其结构如图 7-13 所示。圆形筛筒固定于筛箱内，其表面覆盖有筛网。主轴上设有打板和刷板，打板与筛筒的间距为 25～50mm，并与主轴有 3° 的夹角。打板的作用是分散和推进物料，刷板的作用是清理筛网并促进筛分。工作时，物料由筛筒的一端加入，同时电动机通过主轴使筛筒以 $400r \cdot min^{-1}$ 的速度旋转，从而使物料中的细粉通过筛网并汇集至下部出料口排出，而粗粉则留于筒内并逐渐汇集于粗粉出料口排出。

旋转筛具有操作方便、适应性广、筛网容易更换、筛分效果好等优点，常用于中药材粉末的筛分。

5. 旋转式振动筛

旋转式振动筛主要由筛网、电动机、重锤和弹簧等组成，其结构如图 7-14 所示。电动机的上轴和下轴均设有不平衡重锤，上轴穿过筛网并与其相连，筛框以弹簧支承于底座上。工作时，上部重锤使筛网产生水平圆周运动，下部重锤则使筛网产生垂直运动。当固体物料加到筛网中心部位后，将以一定的曲线轨迹向器壁运动，其中的细颗粒通过筛网落到斜板上，由下部出料口排出，而粗颗粒则由上部出料口排出。

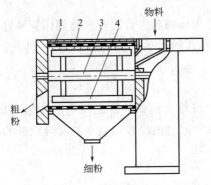

图 7-13 旋转筛的结构

1—筛筒；2—刷板；3—主轴；4—打板

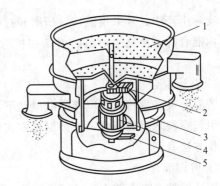

图 7-14 旋转式振动筛的结构

1—筛网；2—上部重锤；3—弹簧；4—电动机；5—下部重锤

旋转式振动筛的优点是占地面积小、重量轻、维修费用低、分离效率高，且可连续操作，故生产能力较大。

6. 电磁振动筛

电磁振动筛是一种利用较高频率（>200 次 $\cdot s^{-1}$）与较小振幅（<3mm）往复振荡的筛分装置，主要由接触器、电磁铁、衔铁、筛网和弹簧等部件或元件组成，其外形和工作原理如图 7-15 所示。筛网一般倾斜放置，也可水平放置。筛网的一边装有弹簧，另一边装有衔铁。当弹簧将筛拉紧而使接触器相互接触时，电路接通。此时，电磁铁产生磁性而吸引衔铁，使筛向磁铁方向移动。当接触器被拉脱时，电路断开，电磁铁失去磁性，筛又重新被弹簧拉回。此后，接触器又重新接触而引起第二次的电磁吸引，如此往复，使筛网产生振动。由于筛网的振幅较小，频率较高，因而物料在筛网上呈跳动状态，从而有利于颗粒的分散，使细颗粒很容易通过筛网。

电磁振动筛的筛分效率较高，可用于黏性较强的药物如含油或树脂药粉的筛分。

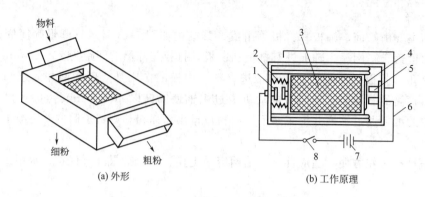

(a) 外形　　　　　　　　　　　　　　(b) 工作原理

图 7-15　电磁振动筛

1—接触器；2—弹簧；3—筛网；4—衔铁；5—电磁铁；6—电路；7—电源；8—开关

三、混合设备

混合是指用机械方法使两种或两种以上的固体颗粒相互分散而达到均匀状态的操作过程，是片剂、冲剂、散剂、胶囊剂、丸剂等固体制剂生产中的一个基本单元操作。

（一）混合机理

实际生产中，常采用搅拌、研磨和过筛等方法对固体物料进行混合。将固体颗粒置于混合器内混合时，会发生对流、剪切和扩散三种不同形式的运动，从而形成三种不同的混合方式。

1. 对流混合

若混合设备翻转或在搅拌器的搅动下，颗粒之间或较大的颗粒群之间将产生相对运动，从而引起颗粒之间的混合，这种混合方式称为**对流混合**。对流混合的效率与混合设备的类型及操作方法有关。

2. 剪切混合

固体颗粒在混合器内运动时会产生一些滑动平面，从而在不同成分的界面间产生剪切作用，由此而产生的剪切力作用于粒子交界面，可引起颗粒之间的混合，这种混合方式称为**剪切混合**。剪切混合时的剪切力还具有粉碎颗粒的作用。

3. 扩散混合

当固体颗粒在混合器内混合时，粒子的紊乱运动会使相邻粒子相互交换位置，从而产生局部混合，这种混合方式称为**扩散混合**。当粒子形状、充填状态或流动速度不同时，即可发生扩散混合。

需要指出的是，上述混合方式往往不是以单一方式进行的，实际混合过程通常是上述三种方式共同作用的结果。但对于特定的混合设备和混合方法，可能只是以某种混合方式为主。此外，对于不同粒径的自由流动粉体，剪切混合和扩散混合过程中常伴随着分离，从而使混合效果下降。

（二）混合设备的类型

混合设备通常由两个基本部件构成，即容器和提供能量的装置。由于固体颗粒的形状、尺寸、密度等的差异以及对混合要求的不同，提供能量的装置是多种多样的。按照结构和运行特点的差异，混合设备大致可分为三类，即固定型、回转型和复合型，如表 7-3 所示。

表 7-3　混合设备的类型

操作方式	型式	机型举例
间歇混合	固定型[1]	螺旋桨型(垂直、水平)、喷流型、搅拌釜型
	回转型[2]	V形、S形、立方形、圆筒形、双圆锥形、水平圆锥形、倾斜圆锥形
	复合型[3]	回转容器内装有搅拌器的型式
连续混合	固定型	螺旋桨型(垂直、水平)、重力流动无搅拌型
	回转型	水平圆锥形、连续 V 形、水平圆筒形
	复合型	回转容器吹入气流的型式

[1] 运行时容器固定。

[2] 运行时容器可以转动。

[3] 具有固定型和回转型的特点。

（三）混合设备

1. 固定型混合机

固定型混合机的特征是容器内安装有螺旋桨、叶片等机械搅拌装置，利用搅拌装置对物料所产生的剪切力可使物料混合均匀。

（1）槽式混合机　槽式混合机主要由混合槽、搅拌器、机架和驱动装置等组成，其结构如图 7-16 所示。搅拌器通常为螺带式，并水平安装于混合槽内，其轴与驱动装置相连。当螺带以一定的速度旋转时，螺带表面将推动与其接触的物料沿螺旋方向移动，从而使螺带推力面一侧的物料产生螺旋状的轴向运动，而四周的物料则向螺带中心运动，以填补因物料轴向运动而产生的"空缺"，结果使混合槽内的物料上下翻滚，从而达到使物料混合均匀的目的。

槽式混合机结构简单，操作维修方便，在药品生产中有着广泛的应用。缺点是混合强度小，混合时间长。此外，当颗粒密度相差较大时，密度大的颗粒易沉积于底部，故仅适用于密度相近的物料混合。

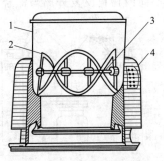

图 7-16　槽式混合机的结构
1—混合槽；2—螺带；3—固定轴；4—机架

彩图展示：
槽式混合机

（2）锥形混合机　锥形混合机主要由锥形壳体和传动装置组成，壳体内一般装有一至两个与锥体壁平行的螺旋式推进器。常见的双螺旋锥形混合机主要由锥形筒体、螺旋杆和传动装置等组成，其结构如图 7-17(a) 所示。工作时，螺旋式推进器在容器内既有公转，又有自转。两螺旋杆的自转可将物料自下而上提升，形成两股对称的沿锥体壁上升的螺柱形物料流，并在锥体中心汇合后向下流动，从而在筒体内形成物料的总体循环流动。同时，螺旋杆在旋转臂的带动下在筒体内作公转，使螺柱体外的物料不断混入螺柱体内，从而使物料在整个锥体内不断混掺错位。

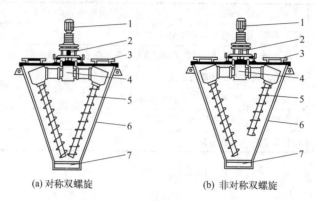

(a) 对称双螺旋　　　　　　　　(b) 非对称双螺旋

图 7-17　双螺旋锥形混合机

1—电动机；2—减速机；3—进料口；4—传动装置；5—螺旋杆；6—锥形筒体；7—出料口

双螺旋锥形混合机可使物料在短时间内混合均匀，多数情况下仅需 7～8min 即可使物料达到最大程度的混合，但在混合某些物料时可能会产生分离作用，此时可采用图 7-17(b) 所示的非对称双螺旋锥形混合机。

锥形混合机可密闭操作，并具有混合效率高、清理方便、无粉尘等优点，对大多数粉粒状物料均能满足其混合要求，因而在制药工业中有着广泛的应用。

2. 回转型混合机

回转型混合机的特征是有一个可以转动的混合筒，其形状可以是 V 形、圆筒形或双圆锥形等。

（1）V 形混合机　　V 形混合机主要由 V 形容器、旋转轴和传动装置等组成，其结构如图 7-18 所示。V 形容器通常由两个一长一短的圆筒呈 V 形交叉结合而成，端口均用盖封闭。圆筒的直径与长度之比一般为 0.8 左右，两圆筒的交角为 80°左右，减小交角可提高混合程度。工作时，设备绕旋转轴旋转，使筒内物料反复分离与汇合，从而达到混合的目的。

彩图展示：
V 形混合机

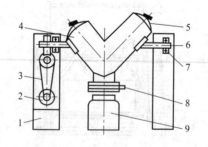

图 7-18　V 形混合机的结构

1—机座；2—电动机；3—传动带；4—容器；5—端盖；
6—旋转轴；7—轴承；8—出料口；9—盛料器

回转型混合机的混合效果主要取决于旋转速度。转速太低，筒内物料分离与汇合的趋势将减弱，混合时间将延长。反之，转速太快，不同药物或粒径的细粉容易发生分离，导致混合效果下降，甚至会使物料附着于筒壁上而出现不混合的状况。因此，适宜转速是回转型混合机的一个重要参数。对粒径均一的物料进行混合，适宜转速可用式(7-3) 计算

$$N_o = \frac{K}{D^{0.47}\varphi^{0.14}} \tag{7-3}$$

式中　N_o——回转型混合机的适宜转速，r·min^{-1}；

　　　D——混合筒内径，m；

　　　φ——混合筒内物料装填率，%；

　　　K——与物料性质有关的常数，可取 54～74。

对粒径不均一的物料进行混合，适宜转速可用式(7-4) 计算

$$N_o = K\sqrt{\frac{d_p g}{D}} \tag{7-4}$$

式中　d_p——固体颗粒的平均粒径，m；

　　　K——与物料性质有关的常数，由实验确定。

V形混合机具有结构简单、操作方便、运行和维修费用低等优点，是一种较为经济的混合机械。缺点是多采用间歇操作，生产能力较小，且加料和出料时会产生粉尘。此外，由于仅依靠混合筒的运动来实现物料之间的混合，故仅适用于密度相近且粒径分布较窄的物料混合。

（2）二维运动混合机　二维运动混合机主要由混合筒、传动系统、机座和控制系统等组成，如图 7-19 所示。混合筒可同时进行转动和摆动，其内常设有螺旋叶片。工作时，物料在随筒转动、翻转和混合的同时，又随筒的摆动而发生左右来回的掺混运动，两种运动的联合作用可使物料在短时间内得以充分混合。

彩图展示：

三维运动混合机

二维运动混合机具有混合迅速、混合量大、出料便捷等优点，批处理量可达 250～2500kg，常用于大批量粉、粒状物料的混合。缺点是间歇操作，劳动强度较大。

（3）三维运动混合机　三维运动混合机主要由混合筒、传动系统、控制系统、多向运行机构和机座等组成，如图 7-20 所示。混合容器为两端锥形的圆筒，筒身与两个带有万向节的轴相连，其中一个为主动轴，另一个为从动轴。三维运动混合机充分利用了三维摆动、平移转动和摇滚原理，使混合筒在工作中形成复杂的空间运动，并产生强力的交替脉动，从而加速物料的流动与扩散，使物料在短时间内混合均匀。

07-02 料斗

混合机

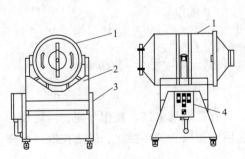

图 7-19　二维运动混合机

1—混合筒；2—传动系统；3—机座；4—控制面板

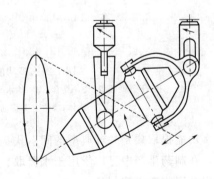

图 7-20　三维运动混合机

　　三维运动混合机可避免一般混合机因离心力作用而产生的物料偏析和积聚现象，可对不同粒度和不同密度的几种物料进行混合，并具有装料系数大、混合均匀度高、混合速度快、混合过程无升温现象等优点。缺点是间歇操作，批处理量小于二维运动混合机。

第二节　提取设备

　　提取是一种利用有机或无机溶剂将原料药材中的可溶性组分溶解，使其进入液相，再将不溶性固体与溶液分开的单元操作。提取设备的种类很多，特点各异，可根据药材性质、设备特点和工艺要求来选用。

　　1. 多功能提取罐

　　多功能提取罐主要由罐体、夹套、冷凝器等组成，其结构如图 7-21 所示。罐体常用不锈钢材料制造，罐外一般设有夹套，可通入水蒸气或冷却水。罐顶设有快开式加料口，药材由此加入。罐底是一个由气动装置控制启闭的活动底，提取液可经活动底上的滤板过滤后排出，而残渣则可通过打开活动底排出。罐内还设有可借气动装置提升的带有料叉的轴，其作用是防止药渣在罐内胀实或因架桥而难以排出。

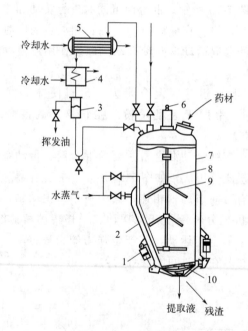

图 7-21　多功能提取罐的结构与生产工艺

1—下气动装置；2—夹套；3—油水分离器；4—冷却器；5—冷凝器；6—上气动装置；
7—罐体；8—上下移动轴；9—料叉；10—带筛板的活动底

　　多功能提取罐是一种典型的间歇式提取设备，具有提取效率高、操作方便、能耗较少等优点，在制药生产中已广泛用于水提取、醇提取、回流提取、循环提取、渗漉提取、水蒸气蒸馏以及回收有机溶剂等。

　　2. 搅拌式提取器

　　此类提取器有卧式和立式两大类，图 7-22 是常见的立式搅拌式提取器。器底部设有多孔筛板，既能支承药材，又可过滤提取液。操作时，将药材与提取剂一起加入提取器内，在搅拌的情况下提取一定的时间，提取液经滤板过滤后由底部出口排出。

搅拌式提取器的特点是结构简单、操作方式灵活，既可间歇操作，又可半连续操作，常用于植物籽的提取。但由于提取率和提取液的浓度均较低，因而不适合提取贵重或有效成分含量较低的药材。

3. 渗漉提取设备

渗漉提取的主要设备为渗漉筒或罐，可用玻璃、搪瓷、陶瓷、不锈钢等材料制造。渗漉筒的筒体主要有圆柱形和圆锥形两种，其结构如图 7-23 所示。一般情况下，膨胀性较小的药材多采用圆柱形渗漉筒。对于膨胀性较强的药材，则宜采用圆锥形，这是因为圆锥形渗漉筒的倾斜筒壁能很好地适应药材膨胀时的体积变化。此外，确定渗漉筒的适宜形状还应考虑提取剂的因素。由于以水或水溶液为提取剂时易使药粉膨胀，故宜选用圆锥形；而以有机溶剂为提取剂时则可选用圆柱形。

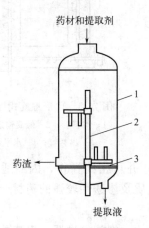

图 7-22　立式搅拌式提取器

1—器体；2—搅拌器；3—支承筛板

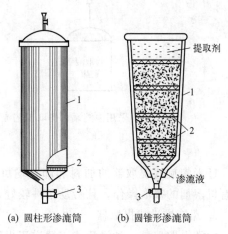

(a) 圆柱形渗漉筒　　(b) 圆锥形渗漉筒

图 7-23　渗漉筒

1—渗漉筒；2—筛板；3—出口阀

为增加提取剂与药材的接触时间，改善提取效果，渗漉筒可采用较大的高径比。当渗漉筒的高度较大时，渗漉筒下部的药材可能被其上部的药材及提取液压实，致使渗漉过程难以进行。为此，可在渗漉筒内设置若干块支承筛板，从而可避免下部床层被压实。

大规模渗漉提取多采用渗漉罐，图 7-24 是采用渗漉罐的提取工艺流程。渗漉提取结束时，可向渗漉罐的夹套内通入饱和水蒸气，使残留于药渣内的提取剂汽化，汽化后的蒸汽经冷凝器冷凝后收集于回收罐中。

4. U 形螺旋式提取器

此类提取器是一种浸渍式连续逆流提取器，主要由进料管、出料管、水平管及三组螺旋输送器组成，其结构如图 7-25 所示。在螺旋形表面上设有许多小孔，提取剂可经小孔由一个螺旋进入下一个螺旋，从而实现与药材的逆流流动。操作时，药材由加料斗（图中未画出）进入加料管，在螺旋输送器的推动下，依次通过加料管、水平管和出料管，提取剂则按相反方向与药材呈逆流流动。

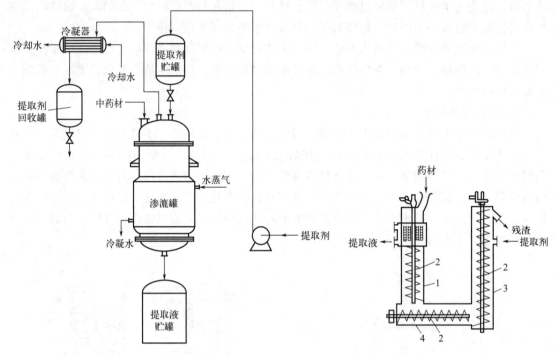

图 7-24　采用渗滤罐的提取工艺流程

图 7-25　U 形螺旋式提取器
1—加料管；2—螺旋输送器；
3—出料管；4—水平管

　　U 形螺旋式提取器的加料和卸料均可自动连续进行，并可密闭操作，因而适用于挥发性有机溶剂的提取操作，且劳动条件较好，常用于提取轻质及渗透性较强的药材。

　　5. 螺旋推进式提取器

　　此类提取器是一种浸渍式连续逆流提取器，主要由壳体、螺旋推进器、出渣装置及夹套等组成，其结构如图 7-26 所示。提取器的上部壳体可以打开，下部壳体外部设有夹套。推进器可采用多孔螺旋板式，也可将螺旋板改成桨叶，此时称为旋桨式提取器。提取器以一定角度倾斜安装，且推进器的螺旋板上设有小孔，以便于提取剂流动。当采用煎煮法时，可向夹套内通入水蒸气进行加热，产生的二次蒸汽可由上部排气口排出。

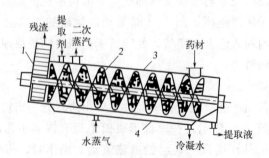

图 7-26　螺旋推进式提取器
1—出渣装置；2—螺旋推进器；3—壳体；4—夹套

　　6. 肯尼迪（Kennedy）式连续逆流提取器

　　此类提取器是一种浸渍式连续逆流提取器，主要由提取槽、桨、螺旋进料器及链式输送器等组成，其结构如图 7-27 所示。多个提取槽呈水平或倾斜排列，其断面均为半圆形，槽内设有带叶片的桨。工作时，药材在旋转桨叶的驱动下沿槽的排列方向顺序运动，而提取剂则沿相反方向与药材呈逆流流动。此类提取器的优点是可通过改变桨的转速及叶片数来适应不同品种药材的提取。

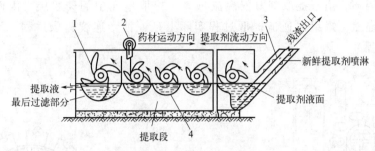

图 7-27　肯尼迪式连续逆流提取器

1—桨；2—螺旋进料器；3—链式输送器；4—提取槽

7. 波尔曼（Bollman）式连续提取器

此类提取器是一种渗漉式连续提取器，主要由壳体、篮子、链条、链轮及循环泵等组成，其结构如图 7-28 所示。无端链条上悬挂若干篮子，篮子的底由多孔板或钢丝网制成。当链轮转动时，链条带动篮子按顺时针方向循环回转，每小时约回转一圈。工作时，半浓液将料斗内的药材冲入右侧的篮内。当篮子自上而下回转时，半浓液与篮内的药材并流接触，提取液流入全浓液槽，并由管道引出。当篮子回转至左侧时将自下而上回转，此时由高位槽喷出的新鲜提取剂与篮内的药材逆流接触，提取液流入半浓液槽，然后由循环泵输送至半浓液高位槽。当篮子回转至提取器左上方时，篮内药材经片刻时间淋干后，随即自动翻转，残渣被倒入残渣槽，并由桨式输送器送走。

波尔曼式连续提取器的特点是生产能力较大，缺点是提取剂与药材在设备内只能部分逆流，且存在沟流现象，因而效率较低。

8. 平转式连续提取器

此类提取器也是一种渗漉式连续提取器，主要由圆筒形容器、扇形料格、循环泵及传动装置等组成，其工作原理如图 7-29 所示。在圆筒形容器内间隔安装有 12 个扇形料格，料格底为活动底，打开后可将物料卸至器底的出渣器。工作时，在传动装置的驱动下，扇形料格沿顺时针方向转动。提取剂首先进入第 1、2 格，其提取液流入第 1、2 格下方的贮液槽，然后由泵输送至第 3 格，如此直至第 8 格，最终提取液由第 8 格引出。药材由第 9 格加入，加入后用少量的最终提取液润湿，其提取液与第 8 格的提取液汇集后排出。当扇形料格转动至第 11 格时，其下的活动底打开，将残渣排至出渣器。第 12 格为淋干格，其上不喷淋提取剂。

平转式连续提取器的优点是结构简单紧凑、生产能力大，目前已成功地用于麻黄素、莨菪等植物性药材的提取。

9. 罐组式逆流提取机组

图 7-30 是具有 6 个提取单元的罐组式逆流提取过程的工作原理。操作时，新鲜提取剂首先进入 A 单元，然后依次流过 B、C、D 和 E 单元，并由 E 单元排出提取液。在此过程中，F 单元与提取系统隔离，进行出渣、投料等操作。由于 A 单元接触的是新鲜提取

剂，因而该单元中的药材被提取得最为充分。经过一定时间的提取后，通过切换阀门，将 F 单元与提取系统相连，同时将 A 单元从提取系统中隔离出来。此时，使新鲜提取剂首先进入 B 单元，然后依次流过 C、D、E 和 F 单元，并由 F 单元排出提取液。在此过程中，A 单元进行出渣、投料等操作。依此类推，再使新鲜提取剂首先进入 C 单元，即开始下一个提取循环。由于提取剂要依次流过 5 个提取单元中的药粉层，因而最终提取液的浓度很高。显然，罐组式逆流提取过程实际上是一种半连续提取过程，又称为阶段连续逆流提取过程。

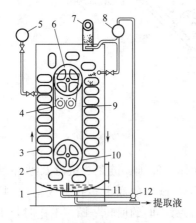

图 7-28　波尔曼式连续提取器

1—半浓液槽；2—壳体；3—篮子；

4—桨式输送器；5—提取剂高位槽；6—残渣槽；

7—药材料斗；8—半浓液高位槽；9—链条；

10—链轮；11—全浓液槽；12—循环泵

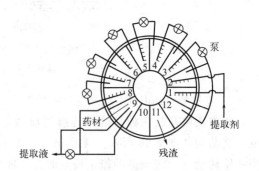

图 7-29　平转式连续提取器的工作原理

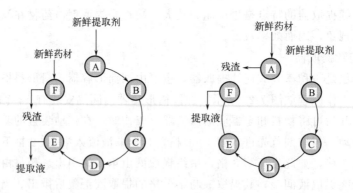

图 7-30　罐组式逆流提取过程的工作原理

实际生产中，通过管道、阀门等将若干组提取单元以图 7-30 所示的方式组合在一起，即成为罐组式逆流提取机组。操作中可通过调节或改变提取单元组数、阶段提取时间、提取温度、溶剂用量、循环速度以及颗粒形状、尺寸等参数，以达到缩短提取时间、降低提取剂用量、并最大限度地提取出药材中的有效成分的目的。

第三节　丸剂生产设备

丸剂是用药物细粉或提取物配以适当辅料或黏合剂制成的具有一定直径的球形制剂，直径小于 2.5mm 的丸剂又称为微丸剂。目前，丸剂的生产主要有塑制、泛制和滴制三种方法。

一、丸剂的塑制设备

丸剂的塑制是用药物细粉或提取物配以适当辅料或黏合剂，经混合、挤压、切割、滚圆等方法制成球形制剂的操作。丸剂的塑制设备主要有丸条机和制丸机等。

1. 丸条机

丸条机可将药物细粉与黏合剂充分混合，并制成具有一定几何形状的丸条，以供制丸之用。丸条机一般由加料器、混合器、挤出机等组成，其结构如图 7-31 所示。

工作时，药物细粉经螺旋加料器送入混合器，并在混合器内与加入的黏合剂充分混合。混合均匀的物料进入挤压机后，在螺旋推进器的挤压作用下，由模板的模孔中挤出，成为具有一定形状的丸条。采用不同形状和尺寸的模板，可制得不同截面形状和尺寸的丸条。

2. 滚筒式制丸机

滚筒式制丸机是利用滚筒上的凸起刃口和凹槽将丸条切割滚压成丸剂，是常用的丸剂生产设备。目前，滚筒式制丸机有双滚筒式和三滚筒式两种，以三滚筒式最为常用。

（1）双滚筒式制丸机　双滚筒式制丸机的结构如图 7-32 所示，其核心部件是两个表面有半圆形切丸槽的金属滚筒，两滚筒切丸槽的刃口相吻合，滚筒的一端有齿轮。当齿轮转动时，两滚筒按相对方向转动，但转速一快一慢（约 $90r \cdot min^{-1} : 70r \cdot min^{-1}$）。工作时，将丸条置于两滚筒切丸槽的刃口上，滚筒转动时，将丸条切断并搓圆成丸剂。

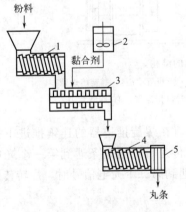

图 7-31　丸条机的工作原理
1—加料器；2—黏合剂贮槽；3—混合器；
4—挤出机；5—模板

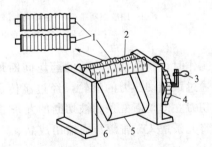

图 7-32　双滚筒式制丸机的结构
1—滚筒；2—刃口；3—手摇柄；
4—齿轮；5—导向槽；6—机架

（2）三滚筒式制丸机　三滚筒式制丸机的结构如图 7-33 所示，其核心部件是三个呈三角形排列的有槽金属滚筒。滚筒的式样均相同，但滚筒 3 的直径较小，且滚筒 1 和滚筒 3 只能作定轴转动，转速分别为 $150r \cdot min^{-1}$ 和 $200r \cdot min^{-1}$。滚筒 2 绕自身轴以 $250r \cdot min^{-1}$ 的转速旋转，同时在离合器的控制下定时地前后移动。

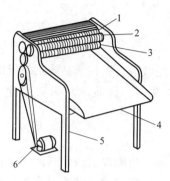

图 7-33　三滚筒式制丸机的结构

1、2、3—有槽滚筒；4—导向槽；5—机架；6—电动机

工作时，将丸条置于滚筒 1 和滚筒 2 之间，此时 3 个滚筒都做相对运动，且滚筒 2 还向滚筒 1 移动。当滚筒 1 和滚筒 2 的刃口接触时，丸条被切割成若干小段。在 3 个滚筒的联合作用下，小段被滚成光圆的药丸。随后滚筒 2 移离滚筒 1，药丸落入导向槽。采用不同直径的滚筒，可制得不同重量和大小的丸粒。

3. 光电自控制丸机

光电自控制丸机采用光电信号系统来控制出条、切丸等工序，其结构如图 7-34 所示。

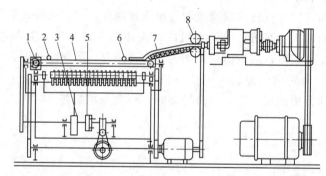

图 7-34　光电自控制丸机的结构

1—间歇控制器；2—翻转光电信号发生器；3—辊子张开凸轮；4—翻转传送带；
5—摩擦离合器；6—切断光电信号发生器；7—过渡传送带；8—跟随切刀

工作时，将已混合均匀的药坨间断地投入进料口，在螺旋推进器的连续推进下挤出丸条，通过跟随切药刀的滚轮，经过渡传送带送至翻转传送带。当丸条遇到第一个光电信号时，切刀立即切断丸条。被切断的丸条继续向前，当遇到第二个光电信号时，翻转传送带翻转，将丸条送入碾辊滚压而输出成品。

二、丸剂的泛制设备

丸剂的泛制是利用一定量的黏合剂在转动、振动、摆动或搅动下，使固体粉末黏附成球形颗粒的操作，又称为**转动造粒**。

丸剂的泛制可在包衣锅（图 7-43）内进行，方法是将适量的混合药粉加入包衣锅内，然后使包衣锅旋转，再向锅内喷入适量的水或其他黏合剂，使药粉在滚滚过程中逐渐形成坚实而致密的小粒。此后间歇性地将水和药粉加入锅内，使小粒逐渐增大，泛制成所需大小的丸剂。在泛制过程中，可用预热空气和辅助加热器对颗粒进行干燥。

三、丸剂的滴制设备

丸剂的滴制是利用分散装置（喷嘴）将熔融液体粒化，再经冷却装置将其固化成球形颗粒的操作，又称为滴制造粒。

丸剂的滴制装置如图 7-35 所示。物料贮槽和分散装置的周围均设有可控温的电热器及保温层，物料在贮槽内应保持熔融状态。熔融物料经分散装置形成液滴后进入冷却柱中冷却固化，所得固体颗粒随冷却液一起进入过滤器，过滤出的固体颗粒经清洗、风干等工序后即为成品软胶囊制剂。滤除固体颗粒后的冷却液进入冷却液贮槽，经冷却后由循环泵输送至冷却柱中循环使用。

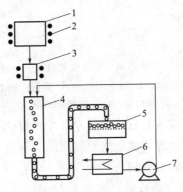

图 7-35　丸剂的滴制装置

1—物料贮槽；2—电热器；3—分散装置；4—冷却柱；5—过滤器；6—冷却液槽；7—循环泵

第四节　片剂生产设备

片剂是用一种或一种以上的固体药物，配以适当辅料经压制加工而成的片状剂型，其生产工艺过程包括造粒、压片、包衣和包装 4 个主要工序。

一、造粒设备

原料药及辅料经粉碎、筛分、混合并制成软材后，还需进一步制成一定粒度的颗粒，以供压片之用，该操作过程称为造粒。根据造粒过程中是否需要液相，造粒有干法和湿法之分。前者是在无液相存在的情况下，通过增加颗粒间的摩擦力和静电作用，增加堆积能力来使小颗粒形成大颗粒的制粒方法；后者是利用流体力学和液固流体化学反应原理，通过液体喷洒、稀释或浸渍等工艺将粉末状物料加以湿润、黏附成核，使其形成颗粒的制粒方法。

造粒过程可在造粒机中完成，制得的颗粒应具有良好的流动性和可压缩性，并具有适宜的机械强度，能经受住装卸与混合操作的破坏，但在冲模内受压时，颗粒应破碎。

07-03 干法
制粒机

1. 摇摆式颗粒机

摇摆式颗粒机主要由加料斗、滚筒、筛网和传动装置组成，其结构和工作原理如图 7-36 所示。加料斗内靠下部装有一个可正反向旋转的滚筒，滚筒上有七根截面形状为梯形的"刮刀"。滚筒下面紧贴着筛网，筛网由带手轮的管夹固定。工作时，电动机带动胶带轮转动，并通过曲柄摇杆机构使滚筒作正反向转动。在滚筒上刮刀的挤压与剪切作用下，湿物料（软材）挤过筛网变成颗粒，落于接收盘中。

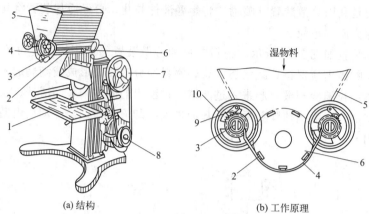

(a) 结构　　　　　　　　　　　　(b) 工作原理

图 7-36　摇摆式颗粒机

1—接收盘；2—刮刀；3—管夹；4—筛网；5—加料斗；

6—滚筒；7—胶带轮；8—电动机；9—棘爪；10—手柄

彩图展示：

摇摆式颗粒机

　　摇摆式颗粒机具有结构简单，生产能力大，安装、拆卸、清理均比较方便等优点。此外，摇摆式颗粒机所得颗粒的粒径分布比较均匀，这对湿粒的均匀干燥较为有利。

　　2. 高效混合造粒机

　　高效混合造粒机是通过搅拌器混合及高速造粒刀切割而将湿物料制成颗粒的装置，是一种集混合与造粒功能于一体的先进设备，在制药工业中有着广泛的应用。

　　高效混合造粒机通常由盛料筒、搅拌器、造粒刀、电动机和控制器等组成，其结构如图 7-37 所示。工作时，首先将原、辅料按处方比例加入盛料筒，并启动搅拌电机将干粉混合 1～2min，待混合均匀后再加入黏合剂。将变湿的物料再搅拌 4～5min 即成为软材。此时，启动造粒电机，利用高速旋转的造粒刀将湿物料切割成颗粒状。物料在筒内快速翻动和旋转，使得每一部分的物料在短时间内均能经过造粒刀部位，从而都能被切割成大小均匀的颗粒。控制造粒电机的电流或电压，可调节造粒速度，并能精确控制造粒终点。

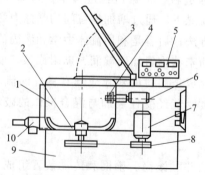

图 7-37　高效混合造粒机的结构

1—盛料筒；2—搅拌器；3—桶盖；4—造粒刀；5—控制器；6—造粒电机；

7—搅拌电机；8—传动皮带；9—机座；10—出料口

高效混合造粒机的混合造粒时间很短，一般仅需 8～10min，所制得的颗粒大小均匀，质地结实，烘干后可直接用于压片，且压片时的流动性较好。由于采用全封闭操作，故不会产生粉尘，符合 GMP 要求。此外，与传统造粒工艺相比，高效混合造粒机可节省 15%～25% 的黏合剂用量。

3. 沸腾造粒机

沸腾造粒机的工作原理是用气流将粉末悬浮即使粉末流态化（沸腾），再喷入黏合剂，使粉末凝结成颗粒。由于气流的温度可以调节，因此可将混合、造粒、干燥等操作在一台设备中完成，故沸腾造粒机又称为一步造粒机，在制药工业中有着广泛的应用。

沸腾造粒机一般由空气预热器、压缩机、鼓风机、流化室和袋滤器等组成，其工作原理如图 7-38 所示。流化室多采用倒锥形，以消除流动"死区"。气体分布器通常为多孔倒锥体，上面覆盖着 60～100 目的不锈钢筛网。流化室上部设有袋滤器以及反冲装置或振动装置（参见图 10-17），以防袋滤器堵塞。

工作时，经过滤净化后的空气由鼓风机送至空气预热器，预热至规定温度（60℃左右）后，从下部经气体分布器和二次喷射气流入口进入流化室，使物料流化。随后，将黏合剂喷入流化室，继续流化、混合数分钟后，即可出料。湿热空气经袋滤器除去粉末后排出。

沸腾造粒机制得的颗粒粒度多为 30～80 目，颗粒外形比较圆整，压片时的流动性也较好，这些优点对提高片剂的质量非常有利。由于沸腾造粒机可完成多种操作，简化了工序和设备，因而生产效率高，生产能力大，并容易实现自动化，适用于含湿或热敏性物料的造粒。缺点是动力消耗较大。此外，物料密度不能相差太大，否则将难以流化造粒。

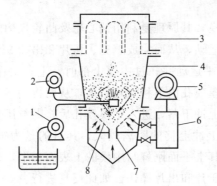

图 7-38 沸腾造粒机的工作原理

1—黏合剂输送泵；2—压缩机；3—袋滤器；4—流化室；5—鼓风机；
6—空气预热器；7—二次喷射气流入口；8—气体分布器

二、压片设备

压片是片剂生产的核心操作，其基本设备是压片机。按照结构的不同，压片机可分为单冲压片机和多冲压片机。

1. 压片机的冲模

冲模是压片机的基本部件，每副冲模通常包括上冲、中模和下冲三个部件，如图 7-39所示。上、下冲结构相似，且冲头直径相等。上、下冲的冲头直径与中模的模孔相配合，可在中模孔中上下自由滑动，但不存在可泄漏药粉的间隙。

冲模的规格以冲头直径和中模孔径表示，一般为 5.5～12mm，每 0.5mm 为一个规格，共有 14 种规格。

片剂的大小与形状取决于冲头和模孔的直径与形状。冲头和模孔的截面形状可以是圆形，也可以是三角形、椭圆形或其他形状。冲头的端面形状可以是平面，也可以是浅凹形、深凹形或其他形状。此外，还可将药品的名称、规格和线条等刻在冲头的端表面上，以便服用时识别和划分剂量。

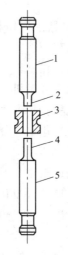

图 7-39　压片机的冲模

1—上冲；2，4—冲头；3—中模；5—下冲　　　　　彩图展示：冲模

2. 单冲压片机

单冲压片机仅有一副冲模，其原理是利用偏心轮及凸轮机构的联合作用，将圆周运动转化为上冲和下冲的上下往复运动，从而完成填充、压片和出片 3 个操作，其结构和工作过程如图 7-40 所示。当饲料靴水平运动并扫过中模上部时，上一工作循环中已压好的一颗片剂被推至出料槽，而下冲在中模模孔内下移一定距离，从而将饲料靴内的颗粒充填入模孔。当饲料靴回移时，下冲不动而上冲下落，进入中模模孔后将颗粒压成片状。随后，上、下冲带着压好的片剂同时上移，但上冲上移的距离较大，其目的是为饲料靴再次扫过中模留出空间，而下冲上移的距离应使其上平面刚好与中模的上表面相平，接着片剂被推至出料槽。此后是开始下一循环的填充、压片和出片操作，如此反复进行。

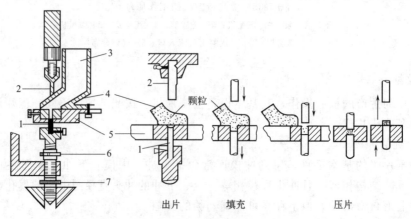

图 7-40　单冲压片机的结构和工作过程

1—下冲；2—上冲；3—加料斗；4—饲料靴；5—中模；6—出片调节器；7—片重调节器

片重调节器的作用是调节下冲下降的深度，借以调节模孔的容积，以达到调节片重的目的。出片调节器可调节下冲上升的高度，使其上平面刚好与中模的上部相平。

单冲压片机的优点是结构简单、操作方便、适应能力强，常用于小批量、多品种片剂的生产。缺点是间歇操作，生产能力较低，单机产量一般仅为 $80 \sim 100$ 片·min^{-1}。

3. 旋转式多冲压片机

旋转式多冲压片机是片剂生产中最常用的压片设备，其核心部件是一个可绕轴旋转的圆盘。圆盘有上、中、下 3 层，上层装有上冲，中层装有中模，下层装有下冲。此外还有可绕自身轴线旋转的上、下压轮以及片重调节器、出片调节器、加料器、刮料器等装置。图 7-41 是旋转式多冲压片机的工作原理，为说明压片过程中各冲头所处的位置，图中将圆柱形机器的一个压片全过程展成了平面形式。图 7-42 为加料器的工作原理。

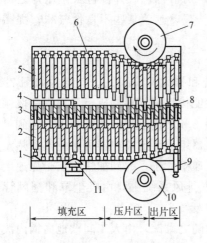

图 7-41　旋转式多冲压片机的工作原理
1—下冲圆形凸轮轨道；2—下冲；3—中模圆盘；4—加料器；
5—上冲；6—上冲圆形凸轮轨道；7—上压轮；8—药片；
9—出片调节器；10—下压轮；11—片重调节器

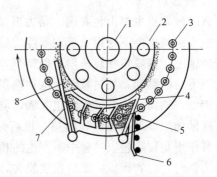

图 7-42　月形栅式加料器的工作原理
1—中心轴；2—转盘；3—中模；4—加料器；
5—药片；6—刮片板；7—刮料板；8—颗粒

工作时，圆盘绕轴旋转，带动上冲和下冲分别沿着上冲圆形凸轮轨道和下冲圆形凸轮轨道运动，同时中模也作同步转动。根据冲模所处的工作状态，可将工作区沿圆周方向划分为填充区、压片区和出片区。

在填充区，加料器向模孔填入过量的颗粒。当下冲运行至片重调节器上方时，调节器的上部凸轮使下冲上升至适当位置，将过量的颗粒推出。推出的颗粒被刮料板刮离模孔，并在进入下一填充区时被利用。通过片重调节器可调节下冲的上升高度，从而可调节模孔容积，进而达到调节片重的目的。

在压片区，上冲在上压轮的作用下进入模孔，下冲在下压轮的作用下上升。在上、下冲的联合作用下，模孔内的颗粒被挤压成片剂。

在出片区，上、下冲都开始上升，压成的片子被下冲顶出模孔，随后被刮片板刮离圆盘并沿斜槽滑入接受器。随后下冲下降，冲模在转盘的带动下，进入下一填充区，开始下一次操作循环。通过出片调节器可将下冲的顶出高度调整至与中模上部相平或略高的位置。

旋转式多冲压片机的冲模数或冲头数通常为 19、25、33、51 和 75 等，每副冲模随圆盘转动一圈而压出的片数称为压数，常见的有单压、双压、三压和四压等。随着冲头数的增加，片数也相应增加。

旋转式多冲压片机具有许多突出的优点。由于是连续操作，故单机生产能力较大。如19冲压片机每小时的生产量可达2万～5万片，33冲可达5万～10万片，51冲可达22万片，75冲可达66万片。由于是逐渐加压，故颗粒间的空气能有充分的时间逸出，裂片率较低。由于加料器固定，故运行时的振动较小，粉末不易分层，而且加料器的加料面积较大，加料时间较长，故片重准确均一。

三、包衣设备

包衣是制剂生产中的重要单元操作之一。片剂的包衣即是在压制片的表面涂包适宜的包衣材料，制成的片剂俗称包衣片。包衣是压片之后的常用后续操作，其目的是改善片剂的外观，遮盖某些不良性气味，提高药物的稳定性和疗效。

1. 普通包衣机

普通包衣机主要由包衣锅、动力系统、加热系统和排风系统组成，其结构如图7-43所示。包衣锅通常由不锈钢或紫铜等性质稳定且导热性能优良的材料制成。包衣锅一般倾斜安装于转轴上，倾斜角和转速均可以调节，适宜的倾斜角和转速应使药片能在锅内达到最大幅度的上下前后翻动。加热系统由电加热器和辅助加热器组成。电加热器可将空气预热至所需要的温度，辅助加热器可烘烤包衣锅，同时将热量传递给片子，起到加快包衣干燥速度的作用。辅助加热器可采用煤气加热，也可采用电加热。排风系统主要由吸尘罩和排风管道组成，其作用是排除包衣过程中所产生的粉尘、水分和废气。

工作时，包衣锅以一定的速度旋转，药片在锅内随之翻滚，由人工间歇地向锅内泼洒包衣材料溶液。经预热的热空气连续吹入包衣锅，必要时可打开辅助加热器，以保持锅体内的温度，并提高干燥速度。当包衣达到规定的质量要求后，即可停止出料。

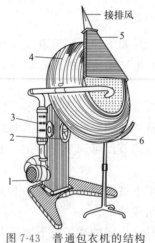

图 7-43　普通包衣机的结构
1—鼓风机；2—角度调节器；3—电加热器；
4—包衣锅；5—吸尘罩；6—煤气辅助加热器

普通包衣机是最基本、最常用的滚转式包衣设备，目前在制药企业中有着广泛的应用。

缺点是间歇操作、劳动强度大、生产周期长，且包衣厚薄不均，片剂质量也难以均一。针对普通包衣机的缺点，近年来，对普通包衣机进行了一系列改造。如采用喷嘴以喷雾方式将包衣材料溶液加入包衣锅，采用计算机对包衣过程进行控制等，从而降低了劳动强度，提高了生产效率，并大大提高了产品质量。

2. 流化包衣机

流化包衣机是一种利用喷嘴将包衣液喷到悬浮于空气中的片剂表面，以达到包衣目的的装置，其工作原理如图 7-44 所示。工作时，经预热的空气以一定的速度经气体分布器进入包衣室，从而使药片悬浮于空气中，并上下翻动。随后，气动雾化喷嘴将包衣液喷入流化包衣室。药片表面被喷上包衣液后，周围的热空气使包衣液中的溶剂挥发，并在药片表面形成一层薄膜。控制预热空气及排气的温度和湿度可对操作过程进行控制。

流化包衣机具有包衣速度快，不受药片形状限制等优点，是一种常用的薄膜包衣设备，除用于片剂的包衣外，还可用于微丸剂、颗粒剂等的包衣。缺点是包衣层太薄，且药片作悬浮运动时碰撞较强烈，外衣易碎，颜色也不佳。

3. 网孔式包衣机

网孔式包衣机是一种比较新颖的高效包衣设备，其结构特点是在包衣锅的锅体上开有直径为 1.8～2.5mm 的圆孔（网孔），如图 7-45 所示。工作时，网孔包衣锅以一定的速度旋转，药片在锅内翻滚，包衣液由喷嘴喷入。被预热至一定温度的净化空气经进气管和锅体上部的网孔进入包衣锅，然后从处于运动状态的药片空隙间穿过，再由锅体下部的网孔进入排气管。

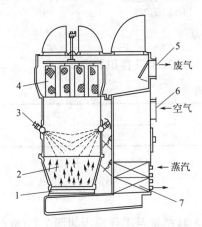

图 7-44　流化包衣机的工作原理

1—气体分布器；2—流化包衣室；3—喷嘴；
4—袋滤器；5—排气口；6—进气口；7—换热器

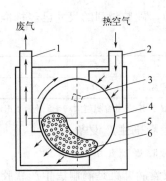

图 7-45　网孔式包衣机的工作原理

1—排气管；2—进气管；3—喷嘴；
4—网孔包衣锅；5—外壳；6—药片

热空气也可以逆向流动，即从锅底下部的网孔进入，再经上部的网孔排出。前者称为直流式，后者称为逆流式，这两种流动方式分别使药片在锅内处于"紧密"和"疏松"状态，可根据压制片的性质和具体情况进行选择。

网孔式包衣机与普通包衣机在传热方式上存在着显著差异。普通包衣机进行干燥时是将热空气吹向药片表面，返回后由排气系统抽走，故热交换仅限于表面层。此外，部分热空气可能会被排气系统直接抽走，即热空气存在"短路"现象。因此，普通包衣机的热能利用率较低，干燥速度较慢。而网孔式包衣机进行干燥时，热空气是从运动着的药片间隙中穿过

07-05 高效
包衣机

的，故不存在"短路"现象，并能与药片表面的水分或溶剂充分接触而进行热交换，因此，热能利用率较高，干燥速度较快。

第五节　胶囊剂生产设备

07-06 胶囊的"前世今生"

将药物装入胶囊而制成的制剂称为胶囊剂。胶囊剂不仅外形美观，服用方便，而且具有遮盖不良气味，提高药物稳定性，控制药物释放速度等作用，是目前应用最为广泛的药物剂型之一。

根据胶囊的硬度和封装方法的不同，胶囊剂可分为软胶囊剂和硬胶囊剂两种。其中**软胶囊剂**是用滴制法或滚模压制法将加热熔融的胶液制成胶皮或胶囊，并在囊皮未干之前包裹或装入药物而制成的制剂。而**硬胶囊剂**是将药物直接装填于胶壳中而制成的制剂。

软胶囊剂的形状一般为球形、椭圆形或圆筒形，也可以是其他形状，药物填充量通常为一个剂量。硬胶囊剂呈圆筒形，由胶囊体和胶囊帽套合而成，如图 7-46 所示。胶囊体的外径略小于胶囊帽的内径，两者套合后可通过局部凹槽锁紧，也可用胶液将套口处黏合，以免两者脱开而使药物散落。

|　(a) 胶囊体　|　(b) 胶囊帽　|　(c) 闭合胶囊　|

图 7-46　硬胶囊剂示意图

目前，硬胶囊剂的尺寸已经标准化，共有 8 种规格，其装量容积如表 7-4 所示。

表 7-4　硬胶囊剂的装量容积

规格/号	5	4	3	2	1	0	00	000
装量容积/mL	0.14	0.21	0.27	0.35	0.48	0.66	0.90	1.37

注：号数越小，装量容积越大；0~2 号为常用规格。

一、软胶囊剂生产设备

1. 软胶囊滴丸机

软胶囊滴丸机是滴制法生产软胶囊剂的专用设备，其结构与工作原理如图 7-47 所示。

明胶液由明胶、甘油和蒸馏水配制而成，其质量组成为明胶 40%、甘油 12%、蒸馏水 48%。为防止明胶液冷却固化，其贮槽外设有可控温电加热装置，以使明胶液保持熔融状态。药液贮槽外也设有可控温电加热装置，其作用是控制适宜的药液温度。工作时，明胶液的温度宜控制在 75~80℃，药液的温度宜控制在 60℃左右。

药液和明胶液的定量可由活塞式计量泵完成。常用的三活塞计量泵的计量原理如图 7-48 所示。泵体内有三个作往复运动的活塞，中间的活塞起吸液和排液作用，两边的活塞具有吸入阀和排出阀的功能。通过调节推动活塞运动的凸轮方位可控制三个活塞的运动次序，进而可使泵的出口喷出一定量的液滴。

明胶液和药液的喷出时间和顺序对软胶囊的质量有着决定性的影响。药液和明胶液分别进入喷嘴的内层和套管环隙后，应在严格同心的条件下先后有序地喷出。为使药液包裹到明胶液膜中并形成合格的软胶囊，明胶的喷出时间应较长，而药液喷出过程应处于明胶喷出过程的中间时段，依靠明胶的表面张力将药滴完整地包裹起来。

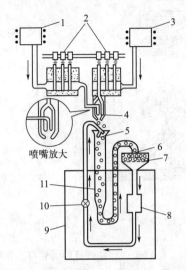

图 7-47　软胶囊滴丸机的结构与工作原理

1—药液贮槽；2—定量装置；3—明胶液贮槽；4—喷嘴；5—液体石蜡出口；
6—胶丸出口；7—过滤器；8—液体石蜡贮箱；9—冷却箱；10—循环泵；11—冷却柱

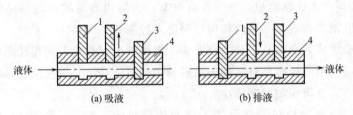

图 7-48　三活塞计量泵的计量原理

1、2、3—活塞；4—泵体

冷却柱中的冷却液通常为石蜡，其温度控制在 $13\sim17℃$。在冷却箱内通入冷冻盐水可对石蜡进行降温。石蜡由循环泵输送至冷却柱，其出口方向偏离柱心，故液体石蜡进入冷却柱后即向下作旋转运动。

工作时，油状药液和明胶液分别由计量泵的活塞压入喷嘴的内层和外层，并以不同的速度喷出。当一定量的明胶液将定量的油状药液包裹后，滴入冷却柱。在冷却柱中，外层明胶液被冷却液冷却，并在表面张力的作用下变成球形，逐渐凝固成胶丸（滴丸）。胶丸随石蜡一起流入过滤器，被收集于滤网上。所得胶丸经清洗、烘干等工序后即得成品软胶囊制剂。

07-07 最早的滴丸

07-08 速效救心丸
之母——章臣桂

软胶囊滴丸机是利用滴制造粒原理进行工作的设备，生产过程中的回料较少，故能有效地降低生产成本。常见的鱼肝油丸、维生素丸等软胶囊剂均可用该设备生产。缺点是生产速度较慢，且只能生产球形产品。

2. 旋转式自动轧囊机

旋转式自动轧囊机是压制法生产软胶囊剂的专用设备，其结构与工作原理如图 7-49 所示。

将配制好的明胶液置于明胶桶（图中未画出）中，明胶桶吊挂于机器的上部，下部连有

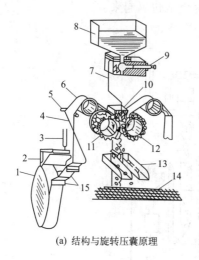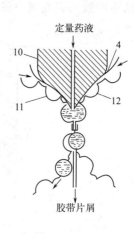

(a) 结构与旋转压囊原理　　　　　　(b) 药液注入胶囊及封合原理

图 7-49　旋转式自动轧囊机的结构与工作原理

1—鼓轮；2—涂胶机箱；3—输胶管；4—胶带；5—胶带导杆；6—送料轴；7—导管；8—药液贮槽；
9—计量泵；10—楔形注入器；11、12—滚模；13—导向斜槽；14—胶囊输送机；15—油轴

两根输胶管（图中右侧的输胶管未画出），并分别通向两侧的涂胶机箱（图中右侧的涂胶机箱未画出）。明胶桶由不锈钢制成，桶外设有夹套，夹套内有可控温电加热装置，并充满软化水。为防止明胶液冷却固化，明胶桶内的温度宜控制在 60℃ 左右。

左右两个滚模组成一套模具，并分别安装于滚模轴上。滚模上的模孔形状、尺寸和数量取决于所生产的胶囊剂的胶囊型号。两根滚模轴做相对运动，其中左滚模轴既能转动，又能作横向水平移动，而右滚模轴只能转动。

工作时，明胶液经两根输胶管分别通过两侧预热的涂胶机箱将明胶液涂布于温度为 16～20℃ 的鼓轮（图中右侧的鼓轮未画出）上。随着鼓轮的转动，并在冷风的冷却作用下，明胶液在鼓轮上定型为具有一定厚度的均匀明胶带。由于明胶带中含有一定量的甘油，因而塑性和弹性较大。两边形成的明胶带分别由胶带导杆和送料轴送入两滚模之间。同时，药液经导管进入温度为 37～40℃ 的楔形注入器，并注入夹入旋转滚模的明胶带中，注入的药液体积由计量泵的活塞所控制。当胶带经过楔形注射器时，其内表面被加热至 37～40℃，胶质已软化，内表面也已接近于熔融状态，因此，在药液压力的作用下，胶带在两滚模的凹槽（模孔）中很容易形成两个含有药液的半囊。此后，滚模继续旋转所产生的机械压力将两个半囊压制成一个整体软胶囊，并在 37～40℃ 发生闭合，从而将药液封闭于软胶囊中。随着滚模的继续旋转或移动，软胶囊被切离胶带。随后，软胶囊依次落入导向斜槽和胶囊输送机，并由输送机送出。

旋转式自动轧囊机具有自动化程度高、生产能力大等特点，是软胶囊剂生产的常用设备。

二、硬胶囊剂生产设备

硬胶囊填充机是生产硬胶囊剂的专用设备，对于品种单一、生产量较大的硬胶囊剂多采用全自动胶囊填充机。

按照主工作盘的运动方式的不同，全自动胶囊填充机可分为间歇回转和连续回转两种类

型。虽然间歇回转式和连续回转式在执行机构的动作方面存在差异，但其生产硬胶囊剂的工艺过程几乎相同。现以间歇回转式全自动胶囊填充机为例，介绍硬胶囊填充机的结构与工作原理。

间歇回转式全自动胶囊填充机的工作台面上设有可绕轴旋转的主工作盘，主工作盘可带动胶囊板作周向旋转。围绕主工作盘设有空胶囊排序与定向装置、拨囊装置、药物填充装置、剔除废囊装置、闭合胶囊装置、出囊装置和清洁装置等，如图7-50所示。工作台下的机壳内设有传动系统，其作用是将运动传递给各装置或机构，以完成相应的工序操作。

工作时，自贮囊斗落下的杂乱无序的空胶囊经排序与定向装置后，均被排列成胶囊帽在上的状态，并逐个落入主工作盘上的囊板孔中。在拔囊区，拔囊装置利用真空吸力使胶囊体落入下囊板孔中，而胶囊帽则留在上囊板孔中。在体帽错位区，上囊板连同胶囊帽一起移开，并使胶囊体的上口置于定量填充装置的下方。在填充区，定量填充装置将药物填充进胶囊体。在废囊剔除区，剔除装置将未拔开的空胶囊从上囊板孔中剔除出去。在胶囊闭合区，上、下囊板孔的轴线对中，并通过外加压力使胶囊帽与胶囊体闭合。在出囊区，闭合胶囊被出囊装置顶出囊板孔，并经出囊滑道进入包装工序。在清洁区，清洁装置将上、下囊板孔中的药粉、胶囊皮屑等污染物清除。随后，进入下一个操作循环。由于每一区域的操作工序均要占用一定的时间，因此主工作盘是间歇转动的。

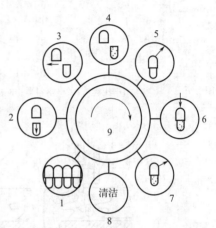

图7-50　主工作盘及各区域的功能
1—排序与定向区；2—拔囊区；3—体帽错位区；
4—药物填充区；5—废囊剔除区；6—胶囊闭合区；
7—出囊区；8—清洁区；9—主工作盘

1. 空胶囊的排序与定向

为防止空胶囊变形，出厂的机用空胶囊均为体帽合一的套合胶囊。使用前，首先要对杂乱胶囊进行排序。

空胶囊排序装置如图7-51所示。落料器的上部与贮囊斗相通，内部设有多个圆形孔道，每一孔道的下部均设有卡囊簧片。工作时，落料器作上下往复滑动，使空胶囊进入落料器的孔中，并在重力的作用下下落。当落料器上行时，卡囊簧片将一个胶囊卡住。当落料器下行时，簧片架产生旋转，卡囊簧片松开胶囊，胶囊在重力的作用下由下部出口排出。当落料器再次上行并使簧片架复位时，卡囊簧片又将下一个胶囊卡住。可见，落料器上下往复滑动一次，每一孔道均输出一粒胶囊。

由排序装置排出的空胶囊有的帽在上，有的帽在下。为便于空胶囊的体帽分离，需进一步将空胶囊按帽在上、体在下的方式进行排列。空胶囊的定向排列可由定向装置完成，该装置设有定向滑槽和顺向推爪，推爪可在槽内作水平往复运动，如图7-52所示。

工作时，胶囊依靠自重落入定向滑槽中。由于定向滑槽的宽度（与纸面垂直的方向上）略大于胶囊体的直径而略小于胶囊帽的直径，因此滑槽对胶囊帽有一个夹紧力，但并不接触胶囊体。由于结构上的特殊设计，顺向推爪只能作用于直径较小的胶囊体中部。因此，当顺向推爪推动胶囊体运动时，胶囊体将围绕滑槽与胶囊帽的夹紧点转动，使胶囊体朝前，并被

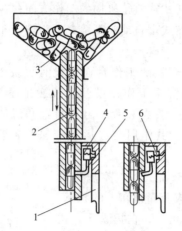

图 7-51 排序装置结构与工作原理

1—压囊爪；2—落料器；3—贮囊斗；4—簧片架；5—卡囊簧片；6—弹簧

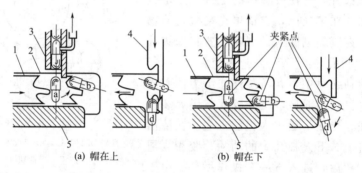

(a) 帽在上　　　　　(b) 帽在下

图 7-52 定向装置的结构与工作原理

1—顺向推爪；2—定向滑槽；3—落料器；4—压囊爪；5—定向器座

a、b、c、d 分别表示定向过程中胶囊所处的空间状态

推向定向器座的边缘。此时，垂直运动的压囊爪使胶囊体翻转 90°，并将其垂直推入囊板孔中。

2. 空胶囊的体帽分离

经定向排序后的空胶囊还需将囊体与囊帽分离开来，以便将药物填充进去。空胶囊的体帽分离操作可由拔囊装置完成，该装置由上、下囊板及真空系统组成，如图 7-53 所示。

当空胶囊被压囊爪推入囊板孔后，气体分配板上升，其上表面与下囊板的下表面贴严。此时，真空接通，顶杆随气体分配板同步上升并伸入到下囊板的孔中，使顶杆与气孔之间形成一个环隙，以减少真空空间。上、下囊板孔的直径相同，且都为台阶孔，上、下囊板台阶小孔的直径分别小于囊帽和囊体的直径。当囊体被真空吸至下囊板孔中时，上囊板孔中的台阶可挡住囊帽下行，下囊板孔中的台阶可使囊体下行至一定位置时停止，以免囊体被顶杆顶破，从而达到体帽分离的目的。

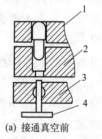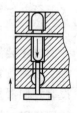

(a) 接通真空前　　(b) 接通真空后

图 7-53 拔囊装置的结构与工作原理

1—上囊板；2—下囊板；

3—真空气体分配板；4—顶杆

3. 填充药物

当空胶囊体、帽分离后，上、下囊板孔的轴线随即
错开，接着药物定量填充装置将定量药物填入下方的胶囊体中，以完成药物填充过程。

药物定量填充装置的类型很多，如插管定量装置、模板定量装置、活塞-滑块定量装置
和真空定量装置等。

（1）插管定量装置 插管定量装置分为间歇式和连续式两种，如图 7-54 所示。

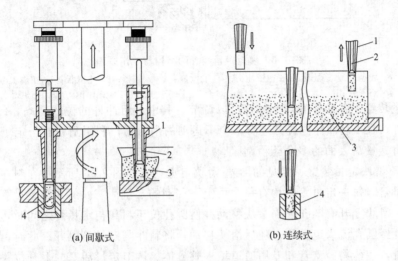

(a) 间歇式 （b) 连续式

图 7-54 插管定量装置的结构与工作原理
1—定量管；2—活塞；3—药粉斗；4—胶囊体

间歇式插管定量装置是将空心定量管插入药粉斗中，利用管内的活塞将药粉压紧，然后
定量管升离粉面，并旋转 180° 至胶囊体的上方。随后，活塞下降，将药粉柱压入胶囊体中，
完成药粉填充过程。由于机械动作是间歇式的，故为间歇式插管定量装置。调节药粉斗中的
药粉高度以及定量管内活塞的冲程，可调节药粉的填充量。此外，为减少填充误差，药粉在
粉斗中应保持一定的高度并具有良好的流动性。

连续式插管定量装置也采用定量管来定量，但其插管、压紧、填充操作是随机器本身在
回转过程中连续完成的。由于填充速度较快，因此插管在药粉中的停留时间很短，故对药粉
的要求更高，如药粉不仅要有良好的流动性和一定的可压缩性，而且各组分的密度应相近，
且不易分层。为避免定量管从药粉中抽出后留下的空洞影响填充精度，药粉斗中常设有刮
板、耙料器等装置，以控制药粉的高度，并使药粉保持均匀和流动。

（2）模板定量装置 模板定量装置的结构与工作原理如图 7-55 所示，其中左图已将圆
柱形的定量装置及其工作过程展成了平面形式。药粉盒由定量盘和粉盒圈组成，工作时可带
着药粉作间歇回转运动。定量盘沿周向设有若干组模孔（图中每一单孔代表一组模孔），剂
量冲头的组数和数量与模孔的组数和数量相对应。工作时，凸轮机构带动各组冲杆作上下往
复运动。当冲杆上升后，药粉盒间歇旋转一个角度，同时药粉自动将模孔中的空间填满。随
后冲杆下降，将模孔中的药粉压实一次。此后，冲杆再次上升，药粉盒又旋转一个角度，药
粉再次将模孔中的空间填满，冲杆再次将模孔中的药粉压实一次。如此旋转一次，填充一
次，压实一次，直至第 f 次时，定量盘下方的底盘在此处有一半圆形缺口，其空间被下囊板
占据，此时剂量冲杆将模孔中的药粉柱推入胶囊体，即完成一次填充操作。

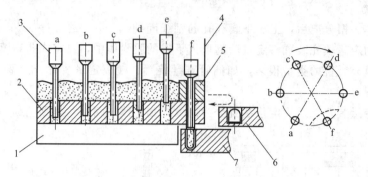

图 7-55　模板定量装置的结构与工作原理

1—底盘；2—定量盘；3—剂量冲头；4—粉盒圈；5—刮粉器；6—上囊板；7—下囊板

模板定量装置中各冲杆的高低位置可以调节，其中 e 组冲杆的位置最高，f 组冲杆的位置最低。此外，在 f 组冲杆位置处还有一个不运动的刮粉器，利用刮粉器与定量盘之间的相对运动，可将定量盘表面的多余药粉刮除。

（3）活塞-滑块定量装置　常见的活塞-滑块定量装置如图 7-56 所示。在料斗的下方有多个平行的定量管，每一定量管内均有一个可上下移动的定量活塞。料斗与定量管之间设有可移动的滑块，滑块上开有圆孔。当滑块移动并使圆孔位于料斗与定量管之间时，料斗中的药物微粒或微丸经圆孔流入定量管。随后滑块移动，将料斗与定量管隔开。此时，定量活塞下移至适当位置，使药物经支管和专用通道填入胶囊体。调节定量活塞的上升位置可控制药物的填充量。

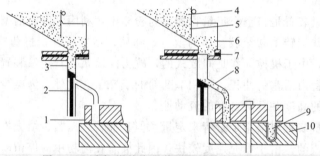

图 7-56　活塞-滑块定量装置的结构与工作原理

1—填料器；2—定量活塞；3—定量管；4—料斗；5—物料高度调节板；
6—药物颗粒或微丸；7—滑块；8—支管；9—胶囊体；10—下囊板

图 7-57 是一种连续式活塞-滑块定量装置，其核心构件为一转盘，图中已将圆柱形定量装置及其工作过程展成了平面形式。转盘上设有若干个定量圆筒，每一圆筒内均有一个可上下移动的定量活塞。工作时，定量圆筒随转盘一起转动。当定量圆筒转至第一料斗下方时，定量活塞下行一定距离，使第一料斗中的药物进入定量圆筒。当定量圆筒转至第二料斗下方时，定量活塞又下行一定距离，使第二料斗中的药物进入定量圆筒。当定量圆筒转至下囊板的上方时，定量活塞下行至适当位置，使药物经支管填充进胶囊体。随着转盘的转动，药物填充过程可连续进行。由于该装置设有两个料斗，因此可将两种不同药物的颗粒或微丸，如速释微丸和控释微丸装入同一胶囊中，从而使药物在体内迅速达到有效治疗浓度并维持较长的作用时间。

（4）真空定量装置　真空定量装置是一种连续式药物填充装置，该装置先利用真空将药

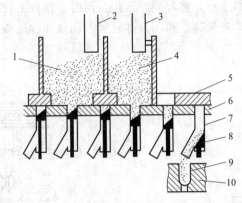

图 7-57　连续式活塞-滑块定量装置结构与工作原理

1—第一料斗；2、3—加料器；4—第二料斗；5—滑块底盘；

6—转盘；7—定量圆筒；8—定量活塞；9—胶囊体；10—下囊板

物吸入定量管，然后再利用压缩空气将药物吹入胶囊体，其工作原理如图 7-58 所示。定量管内设有定量活塞，活塞的下部安装有尼龙过滤器。在取料或填充过程中，定量管可分别与真空系统或压缩空气系统相连。取料时，定量管插入料槽，在真空的作用下，药物被吸入定量管。填充时，定量管位于胶囊体的上部，在压缩空气的作用下，将定量管中的药物吹入胶囊体。调节定量活塞的位置可控制药物的填充量。

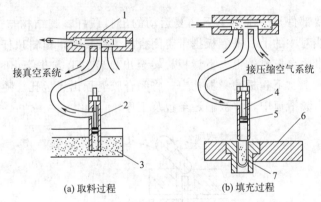

(a) 取料过程　　　　　　　　　　　(b) 填充过程

图 7-58　真空定量装置的工作原理

1—切换装置；2—定量管；3—料槽；4—定量活塞；5—尼龙过滤器；6—下囊板；7—胶囊体

4. 剔除装置

个别空胶囊可能会因某种原因而使体帽未能分开，这些空胶囊一直滞留于上囊板孔中，但并未填充药物。为防止这些空胶囊混入成品中，应在胶囊闭合前将其剔除出去。

剔除装置的结构与工作原理如图 7-59 所示，其核心构件是一个可上下往复运动的顶杆架，上面设有与囊板孔相对应的顶杆。当上、下囊板转动时，顶杆架停留在下限位置。当上、下囊板转动至剔除装置并停止时，顶杆架上升，使顶杆伸入到上囊板孔中。若囊板孔中仅有胶囊帽，则上行的顶杆对囊帽不产生影响。若囊板孔中存有未拔开的空胶囊，则上行的顶杆将其顶出囊板孔，并被压缩空气吹入集囊袋中。

5. 闭合胶囊装置

闭合胶囊装置由弹性压板和顶杆组成，其结构与工作原理如图 7-60 所示。当上、下囊板的轴线对中后，弹性压板下行，将胶囊帽压住。同时，顶杆上行伸入下囊板孔中顶住胶囊体下部。随着顶杆的上升，胶囊体、帽闭合并锁紧。调节弹性压板和顶杆的运动幅度，可使不同型号的胶囊闭合。

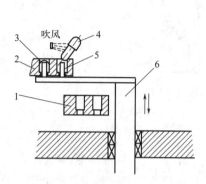

图 7-59 剔除装置的结构与工作原理

1—下囊板；2—上囊板；3—胶囊帽；

4—未拔开空胶囊；5—顶杆；6—顶杆架

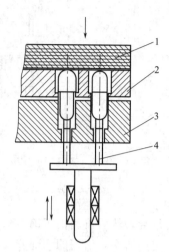

图 7-60 闭合装置的结构与工作原理

1—弹性压板；2—上囊板；3—下囊板；4—顶杆

6. 出囊装置

出囊装置的主要部件是一个可上下往复运动的出料顶杆，其结构与工作原理如图 7-61 所示。当囊板孔轴线对中的上、下囊板携带着闭合胶囊旋转时，出料顶杆处于低位，即位于下囊板下方。当携带闭合胶囊的上、下囊板旋转至出囊装置上方并停止时，出料顶杆上升，其顶端自下而上伸入上、下囊板的囊板孔中，将闭合胶囊顶出囊板孔。随后，压缩空气将顶出的闭合胶囊吹入出囊滑道中，并被输送至包装工序。

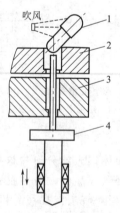

图 7-61 出囊装置的结构与工作原理

1—闭合胶囊；2—上囊板；3—下囊板；4—出料顶杆

彩图展示：

胶囊填充机

7. 清洁装置

上、下囊板经过拔囊、填充药物、出囊等工序后，囊板孔可能会受到污染。因此，上、下囊板在进入下一周期的操作循环之前，应通过清洁装置对其囊板孔进行清洁。

　　清洁装置实际上是一个设有风道和缺口的清洁室，其结构与工作原理如图 7-62 所示。当囊孔轴线对中的上、下囊板旋转至清洁装置的缺口处时，压缩空气系统接通，囊板孔中的药粉、囊皮屑等污染物被压缩空气自下而上吹出囊孔，并被吸尘系统吸入吸尘器。随后，上、下囊板离开清洁室，开始下一周期的循环操作。

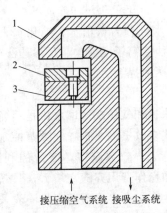

接压缩空气系统　接吸尘系统

图 7-62　清洁装置的结构与工作原理
1—清洁装置；2—上囊板；3—下囊板

第六节　针剂生产设备

　　针剂是采用针头注射方法将药物直接注入人体的一种制剂，又称为注射剂。针剂的类型很多，如溶液型针剂、注射用灭菌粉末、混悬剂、乳剂等，其中溶液型针剂又包括水溶性针剂和非水溶性针剂两大类。水溶性针剂又称为水针剂，它是各类针剂中应用最广泛，也是最具代表性的一类针剂。

　　按所用材质的不同，水针剂使用的容器可分为玻璃容器和塑料容器两大类。按分装剂量的多少，又可分为单剂量装小容器、多剂量装容器和大剂量装容器。

　　我国水针剂所使用的容器都采用曲颈易折安瓿，常用规格有 1mL、2mL、5mL、10mL 和 20mL 五种。易折安瓿包括色环易折安瓿和点刻痕易折安瓿，其外形如图 7-63 所示。色环易折安瓿是将一种膨胀系数高于安瓿玻璃两倍的低熔点粉末熔固在安瓿颈部成为环状，冷却后由于两种玻璃的膨胀系数不同，在环状部位产生一圈永久应力，用力一折即可平整折断，不易产生玻璃碎屑。点刻痕易折安瓿是在曲颈部位可有一细微刻痕，在刻痕中心标有直径 2mm 的色点，折断时，施力于刻痕中间的背面，折断后，断面应平整。

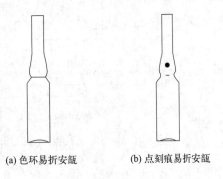

(a) 色环易折安瓿　　　　　(b) 点刻痕易折安瓿

图 7-63　曲颈易折安瓿的外形

　　水针剂的生产有灭菌和无菌两种工艺。在灭菌生产工艺中，由原料及辅料生产成品的过程是带菌的，生产出的成品经高温灭菌后达到无菌要求。该工艺设备简单，生产成本较低，但药品必须能够承受灭菌时的高温，且药效不受影响。在无菌生产工艺中，由原料及辅料生产成品的每个工序都要实行无菌处理，各工序的设备和人员也必须有严格的无菌消毒措施，以确保产品无菌。该工艺的生产成本较高，常用于热敏性药物针剂的生产。

目前我国的水针剂生产大多采用灭菌工艺，因此，本节主要讨论采用灭菌工艺生产水针剂时所涉及的主要设备。

一、注射用水生产设备

按使用范围的不同，制药用水可分为饮用水、纯化水、注射用水及灭菌注射用水四大类。其中纯化水为饮用水经蒸馏法、离子交换法、反渗透法或其他适宜方法制备而成的制药用水。而注射用水则为纯化水经蒸馏提纯后的水。

07-09 我国
古代净水技术

1. 蒸馏法

多效蒸馏水机和气压式蒸馏水机是蒸馏法制水的常用设备。

（1）列管式多效蒸馏水机　此类蒸馏水机采用列管式多效蒸发器以制取蒸馏水。理论上，效数越多，能量的利用率就越高，但随着效数的增加，设备投资和操作费用亦随之增大，且超过五效后，节能效果的提高并不明显。实际生产中，多效蒸馏水机一般采用 3～5 效。

图 7-64 是四效蒸馏水机的工艺流程，其中最后一效即第四效也称为末效。工作时，进料水经冷凝器 5，依次经各蒸发器内的发夹型换热器被加热至 142℃ 进入蒸发器 1。在蒸发器 1 内，加热蒸汽（165℃）进入管间将进料水蒸发，蒸汽被冷凝后排出。进料水在蒸发器 1 内约有 30% 被蒸发，其余的进入蒸发器 2（130℃）内，生成的纯蒸汽（141℃）作为热源进入蒸发器 2。在蒸发器 2 内，进料水被再次蒸发，所产生的纯蒸汽（130℃）作为热源进入蒸发器 3，而由蒸发器 1 引入的纯蒸汽则全部被冷凝为蒸馏水。蒸发器 3 和蒸发器 4 的工作原理与蒸发器 2 的相同。最后从蒸发器 4 排出的蒸馏水及二次蒸汽全部引入冷凝器，被进料水和冷却水冷凝。进料水经蒸发后所剩余的含有杂质的浓缩水由末效蒸发器的底部排出，而不凝性气体由冷凝器 5 的顶部排出。通常情况下，蒸馏水的出口温度约为 97～99℃。

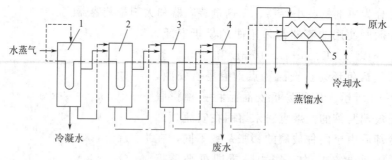

图 7-64　列管式四效蒸馏水机的工艺流程

1,2,3,4—蒸发器；5—冷凝器

（2）气压式蒸馏水机　此类蒸馏水机的进料水采用符合饮用水标准的原水，其工作原理与热泵蒸发相似。如图 7-65 所示，原水经进水管进入预热器，此后由泵输送至蒸发冷凝器的管内受热蒸发。蒸汽自蒸发室上升，经除沫器后由压缩机压缩成过热蒸汽，在蒸发冷凝器的管间，通过管壁与进料水进行热交换，使进料水受热蒸发，自身则因放出潜热而冷凝，再经泵打入换热器对新进水进行预热，产品由出口排出。蒸发冷凝器下部设有蒸汽加热管及辅助电加热器。

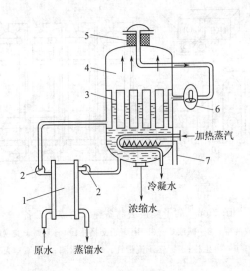

图 7-65　气压式蒸馏水机的工作原理
1—预热器；2—泵；3—蒸发冷凝器；4—蒸发室；5—除沫器；6—压缩机；7—电加热器

2. 离子交换法

该法是利用离子交换树脂将水中的盐类、矿物质及溶解性气体等杂质去除。由于水中杂质的种类繁多，因此该法常需同时使用阳离子交换树脂和阴离子交换树脂，或在装有混合树脂的离子交换器中进行。图 7-66 是离子交换法制备纯水的成套设备，它主要由酸液罐、碱液罐、阳离子交换柱、阴离子交换柱、混合交换柱、再生柱和过滤器等组成。离子交换柱的上、下端均设有液体分布器，其作用是使来水分布均匀，并能阻止树脂颗粒与水或再生液一起流失。阳离子和阴离子交换柱内的树脂填充量一般为柱高的 2/3。混合离子交换柱中阴、阳离子树脂常按 2：1 的比例混合放置，填充量一般为柱高的 3/5。根据水源情况，过滤器可选择丙纶线绕管、陶瓷砂芯以及各种折叠式滤芯等作为过滤滤芯。再生柱的作用是配合混合柱对混合树脂进行再生。

工作时，原水先经过滤器除去有机物、固体颗粒、细菌及其他杂质，再进入阳离子交换柱，使水中的阳离子与树脂上的氢离子进行交换，并结合成无机酸。然后原水进入阴离子交换柱，以去除水中的阴离子。经阳离子和阴离子交换柱后，原水已得到初步净化。此后，原水进入混合离子交换柱使水质得到再一次净化，即得产品纯水。

树脂经一段时间使用后，会逐步失去交换能力，因此需定期对树脂进行活化再生。阳离子树脂可用 5% 的盐酸溶液再生，阴离子树脂则用 5% 的氢氧化钠溶液再生。由于阴阳离子树脂所用的再生试剂不同，因此混合柱再生前需于柱底逆流注水，利用阴、阳离子树脂的密度差而使其分层，将上层的阳离子树脂引入再生柱，两种树脂分别于两个容器中再生，再生后将阳离子树脂抽入混合柱中混合，使其恢复交换能力。

用离子交换法制得的纯水在 25℃ 时的电阻率可达 $10 \times 10^6 \Omega \cdot cm$ 以上。但由于树脂床层可能存有微生物，以致水中可能含有热原。此外，树脂本身可能释放出一些低分子量的胺类物质以及大分子有机物等，均可能被树脂吸附或截留，从而使树脂毒化，这是用离子交换法进行水处理时可能引起水质下降的主要原因。

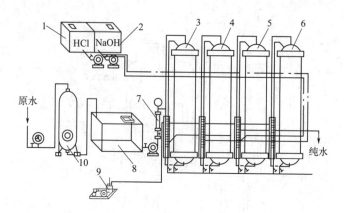

图 7-66 离子交换法制备纯水的成套设备

1—酸液罐；2—碱液罐；3—阳离子交换柱；4—阴离子交换柱；
5—混合交换柱；6—再生柱；7—转子流量计；8—贮水箱；9—真空泵；10—过滤器

3. 电渗析法

电渗析可使离子在电场作用下作定向移动，同时经交换膜的选择性透过而将离子去除，其工作原理如图 7-67 所示。

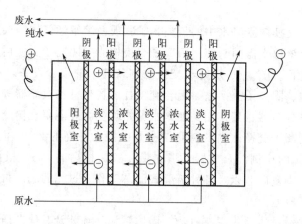

图 7-67 电渗析法制备纯水的工作原理

电渗析法广泛用于原水的预处理，以减轻离子交换器的负荷，延长离子交换树脂的使用寿命。研究表明，当原水含盐量高达 $3000mg \cdot L^{-1}$ 时，不宜采用离子交换法制备纯化水，但电渗析法仍适用。

实际应用时常将电渗析与离子交换组合成电渗析-离子交换系统，即先通过电渗析法将水中 $75\% \sim 80\%$ 的盐脱除掉，从而可大大减轻离子交换器的负荷，使离子交换器的运行费用大大低于单独采用离子交换系统时的运行费用。

4. 反渗透法

制药生产中的反渗透装置多采用图 7-68 所示的卷绕式或中空纤维式膜组件，但需使用较高的压力（一般为 $2.5 \sim 7.0MPa$），所以对膜组件的结构强度要求较高。此外，由于水的透过率较低，故单位体积的膜面积较大。

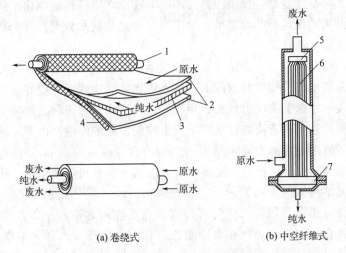

图 7-68　反渗透装置常用的膜组件

1—中心管；2—膜；3—多孔支撑材料；4—隔网；5—纤维束端封；6—纤维束；7—环氧树脂管板

　　反渗透所用的膜为半透膜，该膜是一种只能透过水而不能透过溶质的膜。反渗透膜不仅可以阻挡截留住病毒、细菌、热原和高分子有机物，而且可阻挡盐类及糖类等小分子物质。反渗透法制备纯水过程中没有相变，因而过程能耗较低。

二、安瓿预处理设备

07-11 反渗透
现象的发现

　　安瓿是盛放无菌药液的容器，其内不允许沾带微生物、灰尘或其他污染物。因此，在水针剂生产中，安瓿首先要经过清洗、干燥灭菌等预处理工序，然后才能用于药液的灌装。

　　（一）安瓿洗涤设备

　　目前国内使用的安瓿洗涤设备主要有冲淋式安瓿洗涤机组、气水喷射式安瓿洗涤机组和超声安瓿洗涤机。

　　1. 冲淋式安瓿洗涤机组

　　冲淋式安瓿洗涤机组由冲淋机、蒸煮箱和甩水机组成。

　　（1）安瓿冲淋机　安瓿冲淋机是利用清洗液（通常为水）冲淋安瓿内、外壁浮尘，并向瓶内注水的设备。图 7-69 是一种简单的安瓿冲淋机，它仅由传送系统和供水系统组成。

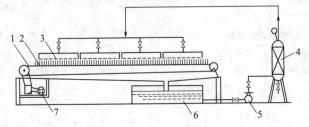

图 7-69　安瓿冲淋机

1—输送带；2—安瓿盘；3—多孔喷嘴；4—过滤器；5—循环泵；6—集水箱；7—电动机

　　工作时，安瓿以口朝上的方式整齐排列于安瓿盘内，并在输送带的带动下，逐一通过各组喷嘴的下方。同时，水以一定的压力和速度由各组喷嘴喷出，所产生的冲淋力将瓶内外的脏物污垢冲净，并将安瓿内注满水。由于冲淋下来的脏物污垢将随水一起汇入集水箱，故在循环水泵后设置了一台过滤器，该过滤器可不断对洗涤水进行过滤净化，从而可保证洗涤水的清洁。此种冲淋机的优点是结构简单、效率高。缺点是耗水量大，且个别安瓿可能会因受水量不足而难以保证淋洗效果。

为克服上述缺点，可增设一排能往复运动的喷射针头。工作时，针头可伸入到传送到位的安瓿丝颈中，并将水直接喷射到内壁上，从而可提高淋洗效果。此外，也可以增设翻盘机构，并在下面增设一排向上的喷射针头。当安瓿盘入机后，利用翻盘机构使安瓿口朝下，上面的喷嘴冲洗安瓿的外壁，下面的针头自下而上冲洗安瓿的内壁。由于冲淋下来的脏物污垢能及时流出安瓿，故能提高淋洗效果。

（2）安瓿蒸煮箱　安瓿经冲淋并注满水后，需送入蒸煮箱蒸煮消毒。蒸煮箱可由普通消毒箱改制而成，其结构如图 7-70 所示。小型蒸煮箱内设有若干层盘架，其上可放置安瓿盘。大型蒸煮箱内常设有小车导轨，工作时可将安瓿盘放在可移动的小车盘架上，再推入蒸煮箱。蒸煮时，蒸汽直接从底部蒸汽排管中喷出，利用蒸汽冷凝所放出的潜热加热注满水的安瓿。

（3）安瓿甩水机　经蒸煮消毒后的安瓿应送入甩水机，以将安瓿内的积水甩干。

安瓿甩水机主要由圆筒形外壳、离心框架、固定杆、传动机构和电动机等组成，其结构如图 7-71 所示。离心框架上焊有两根固定安瓿盘的压紧栏杆。工作时，不锈钢框架上装满安瓿盘，瓶口朝外，并在瓶口上加装尼龙网罩，以免安瓿被甩出。机器开动后，在离心力的作用下，安瓿内的积水被甩干。

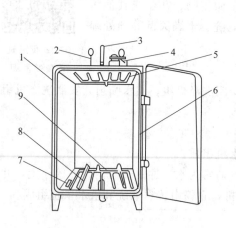

图 7-70　安瓿蒸煮箱的结构

1—箱体；2—压力表；3—温度计；
4—安全阀；5—淋水排管；6—密封圈；
7—箱内温度计；8—小车导轨；9—蒸汽排管

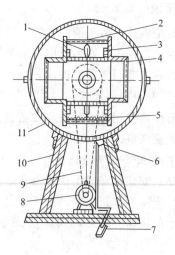

图 7-71　安瓿甩水机的结构

1—安瓿；2—固定杆；3—安瓿盘；
4—离心框架；5—网罩；6—出水口；7—刹车踏板；
8—电动机；9—皮带；10—机架；11—外壳

甩干后的安瓿再送往冲淋机冲洗注水，经蒸煮消毒后再用甩水机甩干，如此反复 2～3 次即可将安瓿洗净。

冲淋式安瓿洗涤机组具有设备简单、生产效率高等优点，曾被广泛用于安瓿的预处理。但该机组具有占地面积大、耗水量多及洗涤效果欠佳等缺点，且不适用于现推广使用的易折曲颈安瓿。

2. 气水喷射式安瓿洗涤机组

气水喷射式安瓿洗涤机组主要由供水系统、压缩空气及过滤系统、洗瓶机等部分组成，其工作原理如图 7-72 所示。工作时电磁喷水阀和电磁喷气阀在偏心轮及行程开关的控制下交替启闭，向安瓿内外部交替喷射洁净洗涤水或净化压缩空气，以将安瓿洗净。

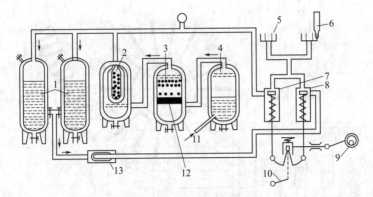

图 7-72　气水喷射式安瓿洗涤机组的工作原理

1—水罐；2，13—双层涤纶袋滤器；3—瓷环层；4—洗气罐；5—针头；6—安瓿；
7—喷气阀；8—喷水阀；9—偏心轮；10—脚踏板；11—压缩空气进口；12—木炭层

3. 超声安瓿洗涤机

超声安瓿洗涤机是一种利用超声技术清洗安瓿的先进设备，其工作原理是利用超声波使浸于清洗液中的安瓿与液体的接触界面处产生"空化"，从而使安瓿表面的污垢因冲击而剥落，进而达到清洗安瓿的目的。

所谓"空化"是指在超声波的作用下，液体内部将产生无数内部几近真空的微气泡（空穴）。在超声波的压缩阶段，刚形成的微气泡因受压而湮灭。在微气泡的湮灭过程中，自微气泡中心向外将产生能量极大的微驻波，随之产生高温、高压。与此同时，微气泡间的激烈摩擦还会引起放电、发光和发声现象。

在超声波的作用下，安瓿与液体接触界面处所产生的"空化"现象加剧了液体的搅拌和冲刷作用，从而使洗涤效果得到显著提高。利用超声技术清洗安瓿既能保证外壁清洁，又能保证内部无尘、无菌，这是其他洗涤方法无法比拟的。

（1）简易超声安瓿洗涤机　简易超声安瓿洗涤机主要由超声波发生器和清洗槽组成，其结构如图 7-73 所示。工作时，超声波发生器可产生 16～25 kHz 的高频电振荡，并通过压电陶瓷将电振荡转化为机械振荡，再通过耦合振子将振荡传递至清洗槽底部，使清洗液产生超声空化现象，从而达到清洗安瓿的目的。

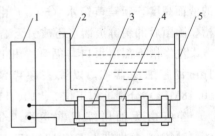

图 7-73　简易超声安瓿洗涤机的结构

1—超声波发生器；2—框架；
3—压电陶瓷晶体；4—耦合振子；5—清洗槽

在进行超声清洗时，可将安瓿置于能透声的框架内，并悬吊于清洗液中。应注意不能将安瓿直接置于清洗槽底部，以免超声振子受压迫而无法振动。

安瓿清洗液通常为蒸馏水。提高清洗液的温度，不仅可加速污垢的溶解，而且可降低清洗液的黏度，提高超声空化效果。但温度太高会影响压电陶瓷和振子的正常工作，并容易使超声能转化为热能。实际操作中，清洗液的温度以 60～70℃ 为宜。

（2）回转式超声安瓿洗涤机　回转式超声安瓿洗涤机是一种综合运用超声清洗技术和针头单支清洗技术的大型连续式安瓿洗涤设备，其工作原理如图 7-74 所示。

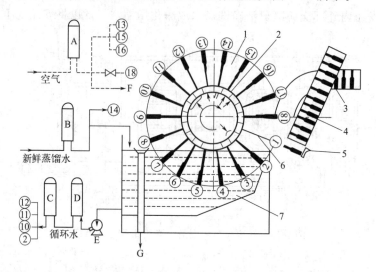

图 7-74　18 工位连续回转式超声安瓿洗涤机的工作原理

1—针鼓转盘；2—固定盘；3—出瓶装置；4—安瓿斗；5—推瓶器；6—针管；7—超声波洗涤槽

A、B、C、D—过滤器；E—循环泵；F—吹除玻璃屑；G—溢流回收

在水平卧装的针鼓转盘上设有 18 排针管，每排针管有 18 支针头，共有 324 支针头。在与转盘相对的固定盘上，于不同工位上设有管路接口，以通入水或空气。当针鼓转盘间歇转动时，各排针头座依次与循环水、压缩空气、新鲜蒸馏水等接口相通。

安瓿斗呈 45° 倾斜，下部出口与清洗机的主轴平行，并开有 18 个通道。借助于推瓶器，每次可将 18 支安瓿推入针鼓转盘的第 1 个工位。

洗涤槽内设有超声振荡装置，并充满洗涤水。洗涤槽内还设有溢流装置，故能保持所需的液面高度。新鲜蒸馏水（50℃）由泵输送至 0.45μm 微孔膜滤器 B，经除菌后送入洗涤槽。除菌后的新鲜蒸馏水还被引至工位 14 的接口，用来冲净安瓿内壁。

洗涤槽下部出水口与循环泵相连，利用循环泵将水依次送入 10μm 滤芯粗滤器 D 和 1μm 滤芯细滤器 C，以除去超声清洗下来的脏物和污垢。过滤后的水以一定的压力（0.18MPa）分别进入工位 2、10、11 和 12 的接口。

空气由无油压缩机输送至 0.45μm 微孔膜滤器 A，除菌后的空气以一定的压力（0.15MPa）分别进入工位 13、15、16 和 18 的接口，用于吹净瓶内残水和推送安瓿。

工作时，针鼓转盘绕固定盘间歇转动，在每一停顿时间段内，各工位分别完成相应的操作。在工位 1，推瓶器将一批安瓿（18 支）推入针鼓转盘。在工位 2～工位 7，安瓿首先被注满循环水，然后在洗涤槽内接受超声清洗。工位 8 和工位 9 两个工位为空位。在工位 10～工位 12，针管喷出循环水对倒置的安瓿内壁进行冲洗。在工位 13，针管喷出净化压缩空气将安瓿吹干。在工位 14，针管喷出新鲜蒸馏水对倒置的安瓿内壁进行冲洗。在工位 15 和工位 16，针管喷出净化压缩空气将安瓿吹干。工位 17 为空位。在工位 18，推瓶器将洗净的安瓿推出清洗机。可见，安瓿进入清洗机后，在针鼓转盘的带动下，将依次通过 18 个工位，逐步完成清洗安瓿的各项操作。

　　回转式超声安瓿洗涤机可连续自动操作，劳动条件好，生产能力大，尤其适用于大批量安瓿的洗涤。缺点是附属设备较多、设备投资较大。

　　（二）安瓿干燥灭菌设备

　　洗净后的安瓿还需进行干燥灭菌处理，以除去生物粒子的活性。常规工艺是将洗净的安瓿置于350～450℃的高温下，保持6～10min，即可杀灭细菌和热原，并能使安瓿得到干燥。

　　干燥灭菌设备的种类较多，特点不一。按操作方式的不同，干燥灭菌设备可分为间歇式和连续式两大类。

　　1. 间歇式干燥灭菌设备

　　干燥灭菌箱是典型的间歇式干燥灭菌设备，其结构与安瓿蒸煮箱（参见图7-71）相似，但箱体四壁还设有夹套，蒸汽流过夹套后才流入加热蒸汽排管。工作时，将盛满安瓿的盘置于灭菌箱内。调节加热蒸汽的压力，使箱内温度达到规定的干燥灭菌温度，经过一定的时间后，即可完成干燥灭菌操作。

　　实验室小型灭菌箱可采用电热丝或电热管加热，并设有热风循环装置和湿空气排除装置，其结构类似于烘箱。

　　间歇式干燥灭菌设备具有结构简单、投资小等优点。缺点是机械化程度低、劳动强度大、生产规模小。目前，此类设备已逐渐被隧道式干燥灭菌设备所替代。

　　2. 连续式干燥灭菌设备

　　（1）隧道式远红外灭菌烘箱　隧道式远红外灭菌烘箱主要由远红外发生器、安瓿传送装置和保温排气罩组成，其结构如图7-75所示。

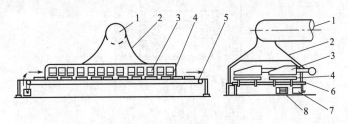

(a) 隧道式远红外灭菌烘箱的结构

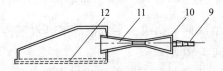

(b) 远红外发生器的结构

图 7-75　隧道式远红外灭菌烘箱的结构

1—排风管；2—罩壳；3—远红外发生器；4—盘装安瓿；5—传送链；6—隧道；
7—变速箱；8—电动机；9—煤气管；10—调风板；11—喷射器；12—煤气燃烧网

　　根据隧道内各区域的加热情况，可将隧道分为三个区域，即预热区、高温灭菌区和降温区。在靠近隧道进口的预热区内，安瓿的温度由室温升至100℃左右，大部分水分在该区域内蒸发。高温灭菌区位于隧道的中间段，其内温度可达300～450℃，在该区域内，残余水分被蒸干，细菌及热原被杀灭。在靠近隧道出口的降温区内，安瓿的温度由高温降至100℃

左右。

远红外发生器由煤气燃烧系统和辐射源组成，其中辐射源是以铁铬铝丝制成的煤气燃烧网。当煤气与空气的混合气体在煤气燃烧网上燃烧时，铁铬铝网即发出远红外线。

此外，为保持较高的干燥速率，隧道顶部还设有强制抽风系统，以便将湿空气及时排出。

工作时，盛满安瓿的盘由链条传送带送入隧道，并依次通过预热区、干燥灭菌区和降温区，然后离开隧道，完成干燥灭菌操作。

隧道式远红外灭菌烘箱是一种连续式干燥灭菌设备，具有结构简单、造价低、维修方便、生产能力大等优点，在药品生产中有着广泛的应用。

（2）电热隧道式灭菌烘箱　电热隧道式灭菌烘箱主要由传送带、加热器、层流箱和隔热机架等部件组成，其结构如图 7-76 所示。

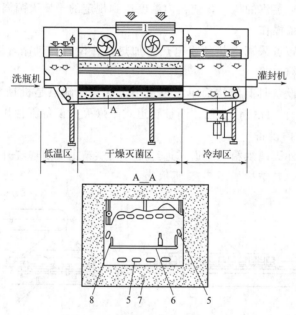

图 7-76　电热隧道式灭菌烘箱的结构

1—中效过滤器；2—送风机；3—高效过滤器；4—排风机；5—电热管；6—水平网带；7—隔热材料；8—竖直网带

传送带由三条不锈钢丝编织网带构成。一般情况下，水平传送带宽度为 400mm，两侧垂直带高度为 60mm，三者同步移动。

加热器是一组（12 根）由电热丝和石英管构成的电加热管。所有电加热管均沿隧道长度方向安装，并在隧道横截面上呈包围安瓿盘的形式。电热丝装在镀有黄金反射层的石英玻璃管内，使热量经反射聚集到安瓿上。电热丝又分为两组，其中一组在运行时保持常通，另一组可以调节。当箱内温度达到设定温度（350℃左右）时，可调电热丝会自动断电；当箱内温度低于设定温度时，又会自动接通，从而使箱内温度始终保持在设定范围之内。

层流箱由高效过滤器、风机和管路系统组成。在安瓿进口处（低温区），A 级的洁净空气以垂直层流（参见第十一章第五节）方式吹向安瓿，从而可确保洗净的安瓿不会受到外界空气的污染。在安瓿出口处（冷却区），同样用 A 级的洁净空气以垂直层流方式吹向安瓿，既起到了净化作用，又可对安瓿进行冷却。

为保持较高的干燥速率，烘箱中部干燥灭菌区的湿热空气可由另一风机排至箱外，但干燥灭菌区应保持正压，必要时可以 A 级的洁净空气补充。

工作时，传送带将安瓿送入箱体（隧道），并依次通过低温区、干燥灭菌区和冷却区，然后离开隧道，完成干燥灭菌操作。

电热隧道式灭菌烘箱是目前最先进的连续式干燥灭菌设备，其优点是自动化程度高，符合 GMP 要求，并能有效地提高产品质量和改善生产环境。缺点是造价昂贵、能耗大、维修复杂。

三、安瓿灌封设备

将规定剂量的药液灌入经清洗、干燥及灭菌后的安瓿，并加以封口的过程称为灌封，它是针剂生产中最重要、最关键的工序。为确保针剂质量，不仅要使灌封区域保持较高的洁净度，而且要合理设计并正确使用灌封设备。

安瓿的灌封操作可在安瓿灌封机上完成。为满足不同规格安瓿灌封的要求，灌封机有 1～2mL、5～10mL 和 20mL 三种机型。虽然三种机型不能通用，但其结构特点差别不大，且灌封过程基本相同。现以 1～2mL 安瓿灌封机为例介绍安瓿灌封机的结构和工作原理。

安瓿灌封的工艺过程一般包括安瓿的排整、灌注、充氮和封口等工序，因此，安瓿灌封机一般由传送、灌注和封口等部分组成。

1. 传送部分

传送部分的功能是在一定的时间间隔（灌封机动作周期）内，将定量的安瓿按一定的距离间隔排放于灌封机的传送装置上，并由传送装置输送至灌封机的各工位，以完成相应的工序操作，最后将安瓿送出灌封机。

传送部分的结构与工作原理如图 7-77 所示。安瓿斗与水平成 45°角，底部设有梅花盘，盘上开有轴向直槽，槽的横截面尺寸与安瓿外径相当。梅花盘由链条带动，每旋转 1/3 周即可将 2 支安瓿推至固定齿板上。固定齿板由上、下两条齿板构成，每条齿板的上端均设有三角形槽，安瓿上下端可分别置于三角形槽中，此时，安瓿与水平仍成 45°角。移瓶齿板由上、下两条与固定齿间距相同的齿形板构成，但其齿形为椭圆形。移瓶齿板通过连杆与偏心轴相连。在偏心轴带动移瓶齿板向上运动的过程中，移瓶齿板先将安瓿从固定齿板上托起，然后超过固定齿板三角形槽的齿顶，接着偏心轴带动移瓶齿板前移两格并将安瓿重新放入固定齿板中，然后移瓶齿板空程返回。因此，偏心轴每转动一周，固定齿板上的安瓿将向前移动两格。随着偏心轴的转动，安瓿将不断前移，并依次通过灌注区和封口区，完成灌封过程。在偏心轴的一个转动周期内，前 1/3 个周期用来使移瓶齿板完成托瓶、移瓶和放瓶动作；在后 2/3 个周期内，安瓿在固定齿板上滞留不动，以便完成灌注、充氮和封口等工序操作。完成灌封的安瓿在进入出瓶斗前仍与水平成 45°角。但出瓶斗前设有一块舌板，该板呈一定角度倾斜。在移瓶齿板推动的惯性力作用下，安瓿在舌板处转动 45°，并呈竖立状态进入出瓶斗。

2. 灌注部分

灌注部分的功能是将规定体积的药液注入到安瓿中，并向瓶内充入氮气，以提高药液的稳定性。

灌注部分主要由凸轮杠杆装置、吸液灌液装置和缺瓶止灌装置三部分组成，其结构与工作原理如图 7-78 所示。

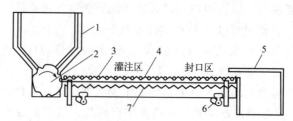

图 7-77　安瓿灌封机传送部分的结构与工作原理

1—安瓿斗；2—梅花盘；3—安瓿；4—固定齿板；5—出瓶斗；6—偏心轴；7—移瓶齿板

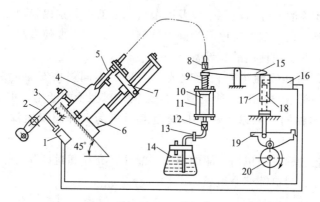

图 7-78　安瓿灌封机灌注部分的结构与工作原理

1—行程开关；2—摆杆；3—拉簧；4—安瓿；5—针头；6—针头托架座；7—针头托架；
8，12—单向玻璃阀；9—压簧；10—针筒芯；11—针筒；13—螺丝夹；14—贮液罐；
15—压杆；16—电磁阀；17—顶杆座；18—顶杆；19—扇形轮；20—凸轮

凸轮杠杆装置主要由压杆、顶杆座、顶杆、扇形轮和凸轮等组成。扇形轮的功能是将凸轮的连续转动转换为顶杆的上下往复运动。若灌装工位有安瓿，则上升顶杆将顶在电磁阀伸入顶杆座的部位（电磁铁）。此时，电磁铁产生磁性，并吸引压杆的一端下降，而另一端则上升。随后，顶杆下降，并与电磁铁断开，压杆在压簧的作用下复位。可见，在有安瓿的情况下，凸轮的连续转动最终被转换为压杆的摆动。

吸液灌液装置主要由针头、针头托架座、针头托架、单向玻璃阀 8 和 12、压簧、针筒芯及针筒等组成。针头固定于托架上，托架可沿托架座的导轨上下滑动，使针头伸入或离开安瓿。若压杆顺时针摆动，则针筒芯向上运动，针筒的下部将产生真空，此时单向玻璃阀 8 关闭而单向玻璃阀 12 开启，药液罐中的药液被吸入针筒。若压杆逆时针摆动，则针筒芯向下运动，单向玻璃阀 8 开启而单向玻璃阀 12 关闭，药液经管道及伸入安瓿内的针头注入安瓿，完成药液灌装动作。此外，为提高制剂的稳定性，常向灌装前的空安瓿或灌装药液后的安瓿内充入氮气或其他惰性气体。充气针头（图中未示出）与灌液针头并列安装于同一针头托架上。

缺瓶止灌装置主要由行程开关、摆杆、拉簧和电磁阀组成。当灌液工位因某种原因而缺瓶时，拉簧将摆杆下拉，并使摆杆触头与行程开关触头接触。此时，行程开关闭合，电磁阀开始动作，将已伸入顶杆座的部分拉出，这样顶杆就不能使压杆动作，从而达到止灌的目的。

3. 封口部分

封口部分的功能是用火焰加热已灌装药液的安瓿颈部，待其熔融后，采用拉丝封口工艺使安瓿密封。

封口部分主要由压瓶装置、加热装置和拉丝装置三部分组成，其结构与工作原理如图 7-79 所示。

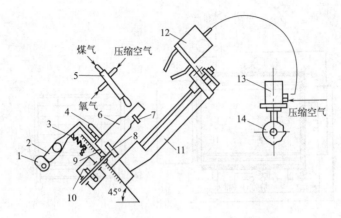

图 7-79　安瓿灌封机封口部分的结构与工作原理

1—压瓶凸轮；2—摆杆；3—拉簧；4—压瓶滚轮；5—燃气喷嘴；6—安瓿；7—固定齿板；
8—滚轮；9—半球形支头；10—蜗轮蜗杆箱；11—钳座；12—拉丝钳；13—气阀；14—凸轮

压瓶装置主要由压瓶凸轮、摆杆、拉簧、压瓶滚轮和蜗轮蜗杆箱等组成。压瓶滚轮的功能是防止拉丝钳拉安瓿颈丝时安瓿随拉丝钳移动。

加热装置的主要部件是燃气喷嘴，常采用由煤气、氧气和压缩空气所组成的混合气为燃气，燃烧火焰的温度可达 1400℃ 左右。

拉丝装置主要由钳座、拉丝钳、气阀和凸轮等组成。钳座上设有导轨，拉丝钳可沿导轨上下滑动。

当安瓿被移瓶齿板送至封口工位时，安瓿的颈部靠在固定齿板的齿槽上，下部放在蜗轮蜗杆箱的滚轮上，底部则落在呈半球形的支头上，上部则由压瓶滚轮压住。此时，蜗轮转动带动压瓶滚轮旋转，使安瓿围绕自身轴线缓慢旋转，同时喷嘴喷出的高温火焰对瓶颈加热。当瓶颈加热部位呈熔融状态时，拉丝钳张口向下，到达最低位置收口，将安瓿颈部钳住，随后拉丝钳向上运动将安瓿熔化丝头抽断并使安瓿闭合。当拉丝钳运动至最高位置时，钳口启闭两次，将夹住的玻璃丝头甩掉。安瓿封口后，压瓶凸轮和摆杆使压瓶滚轮松开，随后移瓶齿板将安瓿送出。

07-12 安瓿灌封后
常见问题分析

四、安瓿灭菌设备

无菌并符合药典要求是针剂生产的重要标准之一。因此，除采用无菌工艺生产的针剂外，其他针剂在灌封后均要进行灭菌处理，以确保针剂的内界质量。安瓿的灭菌方法主要有湿热灭菌法、微波灭菌法和高速热风灭菌法，其中以湿热灭菌法最为常用。一般情况下，1～2mL 针剂多采用 100℃ 的流通蒸汽灭菌 30min，10～20mL 针剂则采用 100℃ 的流通蒸汽灭菌 40min。对于某些特殊的针剂，应根据药品的性质确定适宜的灭菌温度和时间。

热压灭菌检漏箱是常用的湿热灭菌设备，其结构如图 7-80 所示。箱体外覆盖着保温层，箱体内设有淋水排管、蒸汽排管等构件，并设有蒸汽进管、排气（汽）管、进水管、排水管、有色水管和真空管等接管，以及压力表、安全阀等附件。箱门可由人工启闭。大型热压灭菌箱内还设有格车和导轨，格车上有活动的铁丝网格架，可放置安瓿盘。箱外还附有可推动的搬运车，以供装卸格车和安瓿之用。

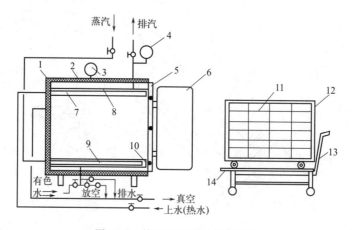

图 7-80　热压灭菌检漏箱的结构

1—保温层；2—箱体；3—安全阀；4—压力表；5—高温密封圈；6—箱门；7—淋水排管；
8—内壁；9—蒸汽排管；10—导轨；11—安瓿盘；12—格车；13—搬运车；14—格车轨道

热压灭菌检漏箱的工作过程包括灭菌、检漏和冲洗 3 个阶段。灭菌时，首先用搬运车将装满安瓿针剂的格车沿导轨推入箱内，并关上箱门。然后打开蒸汽阀，向箱内通入蒸汽。控制加热蒸汽的压力，使箱内温度保持在所需的灭菌温度。当达到规定的灭菌时间时，关闭蒸汽阀，打开排气阀将箱内蒸汽排出，灭菌阶段结束。

灭菌阶段结束后，随即打开进水阀，向箱内灌注有色水。经高温灭菌后的安瓿是热的，当与有色冷水接触时，内部空气收缩并产生负压。此时，凡封口不好的安瓿均会吸入有色水，而封口好的安瓿有色水则不能进入，这样就将封口不严、冷爆或有毛细孔等缺陷的不合格安瓿检查出来。至此，检漏阶段结束。

检漏后的安瓿表面不可避免地留有色迹，因此，检漏阶段结束后应打开淋水排管的进水阀，用热水将安瓿表面的色迹冲净。至此，冲洗阶段结束。

冲洗结束后，用搬运车将格车从箱内移出，并剔除出不合格的安瓿。

07-13 高压
放电检漏

五、澄明度检查设备

对安瓿进行澄明度检查是确保针剂质量的又一个关键工序。在针剂生产过程中，难免会带入一些异物，如未滤除的不溶物、容器或滤器的剥落物以及空气中的尘埃等，这些异物一旦随药液进入人体，即会对人体产生不同程度的伤害，因此必须对安瓿进行澄明度检查，以将含有异物的不合格安瓿剔除出去。

目前国内的针剂生产厂大多采用人工目测法对安瓿进行澄明度检查。该法使用的光源为 40W 的日光灯，工作台及背景为不反光的黑色（检查有色异物时用白色）。检查时，将待检安瓿置于检查灯下距光源约 200mm 处，轻轻摇动安瓿，目测药液内有无异物微粒。人工目测法设备简单，但劳动强度大，眼睛极易疲劳，检出效果差异较大。

　　为克服人工目测法的不足，国内外已开发出多种安瓿澄明度检查仪，其原理是利用旋转的安瓿带动药液旋转，当安瓿突然停止旋转时，药液因惯性会继续旋转一段时间。在安瓿停止旋转的瞬间，用光束照射安瓿，此时在背后的荧光屏上会同时出现安瓿和药液的图像。再通过光电系统采集运动图像中微粒的大小和数量信号，从而检查出含有异物的不合格安瓿，并将其剔除出去。

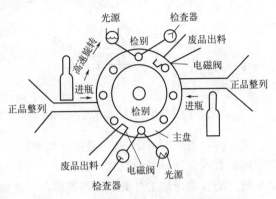

图 7-81　某安瓿澄明度检查仪的工位示意图

　　图 7-81 是某安瓿澄明度检查仪的工位示意图，利用该检查仪可同时检查两个安瓿，也可使每个安瓿接受两次检查，以提高检查精度。实践表明，澄明度检查仪的检出率是人工目测法的 2～3 倍，而检漏率降为人工目测法的 1/2，且误检率也在人工误检率的范围之内。可见，与人工目测法相比，澄明度检查仪具有较好的检测效果。此外，澄明度检查仪还具有结构简单、操作和维修方便、劳动强度较低等优点。缺点是对有色安瓿的灵敏度很低，且检漏率随药液中微粒数量的减少而增大，故必须采用二次检查，从而会降低机器的检查速度。

六、包装设备

　　包装工序是针剂生产的最后工序，该工序通常要完成安瓿印字、装盒、加说明书、贴标签等多项操作。目前，我国的针剂生产多采用机器与人工相配合的半机械化安瓿印包生产线，该生产线通常由开盒机、印字机、装盒关盖机、贴签机等单机联动而成，其流程如图 7-82 所示。

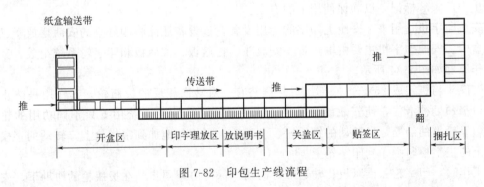

图 7-82　印包生产线流程

　　虽然 1～2mL 安瓿印包生产线与 10～20mL 安瓿印包生产线所用单机的结构不完全相同，但其工作原理是相同的。现以 1～2mL 安瓿印包生产线为例，介绍主要单机的结构与工作原理。

　　1. 开盒机

　　开盒机的作用是将一叠叠堆放整齐的空标准纸盒的盒盖翻开，以供贮放印好字的安瓿。开盒机主要由输送带、光电管、推盒板、翻盒爪、弹簧片、翻盒杆等部件或元件构成，其结构与工作原理如图 7-83 所示。

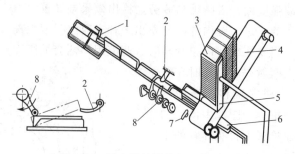

图 7-83　开盒机的结构与工作原理

1—翻盒杆；2—弹簧片；3—空纸盒；4—输送带；5—推盒板；6—往复推盒板；7—光电管；8—翻盒爪

工作时，由人工将 20 盒一叠的空纸盒以底朝上、盖朝下的方式堆放在输送带上。输送带作间歇直线运动，带动纸盒向前移动。当纸盒被推至图示位置时，只要推盒板尚未动作，纸盒就只能在输送带上打滑，而不能移动。光电管的作用是检查纸盒的个数并指挥输送带和推盒板的动作。当光电管前已无纸盒时，光电管即发出信号，指挥推盒板将输送带上的一叠纸盒推送至往复推盒板前的盒轨中。往复推盒板作往复运动，翻盒爪则绕自身轴线不停地旋转。往复推盒板与翻盒爪的动作是协调同步的，翻盒爪每旋转一周，往复推盒板即将盒轨中最下面的一只纸盒推移一只纸盒长度的距离。当纸盒被推送至翻盒爪位置，且旋转的翻盒爪与其底部接触时，即对盒底下部施加了一定的压力，迫使盒底打开。当盒底上部越过弹簧片的高度时，翻盒爪也已转过盒底，并与盒底脱离，盒底随即下落，但其盒盖已被弹簧片卡住。随后，往复推盒板将此种状态的盒子推送至翻盒杆区域。翻盒杆为曲线形结构，能与纸盒底的边接触并使已张开的盒口越张越大，直至盒盖完全翻开。翻开的纸盒则由另一条输送带输送至安瓿印字机区域。

2. 印字机

经检验合格后的针剂在装入纸盒前均需在瓶体上印上药品名称、规格、生产批号、有效期和生产厂家等标记，以确保使用上的安全。

安瓿印字机是用来在安瓿上印字的专用设备，该设备还能将印好字的安瓿摆放于已翻盖的纸盒中。安瓿印字机主要由输送带、安瓿斗、托瓶板、推瓶板和印字轮系统组成，其结构与工作原理如图 7-84 所示。

安瓿斗与机架成 25°角，底部出口外侧装有一对转向相反的拨瓶轮，其作用是防止安瓿在出口窄颈处被卡住，使安瓿能顺利进入出瓶轨道。印字轮系统由五只不同功用的轮子组成。匀墨轮上的油墨，经转动的钢质轮、上墨轮，可均匀地加到字模轮上，转动的字模轮又将其上的正字模印翻印到印字轮上。

工作时，印字轮、推瓶板、输送带等的动作保持协调同步。在拨瓶轮的协助下，安瓿由安瓿斗进入出瓶轨道，直接落在镶有海绵垫的托瓶板上。此时，往复运动的推瓶板将安瓿送至印字轮下，转动的印字轮在压住安瓿的同时也使安瓿反向滚动，从而完成安瓿印字的动作。此后，推瓶板反向移动，又一支待印字安瓿落到托瓶板上，推瓶板再将它推至印字轮下印字，而印好字的安瓿则从托瓶板的末端落入输送带上已翻盖的纸盒内。此时一般再由人工将盒中未放整齐的安瓿放好，并在其上放上一张说明书，最后盖好盒盖，由输送带送往贴签机区域。

3. 贴签机

贴签机的作用是在每只装有安瓿的纸盒盒盖上粘贴一张预先印制好的产品标签。贴签机主要由推板、挡盒板、胶水槽、上浆滚筒、真空吸头和标签架等部件构成，其结构与工作原理如图 7-85 所示。

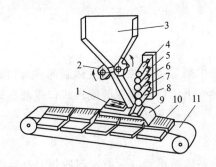

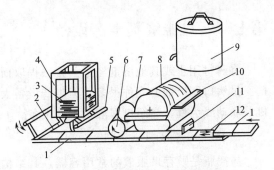

图 7-84　印字机的结构与工作原理

1—推瓶板；2—拨瓶轮；3—安瓿斗；4—匀墨轮；
5—钢质轮；6—橡胶上墨轮；7—字模轮；8—橡皮印字轮；
9—托瓶板；10—纸盒；11—输送带

图 7-85　贴签机的结构与工作原理

1—纸盒；2—压辊；3—标签；4—标签架；5—真空吸头；
6—上浆滚筒；7—中间滚筒；8—大滚筒；9—胶水贮槽；
10—胶水槽；11—挡盒板；12—推板

工作时，由印字机传送过来的纸盒被悬空的挡盒板挡住而不能前进。当往复推板向右运动时，将空出一个盒长使纸盒下落在工作台面上。工作台面上的纸盒首尾相连，排成一串。因此，当往复推板向左运动时将使工作台上的一串纸盒同时向左移动一个盒长。当大滚筒在胶水槽内回转时，即将胶水带起，并通过中间滚筒将胶水均布于上浆滚筒的表面。上浆滚筒与其下的纸盒盒盖紧密接触，最终将胶水滚涂于盒盖表面。涂胶后的纸盒继续左移至压辊下方进行贴签。贴签时，真空吸头和压辊的动作协调同步。当真空吸头摆至上部时即将标签架上最下面的一张标签吸住，随后真空吸头向下摆动并将吸住的标签顺势拉下。同时，另一个作摆动的压辊恰从一端将标签压贴在盒盖上，此时真空系统切断，真空消失，而推板推动纸盒继续向左运动，压辊的压力将标签从标签架中拉出并将其滚压平贴于盒盖上。至此，完成一次贴签操作，随后开始下一个贴签循环。

传统工艺是用胶水将标签粘贴于盒盖上，目前已大量采用不干胶代替胶水，并将标签直接印制在背面有胶的胶带纸上。印制时预先在标签边缘画上剪切线，由于胶带纸的背面贴有连续的背纸（即衬纸），故剪切线不会使标签与整个胶带纸分离。采用不干胶时，贴签机的工作原理如图 7-86 所示。印有标签的整盘不干胶安装于胶带纸轮上，并经多个张紧轮，引至剥离刃前。背纸的柔韧性较好，并被预先引至背轮上。当背纸在剥离刃上突然转向时，刚度大的标签纸仍将保持前伸状态，并被压签滚轮压贴到输送带上不断前进的纸盒盒盖上。背纸轮的缠绕速度与输送带的前进速度要协调同步。随着背纸轮直径的增大，其转速应逐渐下降。

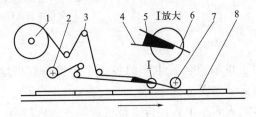

图 7-86　不干胶贴签机的工作原理

1—胶带纸轮；2—背纸轮；3—张紧轮；4—背纸；5—剥离刃；6—标签纸；7—压签滚轮；8—纸盒

需要指出的是，就安瓿的整个印包生产线而言，单机设备还应包括纸盒捆扎机或大纸箱的封装设备等，此处不再一一叙述。

第七节 口服液剂生产设备

将药材用水或其他溶剂经适当方法提取而制成的单剂量包装的口服液体制剂称为口服液剂。虽然口服液剂的品种很多，但生产设备大同小异。下面以易插瓶的旋转式口服液瓶轧盖机及联动线为例，介绍口服液剂生产设备。

一、旋转式口服液瓶轧盖机

易插瓶是贮存口服液的常用容器，其结构主要由易插瓶铝盖（含有密封胶垫）和易插瓶体两部分组成，其外形如图 7-87 所示。

易插瓶可先在安瓿灌封机上灌装，然后再由单独的轧盖机将易插瓶铝盖压紧。常见的旋转式口服液瓶轧盖机的结构如图 7-88 所示。工作时，下顶杆推动易插瓶和中心顶杆向上移动。同时，中心顶杆带动装有轧封轮的圆轮上移。当易插瓶上升且轧封轮接近铝盖的封口处时，在轴向固定的圆台轮的作用下，轧封轮渐渐向中心收缩。工作过程中，胶带轮始终带动轴转动，轴上的圆轮和圆台轮与轴同步转动，铝盖在轧封轮转动和向中心收缩的联合作用下被轧紧在易插瓶口上。

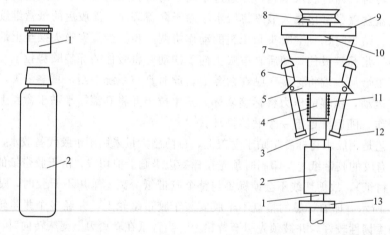

图 7-87　易插瓶
1—易插瓶盖；2—易插瓶体

图 7-88　旋转式口服液瓶轧盖机的结构
1—下顶杆；2—易插瓶；3—铝盖；4—中心顶杆；5—圆轮；
6—轧封轮杆；7—圆台轮；8—胶带轮；9—轴架；10—轴；
11—复位弹簧；12—轧封轮；13—下顶杆架

二、口服液联动线

口服液联动线是将用于口服液包装生产的各台生产设备有机地组合成生产线，包括灌装、加盖和封口等机构组成，如图 7-89 所示。

工作时，口服液瓶被放入瓶斗中，经传送带将瓶垂直送入转盘。转盘将瓶带至灌装针架处灌装，灌装完成后转盘带动瓶经加盖器时将铝盖罩上瓶口，随后传送带将瓶送至轧盖器处将铝盖轧紧。灌封好的瓶装口服液由出瓶斗送出。

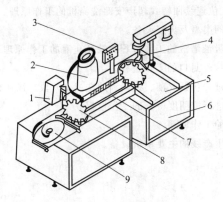

图7-89 口服液联动线

1—灌装针架；2—加盖器；3—控制面板；4—轧盖器；5—出瓶斗；6—箱体；7—传送带；8—转盘；9—瓶斗

思 考 题

1. 解释下列名词

①低温粉碎；②超微粉碎；③粉碎比；④（球磨机的）临界转速；⑤目；⑥对流混合；⑦剪切混合；⑧扩散混合；⑨提取；⑩（丸剂的）塑制；⑪（丸剂的）泛制；⑫（丸剂的）滴制；⑬沸腾造粒；⑭（压片机的）冲模；⑮超声空化现象；⑯远红外发生器。

本章目标检测

2. 简述粉碎操作在药品生产中的意义及典型粉碎设备。

3. 简述药筛的类型及典型筛选设备。

4. 简述混合设备的类型及典型混合设备。

5. 结合图7-29，简述平转式连续提取器的工作原理。

6. 结合图7-30，简述罐组式逆流提取机组的工作原理。

7. 结合图7-32，简述双滚筒式制丸机的工作原理。

8. 结合图7-33，简述三滚筒式制丸机的工作原理。

9. 结合图7-35，简述丸剂的滴制原理。

10. 结合图7-36，简述摇摆式颗粒机的工作原理。

11. 结合图7-37，简述高效混合造粒机的工作原理。

12. 结合图7-38，简述沸腾造粒机的工作原理。

13. 结合图7-40，简述单冲压片机的结构和工作过程。

14. 结合图7-41，简述旋转式多冲压片机的工作原理。

15. 结合图7-43，简述普通包衣机的工作原理。

16. 结合图7-44，简述流化包衣机的工作原理。

17. 结合图7-45，简述网孔式包衣机的工作原理，其传热方式与普通包衣机的有何不同？

18. 结合图7-47，简述软胶囊滴丸机的工作原理。

19. 结合图7-49，简述旋转式自动轧囊机的工作原理。

20. 简述间歇回转式全自动胶囊填充机主工作盘各区域的功能。

21. 结合图7-51和图7-52，简述胶囊的排序和定向原理。

22. 简述常见的药粉定量填充装置。

23. 简述蒸馏法制备纯水的典型设备，并结合图7-64，简述列管式四效蒸馏水机的工作原理。

24. 结合图7-68，简述电渗析法制备纯水的工作原理。

25. 简述反渗透法制备纯水的工作原理。

26. 结合图 7-75，简述 18 工位连续回转式超声安瓿洗涤机的工作原理。

27. 简述安瓿干燥灭菌设备的类型及典型设备。

28. 结合图 7-79，简述安瓿吸液灌液的工作过程及缺瓶止灌的工作原理。

29. 结合图 7-80，简述安瓿拉丝封口的工作过程。

30. 热压灭菌检漏箱的工作过程包括灭菌、检漏和冲洗三个阶段，简述检漏阶段的工作原理。

31. 简述人工目测法对安瓿进行澄明度检查的工作过程。

32. 简述安瓿澄明度检查仪的工作原理。

33. 简述半机械化安瓿印包生产线的主要单机设备。

第八章　车间布置设计

学习要求

1. 掌握：建筑模数，定位尺寸，制药洁净车间的布置设计，设备布置图。

2. 熟悉：车间布置设计的成果，车间组成和布置形式，设备布置的基本要求。

本章课件

3. 了解：车间布置设计的依据和程序，车间布置设计应考虑的因素，一般化工车间的布置设计。

第一节　概述

车间布置设计是制药工程设计中的一个重要环节。车间布置是否合理，不仅与施工、安装、建设投资密切相关，而且与车间建成后的生产、管理、安全和经济效益密切相关。因此，车间布置设计应按照设计程序，进行细致而周密的考虑。

车间布置设计是一项复杂而细致的工作，它是以工艺专业为主导，在大量的非工艺专业如土建、设备、安装、电力照明、采暖通风、自控仪表、环保等的密切配合下，由工艺人员完成的。因此，在进行车间布置设计时，工艺设计人员要善于听取和集中各方面的意见，对各种方案进行认真的分析和比较，找出最佳方案进行设计，以保证车间布置的合理性。

原料药车间和制剂车间都是常见的制药车间。原料药作为精细化学品，属于化学工业的范畴，其车间设计与一般的化工车间具有许多共同点。但药品是一种特殊商品，其质量好坏直接关系到人体健康、疗效和安全。为保证药品质量，原料药车间的成品工序（精制、烘干、包装工序）与制剂车间一样，其生产环境都有相应的洁净等级要求。

一、车间布置设计的依据

1. 有关的设计规范和规定

在进行车间布置设计时，设计人员应熟悉并执行有关的设计规范和规定，如《GB 50016—2014 建筑设计防火规范》《GB 50160—2008 石油化工企业设计防火规范》《GB 12348—2008 工业企业厂界环境噪声排放标准》《HG/T 20664—1999 化工企业供电设计技术规定》《GB 50058—2014 爆炸危险环境电力装置设计规定》《GB/T 20801—2020 压力管道规范——工业管道》《GB 50316—2000 工业金属管道设计规范》（2008 版）、《GB 50457—2019 医药工业洁净厂房设计规范》《GB 50073—2013 洁净厂房设计规范》《药品生产质量管理规范》（2010 年修订版）、《GB 50019—2015 工业建筑供暖通风与空气调节设计规范》《GBZ 1—2010 工业企业设计卫生标准》等等。

2. 有关的设计基础资料

车间布置设计是在工艺流程设计、物料衡算、能量衡算和工艺设备设计之后进行的，因此，一般已具备下列设计基础资料。

① 不同深度的工艺流程图，如初步设计阶段带控制点的工艺流程图、施工阶段带控制点的工艺流程图。

② 物料衡算、能量衡算的计算资料和结果，如各种原材料、中间体、副产品和产品的数量及性质；"三废"的数量、组成及处理方法；加热剂和冷却剂的种类、规格及用量等。

③ 工艺设备设计结果，如设备一览表，各设备的外形尺寸、重量、支承形式、操作条件及保温情况等。

④ 厂区的总平面布置示意图，包括本车间与其他车间及生活设施的联系、厂区内的人流和物流分布情况等。

⑤ 其他相关资料，如车间定员及人员组成情况，水、电、汽等公用工程情况，厂房情况等。

二、车间布置设计应考虑的因素

在进行车间布置设计时，一般应考虑下列因素。

① 本车间与其他车间及生活设施在总平面图上的位置，力求联系方便、短捷。

② 满足生产工艺及建筑、安装和检修要求。

③ 合理利用车间的建筑面积和土地。

④ 车间内应采取的劳动保护、安全卫生及防腐蚀措施。

⑤ 人流、物流通道应分别独立设置，并尽可能避免交叉往返。

⑥ 对原料药车间的精制、烘干、包装工序以及制剂车间的设计，应符合GMP的要求。

⑦ 要考虑车间发展的可能性，留有发展空间。

⑧ 厂址所在区域的气象、水文和地质等情况。

三、车间布置设计的程序

车间布置设计一般可按下列程序进行。

① 收集有关的基础设计资料。

② 确定车间的防火等级。设计人员根据生产过程中使用、产生和贮存物质的火灾危险性，按《GB 50016—2014 建筑设计防火规范》和《GB 50160—2008 石油化工企业设计防火规定》，确定车间的火灾危险性类别。

③ 确定车间的洁净等级。对于有洁净等级要求的车间，设计人员应根据GMP的要求，确定相应的洁净等级。

④ 初步设计。根据带控制点的工艺流程图、设备一览表等基础设计资料以及物料贮存运输、辅助生产和行政生活等要求，结合有关的设计规范和规定，进行初步设计。

初步设计的任务是确定生产、辅助生产及行政生活等区域的布局；确定车间场地及建（构）筑物的平面尺寸和立面尺寸；确定工艺设备的平面布置图和立面布置图；确定人流及物流通道；安排管道及电气仪表管线等；编制初步设计说明书。

⑤ 施工图设计。初步设计经审查通过后，即可进行施工图设计。施工图设计是根据初步设计的审查意见，对初步设计进行修改、完善和深化，其任务是确定设备管口、操作台、支架及仪表等的空间位置；确定设备的安装方案；确定与设备安装有关的建筑和结构尺寸；确定管道及电气仪表管线的走向等。

在施工图设计中，一般先由工艺专业人员绘出施工阶段车间设备的平面及立面布置图，然后提交安装专业人员完成设备安装图的设计。

四、车间布置设计的成果

　　车间布置设计通常采用两阶段设计即初步设计和施工图设计。在初步设计阶段，车间布置设计的主要成果是初步设计阶段的车间平面布置图和立面布置图；在施工图设计阶段，车间布置设计的主要成果是施工阶段的车间平面布置图和立面布置图。

第二节　厂房建筑和车间组成

一、建筑的分类

　　建筑是建筑物和构筑物的总称。凡用于人们在其中生产、生活或进行其他活动的房屋或场所，均称为建筑物，如车间、住宅、教学楼、办公楼、体育馆等；而人们不在其中生产、生活的建筑，则称为构筑物，如水塔、烟囱、桥梁等。

　　建筑的种类很多，特点不一，可按不同的方式进行分类。例如，按主要承重结构的材料不同，建筑可分为砖木结构建筑、砖混结构建筑、钢结构建筑、钢筋混凝土结构建筑等。又如，按层数不同，可将厂房建筑分为单层厂房、多层厂房和混合层数厂房；将住宅建筑分为低层（1～3层）、多层（4～6层）、中高层（7～9层）和高层（10～30层）住宅。

二、建筑模数

　　建筑模数是建筑的标准尺寸单位。建筑物的长度、宽度、高度及立柱之间的距离应按照《GB/T 50002—2013 建筑模数协调标准》中规定的模数进行设计。

　　《GB/T 50002—2013 建筑模数协调标准》中采用基本模数和导出模数。基本模数为100mm，以 M 表示，即 1M＝100mm。导出模数又分为扩大模数和分模数，扩大模数的基数为 2M、3M、6M、9M、12M……；分模数的基数为 M/10、M/5、M/2，其相应的尺寸为 10mm、20mm 和 50mm。建筑物的有关尺寸应是基本模数的倍数。建筑物的柱距、跨度宜采用水平基本模数和水平扩大模数系列，且水平扩大模数系列宜采用 $2n$M 和 $3n$M（n 为自然数）。建筑物的高度、层高和门窗洞口高度等宜采用竖向基本模数和竖向扩大模数系列，且竖向扩大模数系列宜采用 nM。

三、厂房建筑的定位尺寸

　　厂房建筑的定位尺寸可用柱距和跨度来表示。如图 8-1 所示，厂房建筑的承重柱在平面中排列所形成的网格称为柱网，沿厂房长度方向的各承重柱自左向右用①、②、③……依次编号，在与厂房长度方向垂直的方向上，各承重柱自下而上用Ⓐ、Ⓑ、Ⓒ……依次编号。厂房建筑的柱、墙及其他构配件均以定位轴线为基准，标定其位置及标志尺寸。厂房建筑的定位轴线包括纵向定位轴线和横向定位轴线，其中纵向定位轴线与厂房的长度方向平行，横向定位轴线与厂房的长度方向垂直。相邻纵向定位轴线间的距离称为跨度，横向定位轴线间的距离称为柱距。

　　为防止建筑因温度变化或地基不均匀沉降或地震等原因而发生变形或破坏，常将建筑物划分成若干个独立部分，使各部分之间能自由独立地变化，这种将建筑物垂直分开的预留缝称为变形缝，包括伸缩缝、沉降缝和防震缝。当建筑物长度超过 60m 时，一般需设置伸缩缝，其宽度为 20～30mm。

08-01 变形缝

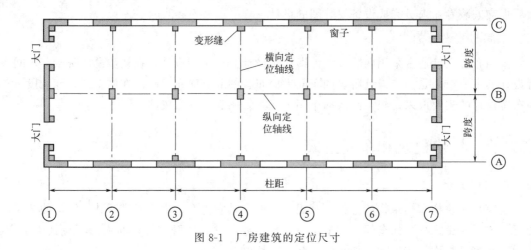

图 8-1　厂房建筑的定位尺寸

四、常见工业厂房

1. 平面形式

厂房的平面形式主要有长方形、L 形、T 形和 ∏ 形，其中长方形厂房具有结构简单、施工方便、设备布置灵活、采光和通风效果好等优点，因此是最常用的厂房平面形式，尤其适用于中小型车间。当厂房较长或受工艺、地形等条件所限，厂房的平面形式也可采用 L 形、T 形和 ∏ 形等特殊形式，此时应充分考虑采光、通风、交通通道和进出口等问题。

在确定厂房的平面形式时，既要考虑生产工艺要求，又要考虑地形等自然条件以及土建施工的可行性、合理性和经济性。因此，工艺、土建等专业的设计人员应密切配合，对各种方案进行认真的分析和比较，以确定适宜的厂房平面形式。

2. 层数

根据生产工艺要求，工业厂房的层数可以是单层，也可以是多层或单层与多层相结合的形式。一般情况下，单层厂房的投资较少，利用率较高，缺点是占地面积较大。常见制药厂房的剖面形式如图 8-2 所示。

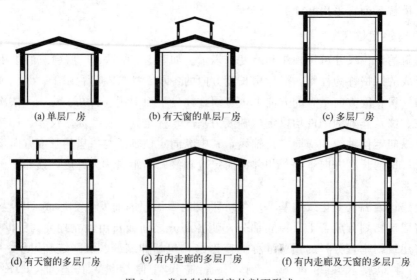

(a) 单层厂房　　　　(b) 有天窗的单层厂房　　　　(c) 多层厂房

(d) 有天窗的多层厂房　　(e) 有内走廊的多层厂房　　(f) 有内走廊及天窗的多层厂房

图 8-2　常见制药厂房的剖面形式

3. 结构尺寸

为提高自然采光和通风效果，并考虑建筑的经济性，厂房的宽度不能太大。一般情况下，单层原料药厂房的宽度不宜超过 30m，多层则不宜超过 24m。对于采用人工照明的单层洁净厂房，其宽度可根据需要增加。厂房的常见宽度有 9m、12m、15m、18m 和 24m。宽度较小的单层厂房内一般不设立柱，即采用单跨，跨度为厂房的宽度。宽度较大的单层厂房或多层厂房，厂房内常设有立柱，其跨度一般为 6m。对有内走廊的厂房，内走廊间的跨度一般为 3m（内走廊宽度）。

厂房的宽度通常为 2～3 跨，柱网按 6-6、6-3-6、6-6-6 的形式布置，如 6-3-6 表示厂房有三跨，跨度分别为 6m、3m 和 6m，中间的 3m 为内走廊的宽度。厂房的长度由生产规模和工艺要求决定，柱距一般为 6m。常见工业厂房的柱网如图 8-3 所示。

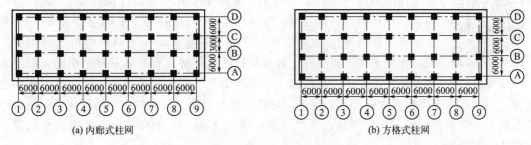

(a) 内廊式柱网   (b) 方格式柱网

图 8-3 常见工业厂房的柱网示意图

厂房的高度主要取决于工艺设备的布置要求。在确定厂房高度时，首先要考虑工艺设备本身的高度以及生产工艺对设备的位差要求，此外，还要考虑设备安装、检修所需的高度以及仪表、阀门、管道等凸出部分的高度。一般情况下，多层厂房的层高可用 5～6m，最低不得低于 4.5m。对于高温及含有毒气体的厂房，层高还应适当增加。

五、车间组成和布置形式

1. 车间组成

车间一般包括生产区、辅助生产区和行政生活区三部分，各部分的组成与产品种类、生产工艺流程、洁净等级要求等情况有关。一般化工车间的组成如图 8-4 所示，制药洁净车间的组成如图 8-5 所示。

化工车间 {
生产区：如原料工段，生产工段，成品工段，回收工段，控制室等
辅助生产区：如真空泵室，压缩机室，变电配电室，车间化验室，机修室，
　　　　　通风空调室，原材料及成品仓库等
行政生活区：如办公室，会议室，休息室，更衣室，浴室，厕所等
}

图 8-4 一般化工车间的组成

2. 车间布置形式

根据生产规模、生产特点以及厂区面积、地形、地质等条件的不同，车间布置形式可采用集中式或单体式。若将组成车间的生产区、辅助生产区和行政生活区集中布置在一栋厂房内，即为集中式布置形式；反之，若将组成车间的一部分或几部分分散布置在几栋独立的单体厂房中，即为单体式布置形式。

一般地，对于生产规模较小，且生产特点（主要指防火防爆等级和毒害程度）无显著差异的车间，常采用集中式布置形式，如小批量的医药、农药和精细化工产品，其车间布置大

$$
制药洁净车间
\begin{cases}
生产区：如洁净区或洁净室，普通生产用房 \\
辅助生产区：如物料净化室，设备容器、工器具清洗、存放用室，清洁工具洗 \\
\qquad\qquad 涤存放室，洁净工作服洗涤、干燥和灭菌用室，中间分析控制室 \\
仓储区：如原料、辅料、包装材料存储室，中转库 \\
公用工程区：如空调机房，空压冷冻机房，循环水制备室，真空泵房，气体处理 \\
\qquad\qquad 室，变配电室，维修保养室，工艺用水制备室等 \\
生活区：如人员净化用室，包括雨具存放室，管理间，换鞋间，总更衣室，更洁 \\
\qquad\qquad 净工作服室，洗手间，气闸室等；生活用室，包括办公室，休息室，厕 \\
\qquad\qquad 所，淋浴室等
\end{cases}
$$

图 8-5　制药洁净车间的组成

08-02 智能排产

多采用集中式。在药品生产中，采用集中式布置的车间很多，如磺胺脒、磺胺二甲基嘧啶、氟轻松、吡诺克辛钠（白内停）、甲硝唑（灭滴灵）、利血平等原料药车间以及针剂、片剂等制剂车间一般都采用集中式布置形式。而对于生产规模较大或各工段的生产特点有显著差异的车间，则多采用单体式布置形式。药品生产中因生产规模大而采用单体式布置的车间也很多，例如，对于青霉素和链霉素的生产，可将发酵和过滤工段布置在一栋厂房内，而将提炼和精制工段布置在另一栋厂房内；又如，维生素 C 的生产，千吨级以上规模的车间都采用单体式布置形式。

第三节　化工车间的布置设计

车间布置设计既要考虑车间内部各区域之间的协调，又要考虑车间与厂区的供水、供电、供热（蒸汽）和管理部门之间的协调，使之密切配合，成为一个有机的整体。

一、设备的布置

设备布置的任务主要是确定工艺设备的空间位置以及管道、电气仪表管线的走向和位置，从而为进一步确定建筑物的平面尺寸和立面尺寸提供依据。

（一）设备布置的基本要求

1. 满足生产工艺要求

（1）设备排列顺序　设备应尽可能按照工艺流程的顺序进行布置，要保证水平方向和垂直方向的连续性，避免物料的交叉往返。为减少输送设备和操作费用，应充分利用厂房的垂直空间来布置设备，设备间的垂直位差应保证物料能顺利进出。一般情况下，计量罐、高位槽、回流冷凝器等设备可布置在较高层，反应设备可布置在较低层，过滤设备、贮罐等设备可布置在最底层。多层厂房内的设备布置既要保证垂直方向的连续性，又要注意减少操作人员在不同楼层间的往返次数。

（2）设备排列方法　设备在厂房内的排列方法可根据厂房宽度和设备尺寸来确定。对于宽度不超过 9m 的车间，可将设备布置在厂房的一边，另一边作为操作位置和通道，如图 8-6(a)所示。对于中等宽度（12～15m）的车间，厂房内可布置两排设备。两排设备可集中布置在厂房中间，而在两边留出操作位置和通道，如图 8-6(b) 所示。也可将两排设备分别布置在厂房两边，而在中间留出操作位置和通道，如图 8-6(c) 所示。对于宽度超过 18m 的车间，可在厂房中间留出 3m 左右的通道，两边分别布置两排设备，每排设备各留出 1.5～2m 的操作位置。

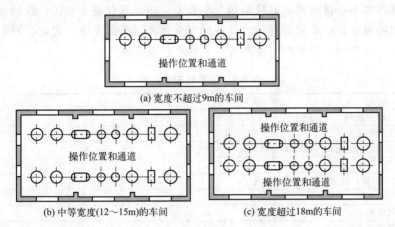

(a) 宽度不超过9m的车间

(b) 中等宽度(12～15m)的车间　　　　(c) 宽度超过18m的车间

图 8-6　设备在厂房内的排列方法

（3）操作间距　在布置设备时，不仅要考虑设备自身所占的位置，而且要考虑相应的操作位置和运输通道。有时还要考虑堆放一定数量的原料、半成品、成品和包装材料所需的面积和空间。操作人员操作设备所需的最小距离如图 8-7 所示。

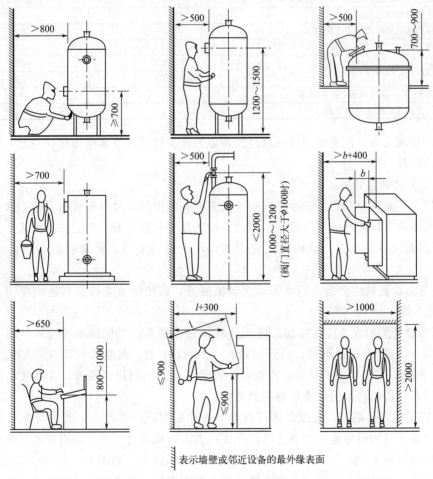

表示墙壁或邻近设备的最外缘表面

图 8-7　设备的最小操作距离（单位：mm）

（4）安全距离 设备与设备之间以及设备与建（构）筑物之间还应留有一定的安全距离。安全距离的大小不仅与设备的种类和大小有关，而且与设备上连接管线的多少、管径的大小以及检修的频繁程度等因素有关。设备的安全距离目前尚无统一规定，对于中小型车间内的设备布置，设备的安全距离可参考表 8-1 中的数据选取。

表 8-1 设备的安全距离

序号	项目		净安全距离/m
1	泵与泵之间的距离		≥0.7
2	泵与墙之间的距离		≥1.2
3	泵列与泵列之间的距离（双排泵间）		≥2.0
4	计量罐与计量罐之间的距离		0.4~0.6
5	车间内贮罐（槽）与贮罐（槽）之间的距离		0.4~0.6
6	换热器与换热器之间距离		≥1.0
7	塔与塔之间距离		1.0~2.0
8	离心机周围通道		≥1.5
9	过滤机周围通道		1.0~1.8
10	反应器盖上传动装置离天花板的距离（如搅拌轴拆装有困难时，距离还应加大）		≥0.8
11	反应器底部距人行通道的距离		≥1.8
12	反应器卸料口距离心机的距离		≥1.0
13	起吊物品距设备最高点的距离		≥0.4
14	往复运动机械的运动部件与墙之间的距离		≥1.5
15	回转机械与墙之间的距离		≥0.8
16	回转机械与回转机械之间距离		≥0.8
17	通廊、操作台通行部分的最小净空高度		≥2.0
18	操作台梯子的斜度	一般情况	≤45°
		特殊情况	≤60°
19	控制室、开关室与炉子之间的距离		≥15
20	工艺设备与通道之间的距离		≥1.0

此外，相同设备、同类型设备以及性质相似的设备应尽可能集中布置在一起，以便集中管理，统一操作。

2. 满足安装和检修要求

制药厂尤其是化学制药厂在生产过程中大多存在腐蚀性，故每年常需安排一次大修以及次数不定的小修，以检修或更换设备。因此，设备布置应满足安装和检修的要求。

① 要根据设备的大小、结构和安装方式，留出设备安装、检修和拆卸所需的面积和空间。

② 要考虑设备的水平运输通道和垂直运输通道，以便设备能够顺利进出车间，并到达相应的安装位置。

③ 凡通过楼层的设备应在楼面的适当位置设置吊装孔。当厂房较短时，吊装孔可设在厂房的一端，如图 8-8（a）所示；当厂房较长（＞36m）时，吊装孔应设在厂房的中央，如图 8-8（b）所示。多层楼面的吊装孔应在每一楼层相同的平面位置设置，并在底层吊装孔附近设一大门，以便需吊装的设备能够顺利进出。

④ 釜式反应器、塔器、蒸发器等可直接悬挂在楼面或操作台上，此时应在楼面或操作台的相应位置预留出设备孔。设备孔可以做成正方形，安装时可将设备直接由设备孔吊至一定高度后再旋转 45° 放下，使支座支承在楼面或操作台上，如图 8-9（a）所示。穿越楼面或操作台的管道可经方孔角通过，剩余处可铺上防滑钢板。设备孔也可以做成圆形，安装时

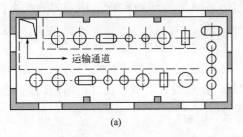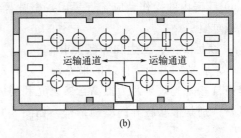

图 8-8　吊装孔及设备运输通道

设备只能由上往下放入设备孔中，如图 8-9(b) 所示。图 8-9 中，空隙 d 的尺寸一般应比支座下部突出物（含保温层）的最大尺寸大 0.1～0.3m。

　　⑤ 在布置设备时还要考虑设备安装、检修、拆卸以及运送物料所需的起重运输设备。若不设永久性起重运输设备，则要考虑安装临时起重设备所需的空间及预埋吊钩，以便悬挂起重葫芦。若设置永久性起重运输设备，则不仅要考虑设备本身的高度，而且要确保设备的起重运输高度能大于运输线上最高设备的高度，如图 8-10 所示。

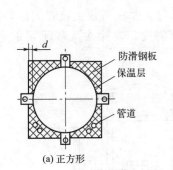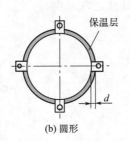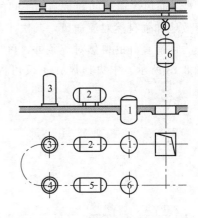

图 8-9　设备预留孔形式　　　　　　　图 8-10　设备的起吊高度

3. 满足土建要求

　　① 凡属笨重设备以及运转时会产生很大震动的设备，如压缩机、真空泵、离心机、大型通风机、粉碎机等，应尽可能布置在厂房的底层，以减少厂房楼面的承重和震动。震动较大的设备因工艺要求或其他原因不能布置在底层时，应由土建专业人员在厂房结构设计上采取有效的防震措施。

　　② 有剧烈震动的设备，其操作台和基础等不得与建筑物的柱、墙连在一起，以免影响建筑物的安全。

　　③ 穿过楼面的各种孔道，如设备孔、吊装孔、管道孔等，必须避开厂房的柱子和主梁。若将设备直接吊装在柱子或梁上，其负荷及吊装方式必须征得土建设计人员的同意。

　　④ 在布置设备时，应避开厂房的变形缝。

　　⑤ 在满足工艺要求的前提下，较高的设备可集中布置在一起。这样，当需要提高厂房高度时，可只提高厂房的局部标高而不必提高整个厂房的高度，从而可降低厂房造价。此外，还可利用天窗的空间安装较高的设备。

⑥ 厂房内的操作台应统一考虑，整片操作台应尽可能取同一标高，并避免平台支柱的零乱或重复。

4. 满足安全、卫生和环保要求

（1）采光 为创造良好的采光条件，首先应从厂房建筑本身的结构来考虑，以最大限度地提高自然采光效果。为提高自然采光和通风效果，建筑设计人员可设计出不同的建筑结构形式，特别是形状各异的屋顶结构，如图 8-11 所示。

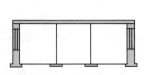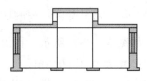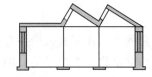

图 8-11　厂房的屋顶结构

为便于操作人员读取仪表和有关数据，在布置设备时，应尽可能使操作人员位于设备和窗之间，即让操作人员背光操作，如图 8-12 所示。

此外，特别高大的设备要避免靠窗布置，以免影响采光。

（2）通风 通风问题是制药车间的重要课题。为创造良好的通风条件，首先应考虑如何最有效地加强自然对流通风，其次才考虑机械送风和排风（详见第十二章第四节）。

为创造良好的自然对流条件，可在厂房楼板上设置中央通风口，并在房顶上设置天窗，如图 8-13 所示。中央通风孔不仅可提高自然通风效果，而且可解决厂房中央光线不足的问题。

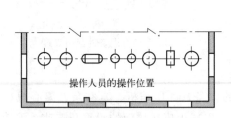

图 8-12　背光操作示意图

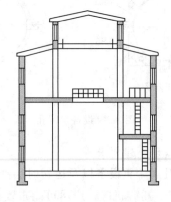

图 8-13　有中央通风孔的厂房

厂房内每小时通风次数的多少应根据生产过程中有害物质的逸出速度，以及空气中有害物质的最高允许浓度和爆炸极限来确定。此外，对产生大量热量的车间，不仅要采取相应的降温措施，而且要适当增加通风次数。

（3）防火防爆 凡属火灾危险性的甲、乙类厂房（见第十二章第一节），必须采取相应的防火防爆措施。

① 甲类厂房又称为防爆车间，其厂房应是单层的，内部不能有死角，以防爆炸性气体或粉尘的积累。

② 防火墙是建筑中采用最多的防火分隔构件，是直接设置于建筑基础上或相同耐火极限的钢筋框架上的不燃烧体，其耐火极限不小于 4h。防火墙的作用是隔断火势和烟气及其

辐射热，可在一定时间内阻止火灾和烟气向其他区域蔓延。当甲、乙类厂房与其他厂房相连时，中间必须设置防火墙。车间内的防火防爆区域与其他区域也必须用防火墙分隔开来。

③ 厂房的通风效果必须保证厂房中易燃易爆气体或粉尘的浓度不超过规定的限度。

④ 在防火防爆区域内，要采取措施防止各种静电放电和着火的可能性。

（4）环境保护

① 药品生产中通常要产生一定量的污染物，因此，在设计时要考虑相应的环保设施，以免对环境造成污染。

② 凡产生腐蚀性介质的设备，其基础及设备附近的地面、墙、梁、柱等建（构）筑物都要采取相应的防护措施，必要时可加大设备与墙、梁、柱等建（构）筑物之间的距离。

③ 对运转时会产生剧烈震动和噪声的设备，应采取相应的减震降噪措施。

（二）常见设备的布置方法

1. 贮罐（槽）

贮罐（槽）包括立式贮罐（槽）和卧式贮罐（槽）。大型贮罐常设置专门的贮罐区，小型贮罐常按工艺流程的顺序与其他设备一起布置。

① 为操作方便，卧式贮罐一般直接布置在地面、楼面或操作台上；立式贮罐既可布置在地面、楼面或操作台上，也可悬挂在楼面或操作台上。图 8-14 为贮罐的立面布置示意图。

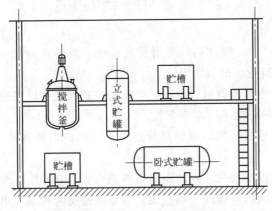

图 8-14　贮罐的立面布置示意图

② 立式贮罐可按罐外壁或中心线取齐；卧式贮罐可按支座基础中心线或封头切线取齐。

③ 贮罐附件，如液位计、仪表、进出料接管等应尽可能布置在贮罐的一侧，另一侧则作为通道和检修之用。

④ 穿越楼面或操作台布置的立式贮罐，其液面指示、控制仪表等不宜穿越楼面或操作台。

⑤ 带搅拌器的贮罐，应考虑安装、修理、拆卸所需的起吊设施和空间。

⑥ 若将易挥发性液体贮罐布置在室外，其上方应设置喷淋冷却设施。

⑦ 贮罐之间的距离应满足安装、操作和检修的要求，并符合有关的设计防火规范或规定。

⑧ 根据操作和检修的需要，单个贮罐可设置爬梯，并考虑是否应设置平台；多个贮罐集中布置时，顶部可设置联合平台。贮罐平台的设置如图 8-15 和图 8-16 所示。

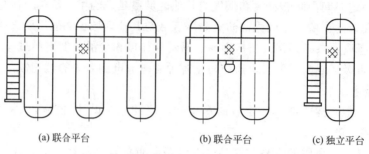

(a) 联合平台　　　　　(b) 联合平台　　　　(c) 独立平台

图 8-15　卧式贮罐的平台示意图（俯视）

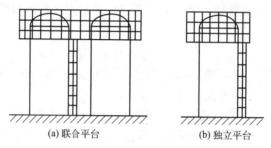

(a) 联合平台　　　　　(b) 独立平台

图 8-16　立式贮罐的平台示意图

2. 流体输送设备

（1）泵　在药品生产中，液体物料常用泵来输送。泵的种类很多，如离心泵、往复泵、旋转泵、旋涡泵等，以离心泵最为常用。

① 对于小型车间，当泵的数量较少时，可将泵布置在抽吸设备附近；对于大中型车间，当泵的数量较多时，应尽可能采用集中布置。

② 集中布置的泵可排成一列，驱动部分集中于一侧；也可将泵排成两列，泵的驱动部分均靠近通道。

③ 泵与泵、泵与墙以及泵列之间的距离可参照表 8-1 中的数据选取。

④ 每列泵的配管和阀门应排成一条直线，管道应避免跨越泵或电动机。

⑤ 泵的基础应高出地面 150mm。若将多台泵布置在同一基础上，则基础应有一定的坡度以便泄漏物流出。此外，基础四周还应考虑设置排液沟及冲洗用的排水沟。

⑥ 不经常使用的泵可布置在室外，但电动机应设防雨罩，且所有的配电及仪表设施均应采用户外式的。此外，若工作地区的气温较低，还要考虑相应的防冻措施。

⑦ 若泵和电机的重量较大，则要考虑安装、检修、拆卸所需的起吊设施和空间。

（2）风机　通风机和鼓风机都是常用的气体输送设备，其中通风机出口气体的表压不超过 $14.7 \times 10^3 \, \mathrm{Pa}$，鼓风机出口气体的表压为 $14.7 \times 10^3 \sim 294 \times 10^3 \, \mathrm{Pa}$，压缩比小于 4。

08-03 压缩比

① 风机的安装位置要有利于操作和维修，其进出口接管应简洁，并尽可能避免风管的弯曲或交叉，必须弯曲时应采用较大的弯曲半径。

② 风机在运转时会产生震动，因此其基础要采取必要的减震或隔震措施，并且不能与厂房的基础相连。此外，还要防止风管将震动传递至其他建（构）筑物上。

③ 风机在运转时还会产生噪声，因此风机应配置必要的消声设施。若

不能有效地控制噪声，则可将风机布置在专门的鼓风机房内，以减少噪声对其他区域的影响。

④ 鼓风机房内应设置必要的吊装设备，以便于风机的安装和检修。

⑤ 多台风机集中布置时，其监控仪表宜集中布置在控制室内，并在控制室内配置必要的隔音设施和通风设备。

⑥ 多台风机集中布置时，其间距应满足安装、操作和检修的要求。

⑦ 为保证鼓风机吸入的空气比较清洁，其吸入口应位于有害气体、粉尘等污染源的上风向，并与其保持足够的距离。

（3）压缩机　压缩机也是常用的气体输送设备，其出口气体的表压大于 $294 \times 10^3 Pa$，压缩比大于 4。

① 压缩机常是装置中功率消耗较大的关键设备，因此在布置时应使压缩机尽可能靠近与它相连的主要工艺设备，以缩短进出口管线，并避免弯曲。此外，不允许将管道布置在压缩机或电动机的上方。

② 压缩机在运转时会产生震动，因此其基础要采取必要的减震或隔震措施，并且不能与厂房的基础相连。

③ 压缩机在运转时也会产生噪声，因此应采取必要的消声措施。若不能有效地控制噪声，则常将压缩机布置在专门的压缩机房内，以减少噪声对其他区域的影响。

④ 压缩机房内也要设置必要的吊装设备，以便于压缩机的安装和检修。

⑤ 压缩机的散热量较大，当多台压缩机集中布置时，压缩机房内应有良好的自然通风条件，必要时可考虑机械送风和排风。

⑥ 多台压缩机集中布置时，可将监控仪表集中布置在控制室内，并在控制室内配置必要的隔音设施和通风设备。

⑦ 多台压缩机集中布置时，其间距应满足安装、操作和检修的要求。

⑧ 为保证压缩机吸入的空气比较清洁，其吸入口应位于有害气体、粉尘等污染源的上风向，并与其保持足够的距离。

3. 换热器

换热器是药品生产中的重要设备之一。换热器的种类很多，如夹套式、套管式、蛇管式、列管式、板式和螺旋板式等，其中以列管式换热器最为常用。列管式换热器的基本型式有固定管板式、U 型管式和浮头式三种。在布置换热器时，应遵循缩短管长和顺应流程的原则。

① 换热器的布置位置取决于与它紧密相连的工艺设备。例如，釜式反应器的回流冷凝器可布置在反应器的上方；塔顶冷凝器可布置在塔顶，塔底热虹吸式再沸器可直接固定于塔上。

② 多台换热器常按流程成组布置，多组换热器应排列成行，并使管箱、管口处于同一垂直面上，以利于配管和检修。

③ 串联、非串联的相同或不同的换热器均可重叠布置，相互支承，但最多不宜超过三层。重叠布置的换热器既可共用上下水管，又可减少占地面积。

④ 换热器与换热器以及换热器与其他设备之间的水平间距不宜小于 1m，如实在受位置所限，最少也不得小于 0.6m。

⑤ 固定管板式换热器周围应留有清除管内污垢所需的场地；浮头式换热器要预留抽出管束所需的面积和空间。

4. 釜式反应器

反应器是原料药生产的关键设备。反应器的种类很多，如釜式、管式、塔式、固定床和流化床等，其中以釜式反应器最为常用。

① 对于间歇操作的釜式反应器，在布置时要考虑进料和出料的方便。液体物料一般经高位计量罐（槽）计量后依靠位差流入反应釜，因此，计量罐（槽）与反应釜间的高位差应确保液体能顺利流入反应釜。固体物料常用吊车从人孔或加料口加入反应釜，此时，人孔或加料口距楼面或操作台的高度可参照图 8-7 中的数据选取，一般可取 800mm，如图 8-17 所示。

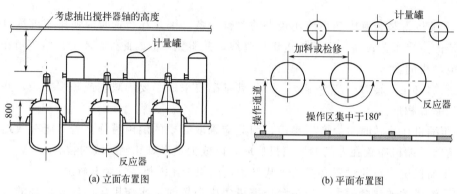

(a) 立面布置图　　　　　　　　(b) 平面布置图

图 8-17　釜式反应器的布置

② 对于多台串联操作的连续釜式反应器，由于其进料和出料都是连续的，因此，在布置时应特别注意物料进出口间的压差及流体流动的阻力损失，以确定反应器间的适宜位差，使物料能按工艺流程的顺序连续流动。

③ 小型釜式反应器可利用支座直接悬挂于楼面或操作台的设备孔中。大型或震动较大的釜式反应器要用支脚支承在楼面或操作台上。

④ 悬挂于楼面或操作台上的釜式反应器，应设置底部出料阀操作台。黏度较大的物料或低温下易凝固、易结晶以及含固体颗粒的物料，要考虑清洗或疏通管道等问题。

⑤ 两台以上相同或相似的反应器集中布置时应尽可能排成一条直线。反应器之间的距离视设备大小、管道等具体情况而定。管道阀门应尽可能布置在反应器的一侧，以便于操作。

⑥ 带搅拌器的釜式反应器，其上部应考虑设置安装、检修及拆卸所需的起吊设备。小型釜式反应器若不设起吊设备，则应预设吊钩，以便需要时设置临时起吊设备。设备上部应留有抽出搅拌器轴所需的空间。

⑦ 釜式反应器下部距地面或操作台的距离视具体情况而定。例如，对下部不设出料口的釜式反应器，当下部有人通过时，其底部距基准面的最小距离为 1.8m。又如，要使反应器内的物料自流进入离心机，其底部应高出离心机 1～1.5m。

⑧ 易燃易爆反应器，尤其是反应激烈、易出事故的反应器，在布置时必须考虑足够的安全措施，包括泄压及排放方向。

5. 塔设备

塔设备是典型的气液传质设备，常用于精馏、吸收、萃取等单元操作过程。塔设备的种类很多，如板式塔、填料塔、喷淋塔等，其中以板式塔和填料塔较为常见。

① 大型塔设备一般布置在室外，用裙座直接安装于基础上。小型塔设备既可布置在室内，支承于楼板或操作台上；也可布置在室外，用框架支承。

② 多个塔设备可按工艺流程的顺序成排布置，并尽可能按塔筒中心线取齐。

③ 塔附属设备的框架和接管常布置在一侧，另一侧则作为布置塔的空间，如图 8-18 所示。

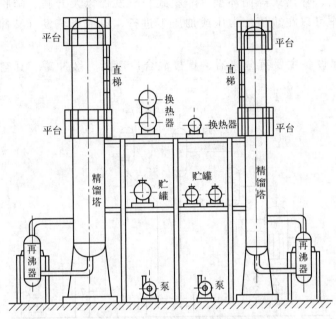

图 8-18　塔及附属设备的布置

④ 为操作和维修的方便，在塔身每个人孔处均应设置平台。平台一般围绕塔身，四周设有保护围栏，并与框架相连，其宽度原则上不小于 1.2m。上下两层平台间设有直爬梯，距地面 2.5m 以上的直爬梯应设置保护围栏。当两座以上的塔集中布置时，一般设置联合平台，这样既有利于操作和维修，又起到结构上互相加强的作用。

⑤ 塔的四周常分成配管区、通道区等几个区，其中配管区又称为操作区，专门布置各种管道、阀门和仪表；通道区一般布置走廊、楼梯和人孔等，也可布置安全阀或吊装设备。

⑥ 塔的人孔朝向应一致，人孔中心距平台的距离一般不超过 1.2m。

⑦ 对于中小型精馏塔，塔顶冷凝器和回流罐可置于塔顶，依靠重力进行回流。对于大型精馏塔，回流罐宜布置在低处，用泵打回流。

⑧ 再沸器应紧邻塔身安装，以尽量缩短管道，减少流动阻力。

⑨ 小型立式热虹吸式再沸器一般可直接安装于由塔身接出的托架上，釜式再沸器一般要设支架安装。

⑩ 塔底与再沸器相连的气相管中心与再沸器管板的距离不能太大，以免因热虹吸不好而使再沸器的效率下降。

⑪ 塔的安装高度必须考虑塔釜泵的净正吸入压头、热虹吸式再沸器的吸入压头、自然流出的压头以及管道、阀门、控制仪表的压头损失。

⑫ 当用泵从塔底抽出接近沸点的釜液时，为防止釜液在吸入管路内闪蒸，塔的安装高度应高一些，使管道内维持一定的静压头。

⑬ 大型塔设备的顶部常设有吊柱，用于吊装填料或塔盘，以及吊起或悬挂人孔盖、塔内件等零部件。

6. 蒸发器

蒸发是使含有不挥发性溶质的溶液沸腾汽化并移出蒸汽，从而使溶液中溶质的浓度提高的单元操作，所采用的设备称为蒸发器。蒸发器的种类很多，如强制循环式、中央循环管式、悬筐式、外热式等循环型（非膜式）蒸发器以及升膜、降膜、刮板式等膜式蒸发器。蒸发操作可以在减压、常压或加压下进行，以减压蒸发（又称为真空蒸发）最为常见。

蒸发器的附属设备主要有分离器、直接混合冷凝器、缓冲罐、真空泵和水槽等，其流程如图 8-19 所示。

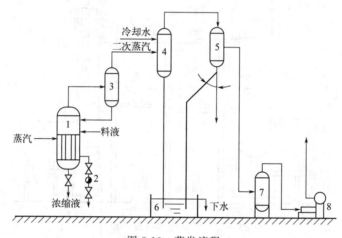

图 8-19 蒸发流程

1—蒸发器；2—疏水阀；3、5—分离器；4—直接混合冷凝器；6—水槽；7—缓冲罐；8—真空泵

蒸发器常布置在室外，也可布置在室内，但要考虑通风和降温措施。蒸发器的最小安装高度由加料泵的净正吸入压头确定。蒸发器及其附属设备应成组布置，视镜、仪表和取样点应相对集中，以利于操作。在布置直接混合冷凝器时，冷凝器底应高出水槽水面 10m 以上，且气压柱管道应垂直，必须倾斜时，其角度不得大于 45°。

多台蒸发器可布置成一条直线，也可成组布置。蒸发器之间的蒸汽管道直径较大，在满足安装、检修要求的前提下，应尽可能缩小蒸发器之间的距离。

此外，在布置蒸发器时还应考虑检修、清洗或更换加热管时所需的吊装设备。

7. 结晶器

结晶操作常在带搅拌的结晶釜中进行，因此布置结晶器要考虑安装、检修及拆卸搅拌器所需的面积和空间。

结晶器的进料多为浆状液，出料常为固体或固液混合物，因此布置结晶器时应认真考虑设备间的位差及管道的坡度，以确保物料能顺利流动。此外，所有设备和管道都要有相应的排净措施。

结晶器一般布置在室内，人孔及加料口距操作台的高度应小于 1.2m。

8. 过滤设备

过滤是分离液固混合物的常用单元操作，板框压滤机、叶滤机、转筒真空过滤机和过滤式离心机等都是典型的过滤设备。

（1）间歇式过滤机　　板框压滤机和叶滤机都是典型的间歇式过滤机，操作时大多采用加压或真空操作。

① 间歇式过滤机常布置在室内，两台以上的过滤机宜并列布置，以便过滤、洗涤、出料等操作能交替进行。

② 过滤机四周应留出安装、操作、清洗和检修所需的面积和空间。一般情况下，过滤机周围至少应留出相当于一台过滤机宽度的位置。当用小车运送滤布、滤饼或滤板时，在过滤机的一侧有 1.8m 以上的净高。

③ 过滤机常安装在楼面或操作台上，滤饼卸在下一层楼面上，也可直接将滤饼卸于小车或受器中。

④ 大型过滤机上方应考虑设置必要的吊装设备，以供安装、检修和拆卸之用。

⑤ 在布置过滤机时，应同时考虑水泵、真空泵或压缩机等辅助设施的布置。

⑥ 对易燃、易挥发及有毒的滤液，应设置排风罩、抽风机等通风装置。

⑦ 过滤机周围的地面或操作台应考虑设置排液沟及冲洗用的排水沟。若为腐蚀性滤液，还应考虑相应的防腐蚀措施。

⑧ 在布置过滤机时，还应考虑滤布清洗槽的布置，并考虑清洗液的排放和处理方法。

（2）连续式过滤机

① 转筒真空过滤机等连续式过滤机既可布置在室内，又可布置在室外。

② 过滤机周围应留出安装、操作、清洗和检修所需的面积和空间，周围通道的宽度应大于 1m。

③ 过滤机的安装位置和高度应便于固体物料的输送或卸出。

④ 为降低管路阻力，转筒真空过滤机的真空管道宜采用大直径的短管线。

⑤ 在布置过滤机时，应同时考虑水泵、真空泵、压缩机等辅助设施的布置。

⑥ 在布置过滤机时，应考虑安装、检修和拆卸所需的吊装设备。

（3）离心机

① 离心机运转时会产生很大的震动，因此常布置在厂房的底层，其基础应考虑减震措施，并且不能与厂房的基础相连。

② 离心机周围应留出安装、操作和检修所需的面积和空间，周围通道的宽度不得小于 1.5m。

③ 离心机的安装高度应便于卸出固体物料。

④ 离心机周围应设围堤，以收集泄漏物。基础应有一定的坡度，使泄漏物能流入地沟或废液池。

⑤ 在布置离心机时，应考虑安装、检修和拆卸所需的吊装设备。

⑥ 离心机运转时会排出大量的空气，若含有易燃、易爆、有毒的气体或蒸汽，则其上方应设置排气罩。

9. 干燥设备

在药品生产中，固体物料、半成品和成品以及某些稀料液中所含有的水分或其他溶剂常可通过干燥的方法予以去除。干燥设备的种类很多，如箱式干燥器、喷雾干燥器、气流干燥器和流化床干燥器等。

（1）箱式干燥器　　箱式干燥器是一种典型的间歇式干燥设备，小型的称为烘箱，大型的称为烘房。箱式干燥器一般在常压下操作，也可在真空下操作。箱式干燥器结构简单，设备投资少，适应性强，因此在药品生产中有着广泛的应用。

在布置箱式干燥器时，干燥器前要留有堆放湿料、干料和进行倒盘、洗盘等操作所需的场地以及推送物料所需的通道。此外，还应考虑通风和降温措施。

（2）喷雾干燥器 喷雾干燥器可直接将溶液、浆液或悬浮液直接干燥成固体产品，且干燥时间很短，仅为5～30s，因而特别适用于热敏性物料的干燥，在药品生产中有着广泛的应用。

喷雾干燥器一般采用半露天布置，也可布置在室内，但要考虑防尘和防高温措施。

喷雾干燥器的附属设备主要有进料设备、加热器、旋风分离器、袋滤器和鼓风机等，其流程如图8-20所示。

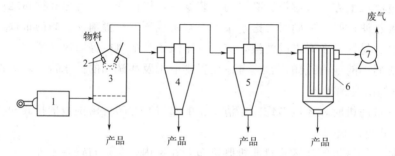

图 8-20 喷雾干燥流程

1—加热器；2—压力喷嘴；3—喷雾干燥器；4、5—旋风分离器；6—袋滤器；7—风机

在布置时，喷雾干燥器及其附属设备应成组布置。为防止鼓风机的噪声和加热器的高温影响周围的环境，常将鼓风机和加热器布置在一个独立的房间内。此外，由于进出风管的直径均较大，因此在布置时也要统一考虑。

（3）其他干燥器 气流干燥器和流化床干燥器的布置方法与喷雾干燥器的基本类似，在布置时要保证固体物料的顺利流动，以防固体物料堵塞管道。

（三）设备的露天布置

根据生产工艺特点和设备的操作条件，结合厂址地区的气候特征，将设备布置在露天或半露天是近年来设备布置的一个趋势。将设备布置在露天或半露天不仅可以减少建筑面积和基建投资，而且有利于通风、防火、防爆和防毒。

在车间布置设计中，许多设备如大型贮罐、精馏塔、吸收塔、凉水塔、喷淋式冷却器等都可考虑布置在露天或半露天。某些设备如往复泵、空压机、冷冻机等机械传动设备以及结晶器、釜式反应器等易受气温影响的设备不能布置在露天。

二、控制室的布置

① 当工艺设备或装置布置在室内时，常将控制室与工艺设备一起布置在同一厂房内；当工艺设备或装置采用露天布置时，则控制室应布置在一独立房间内。

② 控制室应与工艺设备或装置分隔开来，自成一个独立区域。但控制室应有开阔的视野，应设置从各个角度都能观察到设备或装置的地方。

③ 控制室应布置在设备或装置的上风向，且与各设备或装置的距离应适中。

④ 控制室内地面或楼面的振幅应小于0.1mm，频率应小于25Hz。

⑤ 车间底层控制室的室内标高应比室外地坪高0.6～0.8m。

⑥ 控制室内一般要装修，顶棚距地面的高度为 3.5m 左右，顶棚上部应留有 1m 左右的净空高度。

⑦ 控制室内的仪表盘和控制箱应成排布置，盘后应预留 1m 以上的安装及维修通道，盘前应留出 2～3m 的操作位置和通道。

⑧ 仪表盘上常按三区段布置仪表。上区段距地面或楼面 1650mm 以上，一般布置指示仪表、信号灯、闪光报警器等较为醒目的可扫视的仪表；中区段距地面或楼面 1000～1650mm，一般布置控制仪表、记录仪表等需经常监视的仪表；下区段距地面或楼面 800～1000mm，可布置开关、按钮、操纵板、切换器等操纵器。

⑨ 控制室内的噪声应低于 65dB，电磁波干扰源对仪表的干扰应低于 5Oe（奥斯特）。

⑩ 控制室内宜采用机械通风或设置空调，以使控制室内的空气保持清洁。

⑪ 控制室内一般采用天然采光和人工照明相结合的采光方式，但要避免阳光直射在仪表盘上，以防反射光对操作产生影响。

⑫ 控制室内常设有维修室、休息室等辅助和生活用室。

控制室的常见布置方案如图 8-21 所示。

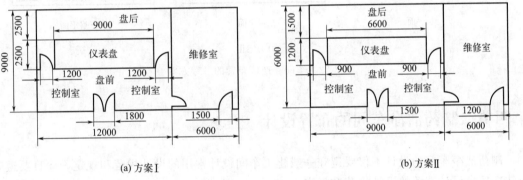

(a) 方案Ⅰ　　　　　　　　　　　　　　　(b) 方案Ⅱ

图 8-21　控制室的常见布置方案

三、辅助生产区和行政生活区的布置

车间的辅助生产区和行政生活区统称为**非生产区**。非生产区的布置不仅要考虑车间的整体布局，而且应与生产区相适应。根据车间规模和生产特点的差异，非生产区既可与生产区布置在一栋厂房内，也可由全厂来统一考虑。

一般地，生产规模较小的车间，可将非生产区布置在车间的一个区域内，即采用集中式布置形式。由于生产区用房的高度一般较高，而非生产区用房的高度往往较低，如 3m、3.3m 和 3.6m 等，因此，生产区常采用单层，而非生产区则可采用多层。

在布置非生产区用房时，既要考虑车间的整体布局，又要考虑自身的用途。如配电室应布置在电力负荷最大的区域附近，空调室应布置在使用空调的房间附近，真空泵室应布置在使用真空频繁、对真空度要求较高的设备附近等。一般地，非生产区应布置在生产区的上风向，以减少粉尘和有害气体的危害；控制室、化验室、办公室、休息室等人流密度较高的房间宜布置在南面，以充分利用阳光；贮存室、更衣室、浴室、厕所等常布置在北面；机修室、动力室宜布置在底层；办公室、会议室、休息室宜布置在楼上。图 8-22 是车间非生产区布置的参考方案。

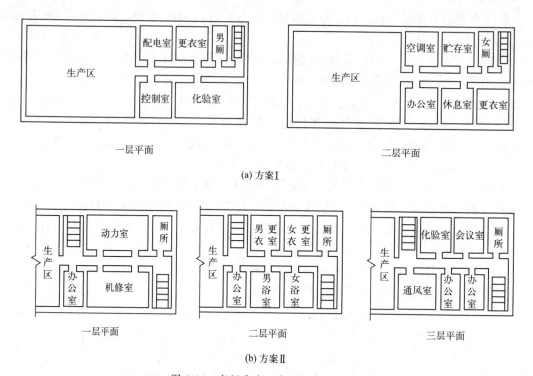

图 8-22　车间非产区布置的参考方案

第四节　制药洁净车间的布置设计

制药洁净车间的设计不仅要遵守一般化工车间设计常用的设计规范和规定，而且要遵守与洁净厂房设计有关的设计规范和规定。

一、药品生产对环境的洁净等级要求

药品生产对环境的洁净等级要求与药品的品种、剂型和生产特点有关。

（一）丸剂生产对环境的洁净等级要求

按制法和所用辅料的不同，丸剂一般可分为蜜丸、水蜜丸、水丸、糊丸、浓缩丸、蜡丸、微丸和滴丸等剂型，其生产工艺具有许多类似之处。下面以蜜丸剂、水丸剂和滴丸剂为例，简要介绍丸剂生产对环境的洁净等级要求。

1. 蜜丸剂生产对环境的洁净等级要求

蜜丸剂是以蜂蜜为辅料而与药材粉末制成的丸剂。蜜丸剂成品一般为柔软的固体，单粒丸重为 2.5～15g。

蜜丸剂的主要生产工序包括炼蜜、药粉混合、合坨、制丸、内包装、封蜡和包装等，其生产工艺流程及对环境的洁净等级要求如图 8-23 所示，其中药粉混合、合坨、制丸、内包装和封蜡工序应在不低于 D 级的洁净环境中进行。

（1）灭菌消毒　将制丸室、包装室及其中的设备清扫并擦拭干净。搅拌机、蜜丸机、贮药丸柜、灭菌包装柜等，可用 75% 的乙醇溶液擦拭或先用喷雾灭菌，然后再用紫外线灯灭菌 30min 或用乳酸蒸汽灭菌。

将药粉连同布袋一起放入消毒锅内，以 110℃ 的高压蒸汽灭菌 30min，备用。对于挥发

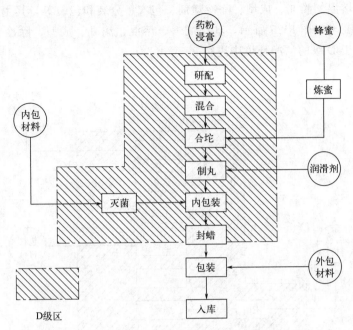

图 8-23　蜜丸剂的生产工艺流程及对环境的洁净等级要求

性药粉，可先将其铺在药盘内，厚度约 1cm。然后用紫外线灭菌 30min，并经常翻动。

（2）混合　按工艺要求用混合机将药粉混合至规定程度。对于易挥发药物，应采用封闭操作，以防药效散失。

（3）炼蜜　将等体积的 60～70℃的热水加入蜂蜜中，搅拌溶解后静置 24h，用 100 目筛过滤，取滤液进行熬炼。熬炼过程中应注意控制温度、时间和蜂蜜的浓度。

（4）合坨　向混合后的药粉中加入炼好的蜂蜜，并在一定温度下合成坨。

（5）制丸　包括分坨料、续坨、刷油、制丸条、制丸等环节。

（6）包装　操作人员将双手洗净，并浸泡于 75％的乙醇溶液中消毒 3min，沥干后，利用无菌包装柜包好每一个药丸。再将包好的药丸放入蜡壳内蜡封，然后装入纸盒和包装箱即得成品。

2. 水丸剂生产对环境的洁净等级要求

水丸剂是以水或根据处方用黄酒、稀药汁、糖液等为辅料而与药材粉末制成的丸剂，其成品体积小而干燥。水丸剂的主要生产工序包括制丸、一次选丸、干燥、包衣、二次选丸、装丸和包装等，其生产工艺流程及对环境的洁净等级要求如图 8-24 所示，其中制丸、一次选丸、干燥、包衣、二次选丸、装丸工序应在不低于 D 级的洁净环境中进行。

（1）制丸　用塑制法或泛制法制备水丸。

（2）干燥　在规定温度（通常为 60℃）下对水丸进行干燥。干燥过程中，应及时翻动水丸，并经常检测其含水量。

（3）包衣　按工艺要求配制黏合剂及包衣材料，利用包衣设备为制好的水丸包衣。

（4）包装　包括装丸、贴签、装盒、装箱等环节。

3. 滴丸剂生产对环境的洁净等级要求

滴丸剂是采用滴制法制备的丸剂，即将固体或液体药物与适当基质加热熔化混匀后，滴入不相混溶的冷凝液中，经收缩冷凝而制成的球形或扁球形小丸状制剂。滴丸剂的主要生产工序包括配料、熔混、滴丸、成型、除冷却剂、包衣、分装和包装等，其生产工艺流程及对环境的洁净等级要求如图 8-25 所示，其中配料、熔混、滴丸、成型、除冷却剂、包衣和分装工序应在不低于 D 级的洁净环境中进行。

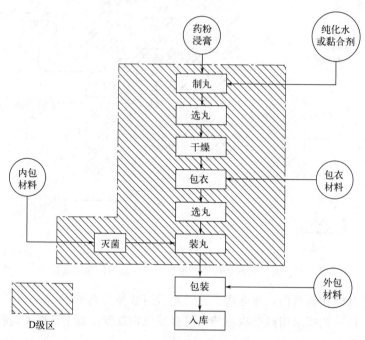

图 8-24　水丸剂的生产工艺流程及对环境的洁净等级要求

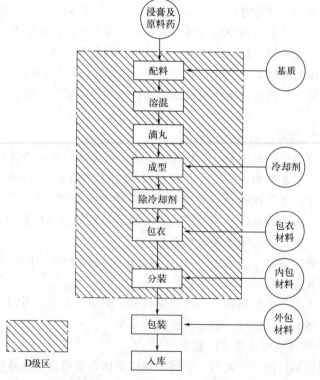

图 8-25　滴丸剂的生产工艺流程及对环境的洁净等级要求

（1）配料和混合　按生产工艺规程准确称量固体或液体药物以及基质，按工艺规程混合后一起加热，融化后搅拌均匀，必要时过滤。

滴丸生产中的混合又称为熔混，它是生产滴丸的关键工序。在此工序中，应注意药粉的细度，并按顺序投入药物。此外，还应严格控制升温时间、最高温度、搅拌速度及蒸汽压力等。

（2）滴丸和成型　将混匀的液态药物转移至带保温的滴制装置中，按 $92\sim95$ 滴·min^{-1} 的速度将药液滴入已预先冷却的冷却液中冷凝。

08-04 物料的
智能化检查、
称量和配料

在滴制过程中，滴丸的丸重与圆整度是影响滴丸质量的重要因素。滴丸时应严格控制熔化药物的温度，且输送管道和保温槽应有保温措施，并严格按工艺操作规程控制滴速、压力和液面高度。成型时应严格控制冷却剂的温度、流量和液面高度。此外，输送冷却剂也应有相应的保温措施。

08-05 智能
仓储管理

（3）洗涤和选粒　除去依附于滴丸表面的冷却剂，并按工艺规程选择合适的筛网对滴丸进行筛选。

（4）包衣　按工艺要求配制黏合剂及包衣材料，利用包衣设备为制好的滴丸包衣。

（5）包装和入库　按工艺规程将滴丸装瓶或采用铝塑包装，并将检验后的合格品入库。

（二）片剂生产对环境的洁净等级要求

片剂的主要生产工序包括配料、造粒、干燥、整粒与总混、压片、包衣、分装、包装和入库等，其生产工艺流程及对环境的洁净等级要求如图 8-26 所示，其中配料、造粒、干燥、整粒与总混、压片、包衣和分装等工序应在不低于 D 级的洁净环境中进行。

（1）配料　按生产工艺要求，逐一称取原辅材料，放入混合设备中。称量前应校对好天平、磅秤，称量后应及时处理洁净，并放归原处。剩余的原辅材料应封严存放。

（2）造粒　原辅材料全部加入混合设备后，关闭机盖，启动开关，搅拌 $15\sim30min$，中间停两次，用不锈钢刮刀翻动搅拌机中的死角，使物料混合均匀。

在搅拌机不停的情况下，向已混合均匀的原辅材料中逐渐加入适量的黏合剂，先将其制成软材，然后再利用摇摆式颗粒机或其他造粒设备将软材制成湿颗粒。

（3）干燥　片剂生产中常采用厢式干燥器对湿粒进行干燥。操作时，首先对干燥室预热，以缩短干燥时间。干燥过程中应严格控制干燥温度，适宜的干燥温度视药物的性质而定。对于热敏性药物，干燥温度应低一些；而耐热药物的干燥温度可以高一些。为防止颗粒糊化或熔化变质，每干燥 $30\sim60min$ 应翻动倒盘一次。

放湿颗粒的原则是先上后下，即从最上面的第一层开始，然后依次是第二层、第三层……。而翻动倒盘的原则是先下后上，即先从最底层将干燥盘抽出，翻动湿颗粒，然后依次是倒数第二层、倒数第三层……。

通常将湿颗粒中的含水量干燥至 5% 左右即可。干燥过程中可用水分快速测定仪经常测试颗粒中的含水量，以判断湿颗粒被干燥的程度。

（4）整粒与总混　将称重后的颗粒倒入不锈钢盘内或混合设备中，加入干颗粒重量 0.5%～1% 的硬脂酸镁或其他润滑剂、助流剂、外加崩解剂等，通过手工掺拌或机械混合使润滑剂等与干颗粒混合均匀。

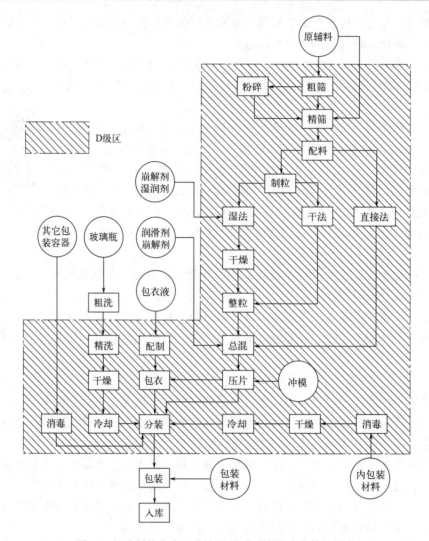

图 8-26　片剂的生产工艺流程及对环境的洁净等级要求

利用摇摆式颗粒机对总混后的干颗粒进行整粒。由于干燥后的颗粒体积缩小，故整粒时筛网的孔径一般比制粒时用的要小一级。整理完毕后，将干颗粒装入塑料筒中，并放入标签，旋紧筒盖，然后转入下道工序。

若有挥发油或其他挥发性成分，则应将其喷入颗粒中，并密闭30min，使其进入颗粒内。

（5）压片　将颗粒加入料斗中，用手转动扳手轮，进行试压调试，直至片面光洁无黑点、片重、硬度合乎要求，崩解时限合格，即可开动机器，进行大批量生产。在压片过程中，应经常检查片重，并进行调节，使片重合乎规定。

（6）包衣　按工艺要求配制黏合剂及包衣材料，利用包衣设备为制好的片剂包衣。

（7）包装　包装分内包装和外包装，其中内包装又有瓶包装、塑料膜包装和铝塑包装三种；外包装又分中纸盒和大纸箱包装两种，即将定量铝塑板、塑料条和瓶装入中纸盒内，再将一定数量的中纸盒装入纸箱中，打包、固定结实即得成品。

（8）入库　按工艺规程将检验合格的成品入库。

08-06 物料
实时跟踪

（三）胶囊剂生产对环境的洁净等级要求

1. 软胶囊剂生产对环境的洁净等级要求

软胶囊剂的主要生产工序包括配料与熔胶、制丸、洗丸、干燥、检囊、分装、包装和入库等，其生产工艺流程及对环境的洁净等级要求如图 8-27 所示，其中配料与熔胶、制丸、洗丸、干燥、检囊和分装工序应在不低于 D 级的洁净环境中进行。

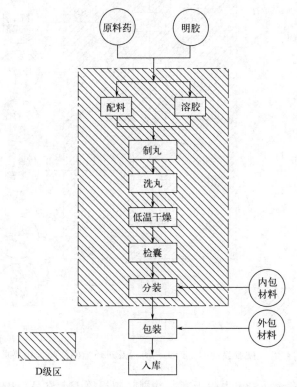

图 8-27　软胶囊剂的生产工艺流程及对环境的洁净等级要求

（1）熔胶　按工艺要求将一定量的胶料放入化胶罐并加热成均匀混合物后，放入具有保温装置的胶桶，供充填机备用。

（2）配料　配制软胶囊的内容物，置入料桶中。

（3）制丸　采用滴制法或压制法制丸。

（4）洗丸　用乙醇洗去软胶囊外的液体石蜡。

（5）干燥　低温空气对流，常温下去湿。

（6）包装和入库　同片剂。

2. 硬胶囊剂生产对环境的洁净等级要求

硬胶囊剂的主要生产工序包括配料、混合、造粒、干燥、整粒、装囊、检囊、分装、包装和入库等，其生产工艺流程及对环境的洁净等级要求如图 8-28 所示，其中配料、混合、造粒、干燥、整粒、装囊、检囊和分装工序应在不低于 D 级的洁净环境中进行。

（1）配料和混合　按生产工艺要求，将药物粉碎过筛，并与辅料混合均匀。

（2）造粒、干燥和整粒　同片剂。

（3）装囊　采用适宜的硬胶囊填充设备，按工艺要求完成胶囊的灌装和检验等操作。

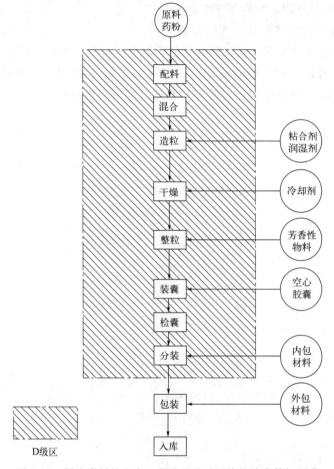

图 8-28　硬胶囊剂的生产工艺流程及对环境的洁净等级要求

（4）检囊打光　将囊外粉末去除干净，并剔除破损等不合格品。用丝光毛巾蘸少许液体石蜡打光打亮。

（5）包装和入库　同片剂。

（四）注射剂生产对环境的洁净等级要求

1. 可灭菌小容量注射剂生产对环境的洁净等级要求

可灭菌小容量注射剂是指将配制好的药液灌入小于 50mL 安瓿内封口后，采用蒸汽热压灭菌法制备的灭菌注射剂，又称为小针剂或针剂。可灭菌小容量注射剂的主要生产工序包括称量、预处理、配制、粗滤、精滤、安瓿精洗、灌封、灭菌检漏、灯检、印字、包装和入库等，其生产工艺流程及对环境的洁净等级要求如图 8-29 所示，其中称量、配制、粗滤、安瓿精洗等工序应在不低于 C 级的洁净环境中进行；而安瓿冷却、精滤、灌封等工序应在不低于 B 级的洁净环境中进行。

（1）称量　所有原料均应符合注射剂的质量要求，并严格按工艺要求准确称量。

（2）预处理、配制及粗滤

① 所有接触药液的设备、工具、容器和管道等，都要用清洁剂定期清洗，并用注射用水冲洗干净。

② 配制用注射用水的贮存时间不得超过 14h，并在 80℃以上保温，65℃以上循环。

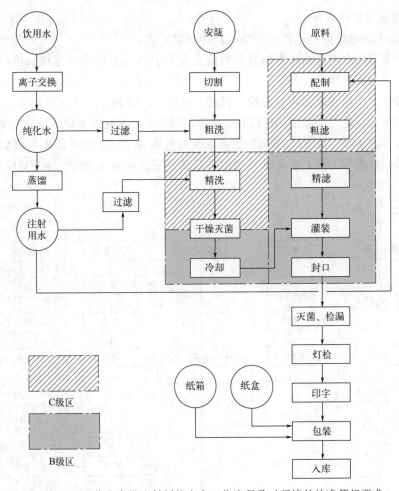

图 8-29　可灭菌小容量注射剂的生产工艺流程及对环境的洁净等级要求

　　③ 严格按工艺规程配制药液。药液经粗滤后，若不及时精滤，应装入容器，贮存条件应符合工艺要求。

　　(3) **精滤**　检验合格后的粗滤液，可用孔径为 $0.45 \sim 0.8 \mu m$ 的微滤膜进行精滤。盛放精滤液的密闭容器，应置换入洁净空气。

　　(4) **洗瓶**　先用纯化水对安瓿进行粗洗，然后再用注射用水对安瓿进行精洗。精洗后的安瓿经干燥灭菌和冷却后，即可用于药液的灌装。

　　(5) **灌封**　在安瓿灌封机上完成安瓿的灌封操作。与安瓿或药液直接接触的惰性气体或压缩空气应按规定要求进行净化。灌封好的安瓿应及时灭菌。从灌装到灭菌的时间一般不超过 4h。

　　(6) **灭菌和检漏**　严格按照灭菌工艺条件对灌封好的安瓿进行灭菌。灭菌时应定时记录温度、蒸汽压力和时间。

　　趁热向灭菌柜内加入 0.05% 的曙红溶液或 0.05% 的亚甲基蓝溶液，凡药液变色者均为不合格的漏安瓿。

　　(7) **灯检**　严格按照工艺规程对安瓿进行灯检，检验人员的裸眼视力应在 0.9 以上，并每年检查 1 次视力。

　　(8) **安瓿印字**　用印字机在安瓿上印上药品名称、装置和批号等。

　　(9) **包装和入库**　先将检验合格的安瓿装于小纸盒内，然后再将小纸盒装入大纸箱中打包封固，再按规定程序入库。

2. 可灭菌大容量注射剂生产对环境的洁净等级要求

可灭菌大容量注射剂是指将配制好的药液灌入大于 50 mL 的输液瓶或袋内，经加塞、加盖和密封后，采用蒸汽热压灭菌法制备的灭菌注射剂，又称为大输液或输液剂。可灭菌大容量注射剂的主要生产工序包括浓配、稀配、粗滤、精滤、清洗瓶、隔离膜和胶塞、灌装、放膜、上塞、翻塞、加盖、轧口、灭菌、灯检和包装等，其生产工艺流程及对环境的洁净等级要求如图 8-30 所示，其中稀配、粗滤、精滤和翻塞以及精洗瓶等工序应在不低于 C 级的洁净环境中进行；而灌装、放膜和上塞工序应在 A 级或 B 级背景下的局部 A 级的洁净环境中进行。

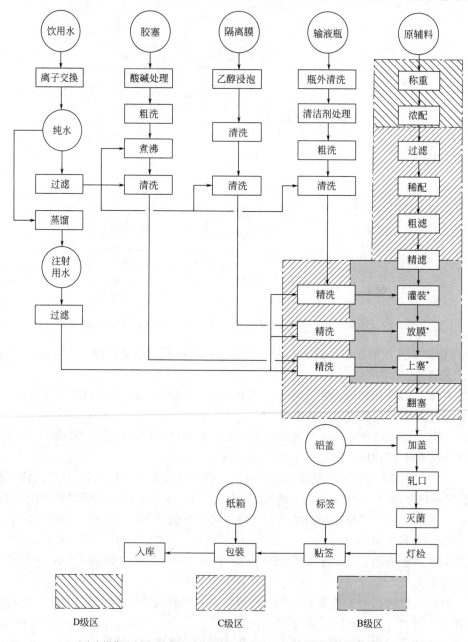

*该生产操作应在A级的条件下进行或在B级环境中、局部A级的条件下进行。

图 8-30　可灭菌大容量注射剂的生产工艺流程及对环境的洁净等级要求

（1）配液、粗滤和精滤　严格按生产工艺规程进行配制，配制好的药液先经砂滤棒粗滤，再经微孔膜精滤。

（2）灌封　整个灌封过程由定量灌注、置隔离膜、加橡皮塞和封盖四个工序组成。

经检验合格后的药液可用自动灌装机灌装。要调整好灌装速度和进瓶速度，使其协调同步。灌装操作应在 A 级的洁净环境中进行。

由于各工序在不同等级的洁净环境中进行，因此连接各工序单机的传送带不能越过不同等级的洁净区。

此外，一个班次必须将药液灌封完毕，不得留待次日进行。

（3）灭菌　灌封后的输液瓶和药液必须及时灭菌。灭菌方法很多，但以热压灭菌法最为常用。灭菌时应严格遵守灭菌温度和时间，不得随意改变。热压灭菌法的灭菌温度为 115℃，所对应的蒸汽压力为 0.07MPa（表压），灭菌时间为 30min。

（4）灯检　严格按照工艺规程进行灯检。

（5）包装和入库　为检验合格后的大容量灭菌注射剂贴上标签，标签内容包括药品名称、浓度、规格、批号、有效期、用法用量、注册商标、批准文号和生产单位。

08-07 人机协同作业

将贴签后的输液瓶装入大纸箱，并放入装箱单和合格证，然后打包封固，再按规定程序入库。

（五）口服液剂生产对环境的洁净等级要求

最终灭菌口服液剂的主要生产工序包括称量、配制、过滤、洗瓶和盖、灌装、封口、灭菌、灯检、包装和入库等，其生产工艺流程及对环境的洁净等级要求如图 8-31 所示，其中称量、配制、过滤、精洗瓶和盖、灌装、封口等工序应在不低于 D 级的洁净环境中进行。

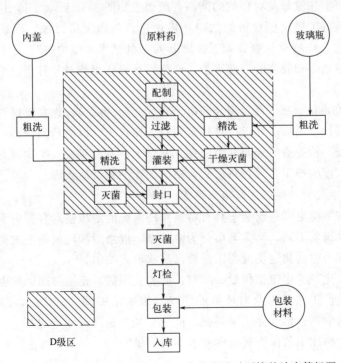

图 8-31　最终灭菌口服液剂的生产工艺流程及对环境的洁净等级要求

（1）称量　严格按工艺操作规程的要求准确称量。

（2）配制和过滤　用新鲜纯化水（不超过 24h）进行配制，并按工艺规程进行检查，合格后对其进行过滤。

（3）洗瓶、胶塞和盖　玻璃瓶先用饮用水粗洗，然后用纯化水精洗，再经干燥灭菌后备用。

胶塞先用适宜的清洁剂洗涤，然后依次用饮用水冲洗和纯化水清洗，再经干燥灭菌或用75%的酒精浸泡后使用。

铝盖先用饮用水漂洗干净，再经干燥灭菌后备用。

（4）灌封　利用灌装机将口服液灌装进玻璃瓶，并完成封口操作。

灌装前容器和管道等均需用纯化水冲洗干净。一般情况下，配制后的药液应在当天灌装完毕。如确需保存，其允许时间应根据验证数据来确定。

（5）灭菌　灌封后应及时进行灭菌操作，并通过验证来检查灭菌效果。灭菌操作可在双门式消毒柜中进行，原则上从灌装到完成灭菌的时间不超过 4h。

（6）包装和入库　按工艺规程将检验合格后的口服液瓶包装后入库。

（六）粉针剂生产对环境的洁净等级要求

粉针剂为注射用无菌粉末的简称，临用前用灭菌注射用水或适宜的灭菌溶剂溶解后注射。凡对热不稳定或在水溶液中易分解失效的药物，如某些抗生素、酶制剂及生化制品，由于不能制成一般的水溶性注射剂或不宜加热灭菌，均需制成注射用无菌粉末。按药物性质的不同，粉针剂的生产可采用无菌粉末直接分装法或冷冻干燥法。前者是先将原料药精制成无菌粉末，然后在无菌环境中直接分装而制得粉针剂；后者是先将药物制成无菌水溶液，然后在无菌环境中经灌装、冷冻干燥、密封等工序而制得粉针剂。

粉针剂的生产工艺流程及对环境的洁净等级要求如图 8-32 所示，其中擦洗消毒、称量、配料、洗瓶、轧盖等工序应在 C 级的洁净环境中进行；而无菌过滤、灌装、冻干、分装等工序可在 B 级的洁净环境和 B 级背景下的局部 A 级的洁净环境中进行。

（1）粉针剂玻璃瓶和胶塞的清洗灭菌　严格按照操作规程对粉针剂玻璃瓶和胶塞进行清洗和灭菌。

（2）药粉的灌装和加塞　在专用分装机上完成药粉的灌装、加塞等操作。

（3）轧盖和目检　用自动轧盖机将铝盖包封于瓶口上，以防药品受潮、变质。轧盖后的产品还须目测检查，检查员的裸眼视力应在 0.9 以上，并每年检查 1 次视力。

（4）包装和入库　按工艺规程将检验合格后的产品包装后入库。

（七）气雾剂生产对环境的洁净等级要求

将药物和适宜的抛射剂一起装于具有特制阀门系统的耐压密封容器中而制成的制剂称为气雾剂。按分散系统的不同，气雾剂可分为溶液型、混悬型和乳剂型三大类。气雾剂在使用时可借抛射剂的压力将药物定量或不定量地以雾状形式喷出。

气雾剂的主要生产工序包括称量、配制、灌装、压盖、充抛射剂、检查、内包装、外包装和入库等，其生产工艺流程及对环境的洁净等级要求如图 8-33 所示，其中称量、配制、灌装、压盖、充抛射剂、检查等工序应在不低于 C 级的洁净环境中进行。

（1）称量　严格按工艺操作规程的要求准确称量。

（2）配液

① 溶液型。将药物和添加剂溶解于抛射剂中，制成澄清溶液即可。

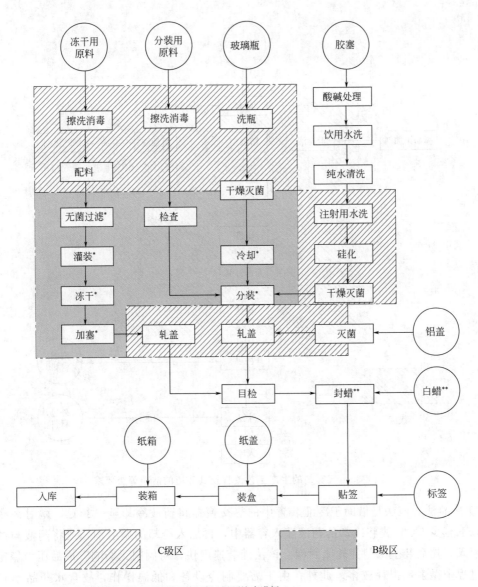

*该生产操作可在B级背景下的局部A级环境中进行。

**该工序可根据需要设置。

图 8-32 非最终灭菌粉针剂的生产工艺流程及对环境的洁净等级要求

② 混悬液型。将粉碎至 $5\mu m$ 或 $10\mu m$ 以下的药物微粉均匀分散于抛射剂中，制成比较稳定的混悬液即可。

③ 乳浊液型。将药物、乳化剂、水或其他水性溶剂与抛射剂一起制成比较稳定的乳剂即可。

（3）**充填抛射剂** 充填抛射剂有压力灌装法（压灌法）和冷冻灌装法（冷灌法）两种。

① 压灌法。在室温条件下，将配制好的药液灌入容器内，装上阀门并轧紧封帽，然后抽去容器内的空气，再用压装机压入定量的抛射剂。该法设备简单，不需低温操作，抛射剂损耗较少。但抛射剂需经阀门进入容器，因而生产速度较慢，且灌装过程中的压力变化较大，需采取相应的安全措施。

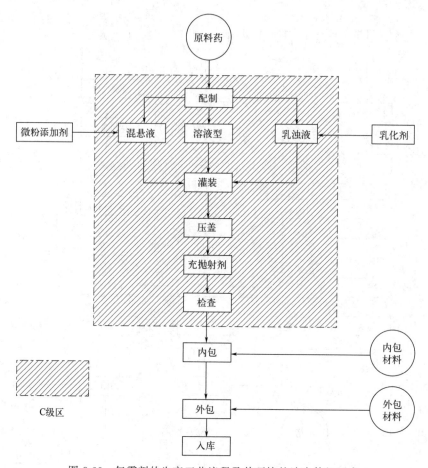

图 8-33　气雾剂的生产工艺流程及其环境的洁净等级要求

② 冷灌法。该法是借助于冷灌装置中的热交换器将药液冷却至－20℃，抛射剂冷却至沸点以下至少5℃。先将冷却的药液灌入容器中，再加入冷却的抛射剂，或将药液与抛射剂同时灌入，然后装上阀门并轧紧封帽。该法灌装速度快，对阀门无影响，成品压力稳定。但操作过程中抛射剂损耗较多。此外，由于需要制冷设备和低温操作，故含水药品不宜采用此法。

（4）检查

① 非定量气雾剂应检查喷射速率和喷出总量。

② 具有定量阀门的气雾剂，应检查每瓶的装量、主药含量、每瓶总揿次或每揿喷量或每揿主药含量等项目。

③ 对于混悬型气雾剂应检查喷雾药物的粒度。

（5）包装和入库　按工艺规程将检验合格后的产品包装后入库。

（八）颗粒剂生产对环境的洁净等级要求

将药物与适宜的辅料或药材细粉制成具有一定粒度的颗粒状制剂称为颗粒剂。按溶解能力的不同，颗粒剂可分为可溶颗粒、混悬颗粒和泡腾颗粒三大类。

颗粒剂的主要生产工序包括称量、配料、混合、制软材、造粒、干燥、整粒、总混、分装、包装和入库等，其生产工艺流程及对环境的洁净等级要求如图 8-34 所示，其中称量、配料、混合、制软材、造粒、干燥、整粒、总混、分装工序应在不低于 D 级的洁净环境中进行。

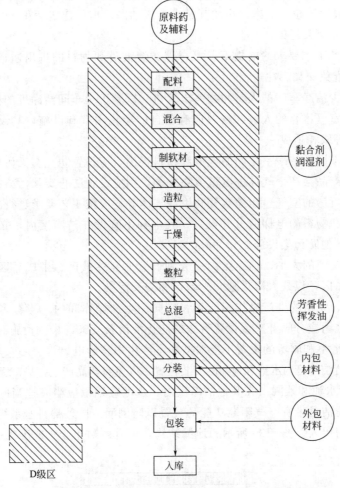

图 8-34　颗粒剂的生产工艺流程及对环境的洁净等级要求

（1）配料和混合　按生产工艺要求，逐一称取原辅材料，放入混合设备中混合均匀。

（2）制软材　向混合均匀的药粉中加入黏合剂和润湿剂，制成适宜的软材。

（3）造粒和干燥　利用摇摆式颗粒机或其他适宜的造粒设备将软材制成湿颗粒，然后用干燥器干燥至规定的湿含量。

（4）整粒与总混　按工艺规程用整粒机整粒。整粒机中装有永久性磁铁，可吸附意外掉入颗粒中的铁屑。

制备颗粒时可加入适量的矫味剂、芳香剂、着色剂或抑菌防腐剂，并混合均匀。

（5）分装　用颗粒包装机对颗粒进行分装。

（6）包装　按工艺规程将检验合格后的产品包装后入库。

二、制药洁净车间布置的一般要求

1. 尽量减少建筑面积

有洁净等级要求的车间，不仅投资较大，而且水、电、汽等经常性费用也较高。一般情况下，厂房的洁净等级越高，投资、能耗和成本就越大。因此，在满足工艺要求的前提下，应尽量减少洁净厂房的建筑面积。例如，可布置在一般生产区（无洁净等级要求）进行的操作不要布置在洁净区内进行，可布置在低等级洁净区内进行的操作不要布置在高等级洁净区内进行，以最大限度地减少洁净厂房尤其是高等级洁净厂房的建筑面积。

2. 防止污染或交叉污染

① 在满足生产工艺要求的前提下，要合理布置人员和物料的进出通道，其出入口应分别独立设置，并避免交叉、往返。

② 应尽量减少洁净车间的人员和物料出入口，以利于全车间洁净度的控制。

③ 进入洁净室（区）的人员和物料应有各自的净化用室和设施，其设置要求应与洁净室（区）的洁净等级相适应。

④ 洁净等级不同的洁净室之间的人员和物料进出，应设置防止交叉污染的设施。

⑤ 若物料或产品会产生气体、蒸汽或喷雾物，则应设置防止交叉污染的设施。

⑥ 进入洁净厂房的空气、压缩空气和惰性气体等均应按工艺要求进行净化。

⑦ 输送人员和物料的电梯应分开设置，且电梯不宜设在洁净区内，必须设置时，电梯前应设气闸室或其他防污染设施。

⑧ 根据生产规模的大小，洁净区内应分别设置原料存放区、半成品区、待验品区、合格品区和不合格品区，以最大限度地减少差错和交叉污染。

⑨ 不同药品、规格的生产操作不能布置在同一生产操作间内。当有多条包装线同时进行包装时，相互之间应分隔开来或设置有效的防止混淆及交叉污染的设施。

⑩ 更衣室、浴室和厕所的设置不能对洁净室产生不良影响。

⑪ 要合理布置洁净区内水池和地漏的安装位置，以免对药品产生污染。无菌生产的 A/B 级洁净区内禁止设置水池和地漏。在其他洁净区内，水池或地漏应当有适当的设计、布局和维护，并安装易于清洁且带有空气阻断功能的装置以防倒灌。同外部排水系统的连接方式应当能够防止微生物的侵入。图 8-35 所示的地漏结构，可有效防止废水或废气的倒灌。

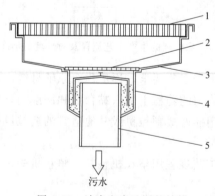

图 8-35　洁净室内地漏的结构

彩图展示：地漏

1—不锈钢栅板；2—多孔挡板；3—地漏锥形斗；4—水封；5—排污管

3. 合理布置有洁净等级要求的房间

① 洁净等级要求相同的房间应尽可能集中布置在一起，以利于通风和空调的布置。

② 洁净等级要求不同的房间之间的联系要设置防污染设施，如气闸室、风淋室、缓冲间及传递窗等。

③ 在有窗的洁净厂房中，一般应将洁净等级要求较高的房间布置在内侧或中心部位。若窗户的密闭性较差，且将无菌洁净室布置在外侧时，应设一封闭式的外走廊，作为缓冲区。

④ 洁净等级要求较高的房间宜靠近空调室，并布置在上风向。

4. 管道尽可能暗敷

洁净室内的管道很多，如通风管道、上下水管道、蒸汽管道、压缩空气管道、物料输送管道以及电气仪表管线等。为满足洁净室内的洁净等级要求，各种管道应尽可能采用暗敷。明敷管道的外表面应光滑，水平管线宜设置技术夹层（以水平构件分隔构成的辅助空间，如位于吊顶以上或地板以下的空间等，可容纳水平走向的管线或作为净化空调系统的送风静压箱或回风静压箱），穿越楼层的竖向管线宜设置技术夹道或竖井（以垂直构件分隔构成的夹道或竖井，可容纳竖向，特别是越层的竖向管线）。此外，管道的布置应与通风夹墙、技术走廊（以垂直构件分隔构成的廊道式空间，既可容纳水平管线，又可容纳竖向管线，还可容纳真空泵等不宜安装在洁净室内的辅助生产设备）等结合起来考虑。

5. 室内装修应有利于清洁

洁净室内的装修应便于进行清洁工作。洁净室内的地面、墙壁和顶层表面均应平整光滑、无裂缝、不积聚静电，接口应严密、无颗粒物脱落，并能经受清洗和消毒。墙壁与地面、墙壁与墙壁、墙壁与顶棚等的交界连接处宜做成弧形（弧度一般不小于 50mm）或采取其他措施，以减少灰尘的积聚，并有利于清洁工作。

彩图展示：
门窗与墙壁
交界处的连接

6. 设置安全出入口

工作人员需要经过曲折的卫生通道才能进入洁净室内部，因此，必须考虑发生火灾或其他事故时工作人员的疏散通道。

彩图展示：
内表面交界处
的连接

洁净厂房的耐火等级不能低于二级，洁净区（室）的安全出入口不能少于两个。无窗的厂房应在适当位置设置门或窗，以备消防人员出入和车间工作人员疏散。

安全出入口仅作应急使用，平时不能作为人员或物料的通道，以免产生交叉污染。

三、制药洁净车间的布置设计

（一）设备的布置及安装

洁净室内的设备布置及安装与一般化工车间内的设备布置及安装有许多共同点，但洁净室内的设备布置及安装还有其特殊性。

① 洁净室内仅布置必要的工艺设备，以尽可能减少建筑面积。

② 洁净车间的净高一般可控制在 2.6m 以下，但精制、调配等工段的设备常带有搅拌器，厂房的净高应考虑搅拌轴的安装和检修高度。

③ 对于多层洁净厂房，若电梯能满足所有设备的运送，则不设吊装孔。必须设置时，最大尺寸不应超过 2.7m，其位置可布置在电梯井道旁侧，且各层吊装孔应在同一垂线上。

④ 当设备不能从门窗的留孔进入时，可考虑将间隔墙设置成可拆卸的轻质墙。对外形尺寸特大的设备可采用安装墙或安装门，并布置在车间内走廊的终端。

⑤ 洁净室内的设备一般不采用基础。必须采用时，宜采用可移动的砌块水磨石光洁基

础块。

⑥ 设备的安装位置不宜跨越洁净等级不同的房间或墙面。必须跨越时，应设置密封隔断装置，以防不同洁净等级房间之间的交叉污染。

⑦ 易污染或散热大的设备应尽可能布置在洁净室（区）外，必须布置在室内时，应布置在排风口附近。

⑧ 片剂生产过程中，粉碎、过筛、造粒、总混、压片等工序的粉尘和噪声较大，因此，车间应按工艺流程的顺序分成若干个独立小室，分别布置各工序设备，并采用消声隔音装置，以改善操作环境。

⑨ 有特殊要求的仪器、仪表，应布置在专门的仪器室内，并有防止静电、震动、潮湿或其他外界因素影响的设施。

⑩ 物料烘箱、干燥灭菌烘箱、灭菌隧道烘箱等设备宜采用跨墙布置，即将主要设备布置在非洁净区或控制区，待烘物料或器皿由此区加入，以墙为分隔线，墙的另一面为洁净区，烘干后的物料或器皿由该区取出。显然，设备的门应能双面开启，但不允许同时开启；设备既具有烘干功能，又具有传递窗功能。

（二）人员净化室、生活室及卫生通道的布置

1. 人员净化程序

① 进入非无菌产品或可灭菌产品生产区的人员应按图 8-36 中的程序进行净化。

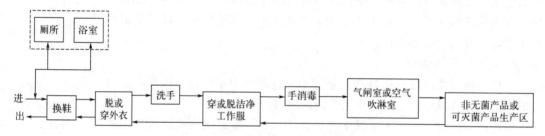

图 8-36　进入非无菌产品或可灭菌产品生产区的人员净化程序
（虚线框内的设施可根据需要设置）

② 进入不可灭菌产品生产区的人员应按图 8-37 中的程序进行净化。

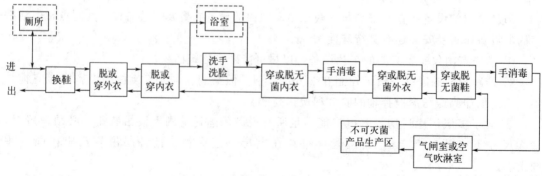

图 8-37　进入不可灭菌产品生产区的人员净化程序
（虚线框内的设施可根据需要设置）

2. 净化通道和设施

（1）门厅和换鞋处　门厅是工作人员进入车间的第一场所。工作人员进入门厅前首先应除去鞋上黏附的泥土，以免将外界的尘粒带入车间。目前常用的方法是在门厅前设置刮泥格栅，以除去鞋底黏附的大部分泥沙。

门厅内设有换鞋处，换鞋处常设有鞋柜。进入车间的工作人员应在换鞋处将外用鞋换成车间提供的拖鞋，以避免将外界的尘粒带入更衣室。鞋柜的数量由车间定员数确定，应保证每人可存入一双鞋。当车间定员数较多时，也可不设鞋柜而采用鞋套，即工作人员在换鞋处套上鞋套，在外衣存放室将鞋连同鞋套一起存入各自的更衣柜内，再换上车间提供的清洁鞋。

（2）外衣存放室　除外用鞋可带入尘粒外，工作人员的外衣及生活用品均能携带尘粒。因此，应设置外衣存放室。外衣存放室内设有衣柜，其数量由车间定员数确定。衣柜宜采用三层，上层放包，中层挂衣服，下层放鞋。挂衣处应分左右两格，分别存挂外用服和工作服，以免交叉污染。

工作人员先将外衣存入衣柜，然后换上白大衣或工作服。进入控制区或洁净区的工作人员还需再更换洁净服。

（3）气闸室　气闸室是设置于洁净室入口处的小室。气闸室也可理解为设置于两个或两个以上房间之间的具有两扇或两扇以上门的密封空间。为防止外界有污染的空气流入洁净室，气闸室的几扇门在同一时间内只能打开一扇。例如，在不同洁净等级的房间之间设有一个气闸室，当操作人员需进入这些房间时，可通过气闸室对气流加以控制。可见，气闸室是一个门可联锁但不能同时打开的房间。

气闸室通常没有送风和洁净等级要求，因此气闸室只能起一个缓冲作用，并不能有效防止外界污染的入侵。实际上，当工作人员进入气闸室时，外界受污染的空气已随人一起进入气闸室。当工作人员再进入洁净室时，气闸室内受污染的空气又随人一起进入洁净室。

（4）传递窗　传递窗是洁净室内的一种辅助设备，主要用于洁净区与洁净区、非洁净区与洁净区之间的小件物品的传递，以减少洁净室的开门次数，从而最大限度地降低洁净区的污染。

传递窗两边的传递门应有防止同时被打开的措施，密封性要好，并易于清洁。传送至非无菌洁净室的传递窗可采用图 8-38（a）所示的机械式传递窗，传送至无菌洁净室的传递窗宜设置净化措施或其他防污染设施。图 8-38（b）是适用于无菌洁净室的气闸式传递窗。

（5）缓冲室　缓冲室是按相邻高等级洁净室的等级设计、体积不小于 $6m^3$ 的小室，其内设有洁净空气输送设备。缓冲室的作用要优于没有送风和洁净等级要求的气闸室。

由于单向流洁净室（参见第十二章第五节）的抗干扰能力很强，因此单向流洁净室之间无须设置缓冲室。

当乱流洁净室相通时，若相邻洁净室之间的洁净等级仅相差一级，则可不设缓冲室；若洁净等级相差两级或两级以上，但高等级洁净室的体积超过 $270m^3$ 或高等级洁净室（以 $25m^3$ 为准）的含尘浓度突然上升后，恢复至正常含尘浓度所需的时间不超过 2min，则均可不加缓冲，否则应设置缓冲室。

若洁净室之间的污染不仅仅是增加含尘浓度，而是改变性质的污染，如性质不同的尘源或菌种的污染，则必须设置缓冲室。

彩图展示：传递窗

彩图展示：
空气吹淋室

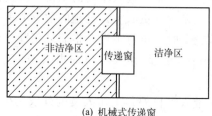

(a) 机械式传递窗

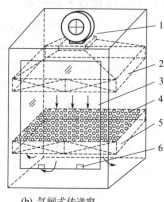

(b) 气闸式传递窗

图 8-38　传递窗

1—风机；2—高效过滤器；3—玻璃门；4—多孔板；5—中效过滤器；6—拉手

（6）空气吹淋室　空气吹淋室是一种可强制吹除附着于工作人员衣服上的尘粒的小室设备，又称为空气风淋室，常设于洁净室的入口处。空气吹淋室可分为小室吹淋室和通道式吹淋室，前者又可分为喷嘴型吹淋室和条缝型吹淋室。

要想吹除附着于衣服表面上的尘粒，必须使衣服表面的气流转变为湍流，即使衣服抖动起来。

气流由层流转变为湍流有一定的速度条件。例如，对于球形喷嘴，为了使衣服表面的气流由层流转变为湍流，自由射流到达衣服表面的冲击速度必须大于 $18 \sim 20 \mathrm{m} \cdot \mathrm{s}^{-1}$，这个速度称为临界吹淋速度。可见，为了吹除附着于衣服上的尘粒，气流到达衣服表面的冲击速度必须大于临界吹淋速度。

当使用人数超过 5 人时，为延长空气吹淋室的使用寿命，可设置旁通门。这样，工作人员可经旁通门离开洁净室而不必通过空气吹淋室。

3. 人员净化室和生活室的布置

① 盥洗室内应设洗手、烘干和消毒设备。水龙头的数量可以最大班人数按每 10 人设 1只确定。

② 在 B 级洁净区的入口处应设置空气吹淋室，在 C 级洁净区的入口处既可设置空气吹淋室，也可设置气闸室。当采用单人空气吹淋室时，空气吹淋室的台数可以最大班人数按每30 人设 1 台确定。

③ 生活用室中的厕所和淋浴室应布置在人员净化用室的区域之外。

4. 卫生通道的布置

卫生通道的洁净等级由外向内应逐步提高，故要求愈往内送风量愈大，以便造成正压，防止污染空气倒流，带入灰尘和细菌。

对于多层洁净厂房，卫生通道与洁净室常采用分层布置。通常是将换鞋处、外衣存放室、淋浴室、换内衣室布置在底层，然后通过洁净楼梯至有关各层，依次经过各层的二次更衣室（即穿无菌衣、鞋和手消毒室）、风淋室，再进入洁净区，如图 8-39 所示。

对于单层洁净厂房或面积较小的洁净室以及要求严格分隔的洁净室，常将卫生通道与洁净室布置在同一层。

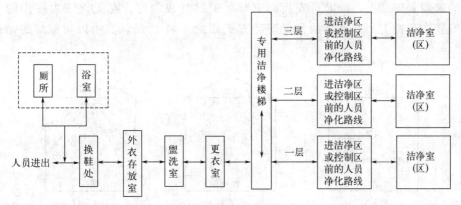

图 8-39　卫生通道与洁净室的分层布置

不论卫生通道与洁净室是否布置在同一层，进入洁净室的入口位置都很重要。理想的入口位置应靠近洁净区的中心。

（三）物料净化室的布置

1. 物料净化程序

进入控制区或洁净区的物料（包括成品、包装材料、容器和工具等）均应按图 8-40 所示的程序进行净化。

2. 物料净化通道和净化室的布置

① 物料净化出入口应独立设置，物料的传递路线应短捷，并避免与人员净化路线的交叉。

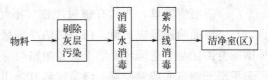

图 8-40　物料净化程序

② 在物料进入车间的入口处可设一外包装清洁室，其作用与人员净化程序中的净鞋、换鞋相同。

③ 在控制区前应设缓冲室，凡进入控制区的物料可先在缓冲室内刷除外表面的灰尘污染或剥除有污染的外皮，然后放入在控制区内使用的周转容器中。

④ 在洁净区前应设缓冲室，凡进入洁净区的物料可在缓冲室内刷除外表面的灰尘污染，并用消毒水擦洗消毒。然后在设有紫外灯的传递窗口内消毒，再传入洁净区。

⑤ 洁净区与缓冲室之间应设气闸室或传递窗，气闸室或传递窗内可用紫外灯照射消毒。

⑥ 生产过程中的废弃物应设置专用传递设施，其出口不应与物料进口共用一个气闸室或传递窗。

⑦ 多层厂房的货梯应布置在一般生产区或控制区内，而不能布置在洁净区内。若将货梯布置在控制区内，则电梯出入口处均应设置缓冲室，缓冲室应对洁净区保持负压状态。

（四）洁净室内的电气设计

（1）照明　洁净室内的照明应符合《GB 50073—2013 洁净厂房设计规范》和 GMP 2010 年版的要求，详见第十二章第三节。

（2）紫外灯　有灭菌要求的洁净室，若无防爆要求，可安装紫外灯。紫外灯的数量可按每 $6\sim15\text{m}^3$ 的空间需 $1\sim2$ 支紫外灯来确定。当室内有人操作时，应避免紫外线直接照射在人的眼睛和皮肤上，此时可安装向上照射的吊灯或侧灯。在无人室内使用的紫外灯可直接安装在顶棚上。紫外灯的常见安装方式如图 8-41 所示，其中以顶棚灯的杀菌效果最好。

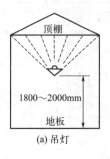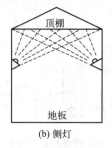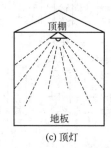

图 8-41　紫外灯的安装

（3）其他电气设备　仪表、配电板、接线盒、控制器、导线及其他元器件应尽量避免布置在洁净室内，必须布置时应隐藏在墙壁或天花板内。

（五）洁净室内的装修设计

洁净室内的地面可采用水磨石、塑料、耐酸磁板等不易起尘的材料，内墙常采用彩钢板装饰。彩钢板是一种夹芯复合板材，其芯板为聚苯乙烯或聚氨酯发泡板，表层为彩色热镀锌涂层钢板。

门窗造型应简单，并具有密封严密、不易积尘和清扫方便等特点。门窗不设门槛或窗台，与内墙面的连接应平整。门应由洁净等级高的方向向洁净等级低的方向开启。在空调区外墙或空调区与非空调区隔墙上设置的窗均应采用双层窗，其中至少一层为固定窗。传递窗可采用平开钢窗或玻璃拉窗。门窗材料宜采用金属或金属涂塑料板材，如窗可采用铝合金窗或塑钢窗，门可采用铝合金门或钢板门。

此外，洁净室（区）内各种管道、灯具、风口以及其他公用设施的设计和安装，均应避免出现不易清洁的部位。

第五节　设备布置图

设备布置图包括设备的平面布置图和立面布置图，它们都是车间布置设计的成果。设备布置图数量的多少以是否表达清楚为原则。当设备平面布置图能够说明设备的布置情况时，则不必绘制设备的立面布置图或根据需要仅绘制必要的剖视图（部分装置或设备的立面布置图）。

一、设备布置图的基本构成

设备布置图一般包括以下内容。

（1）厂房的建筑结构　在设备布置图中应标示出厂房的柱、墙、门、窗、楼梯等主要建筑结构。

（2）设备轮廓　设备布置图中所涉及的设备均以相应的主、侧、俯视时的轮廓线表示。

（3）尺寸标注　设备布置图中应标注出设备、操作台、吊装孔、地坑、地沟等的定位尺寸以及柱网间距。定位尺寸的标注应便于施工安装时的测量，如布置在室内的设备，其定位尺寸可标注成设备中心线至内墙面的垂直距离，而不能标注成设备中心线至墙中心线之间的距离。

（4）标题栏　车间的设备布置图通常包括多组平面和立面布置图，因此每张图纸均应在标题栏中注明是××车间设备在××层或××平面上的平面或立面布置图。

（5）设备一览表　在设备一览表中通常应列出设备位号、名称、规格、数量、材质和重量。在设备平面布置图的设备一览表中，有时也将某些设备的安装标高列出，以省去设备的立面布置图。

二、设备布置图示例

现以磺胺脒车间的设备布置为例介绍车间的布置设计。

1. 生产方法简介

磺胺脒属磺胺类药，用于肠道内的抗感染，如细菌性痢疾等，也可在肠道手术前使用，以预防感染。

磺胺脒可用氨苯磺胺与硝酸胍熔融缩合，经精制而得，其反应方程式为

$$2\ \underset{NH_2}{\overset{SO_2NH_2}{\bigcirc}} + 2HN\underset{NH_2}{\overset{NH_2}{=}} \cdot HNO_3 + Na_2CO_3 \xrightarrow{缩合} 2\ \underset{\underset{磺胺脒}{NH_2}}{\overset{SO_2NH-C-NH_2}{\underset{\ \ \ \ \ \ \ \ \ \overset{\|}{NH}}{\bigcirc}}} + 2NH_3\uparrow + CO_2\uparrow + 2NaNO_3 + H_2O$$

将氨苯磺胺、硝酸胍及碳酸钠混匀，取一部分混料加入缩合釜（R1101），搅拌加热使其熔融，然后再分次加入混料，控制釜内温度为120～130℃，待全部混料加完并熔融后，升温至152～156℃，在真空度14.66kPa以下反应8h。反应结束后，反应液放入盛有沸腾精制母液的溶解釜（R1102）中，搅拌溶解后，料液送入碱化釜（R1103）。向碱化釜中加入适量的液碱，然后冷却，析出磺胺脒粗晶体，经过滤器（M1101）过滤得磺胺脒粗品，滤液进入母液贮罐（V1101）供循环套用。

用冷水将磺胺脒粗品洗涤至中性，然后放入溶解釜（R1104），加水升温溶解，并加入活性炭脱色。趁热用过滤器（M1102）过滤，滤液在结晶罐（V1201）中冷却结晶，析出的晶体经离心机（M1201）甩干后得磺胺脒晶体，再经烘房（M1301）干燥后得磺胺脒精品。

2. 车间布置设计

由磺胺脒的生产方法可知，磺胺脒车间的主要设备有缩合釜、溶解釜、碱化釜、过滤器、母液贮罐、结晶罐、离心机、干燥设备和泵等。设备可采用两层布置，缩合釜（R1101）、碱化釜（R1103）、溶解釜（R1104）可布置在上层即操作台上，其余设备均布置在底层即厂房地面或地面基础上。

车间可采用集中式布置形式。显然，应将磺胺脒生产的最后阶段——精制、烘干、过筛、包装等有洁净等级要求的生产工序与一般生产区分隔开来，形成一个独立区域，并根据厂址所在区域的常年主导风向，将该区域布置在一般生产区的上风向。

在布置时可将有洁净等级要求的生产区域按工序分隔成若干个室，如结晶分离室、干燥室、粉碎室、成品室等，并根据洁净等级要求认真考虑人员和物料净化室（缓冲室、更衣室）以及卫生通道的布置。

图8-42和图8-43分别是磺胺脒车间的设备平面布置图和立面布置图。

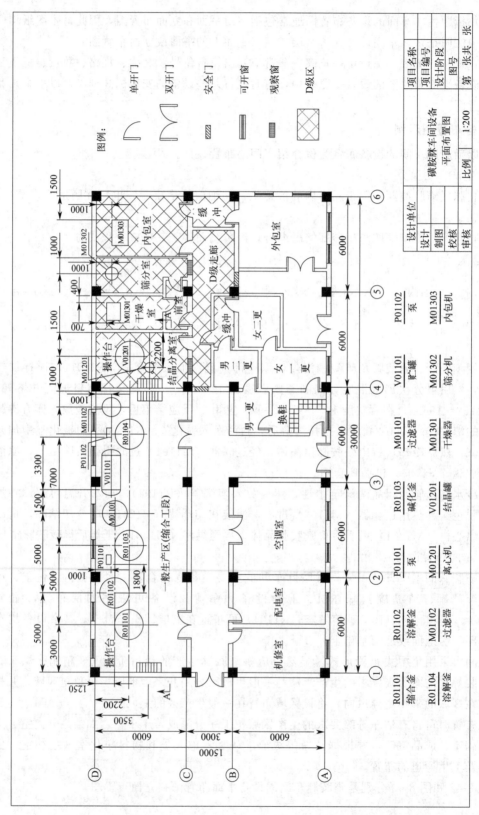

图 8-42 磺胺脒车间的设备平面布置图

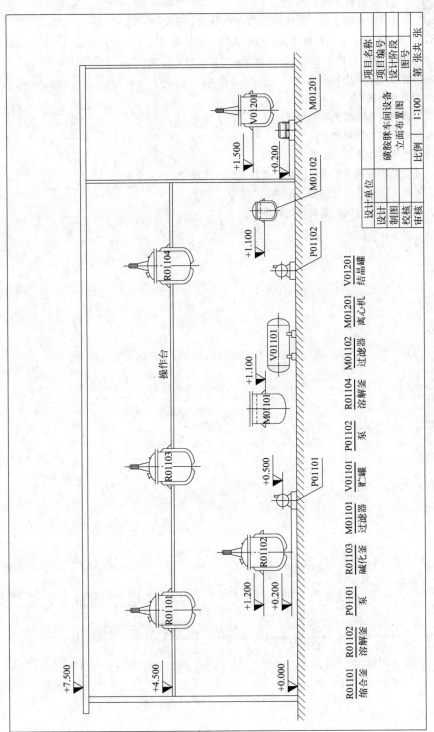

图 8-43 磺胺脒车间的设备立面布置图（A-A 剖视）

思　考　题

本章目标检测

1. 解释下列名词

①建筑模数；②柱网；③定位轴线；④跨度；⑤柱距；⑥变形缝；⑦吊装孔；⑧背光操作；⑨防爆车间；⑩防火墙；⑪"精烘包"工序；⑫技术夹层；⑬技术夹道或竖井；⑭技术走廊；⑮气闸室；⑯传递窗；⑰缓冲室；⑱空气吹淋室。

2. 简述车间布置设计的程序和成果。

3. 简述车间的布置形式。

4. 简述化工车间内设备布置的基本要求。

5. 简述制药洁净车间的区域划分。

6. 简述制药洁净车间布置的一般要求。

7. 简述进入非无菌产品或可灭菌产品生产区的人员净化程序。

8. 简述进入不可灭菌产品生产区的人员净化程序。

9. 简述进入控制区或洁净区的物料净化程序。

第九章　管道设计

第一节　概述

在药品生产中，水、蒸汽以及各种流体物料通常采用管道来输送。管道布置是否合理，不仅影响装置的基建投资，而且与装置建成后的生产、管理、安全和操作费用密切相关。因此，管道设计在制药工程设计中占有重要的地位。

一、管道设计的基础资料

管道设计是在车间布置设计完成之后进行的，已具备的基础资料有。

① 施工阶段带控制点的工艺流程图。

② 设备一览表。

③ 设备的平面布置图和立面布置图。

④ 定型设备的样本或安装图，非定型设备的设计简图和安装图。

⑤ 物料衡算和能量衡算资料。

⑥ 水、蒸汽等总管路的走向、压力等情况。

⑦ 建（构）筑物的平面布置图和立面布置图。

⑧ 与管道设计有关的其他资料，如厂址所在地区的地质、气象和水文资料等。

二、管道设计的内容

管道设计一般包括以下内容。

1. 选择管材

管材可根据被输送物料的性质和操作条件来选取。适宜的管材应具有良好的耐腐蚀性能，且价格低廉。

2. 管路计算

根据物料衡算结果以及物料在管内的流动要求，通过计算，合理、经济地确定管径是管道设计的一个重要内容。对于给定的生产任务，流体流量是已知的，选择适宜的流速后即可计算出管径。

在管道设计中，选择适宜的流速是十分重要的。流速选得越大，管径就越小，购买管子所需的费用就越小，但输送流体所需的动力消耗和操作费用将增大。因此，适宜的流速应通过经济衡算来确定。一般情况下，液体的流速可取 $0.5\sim3m\cdot s^{-1}$，气体的流速可取 $10\sim30m\cdot s^{-1}$。生产中某些流体在管道中的常用流速范围见附录8。

管子的壁厚对管路投资有较大的影响。一般情况下，低压管道的壁厚可根据经验选取，压力较高的管道的壁厚应通过强度计算来确定。

3. 管道布置设计

根据施工阶段带控制点的工艺流程图以及车间设备布置图，对管道进行合理布置，并绘出相应的管道布置图是管道设计的又一重要内容。

4. 管道绝热设计

多数情况下，常温以上的管道需要保温，常温以下的管道需要保冷。保温和保冷的热流传递方向不同，但习惯上均称为保温。

管道绝热设计就是为了确定保温层或保冷层的结构、材料和厚度，以减少装置运行时的热量或冷量损失。

5. 管道支架设计

为保证工艺装置的安全运行，应根据管道的自重、承重等情况，确定适宜的管架位置和类型，并编制出管架数据表、材料表和设计说明书。

6. 编写设计说明书

在设计说明书中应列出各种管子、管件及阀门的材料、规格和数量，并说明各种管道的安装要求和注意事项。

可见，管路计算和管道布置设计均是管道设计的重要内容。有关管路计算的内容在《制药化工原理》等课程中已有详细介绍，故此处不再重复。本章主要讨论管道布置设计。

第二节　管道、阀门及管件

一、公称压力和公称直径

公称压力和公称直径是管子、阀门及管件尺寸标准化的两个基本参数。

1. 公称压力

公称压力是管子、阀门或管件在规定温度下的最大许用工作压力（表压）。公称压力常用符号 P_g 表示，可分为12级，如表9-1所示。

表 9-1　公称压力等级

序号		1	2	3	4	5	6	7	8	9	10	11	12
公称压力	$kgf\cdot cm^{-2}$	2.5	6	10	16	25	40	64	100	160	200	250	320
	MPa	0.25	0.59	0.98	1.57	2.45	3.92	6.28	9.8	15.7	19.6	24.5	31.4

2. 公称直径

公称直径是管子、阀门或管件的名义内直径，常用符号 D_g 表示，如公称直径为100mm可表示为 D_g100。

公称直径并不一定就是实际内径。例如，管子的公称直径既不是它的外径，也不是它的内径，而是小于管子外径的一个数值。管子的公称直径一定，其外径也就确定了，但内径随壁厚而变。无缝钢管的公称直径和外径如表9-2所示。

表 9-2　无缝钢管的公称直径与外径　　　　　　　单位：mm

公称直径	10	15	20	25	32	40	50	65	80	100	125
外径	14	18	25	32	38	45	57	76	89	108	133
壁厚	3	3	3	3.5	3.5	3.5	3.5	4	4	4	4
公称直径	150	175	200	225	250	300	350	400	450	500	
外径	159	194	219	245	273	325	377	426	480	530	
壁厚	4.5	6	6	7	8	8	9	9	9	9	

对法兰或阀门而言，公称直径是指与其相配的管子的公称直径。如 D_g100 的管法兰或阀门，指的是连接公称直径为 100mm 的管子用的管法兰或阀门。

各种管路附件的公称直径一般都等于其实际内径。

二、管道

1. 常用管子

（1）钢管　钢管包括焊接（有缝）钢管和无缝钢管两大类，常见规格见附录 9。

焊接钢管通常由碳钢板卷焊而成，以镀锌管最为常见。焊接钢管的强度低、可靠性差，常用作水、压缩空气、蒸汽、冷凝水等流体的输送管道。

无缝钢管可由普通碳素钢、优质碳素钢、普通低合金钢、合金钢等的管坯热轧或冷轧（冷拔）而成，其中冷轧无缝钢管的外径和壁厚尺寸较热轧的精确。无缝钢管品质均匀、强度较高，常用于高温、高压以及易燃、易爆和有毒介质的输送。

（2）有色金属管　在药品生产中，铜管和黄铜管、铅管和铅合金管、铝管和铝合金管都是常用的有色金属管。例如，铜管和黄铜管可用作换热管或真空设备的管道，铅管和铅合金管可用来输送 15％～65％ 的硫酸，铝管和铝合金管可用来输送浓硝酸、甲酸、乙酸等物料。

（3）非金属管　非金属管包括无机非金属管和有机非金属管两大类。玻璃管、搪玻璃管、玻璃钢管、陶瓷管等都是常见的无机非金属管，橡胶管、聚丙烯管、硬聚氯乙烯管、聚四氟乙烯管、耐酸酚醛塑料管、不透性石墨管等都是常见的有机非金属管。

非金属管通常具有良好的耐腐蚀性能，在药品生产中有着广泛的应用。在使用中应注意非金属管的机械性能和热稳定性。

2. 管道连接

（1）卡套连接　卡套连接是小直径（≤40mm）管道、阀门及管件之间的一种常用连接方式，具有连接简单、拆装方便等优点，常用于仪表、控制系统等管道的连接。

（2）螺纹连接　螺纹连接也是一种常用的管道连接方式，具有连接简单、拆装方便、成本较低等优点，常用于小直径（≤50mm）低压钢管或硬聚氯乙烯管道、管件、阀门之间的连接。缺点是连接的可靠性较差、螺纹连接处易发生渗漏，因而不宜用作易燃、易爆和有毒介质输送管道之间的连接。

09-01 卡套连接

09-02 法兰

（3）焊接　焊接是药品生产中最常用的一种管道连接方法，具有施工方便、连接可靠、成本较低的优点。凡是不需要拆装的地方，应尽可能采用焊接。所有的压力管道，如煤气、蒸汽、空气、真空等管道应尽量采用焊接。

（4）法兰连接　法兰连接常用于大直径、密封性要求高的管道连接，也可用于玻璃管、塑料管、阀门、管件或设备之间的连接。法兰连接的优点是连接强度高、密封性能好、拆装比较方便。缺点是成本较高。

（5）承插连接　承插连接常用于埋地或沿墙敷设的给排水管，如铸铁管、陶瓷管、石棉水泥管等与管或管件、阀门之间的连接。连接处可用石棉水泥、水泥砂浆等封口，用于工作压力不高于 0.3MPa、介质温度不高于 60℃ 的场合。

09-03 卡箍

（6）卡箍连接　该法是将金属管插入非金属软管，并在插入口外，用金属箍箍紧，以防介质外漏。卡箍连接具有拆装灵活、经济耐用等优点，常用于临时装置或洁净物料管道的连接。

3. 管道的热补偿

管道的安装都是在常温下进行的，而在实际生产中被输送介质的温度通常不是常温，此时，管道会因温度变化而产生热胀冷缩。当管道不能自由伸缩时，其内部将产生很大的热应力。管道的热应力与管子的材质及温度变化有关，而与管道长度无关。所以，不能因为管子短而忽视热应力。

为减弱或消除热应力对管道的破坏作用，在管道布置时应考虑相应的热补偿措施。一般情况下，管道布置应尽可能利用管道自然弯曲时的弹性来实现热补偿，即采用自然补偿。有热补偿作用的自然弯曲管段又称为自然补偿器，如图 9-1 所示。

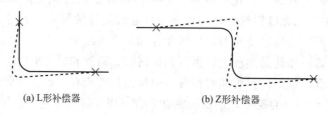

(a) L形补偿器　　　　　　(b) Z形补偿器

图 9-1　自然补偿器

实践表明，使用温度低于 100℃ 或公称直径不超过 50mm 的管道一般可不考虑热补偿。表 9-3 给出了可不装补偿器的最大直管长度。

表 9-3　可不装补偿器的最大直管长度

热水/℃	60	70	80	90	95	100	110	120	130	140	143	151	158	164	170	175	179	183
蒸汽/kPa							49	98	176.4	264.6	294	392	490	588	686	784	882	980
管长/m	65	57	50	45	42	40	37	32	30	27	27	27	25	25	24	24	24	24

当自然补偿不能满足要求时，应考虑采用补偿器补偿。补偿器的种类很多，图 9-2 为常用的 U 形和波形补偿器。

09-04 U 形补偿器

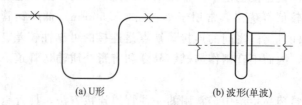

(a) U形　　　　　　(b) 波形(单波)

图 9-2　常用补偿器

U 形补偿器通常由管子弯制而成，在药品生产中有着广泛的应用。U 形补偿器具有耐压可靠、补偿能力大、制造方便等优点。缺点是尺寸和流动阻力较大。此外，U 形补偿器在安装时要预拉伸（补偿热膨胀）或预压缩（补偿冷收缩）。

波形补偿器常用 0.5～3mm 的不锈钢薄板制成，其优点是体积小、安装方便。缺点是不耐高压。波形补偿器主要用于大直径低压管道的热补偿。当单波补偿器的补偿量不能满足要求时，可采用多波补偿器。

09-05 波形
补偿器

4. 管道油漆及颜色

① 彻底除锈后的管道表层应涂红丹底漆两道，油漆一道。

② 需保温的管道应在保温前涂红丹底漆两道，保温后再在外表面上油漆一道。

③ 敷设于地下的管道应先涂冷底子油一道，再涂沥青一道，然后填土。

④ 不锈钢或塑料管道不需要涂漆。

常见管道的油漆颜色如表 9-4 所示。

表 9-4　管道油漆颜色

介质	颜色	介质	颜色
一次用水	深绿色	冷冻盐水	银灰色
二次用水	浅绿色	压缩空气	深蓝色
清下水	淡蓝色	真空	黄色
酸性下水	黑色	物料	深灰色
蒸汽	白点红圈色	排气	黄色
冷凝水	白色	油管	橙黄色
软水	翠绿色	生活污水	黑色
污下水	黑色		

5. 管道验收

安装完成后的管道需进行强度及气密性试验。

（1）水压试验　水压试验压力可根据管子和管路附件的公称压力按表 9-5 中的数据选取。

表 9-5　管子的公称压力 P_g 和试验压力 P_s　　　　　单位：MPa

P_g	P_s	P_g	P_s	P_g	P_s
0.5	—	1.57	2.35	12.75	19.12
0.1	0.2	2.45	3.73	15.69	23.54
0.25	0.39	3.92	5.88	19.61	29.42
0.39	0.59	6.28	9.41	24.52	37.27
0.59	0.88	7.85	11.77	31.38	47.07
0.98	1.47	9.81	14.71		

操作温度高于 200℃ 的钢制中、低压管路，试验压力可按式（9-1）计算

$$P_s = 1.25 P \frac{[\delta]}{[\delta]^t} \tag{9-1}$$

式中　P_s——水压试验压力，MPa；

　　　P——设计压力，MPa；

　　$[\delta]$——试验温度下材料的许用应力，MPa；

　　$[\delta]^t$——设计温度下材料的许用应力，MPa。

操作温度高于 200℃ 的钢制高压管路，试验压力可按式（9-2）计算

$$P_s = 1.5 P \frac{[\delta]}{[\delta]^t} \tag{9-2}$$

真空管路及管件，水压试验压力可取 0.2MPa 进行试验。

（2）气密性试验　水压试验合格后，方可进行气密性试验。试验时，首先将空气压力缓慢升高至设计压力并保持10min，然后在可能泄漏处涂上肥皂水检漏，符合要求后再将空气压力升高至试验压力进行试验。

三、阀门

1. 常用阀门

（1）旋塞阀　旋塞阀的结构如图9-3所示。旋塞阀具有结构简单、启闭方便快捷、流动阻力较小等优点。旋塞阀常用于温度较低、黏度较大的介质以及需要迅速启闭的场合，但一般不适用于蒸汽和温度较高的介质。由于旋塞很容易铸上或焊上保温夹套，因此可用于需要保温的场合。此外，旋塞阀配上电动、气动或液压传动机构后，可实现遥控或自控。

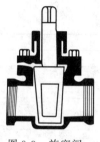

图9-3　旋塞阀

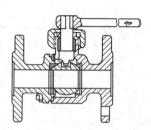

图9-4　球阀

（2）球阀　球阀的结构如图9-4所示。球阀体内有一可绕自身轴线作90°旋转的球形阀瓣，阀瓣内设有通道。球阀结构简单，操作方便，旋转90°即可启闭。球阀的使用压力比旋塞阀高，密封效果较好，且密封面不易擦伤，可用于浆料或黏稠介质。

（3）闸阀　闸阀的结构如图9-5所示。闸阀体内有一与介质的流动方向相垂直的平板阀芯，利用阀芯的升起或落下可实现阀门的启闭。闸阀的优点是不改变流体的流动方向，因而流动阻力较小。闸阀主要用作切断阀，常用作放空阀或低真空系统的阀门。闸阀一般不用于流量调节，也不适用于含固体杂质的介质。闸阀的缺点是密封面易磨损，且不易修理。

09-06 旋塞阀

09-07 截止阀　图9-5　闸阀

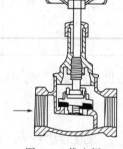

图9-6　截止阀

（4）截止阀　截止阀的结构如图9-6所示。截止阀的阀座与流体的流动方向垂直，流体向上流经阀座时要改变流动方向，因而流动阻力较大。截止阀结构简单，调节性能好，常用于流体的流量调节，但不宜用于高黏度或含固体颗粒的介质，也不宜用作放空阀或低真空系统的阀门。

（5）止回阀　止回阀的结构如图9-7所示。止回阀的阀体内有一圆盘或摇板，当介质顺流时，阀盘或摇板即升起打开；当介质倒流时，阀盘或摇板即自动关闭。因此，止回阀是一种自动启闭的单向阀门，用于防止流体逆向流动的场合，如在离心泵吸入管路的入口处常装有止回阀。止回阀一般不宜用于高黏度或含固体颗粒的介质。

（6）疏水阀　疏水阀的作用是自动排除设备或管道中的冷凝水、空气及其他不凝性气体，同时又能阻止蒸汽的大量逸出。因此，凡需蒸汽加热的设备以及蒸汽管道等都应安装疏水阀。

生产中常用的圆盘式疏水阀如图 9-8 所示。当蒸汽从阀片下方通过时，阀门关闭；反之，当冷凝水通过时，阀片重力不足以关闭阀片，冷凝水便连续排出。

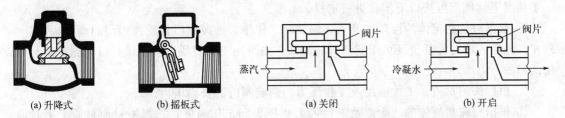

图 9-7　止回阀　　　　　　　　　　　图 9-8　圆盘式疏水阀

除冷凝水直接排入环境外，疏水阀前后都应设置切断阀。切断阀首先应选用闸阀，其次是选用截止阀。疏水阀与前切断阀之间应设过滤器，以防水垢等脏物堵塞疏水阀。疏水阀常成组布置，如图 9-9 所示。

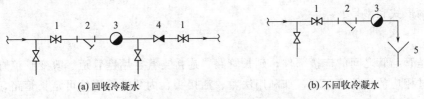

图 9-9　疏水阀的成组布置
1—闸阀；2—Y形过滤器；3—疏水阀；4—止回阀；5—敞口排水口

（7）减压阀　减压阀的阀体内设有膜片、弹簧、活塞等敏感元件，利用敏感元件的动作可改变阀瓣与阀座的间隙，从而达到自动减压的目的。

减压阀仅适用于蒸汽、空气、氮气、氧气等清净介质的减压，但不能用于液体的减压。此外，在选用减压阀时还应注意其减压范围，不能超范围使用。减压阀一般都成组布置，图 9-10 为蒸汽减压阀的成组布置图。

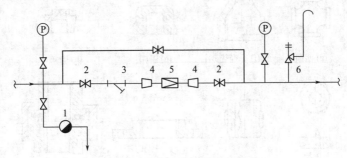

图 9-10　蒸汽减压阀的成组布置
1—疏水阀；2—闸阀；3—Y形过滤器；4—异径管；5—减压阀；6—弹簧式安全阀

（8）安全阀　安全阀内设有自动启闭装置。当设备或管道内的压力超过规定值时阀即自动开启以泄出流体，待压力恢复后阀又自动关闭，从而达到保护设备或管道的目的。

安全阀的种类很多，以弹簧式安全阀最为常用。当流体可直接排放到大气中时，可选用全启式安全阀；若流体不允许直接排放，则应选用封闭式安全阀，将流体排放到总管中。

2. 阀门的选择

阀门是管路系统的重要组成部件，流体的流量、压力等参数均可用阀门来调节或控制。阀门的种类很多，结构和特点各异。根据操作工况的不同，可选用不同结构和材质的阀门。一般情况下，阀门可按以下步骤进行选择。

① 根据被输送流体的性质以及工作温度和工作压力选择阀门材质。阀门的阀体、阀杆、阀座、压盖、阀瓣等部位既可用同一材质制成，也可用不同材质分别制成，以达到经济、耐用的目的。

② 根据阀门材质、工作温度及工作压力，确定阀门的公称压力。

③ 根据被输送流体的性质以及阀门的公称压力和工作温度，选择密封面材质。密封面材质的最高使用温度应高于工作温度。

④ 确定阀门的公称直径。一般情况下，阀门的公称直径可采用管子的公称直径，但应校核阀门的阻力对管路是否合适。

⑤ 根据阀门的功能、公称直径及生产工艺要求，选择阀门的连接形式。

⑥ 根据被输送流体的性质以及阀门的公称直径、公称压力和工作温度等，确定阀门的类别、结构形式和型号。

四、管件

管件是管与管之间的连接部件，延长管路、连接支管、堵塞管道、改变管道直径或方向等均可通过相应的管件来实现，如利用法兰、活接头、内牙管等管件可延长管路，利用各种弯头可改变管路方向，利用三通或四通可连接支管，利用异径管（大小头）或内外牙（管衬）可改变管径，利用管帽或管堵可堵塞管道等。图 9-11 为常用管件示意图。

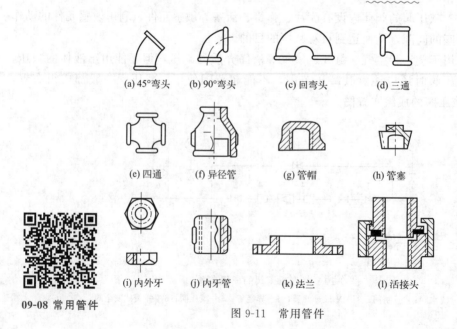

(a) 45°弯头　　(b) 90°弯头　　　(c) 回弯头　　　　(d) 三通

(e) 四通　　(f) 异径管　　　(g) 管帽　　　　(h) 管塞

(i) 内外牙　　(j) 内牙管　　　(k) 法兰　　　　(l) 活接头

09-08 常用管件

图 9-11　常用管件

第三节　管道布置中的常见技术问题

一、管道敷设

① 管道既可以明敷，也可以暗敷。一般化工车间内的管道多采用明敷，以减少投资，并有利于安装、操作和检修。有洁净要求的车间，动力室、空调室内的管道可采用明敷，而洁净室内的管道应尽可能采用暗敷。

② 应尽量缩短管路的长度，并注意减少拐弯和交叉。多条管路宜集中布置，并平行敷设。

③ 明敷的管道可沿墙、柱、设备、操作台、地面或楼面敷设，也可架空敷设。暗敷管道常敷设于地下或技术夹层内。

④ 陶瓷管的脆性较大，敷设于地下时，距地面的距离不能小于 0.5m。

⑤ 架空敷设的管道在靠近墙的转弯处应设置管架。靠墙敷设的管道，其支架可直接固定于墙上。

⑥ 塑料管等热膨胀系数较大的管道不能坚固于支架上。输送蒸汽或高温介质的管道，其支架宜采用滑动式。

二、管道排列

管道的排列方式应根据生产工艺要求以及被输送介质的性质等情况进行综合考虑。

① 小直径管道可支承在大直径管道的上方或吊在大直径管道的下方。

② 输送热介质的管道或保温管道应布置在上层；反之，输送冷介质的管道或不保温管道应布置在下层。

③ 输送无腐蚀性介质、气体介质、高压介质的管道以及不需经常检修的管道应布置在上层；反之，输送腐蚀性介质、液体介质、低压介质的管道以及需经常检修的管道应布置在下层。

④ 大直径管道、常温管道、支管少的管道、高压管道以及不需经常检修的管道应靠墙布置在内侧；反之，小直径管道、高温管道、支管多的管道、低压管道以及需经常检修的管道应布置在外侧。

三、管路坡度

管路敷设应有一定的坡度，坡度方向大多与介质的流动方向一致，但也有个别例外。管路坡度与被输送介质的性质有关，常见管路的坡度可参照表 9-6 中的数据选取。

表 9-6　常见管路的坡度

介质名称	蒸汽	压缩空气	冷冻盐水	清净下水	生产废水
管路坡度	0.002~0.005	0.004	0.005	0.005	0.001
介质名称	蒸汽冷凝水	真空	低黏度流体	含固体颗粒液体	高黏度液体
管路坡度	0.003	0.003	0.005	0.01~0.05	0.05~0.1

四、管路高度

管路距地面或楼面的高度应在 100mm 以上，并满足安装、操作和检修的要求。当管路下面有人行通道时，其最低点距地面或楼面的高度不得小于 2m。当管路下布置机泵时，应不小于 4m；穿越公路时不得小于 4.5m；穿越铁路时不得小于 6m。上下两层管路间的高度差可取

09-09 管道坡度

1000mm、1200mm 和 1400mm。

五、安装、操作和检修

① 管道的布置应不挡门窗、不妨碍操作，并尽量减少埋地或埋墙长度，以减轻日后检修的困难。

② 当管道穿过墙壁或楼层时，在墙或楼板的相应位置应预留管道孔，且穿过墙壁或楼板的一段管道不得有焊缝。

③ 管路的间距不宜过大，但要考虑保温层的厚度，并满足施工要求。一般可取 200mm、250mm 或 300mm，也可参照管路间距表中的数据选取（见附录 10）。管外壁、法兰外边、保温层外壁等突出部分距墙、柱、管架横梁端部或支柱的距离均不应小于 100mm。

④ 在管路的适当位置应配置法兰或活接头。小直径水管可采用丝扣连接，并在适当位置配置活接头；大直径水管可采用焊接并适当配置法兰，法兰之间可采用橡胶垫片。

⑤ 为操作方便，一般阀门的安装高度可取 1.2m，安全阀可取 2.2m，温度计可取 1.5m，压力计可取 1.6m。

⑥ 输送蒸汽的管道，应在管路的适当位置设置疏水阀，以及时排出冷凝水。

六、管路安全

① 管路应避免从电动机、配电盘、仪表盘的上方或附近通过。

② 若被输送介质的温度与环境温度相差较大，则应考虑热应力的影响，必要时可在管路的适当位置设置补偿器，以消除或减弱热应力的影响。

③ 输送易燃、易爆、有毒及腐蚀性介质的管路不应从生活间、楼梯和通道等处通过。

④ 凡属易燃、易爆介质，其贮罐的排空管应设阻火器。

⑤ 室内易燃、易爆、有毒介质的排空管应接至室外，弯头向下。

第四节　管道布置技术

一、常见设备的管道布置

1. 容器

① 釜式反应器等立式容器周围原则上可分成配管区和操作区，其中操作区主要用来布置需经常操作或观察的加料口、视镜、压力表和温度计等，配管区主要用来布置各种管道和阀门等。

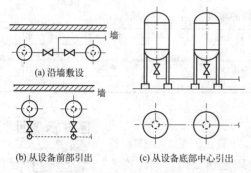

(a) 沿墙敷设

(b) 从设备前部引出　(c) 从设备底部中心引出

图 9-12　立式容器底部排出管的布置

② 立式容器底部的排出管路若沿墙敷设，距墙的距离可适当减少，以节省占地面积。但设备的间距应适当增大，以满足操作人员进入和切换阀门所需的面积和空间，如图 9-12(a) 所示。

③ 若排出管从立式容器前部引出，则容器与设备或墙的距离均可适当减小。一般情况下，阀门后的排出管路应立即敷设于地面或楼面以下，如图 9-12(b) 所示。

④ 若立式容器底部距地面或楼面的距离能够满足安装和操作阀门的需要，则可将排出管从容器底部中心引出，如图 9-12(c) 所示。从

设备底部中心直接引出排出管既可减少敷设高度，又可节约占地面积，但设备的直径不宜过大，否则会影响阀门的操作。

⑤ 需设置操作平台的立式容器，其进入管道宜对称布置，如图 9-13（a）所示。

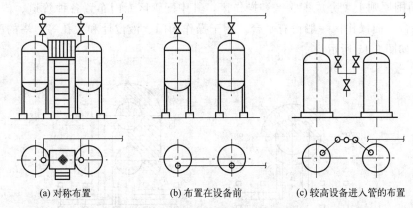

(a) 对称布置　　　　　　(b) 布置在设备前　　　　(c) 较高设备进入管的布置

图 9-13　立式容器顶部进入管道的布置

⑥ 对可站在地面或楼面上操作阀门的立式容器，其进入管道宜敷设在设备前部，如图 9-13（b）所示。

⑦ 若容器较高，且需站在地面或楼面上操作阀门，则其进入管路可参考图 9-13（c）中的方法布置。

⑧ 卧式容器的进出料口宜分别设置在两端，一般可将进料口设在顶部，出料口设在底部。

2. 泵

① 泵的进、出口管路均应设置管架，以避免进、出口管路及阀门的重量直接支承于泵体上。

② 应尽量缩短吸入管路长度，并避免不必要的管件和阀门，以减少吸入管路的阻力。

③ 吸入管路的内径不应小于泵吸入口的内径。若泵的吸入口为水平方向，则可在吸入管路上配置偏心异径管，管顶取平，以避免气袋"〓"，如图 9-14（a）所示。若吸入口为垂直方向，则可配置同心异径管，如图 9-14（b）所示。

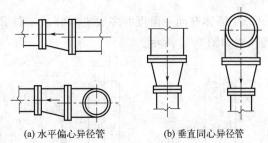

(a) 水平偏心异径管　　　　(b) 垂直同心异径管

图 9-14　泵入口异径管的布置

④ 为防止停泵时发生物料"倒冲"现象，在泵的出口管路上应设止回阀。止回阀应布置在泵与切断阀之间，停泵后应关闭切断阀，以免止回阀板因长期受压而损坏。

⑤ 在布置悬臂式离心泵的吸入管路时应考虑拆修叶轮的方便。

⑥ 往复泵、齿轮泵、螺杆泵、旋涡泵等容积式泵的出口不能堵死，其排出管路上一般应设安全阀，以防泵体、管路和电机因超压而损坏。

⑦ 在布置蒸汽往复泵的进汽管路时，应在进汽阀前设置冷凝水排放管，以防发生"水击汽缸"的现象。在布置排汽管路时，应尽可能减少流动阻力，并不设阀门。在可能积聚冷凝水的部位还应设置排放管，放空量较大的还应设置消声器。

⑧ 在计量泵、蒸汽往复泵以及非金属泵的吸入口处均应设置过滤器，以免杂物进入泵体。

3. 塔

① 塔周围原则上可分成配管区和操作区，其中配管区专门布置各种管道、阀门和仪表，一般不设平台。而操作区一般设有平台，用于操作阀门、液位计和人孔等。塔的配管区和操作区的布置如图 9-15 所示。

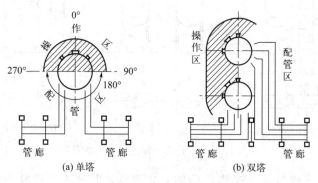

图 9-15　塔的配管区和操作区的布置

② 塔的配管比较复杂，各接管的管口方位取决于工艺要求、塔内结构以及相关设备的布置位置。

③ 塔顶气相出料管的管径较大，宜从塔顶引出，然后在配管区沿塔向下敷设。

④ 沿塔敷设的管道，其支架应布置在热应力较小的位置。直径较小且较高的塔，常置于钢架结构中，此时管道可沿钢架敷设。

⑤ 塔底管路上的阀门和法兰接口，不应布置在狭小的裙座内，以免操作人员在物料泄漏时因躲闪不及而造成事故。

⑥ 为避免塔侧面接管在阀门关闭后产生积液，阀门宜直接与塔体接管相连，如图 9-16 所示。

⑦ 塔体在同一角度有多股进料管或出料管并联时，不应采用刚性连接，而应采用柔性连接，如图 9-17 所示。

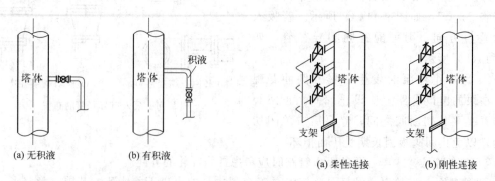

图 9-16　塔侧面阀门的布置　　　　图 9-17　多股进料管或出料管的布置

⑧ 人孔或手孔一般布置在塔的操作区，多个人孔或手孔宜在一条垂线上。人孔或手孔的数量和位置取决于安装及检修要求，人孔中心距平台的高度宜为 0.5～1.5m。

⑨ 压力表、液位计、温度计等仪表应布置在操作区平台的上方，以便观察。

4. 换热器

换热器的种类很多，其管道布置原则和方法基本相似。现以常见的列管式换热器为例介绍换热器的管道布置。

① 列管式换热器已实现标准化，其基本结构已经确定。但接管直径、管口方位和安装结构应根据管路计算和布置要求确定。

② 换热器的管道布置应考虑冷热流体的流向。一般热流体应自上而下流动，冷流体应自下而上流动。

③ 换热器左侧的管道应尽可能拐向左侧，右侧的管道应尽可能拐向右侧。

④ 换热器的管道布置不应妨碍换热管（束）的抽取以及阀门、法兰等的安装、检修或拆卸。

⑤ 阀门、压力表、温度计等都要安装在管道上，而不能安装在换热器上。

⑥ 进、出口管道的低点处应设排液阀，出口管道靠近换热器处应设排气阀。

⑦ 换热器的进、出口管路应设置必要的支吊架，以免进、出口管路及阀门的重量全部支承于换热器上。

二、常见管路的布置

1. 上下水管路的布置

上下水管路不能布置在遇水燃烧、分解、爆炸等物料的存放处。不能断水的供水管路至少应设两个系统，从室外环形管网的不同侧引入。

水管进入车间后，应先装一个止回阀，然后再装水表，以防停水或压力不足时设备内的水倒流至全厂的管网中，如图 9-18 所示。

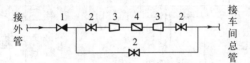

图 9-18　水管进入车间后水表及阀组的布置

1—止回阀；2—闸阀；3—异径管；4—水表

冷却器和冷凝器的上下水管路及阀门的常见布置方式如图 9-19 所示。图 9-19(a) 用于开放式回水系统，其排水漏斗应布置在操作阀门时可观察到的位置。图 9-19(b) 和图 9-19(c) 均用于密闭式回水系统，后者的上、下水管间设有连通管，当冬天设备停止运行时，水能继续循环而不致冻结。

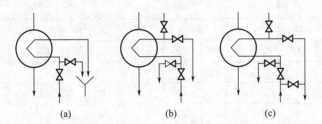

图 9-19　冷却器和冷凝器上下水管路及阀门的布置

反应器冷却盘管的接管及阀门的布置不能妨碍反应器盖子的开启，上下水管路与反应器外壁（含保温层）的间距应不小于 100mm。

操作通道附近可考虑设置几只吹扫接头（D_g 15～25），以便清洗设备及地面。排污地漏的直径可取 50～100mm。若污水具有腐蚀性（如酸性下水等），则应选用耐腐蚀地漏，地漏以后再接至规定的下水系统。

2. 蒸汽管路的布置

① 蒸汽管道一般从车间外部架空引进，经过减压或不经过减压计量后分送至各使用设备。

② 蒸汽管路应采取相应的热补偿措施。当自然补偿不能满足要求时，应根据管路的热伸长量和具体位置选择适宜的热补偿器。

③ 从蒸汽总管引出支管时，应选择总管热伸长量较小的位置如固定点附近，且支管应从总管的上方或侧面引出。

④ 将高压蒸汽引入低压系统时，应安装减压阀，且低压系统中应设安全阀，以免低压系统因超压而产生危险。

⑤ 蒸汽喷射器等减压用蒸汽应从总管单独引出，以使蒸汽压力稳定，进而使减压设备的真空度保持稳定。

⑥ 灭火、吹洗及伴热用蒸汽管路应从总管单独引出各自的分总管，以便在停车检修时这些管路仍能继续工作。

⑦ 蒸汽管路的适当位置应设置疏水装置。管路末端的疏水装置如图 9-20 所示。管路中途的疏水装置如图 9-21 和表 9-7 所示。

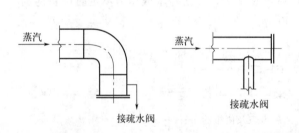

图 9-20　蒸汽管路末端疏水装置的布置

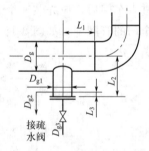

图 9-21　蒸汽管路中途疏水装置的布置

表 9-7　蒸汽管路中途疏水装置的尺寸　　　　　　　　　　单位：mm

D_g	D_{g1}	D_{g2}	D_{g3}	L_1	L_2	L_3	D_g	D_{g1}	D_{g2}	D_{g3}	L_1	L_2	L_3
25	25	15	25	200	150	40	125	100	20	25	300	200	40
32	32	15	25	200	150	40	150	100	20	25	350	200	40
40	40	15	25	200	150	40	200	100	20	40	350	200	40
50	50	15	25	200	150	40	250	150	25	40	400	200	50
65	65	15	25	250	150	40	300	150	25	40	400	200	50
80	80	15	25	250	150	40	350	150	25	40	450	200	50
100	100	20	25	300	150	40	400	150	25	40	450	200	50

⑧ 蒸汽加热设备的冷凝水，应尽可能回收利用。但冷凝水均应经疏水阀排出，以免带出蒸汽而损失能量。

⑨ 蒸汽冷凝水的支管应从主管的上侧或旁侧倾斜接入，如图 9-22 所示。不能将不同压

力的冷凝水接入同一主管中。

3. 排放管的布置

管道或设备的最高点处应设放气阀，最低点处应设排液阀。此外，在停车后可能产生积液的部位也应设排液阀。

管道的排放阀门（排气阀或排液阀）应尽可能靠近主管，其布置方式如图 9-23 所示。管道排放管的直径可根据主管的直径确定。一般情况下，若主管的公称直径小于 150mm，则排放管的公称直径可取 20mm；若主管的公称直径为 150～200mm，则排放管的公称直径可取 25mm；若主管的公称直径超过 200mm，则排放管的公称直径可取 40mm。

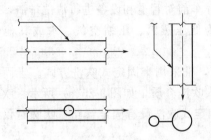

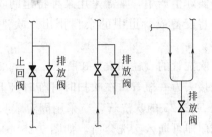

图 9-22　蒸汽冷凝水支管与主管的连接　　　　图 9-23　管道上排放阀门的布置

设备的排放阀门最好与设备本体直接相连。若无可能，可装在与设备相连的管道上，但以靠近设备为宜。设备上排放阀门的布置方式如图 9-24 所示。设备排放管的公称直径一般采用 20mm，容积大于 50m^3 时，可采用 40～50mm。

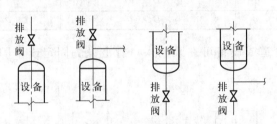

图 9-24　设备上排放阀门的布置

除常温下的空气和惰性气体外，蒸汽以及易燃、易爆、有毒气体不能直接排入大气，而应根据排放量的大小确定向火炬排放，或高空排放，或采取其他措施。

易燃、易爆气体管道或设备上的排放管应设阻火器。室外设备排放管上的阻火器宜设置在距排放管接口（与设备相接的口）500mm 处；室内设备排放管应引至室外，阻火器可布置在屋面上或邻近屋面布置，距排放管出口距离以不超过 1m 为宜，以便安装和检修。

4. 取样管的布置

① 设备或管道上的取样点应设在操作方便且样品具有代表性的位置上。

② 连续操作且容积较大的塔器或容器，其取样点应设在物料经常流动的位置上。

③ 若设备内的物料为非均相体系，则应在确定相间位置后方能设置取样点。

④ 在水平敷设的气体管路上设置取样点时，取样管应从管顶引出；在垂直敷设的气体管路上设置取样点时，取样管应与管路成 45°倾斜向上引出。

⑤ 液体物料在垂直敷设的管道内自下而上流动时，取样点可设在管路的任意侧；反之，若液体自上而下流动，则除非液体能充满管路，否则不宜设取样点。

⑥ 若液体物料在水平敷设的管道内自流，则取样点应设在管道的下侧；若在压力下流动，则取样点可设在管道的任意侧。

⑦ 取样阀启闭频繁，容易损坏，因此常在取样管上装两只阀门，其中靠近设备的阀作为切断阀，正常工作时处于开启状态，维修或更换取样阀时将其关闭；另一只阀为取样阀，仅在取样时开启，平时处于关闭状态。不经常取样的点也可只装一只阀。

⑧ 靠近设备或管路的切断阀，一般选用 $D_g 15$ 的针形阀。取样阀则由取样要求决定，液体取样常选用 $D_g 15$ 或 $D_g 6$ 的针形阀或球阀，气体取样一般选用 $D_g 6$ 的针形阀。

5. 吹洗管的布置

实际生产中，常需采用某种特定的吹洗介质在开车前对管道和设备进行清洗排渣，在停车时将设备或管道中的余料排出。吹洗介质一般为低压蒸汽、压缩空气、水或其他惰性气体。

吹洗管的直径如表 9-8 所示。$D_g \leqslant 25$ 的吹洗管，常采用半固定式吹洗方式。半固定式吹洗接头为一短管，在吹扫时可临时接上软管并通入吹洗介质，如图 9-25(a) 所示。吹洗频繁或 $D_g > 25$ 的吹洗管，应采用固定式吹洗方式。固定式吹洗设有固定管路，吹洗时仅需开启阀门即可通入吹洗介质，如图 9-25(b) 所示。

表 9-8　吹洗管的直径

被吹洗管管径/mm	吹洗管管径/mm	
	被吹洗管管长≤100m	被吹洗管管长>100m
$D_g \leqslant 100$	$D_g 20$	$D_g 25$
$100 < D_g \leqslant 200$	$D_g 25$	$D_g 60 \sim 50$
$D_g > 200$	$D_g 40$	$D_g 80$

开车前需水洗的管道或设备可在泵的入口管上设置固定或半固定式接头，如图 9-26 所示。

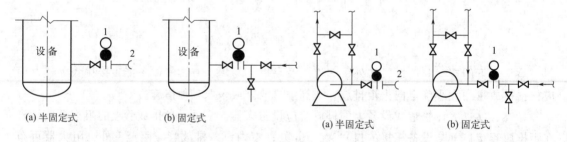

(a) 半固定式　　(b) 固定式	(a) 半固定式　　(b) 固定式
图 9-25　设备吹洗管的布置	图 9-26　设备水洗管的布置
1—盲通两用板；2—吹扫接头	1—盲通两用板；2—吹扫接头

6. 双阀的设置

在需要严格切断设备或管道时可设置双阀，但应尽量少用，特别是采用合金钢阀或 $D_g > 150$ 的钢阀时，更应慎重考虑。

例如，某些间歇反应过程，若反应进行时再漏进某种介质，有可能引起燃烧、爆炸或严重的质量事故，则应在该介质的管路上设置双阀，并在两阀之间设一放空阀，如图 9-27 所示。工作时阀 2 开启，阀 1 均关闭。当一批操作

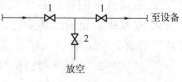

图 9-27　双阀的设置

完成，准备下一批投料时，关闭阀2，打开阀1。

三、洁净厂房内的管道布置

洁净厂房内的管道布置除应遵守一般化工车间管道布置的有关规定外，还应遵守如下布置原则。

① 洁净厂房的管道应布置整齐，引入非无菌室的支管可明敷，引入无菌室的支管不能明敷。应尽量缩短洁净室内的管道长度，并减少阀门、管件及管架或支架数量。

② 洁净室内公用系统主管应敷设在技术夹层、技术夹道或技术竖井中，但主管上的阀门、法兰和螺纹接头不宜设在技术夹层、技术夹道或技术竖井内，而吹扫口、放净口和取样口则应设置在技术夹层、技术夹道或技术竖井外。

③ 从洁净室的墙、楼板或硬吊顶穿过的管道，应敷设在预埋的金属套管中，套管内的管道不得有焊缝、螺纹或法兰。管道与套管之间的密封应可靠。

④ 穿过软吊顶的管道，不应穿过龙骨，以免影响吊顶的强度。

⑤ 排水主管不应穿过有洁净要求的房间，洁净区的排水总管顶部应设排气罩，设备排水口应设水封装置，以防室外窨井污气倒灌至洁净区。

⑥ 有洁净要求的房间应尽量少设地漏，A级洁净室内不宜设地漏。有洁净要求的房间所设置的地漏，应采用带水封、格栅和塞子的全不锈钢内抛光的洁净室地漏（参见图 8-35）。

⑦ 管道、阀门及管件的材质既要满足生产工艺要求，又要便于施工和检修。管道的连接方式常采用安装、检修和拆卸均较为方便的卡箍连接。

⑧ 法兰或螺纹连接所用密封垫片或垫圈的材料以聚四氟乙烯为宜，也可采用聚四氟乙烯包覆垫或食品橡胶密封圈。

⑨ 纯水、注射用水及各种药液的输送常采用不锈钢管或无毒聚乙烯管。引入洁净室的各支管宜用不锈钢管。输送低压液体物料常用无毒聚乙烯管，这样既可观察内部料液的情况，又有利于拆装和灭菌。

⑩ 输送无菌介质的管道应有可靠的灭菌措施，且不能出现无法灭菌的"盲区"。输送纯水、注射用水的主管宜布置成环形，以避免出现"盲管"等死角。

⑪ 洁净室内的管道应根据其表面温度及环境状态（温度、湿度）确定适宜的保温形式。热管道保温后的外壁温度不应超过 40℃，冷管道保冷后的外壁温度不能低于环境的露点温度。此外，洁净室内管道的保温层应加金属保护外壳。

第五节　管道布置图简介

一、概述

管道布置图包括管道的平面布置图、立面布置图以及必要的轴测图和管架图等，它们都是管道布置设计的成果。

管道的平面和立面布置图是根据带控制点的工艺流程图、设备布置图、管口方位图以及土建、电气、仪表等方面的图纸和资料，按正投影原理（参见图 9-28）绘制的管道布置图，它是管道施工的主要依据。

管道轴测图是按正等轴测投影原理（参见图 9-29）绘制的管道布置图，能反映长、宽、高三个长度，是表示管道、阀门、管件、仪表等布置情况的立体图样，具有很强的立体感，比较容易看懂。

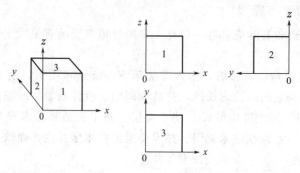

图 9-28　正投影原理示意

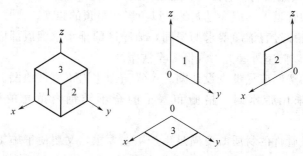

图 9-29　正等轴测投影原理示意

　　管道轴测图一般在印好格式的纸上绘制，管道走向符合方向标的规定，此方向标的北（N）向与管道平面、立面布置图上的方向标的北向应保持一致，如图 9-30 所示。

　　管道轴测图不必按比例绘制，但各种管件、阀门之间的比例及在管线中的相对位置比例要协调。如在图 9-31 中，阀门的位置是紧接弯头而离三通较远。

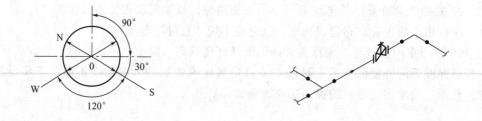

图 9-30　指北方向标　　　　　　　　　　　图 9-31　阀门的位置

二、管道布置图的基本构成

　　管道布置图一般包括以下内容。

　　1. 设备轮廓

　　在管道布置图中，设备均以相应的主、侧、俯视、轴测时的轮廓线表示，并标注出设备的名称和位号。

　　2. 管道、阀门及管件

　　管道是管道布置图的主要表达内容，为突出管道，主要物料管道均采用粗实线表示，其他管道可采用中粗实线表示。直径较大或某些重要管道，可用双中粗实线表示。

　　管道布置图中的阀门及管件一般不用投影表示，而用简单的图形和符号表示。常见管子、阀门及管件的表示符号可参阅有关设计手册。

　　3. 尺寸标注

　　管道布置图中主要标注管道、管件、管架、仪表及阀门的定位尺寸，此外，还应标注出厂房建筑的长、宽、高、柱间距等基本尺寸以及操作平台的位置和标高，但一般不标注设备的定位尺寸。

　　4. 标题栏

　　管道布置图通常包括多组平面、立面布置图以及必要的轴测图、管架图等，因此每张图纸均应在标题栏中注明是××车间、工段或工序在××层或平面上的管道平、立面布置图或轴测图。

三、管道布置图的表示方法

　　1. 单根管道

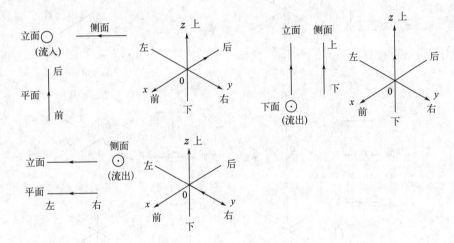

　　2. 多根管道

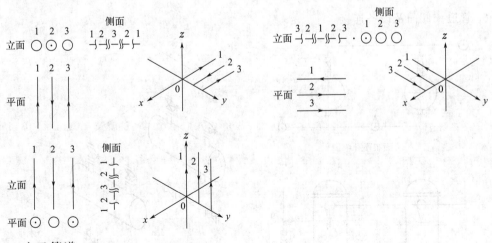

　　3. 交叉管道

　　在正等轴测图中，标高高的或前面的管道应画完整，标高低的或后面的管道则以断开线的形式画出。

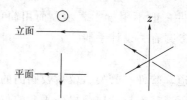

4. 弯管

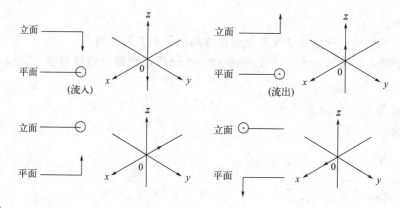

5. 三通

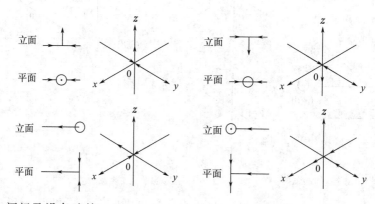

6. 管道、阀门及设备连接

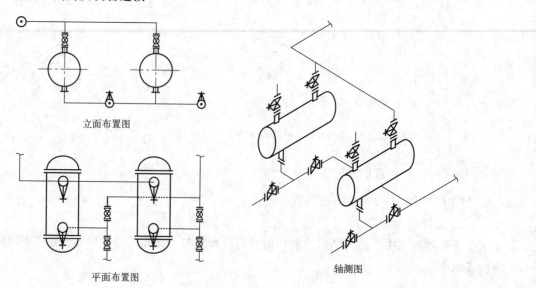

立面布置图

平面布置图

轴测图

思 考 题

本章目标检测

1. 简述管道设计的内容。

2. 简述制药生产中的常用管子。

3. 简述常用的管道连接方式及特点。

4. 简述管道的热补偿方法。

5. 简述管道的气密性试验方法。

6. 简述制药生产中的常用阀门及其特点。

7. 试设计水管进入车间后水表及阀组的布置简图。

8. 试设计下列三种情况下冷凝器上下水的布置简图。①开放式回水系统；②密闭式回水系统，环境温度较高；③密闭式回水系统，环境温度较低。

第十章 制药工业与环境保护

本章课件

学习要求

1. 掌握：表征废水水质的主要指标；制药废水中污染物的主要控制指标。

2. 熟悉：生物法处理废水的基本原理及对水质的要求；典型的好氧和厌氧生物处理法。

3. 了解：制药工业污染的特点；废水处理的基本方法；废气处理技术；废渣处理技术；噪声控制技术。

第一节 概述

一、环境保护的重要性

环境是人类赖以生存和社会经济可持续发展的客观条件和空间。随着现代工业的高速发展，环境保护问题已引起人们的极大关注。从 20 世纪 50 年代起，一些国家因工业废弃物排放或化学品泄漏所造成的环境污染，一度发展成为严重的社会公害，甚至发生严重的环境污染事件。例如，1952 年，英国伦敦曾因燃煤烟尘的大量排放而导致严重的空气污染，大量的烟雾滞留在伦敦上空，导致 4000 多人死亡。20 世纪 70 年代，美国俄亥俄州的 Cuyahoga 河，由于严重的化学污染而引起河面着火。1984 年，美国联合碳化物公司在印度博帕尔市的子公司发生甲基异氰酸的大量泄漏，导致约 4000 人死亡，数万人受伤的惨剧。2001 年，罗马尼亚的一家化工厂发生氰化物泄漏，严重破坏了多瑙河流域的生态环境，使当时多瑙河下游的匈牙利、南斯拉夫等国深受其害，引起了国际诉讼纠纷等。环境污染直接威胁人类的生命和安全，也影响了经济的顺利发展，成为严重的社会问题。在公众和社会舆论的压力下，许多国家相继成立了环境保护管理机构，加强对环境污染的防治工作，并制定了一系列的环境保护法规。通过多年的努力，使环境污染得到了有效的控制，环境质量也有了很大的提高。

我国对环境污染的治理十分重视，自 1973 年建立环境保护机构起，各级环境保护部门就开展了污染的治理和综合利用。几十年来，我国在治理污染方面不仅加强了立法，而且投入了大量的资金，相继建成了大批治理污染的设施，取得了比较明显的环境效益。但是，由于我国经济的持续高速发展和能源消费结构的不合理，加上人们对环境污染严重性的认识仍然不足，致使我国工业污染的治理落后于工业生产的发展。伴随着我国"世界工厂"地位的确立，环境压力同时也达到了高峰。许多江河湖泊受到了不同程度的污染，城市河段尤为严重。一些地区的地下水也受到了污染，饮用水源受到了威胁。废气污染导致空气的质量下降，一些工业城市居民某些疾病的患病率明显高于农村。工业污染不仅严重威胁人类的健康，而且给经济的可持续发展带来了巨大的损害。面对日益严峻的环境形势，传统的先污染后治理的治污方案往往难以奏效，必须采取切实可行的措施，走高科技、低污染的跨越式产业发展之路，治理和保护好环境，促进我国经济的可持续发展。

二、我国防治污染的方针政策

如何保护和改善生活环境和生态环境，合理地开发和利用自然环境和自然资源，制定有效的经济政策和相应的环境保护政策，是关系到人体健康和社会经济可持续发展的重大问题。我国历来重视保护生态平衡工作，消除污染、保护环境已成为我国的一项基本国策。特别是改革开放以来，我国先后完善和颁布了《环境保护法》《大气污染防治法》《水污染防治法》《海洋环境保护法》《固体废物污染环境防治法》《环境噪声污染防治法》以及与各种法规相配套的行政、经济法规和环境保护标准，基本形成了一套完整的环境保护法律体系。

制药工业是我国国民经济的重要组成部分，对我国经济总量的高速增长作出了重要贡献，但同时也造成了比较严重的环境污染。为此，2008 年国家首次颁布了《制药工业水污染物排放标准》，包括发酵类、化学合成类、提取类、中药类、生物工程类和混装制剂类六个系列，该标准与国际先进的环境标准接轨，污染物排放限值大幅度加严，是国家强制性标准。为进一步贯彻《环境保护法》等相关法律法规，防治环境污染，保障生态安全和人体健康，促进制药工业生产工艺和污染治理技术的进步，2012 年我国又颁布了《制药工业污染防治技术政策》，该技术政策为指导性文件，适用于制药工业（包括兽药）。

10-01 制药工业水污染物排放国家标准

10-02 "三同时"制度

所有企业、单位和部门都要遵守国家和地方的环境保护法规，采取切实有效的措施，限期解决污染问题。凡是新建、扩建和改造项目都必须按国家基本建设项目环境管理办法的规定，切实执行环境评价报告制度和"三同时"制度，做到先评价，后建设，环保设施与主体工程同时设计、同时施工、同时投产，防止发生新的污染。在完善"三同时"申报制度、环境影响评价制度和排污收费制度的基础上，我国还推行环境保护目标责任制、城市环境综合整治定量考核、污染物排放许可证制度、污染集中控制和污染限期治理等制度。这些制度的实施是加强我国环境管理工作的有力措施。

三、制药工业污染的特点和现状

（一）制药工业污染的特点

化学制药厂排出的污染物通常具有毒性、刺激性和腐蚀性，这也是工业污染的共同特征。此外，化学制药厂的污染物还具有组分多、数量大、间歇排放、pH 值不稳定、化学需氧量（COD）高等特点。这些特点与防治措施的选择有直接的关系。

1. 组分多、相对量大

制药工业对环境的污染主要来自于原料药的生产。虽然原料药的生产规模通常较小，但排出的污染物的数量相对较大；且化学原料药的生产具有反应多而复杂、工艺路线较长等特点，因此所用原辅材料的种类较多，反应形成的副产物也多，有的副产物甚至连结构都难以搞清，这给污染的综合治理带来了很大的困难。

2. 间歇排放

由于药品生产的规模通常较小，因此化学制药厂大多采用间歇式生产方式，污染物的排放自然也是间歇性的。间歇排放是一种短时间内高浓度的集中排放，而且污染物的排放量、浓度、瞬时差异都缺乏规律性，这给环境带来的危害要比连续排放严重得多。此外，间歇排放也给污染的治理带来了不少困难。如生物处理法要求流入废水的水质、水量比较均匀，若变动过大，会抑制微生物的生长，导致处理效果显著下降。

3. pH 值不稳定

化学制药厂排放的废水，有时呈强酸性，有时呈强碱性，pH 值很不稳定，对水生生物、构筑物和农作物都有极大的危害。在生物处理或排放之前必须进行中和处理，以免影响处理效果或者造成环境污染。

4. 化学需氧量高

化学制药厂产生的污染物一般以有机污染物为主，其中有些有机物能被微生物降解，而有些则难以被微生物降解。因此，一些废水的化学需氧量很高，但生化需氧量却不一定很高。对于那些浓度高而又不易被生物氧化的废水要另行处理，如萃取、焚烧等。否则，经生物处理后，出水中的化学需氧量仍会高于排放标准。

（二）我国制药工业污染的现状

制药厂尤其是化学制药厂是环境污染较为严重的企业。从原料药到药品，整个生产过程都有造成环境污染的因素。特别是，跨国制药公司将污染较为严重的原料药生产设在我国和印度等发展中国家，这一方面给我国原料药企业带来了难得的发展机遇。但同时生产原料药既对资源浪费较高，又会使环境遭到较大的污染。据不完全统计，全国药厂每年排放的废气量约 10 亿 m^3（标），其中含有害物质约 10 万 t；每天排放的废水量约 50 万 m^3；每年排放的废渣量约 10 万 t，对环境的危害十分严重。近年来，通过工艺改革、回收和综合利用等方法，在消除或减少危害性较大的污染物方面已做了大量的工作。用于治理污染的投资也逐年增加，各种治理污染的装置相继在各药厂投入运行。然而，由于制药工业环境保护的"历史欠账"，以及污染的治理难度较大等原因，致使防治污染的速度仍落后于制药工业的发展速度。从总体上看，制药行业的污染仍然十分严重，治理的形势相当严峻。全行业污染治理的程度也不平衡，条件好的制药厂已达二级处理水平，即全厂大部分污染得到了妥善处理；但仍有相当数量的制药厂仅仅是一级处理，甚至还有一些制药厂没能做到清污分流。个别制药企业的法治观念不强，环保意识不深，随意倾倒污染物的现象时有发生，对环境造成了严重污染。

制药行业防治污染，一靠政策，二靠技术，三靠管理。首先要提高认识，增强环境保护意识，严格规章制度，认真执行环境保护法规。其次，要用无废或少废的先进工艺技术和设备，淘汰那些消耗高、污染大的落后的工艺技术。所有新建、扩建和改建项目都必须实行"三同时"政策。对于国内尚无可靠污染治理技术的引进项目，要随同主体生产装置引进环保技术和设备。要加大环保设施的资金投入，没有治理的企业要抓紧治理，限期解决污染问题。对于已有治污装置的企业，要努力使装置正常运行，确保达标排放。限期达不到排放标准的企业要坚决实行关、停、并、转。要建立健全环保科研、监测和管理体制，人员要充实，

10-03 环保任务分级管控

10-04 环保设施运行过程监控

10-05 污染物在线监测

10-06 环境检测管理

以保证繁重而艰巨的环保工作能有计划地顺利进行。

第二节　污染防治措施

药品的生产过程既是原料的消耗过程和产品的形成过程，也是污染物的产生过程。药品所采取的生产工艺决定了污染物的种类、数量和毒性。因此，防治污染首先应从工艺路线入手，尽量采用那些污染小或没有污染的绿色生产工艺，改造那些污染严重的落后生产工艺，以消除或减少污染物的排放。其次，对于必须排放的污染物，要积极开展综合利用，尽可能化害为利。最后才考虑对污染物进行无害化处理。

一、采用绿色生产工艺

在 20 世纪中叶，人们对污染物的毒性、致病性等缺乏足够的认识，普遍认同"稀释废物可防治环境污染"的观点，即只要将废弃物稀释排放就可以无害，因而没有相应的法规来限制污染物的排放。此后，人们逐渐认识到污染物对环境所造成的危害，各国相继制定了一系列的环境保护法规，以限制污染物的排放量，特别是污染物的排放浓度，从而开发了一系列的污染治理技术，如中和废液、洗涤废气、焚烧废渣等等。至 20 世纪 90 年代，人们已认识到环境保护的首选对策是从源头上消除或减少污染物的排放，即在对环境污染进行治理的同时，要努力采取措施从源头上消除污染。

绿色生产工艺是从源头上消除污染的一项有效措施，是最为理想的污染防治方法。绿色生产工艺的主要内容是针对生产过程的主要环节和组分，重新设计少污染或无污染的生产工艺，并通过改进操作方法、优化工艺操作参数等措施，实现制药过程的节能、降耗、消除或减少环境污染的目的。

（一）重新设计少污染或无污染的生产工艺

在重新设计药品的生产工艺时应尽可能选用无毒或低毒的原辅材料来代替有毒或剧毒的原辅材料，以降低或消除污染物的毒性。如在氯霉素的合成中，原采用氯化高汞作催化剂制备异丙醇铝，后改用三氯化铝代替氯化高汞作催化剂，从而彻底解决了令人棘手的汞污染问题。

$$2Al + 6(CH_3)_2CHOH \xrightarrow{\text{催化剂}} 2Al[(CH_3)_2CHO]_3 + 3H_2\uparrow$$

在药物合成中，许多药品常常需要多步反应才能得到。尽管有时单步反应的收率很高，但反应的总收率一般不高。在重新设计生产工艺时，通过简化合成步骤，可以减少污染物的种类和数量，从而减轻处理系统的负担，有利于环境保护。布洛芬的生产就是一个很好的例子。

布洛芬是一种非甾体消炎镇痛药，其消炎、镇痛及解热作用比阿司匹林大 16～32 倍，因此常被用作消肿和消炎。布洛芬原来的合成是采用 Boot 公司的 Brown 合成方法，从原料到产品需如下六步反应。

（化学结构式与反应式）

$$\xrightarrow{\text{NaOH}}$$

$$\xrightarrow{\text{水蒸气}}$$

$$\xrightarrow{\text{AgNO}_3,\text{KOH}}$$

$$\xrightarrow{\text{HCl}}$$

1992 年，BHC 公司发明了布洛芬生产的新方法，该方法只采用三步反应即可得到产品布洛芬。

$$\xrightarrow[\text{HF}]{(\text{CH}_3\text{CO})_2\text{O}}$$

$$\xrightarrow[\text{H}_2]{\text{Raney Ni}}$$

$$\xrightarrow{\text{CO,Pd}}$$

采用新发明的方法生产布洛芬，废物量可减少 37%，BHC 公司因此获得了 1997 年度美国"总统绿色化学挑战奖"的变更合成路线奖。

设计无污染的绿色生产工艺是消除环境污染的根本措施。如苯甲醛在化学合成中是一种重要的中间体，传统的合成路线是通过二氯代苄水解而得

$$\xrightarrow[\text{光和热}]{\text{Cl}_2}$$

$$\xrightarrow[\text{H}^+]{\text{H}_2\text{O}}$$

选择适当的条件进行甲苯侧链氯化，得到以亚苄基二氯为主的产物。再经水解、精馏等步骤即可得到苯甲醛。该工艺在生产过程中不仅要产生大量需治理的废水，而且由于有伴随光和热的大量氯气参与反应，因此，对周围的环境会造成严重污染。间接电氧化法制备苯甲醛是一条绿色生产工艺，其基本原理是在电解槽中将 Mn^{2+} 电解氧化成 Mn^{3+}，然后将 Mn^{3+} 与甲苯在槽外反应器中定向生成苯甲醛，同时 Mn^{3+} 被还原成 Mn^{2+}。经油水分离后，水相返回电解槽电解氧化，油相（含苯甲醛）经精馏分出苯甲醛后返回反应器，其反应方程式为

$$Mn^{2+} \xrightarrow{\text{电解氧化反应}} Mn^{3+} + e$$

$$+4Mn^{3+} + H_2O \longrightarrow +4Mn^{2+} + 4H^+$$

上述工艺中油水两相分别构成闭路循环，整个工艺过程无污染物排放，是一条绿色生产工艺。

（二）优化工艺参数

化学反应的许多工艺参数，如原料纯度、投料比、反应时间、反应温度、反应压力、溶

剂、pH 值等，不仅会影响产品的收率，而且会影响污染物的种类和数量。对化学反应的工艺参数进行优化，获得最佳工艺条件，是减少或消除污染的一个重要手段。如在药物生产中，为促使反应完全，提高收率或兼作溶剂等原因，生产上常使某种原料过量，这样往往会增加污染物的数量。因此必须统筹兼顾，既要使反应完全，又要使原料不致过量太多。如乙酰苯胺的硝化反应

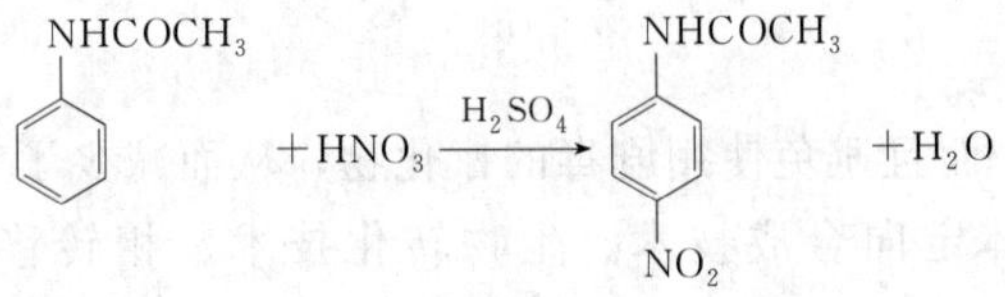

原工艺要求将乙酰苯胺溶于硫酸中，再加混酸进行硝化反应。后经研究发现，乙酰苯胺硫酸溶液中的硫酸浓度已足够高，混酸中的硫酸可以省去。这样不但节省了大量的硫酸，而且大大减轻了污染物的处理负担。

（三）改进操作方法

在生产工艺已经确定的前提下，可从改进操作方法入手，减少或消除污染物的形成。如广谱抗菌药诺氟沙星合成中的对氯硝基苯氟化反应，原工艺采用二甲基亚砜（DMSO）作溶剂。由于 DMSO 的沸点和产物对氟硝基苯的沸点接近，难以直接用精馏方法分离，须采用水蒸气蒸馏才能获得对氟硝基苯，因而不可避免地产生一部分废水。后改用高沸点的环丁砜作溶剂，反应液除去无机盐后，可直接精馏获得对氟硝基苯，从而避免了废水的生成。

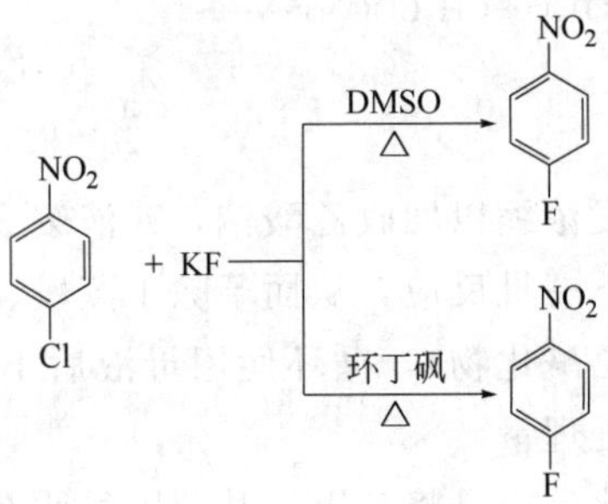

（四）采用新技术

使用新技术不仅能显著提高生产技术水平，而且有时也十分有利于污染物的防治和环境保护。例如，在抗生素类药物 4-乙酰胺基哌啶乙酸盐的合成中，原工艺采用铁粉还原硝基氧化吡啶制备 4-氨基吡啶，反应中要消耗大量的溶剂乙酸，并产生较多的废水和废渣。现采用催化加氢还原技术，既简化了工艺操作，又消除了环境污染。

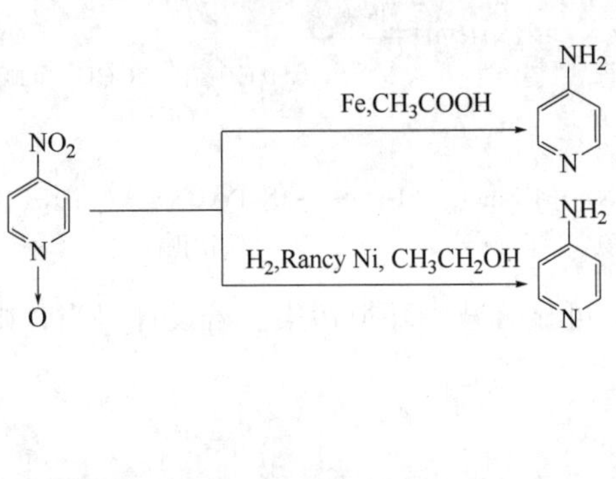

又如，苯乙酸是合成青霉素等药物的重要中间体。目前工业上仍以苯乙腈水解来制备，而苯乙腈又是由苄氯和氢氰酸反应来合成的。现通过苄氯羰化合成苯乙酸已经获得成功，其反应方程式为

这一合成路线不仅经济，而且避免使用剧毒的氰化物，从而减少了对环境的危害。

其他新技术，如立体定向合成技术、生物转化技术、相转移催化技术、超临界二氧化碳溶剂技术等的使用都能显著提高产品的收率，降低原辅材料的消耗，提高资源和能源的利用率，同时也有利于减少污染物的种类和数量，减轻后处理过程的负担，有利于环境保护。

二、循环套用

药物合成反应往往不能进行得十分完全，且大多存在副反应，产物也不可能从反应混合物中完全分离出来，因此分离母液中常含有一定数量的未反应原料、副产物和产物。在某些药物合成中，通过工艺设计人员周密而细致的安排可实现反应母液的循环套用或经适当处理后套用，这不仅降低了原辅材料的消耗，提高了产品收率，而且减少了环境污染。例如，氯霉素合成中的乙酰化反应

原工艺是在反应后将母液经蒸发浓缩以回收乙酸钠，残液废弃。现将母液循环套用，将母液按含量代替乙酸钠直接应用于下一批反应，从而革除了蒸发、结晶、过滤等操作。此外，由于母液中含有一些反应产物（乙酰化物），循环使用母液后不仅降低了原料消耗量，提高了产物收率，而且减少了废水的处理量。

再如，甲氧苄氨嘧啶的氧化反应是将三甲氧基苯甲酰肼在氨水及甲苯中用铁氰化钾（赤血盐钾）氧化，得到三甲氧基苯甲醛，同时副产物亚铁氰化钾氨（黄血盐钾氨）溶解于母液中。亚铁氰化钾氨分子内含有氰基，需处理后方可随母液排放。后对含亚铁氰化钾氨的母液进行适当处理，再用高锰酸钾氧化，使亚铁氰化钾氨转化为原料铁氰化钾，所得铁氰化钾的含量在 13% 以上，可套用于氧化反应中。

$$3K_3(NH_4)Fe(CN)_6 + KMnO_4 + 2H_2O \xrightarrow{\triangle} 3K_3Fe(CN)_6 + MnO_2 + KOH + 3NH_4OH$$
亚铁氰化钾氨　　　　　　　　　　　　　　　　铁氰化钾

将反应母液循环套用，可显著减少环境污染。若设计得当，则可构成一个闭路循环，是

一个理想的绿色生产工艺。除母液可循环套用外，药物生产中大量使用的各种有机溶剂，均应考虑循环套用，以降低单耗，减少环境污染。其他的如催化剂、活性炭等经过处理后也可考虑反复使用。

制药工业中冷却水的用量占总用水量的比例一般很大，必须考虑水的循环使用，尽可能实现水的闭路循环。在设计排水系统时应考虑清污分流，将间接冷却水与有严重污染的废水分开，这不仅有利于水的循环使用，而且可大幅度降低废水量。由生产系统排出的废水经处理后，也可采取闭路循环。水的重复利用和循环回用是保护水源、控制环境污染的重要技术措施。

三、综合利用

从某种意义上讲，制药过程中产生的废弃物也是一种"资源"，能否充分利用这种资源，反映了一个企业的生产技术水平。从排放的废弃物中回收有价值的物料，开展综合利用，是控制污染的一个积极措施。近年来在制药行业的污染治理中，资源综合利用的成功例子很多。例如，氯霉素生产中的副产物邻硝基乙苯，是重要的污染物之一，将其制成杀草安，就是一种优良的除草剂。

又如，叶酸合成中的丙酮氯化反应

反应过程中放出大量的氯化氢废气，直接排放将对环境造成严重污染。经用水和液碱（液体氢氧化钠）吸收后，既消除了氯化氢气体造成的污染，又可回收得到一定浓度的盐酸。

再如，对氯苯酚是制备降血脂药安妥明的主要原料，其生产过程中的副产物邻氯苯酚是重要的污染物之一，将其制成 2，6-二氯苯酚可用作解热镇痛药双氯芬酸钠的原料。

四、改进生产设备，加强设备管理

改进生产设备，加强设备管理是药品生产中控制污染源、减少环境污染的又一个重要途径。设备的选型是否合理、设计是否恰当，与污染物的数量和浓度有很大关系。例如，甲苯磺化反应中，用连续式自动脱水器代替人工操作的间歇式脱水器（参见第三章【实例3-4】），可显著提高甲苯的转化率，减少污染物的数量。又如，在直接冷凝器中用水直接冷凝含有机物的废气，会产生大量的低浓度废水。若改用间壁式冷凝器用水进行间接冷却，则可显著减少废水量，废水中有机物的浓度也显著提高。数量少而有机物浓度高的废水有利于回收处理。再如，用水吸收含氯化氢的废气可获得一定浓度的盐酸，但水吸收塔的排出尾气中常含有一定量的氯化氢气体，直接排放将对环境造成污染。实际设计时常在水吸收塔后再增加一座碱液吸收塔（参见图10-22），可使尾气中的氯化氢含量降至 $4mg \cdot m^{-3}$ 以下，低于国家排放标准。

制药装置的"跑、冒、滴、漏"往往是造成环境污染的一个重要原因，必须引起足够的重视。在药品生产中，从原料、中间体到产品，以至排出的污染物，往往具有易燃、易爆、有毒、有腐蚀性等特点。就整个工艺过程而言，提高设备、管道的严密性，使系统少排或不排污染物，是防止产生污染物的一个重要措施。因此，无论是设备或管道，从设计、选材、到安装、操作和检修，以及生产管理的各个环节，都必须重视，以杜绝"跑、冒、滴、漏"现象，减少环境污染。

第三节　废水处理技术

在采用新技术、改变生产工艺和开展综合利用等措施后，仍可能有一些不符合现行排放标准的污染物需要进行处理。因此，必须采用科学的处理方法，对最后无法利用又必须排出的污染物进行无害化处理。

制药生产中所产生的污染物，以废水的数量最大，种类最多，危害最严重，对生产可持续发展的影响也最大，它是制药企业污染物无害化处理的重点和难点。

一、废水的污染控制指标

（一）基本概念

1. 水质指标

水质指标是表征废水性质的参数。对废水进行无害化处理，控制和掌握废水处理设备的工作状况和效果，必须定期分析废水的水质。表征废水水质的指标很多，比较重要的有 pH、悬浮物（SS）、生化需氧量（BOD）、化学需氧量（COD）、氨氮、总氮（TN）和总有机碳（TOC）等指标。

10-07 古人如何
处理污水？

10-08 BOD_5
的提出

pH 是反映废水酸碱性强弱的重要指标。它的测定和控制，对维护废水处理设施的正常运行，防止废水处理及输送设备的腐蚀，保护水生生物和水体自净化功能都有重要的意义。处理后的废水应呈中性或接近中性。

悬浮物是指废水中呈悬浮状态的固体，是反映水中固体物质含量的一个常用指标，可用过滤法测定，单位为 $mg \cdot L^{-1}$。

生化需氧量是指在一定条件下，微生物氧化分解水中的有机物时所需的溶解氧的量，单位为 $mg \cdot L^{-1}$。微生物分解有机物的速度和程度与时间有直接关系。实际工作中，常在20℃的条件下，将废水培养5日，然后测定单位体积废水中溶解氧的减少量，即5日生化需氧量作为生化需氧量的指标，以 BOD_5 表示。BOD 反映了废水中可被微生物分解的有机物的总量，其值越大，表示水中的有机物越多，水体被污染的程度也就越高。

化学需氧量是指在一定条件下，用强氧化剂氧化废水中的有机物所需的氧的量，单位为 $mg \cdot L^{-1}$。我国的废水检验标准规定以重铬酸钾作氧化剂，标记为 COD_{Cr}。COD 与 BOD 均可表征水被污染的程度，但 COD 能够更精确地表示废水中的有机物含量，而且测定时间短，不受水质限制，因此常被用作废水的污染指标。COD 和 BOD 之差表示废水中没有被微生物分解的有机物含量。

氨氮是指水中以游离氨（NH_3）和铵离子（NH_4^+）形式存在的氮，是水中无机氮的一部分，单位为 $mg \cdot L^{-1}$。氨氮是水体中的营养素，可导致水产生富营养化现象，是水体中的主要耗氧污染物，对鱼类及某些水生生物有毒害。

总氮是水中各种形态无机和有机氮的总量，包括 NO_3^-、NO_2^- 和 NH_4^+ 等无机氮和蛋白质、氨基酸和有机胺等有机氮，单位为 $mg \cdot L^{-1}$。常被用来表示水体受营养物质污染的程度。

总有机碳是指水体中溶解性和悬浮性有机物含碳的总量，以 TOC 表示，单位为 $mg \cdot L^{-1}$。水中有机物的种类很多，目前还不能全部进行分离鉴定。TOC 是一个快速检定的综合指标，它以碳的数量表示水中含有机物的总量。但由于它不能反映水中有机物的种类和组成，因而不能反映总量相同的总有机碳所造成的不同污染后果。通常作为评价水体有机物污染程度的重要依据。

2. 排水量与单位基准排水量

排水量是指在生产过程中直接用于工艺生产的水的排放量，不包括间接冷却水、锅炉排水、电站排水及厂区生活排水。

单位基准排水量是指用于核定水污染物排放浓度而规定的生产单位产品的废水排放量上限值，单位为 $m^3 \cdot t^{-1}$。

3. 清污分流

清污分流是指将清水（如间接冷却用水、雨水和生活用水等）与废水（如制药生产过程中排出的各种废水）分别用各自不同的管路或渠道输送、排放或贮留，以利于清水的循环套用和废水的处理。排水系统的清污分流是非常重要的。制药工业中清水的数量往往是废水的许多倍，采取清污分流，不仅可以节约大量的清水，而且可大幅度降低废水量，提高废水的浓度，从而可大大减轻废水的输送负荷和治理负担。

除清污分流外，还应将某些特殊废水与一般废水分开，以利于特殊废水的单独处理和一般废水的常规处理。例如，含剧毒物质（如某些重金属）的废水应与准备生物处理的废水分开；含氰废水、含硫化合物废水以及酸性废水不能混合等。

4. 废水处理级数

按处理程度的不同，废水处理可分为一级处理、二级处理和三级处理。

一级处理通常是采用物理方法或简单的化学方法除去水中的漂浮物和部分处于悬浮状态的污染物，以及调节废水的 pH 值等。通过一级处理可减轻废水的污染程度和后续处理的负荷。一级处理具有投资少、成本低等特点，但在大多数场合，废水经一级处理后仍达不到国家规定的排放标准，需要进行二级处理，必要时还需进行三级处理。因此，一级处理常作为废水的预处理。

二级处理主要指生物处理法。废水经过一级处理后，再经过二级处理，可除去废水中的大部分有机污染物，使废水得到进一步净化。二级处理适用于处理各种含有机污染物的废水。废水经二级处理后，BOD_5 可降至 $20\sim30mg \cdot L^{-1}$，水质一般可以达到国家规定的排放标准。

三级处理是一种净化要求较高的处理，目的是除去二级处理中未能除去的污染物，包括不能被微生物分解的有机物、可导致水体富营养化的可溶性无机物（如氮、磷等）以及各种病毒、病菌等。三级处理所使用的方法很多，如过滤、活性炭吸附、臭氧氧化、离子交换、电渗析、反渗透以及生物法脱氮除磷等。废水经三级处理后，BOD_5 可从 $20\sim30mg \cdot L^{-1}$

降至 5mg·L^{-1} 以下，可达到地面水和工业用水的水质要求。

（二）制药废水中污染物的控制指标

制药废水的来源很多，如废母液、反应残液、蒸馏残液、清洗液、废气吸收液、废渣稀释液、排入下水道的污水以及系统"跑、冒、滴、漏"的各种料液等。由于药品的种类很多，生产规模大小不一，生产过程多种多样，因此废水的水质和水量的变化范围很大。制药废水中的污染物通常为有机物，有时还有悬浮物、油类和各种重金属等。我国的《制药工业水污染物排放标准》针对发酵类、化学合成类、提取类、中药类、生物工程类和混装制剂类六个系列，制订了废水中污染物排放标准的控制指标（参见附录 12）。现以《GB 21904—2008 化学合成类制药工业水污染物排放标准》为例，介绍制药废水中污染物的控制指标。化学合成类制药废水中污染物排放的控制指标有以下 3 类。

（1）常规控制指标 包括 pH、色度、悬浮物（SS）、生化需氧量（BOD$_5$）、化学需氧量（COD$_{Cr}$）、氨氮（以 N 计）、总有机碳（TOC）、急性毒性（以 HgCl$_2$ 计）。

（2）特征控制指标 包括总汞、总镉、烷基汞、六价铬、总砷、总铅、总镍、总铜、总锌、氰化物、挥发酚、硫化物、硝基苯类、苯胺类、二氯甲烷。

（3）总量控制指标 单位产品基准排水量。

化学合成类制药企业水污染物排放限值必须符合表 10-1 中的规定。

表 10-1　化学合成类制药企业水污染物排放限值　单位：mg·L^{-1}（pH 值、色度除外）

序号	项目	排放限值		序号	项目	排放限值	
		现有企业	新建企业			现有企业	新建企业
1	pH 值	6～9	6～9	14	硝基苯类	2.0	2.0
2	色度(稀释倍数)	50	50	15	苯胺类	2.0	2.0
3	悬浮物(SS)	70	50	16	二氯甲烷	0.3	0.3
4	生化需氧量(BOD$_5$)	40(35)	25(20)	17	总锌	0.5	0.5
5	化学需氧量(COD$_{Cr}$)	200(180)	120(100)	18	总氰化物	0.5	0.5
6	氨氮(以 N 计)	40(30)	25(20)	19	总汞	0.05	0.05
7	总氮(以 N 计)	50(40)	35(30)	20	烷基汞	不得检出	不得检出
8	总磷(以 P 计)	2.0	1.0	21	总镉	0.1	0.1
9	总有机碳(TOC)	60(50)	35(30)	22	六价铬	0.5	0.5
10	急性毒性(以 HgCl$_2$ 计)	0.07	0.07	23	总砷	0.5	0.5
11	总铜	0.5	0.5	24	总铅	1.0	1.0
12	挥发酚	0.5	0.5	25	总镍	1.0	1.0
13	硫化物	1.0	1.0				

注：1. 烷基汞检出限为 10 ng·L^{-1}。

2. 括号内排放限值适用于同时生产化学合成类原料药和混装制剂的生产企业。

3. 序号 1～18 项目排放监控位置为企业废水总排放口，19～25 项目为车间或生产设施废水排放口。

4. 现有企业是指在 GB 21904—2008 实施之日（2008 年 7 月 1 日）前建成投产或环境影响评价文件已通过审批的制药生产企业。

5. 新建企业是指自 GB 21904—2008 实施之日起环境影响评价文件通过审批的新、改、扩建的制药生产企业。

6. 自 GB 21904—2008 实施之日起，现有企业的废水排放按 GB 21904—2008 中对现有企业的规定执行；自 GB 21904—2008 实施之日起两年后，现有企业的废水排放按 GB 21904—2008 对新建企业的规定执行。新建企业自 GB 21904—2008 实施之日起，其水污染物的排放按新建企业的规定执行。

在国土开发密度已经较高、环境承载能力开始减弱，或环境容量较小、生态环境脆弱，容易发生严重环境污染问题而需要采取特别保护措施的地区，执行污染物排放先进控制技术限值。化学合成类企业水污染物排放先进控制技术限值列于表 10-2 中。执行污染物排放先进控制技术限值的地域范围、时间，由省级人民政府规定。

表 10-2　化学合成类企业水污染物排放先进控制技术限值　单位：mg·L^{-1}（pH 值、色度除外）

序号	项目	排放限值	序号	项目	排放限值
1	pH 值	6～9	14	硝基苯类	2.0
2	色度（稀释倍数）	30	15	苯胺类	1.0
3	悬浮物（SS）	10	16	二氯甲烷	0.2
4	生化需氧量（BOD$_5$）	10	17	总锌	0.5
5	化学需氧量（COD$_{Cr}$）	50	18	总氰化物	不得检出
6	氨氮（以 N 计）	5	19	总汞	0.05
7	总氮（以 N 计）	15	20	烷基汞	不得检出
8	总磷（以 P 计）	0.5	21	总镉	0.1
9	总有机碳（TOC）	15	22	六价铬	0.3
10	急性毒性（以 HgCl$_2$ 计）	0.07	23	总砷	0.3
11	总铜	0.5	24	总铅	1.0
12	挥发酚	0.5	25	总镍	1.0
13	硫化物	1.0			

注：1. 总氰化物检出限为 0.25mg·L^{-1}，烷基汞检出限为 10 ng·L^{-1}。

2. 序号 1～18 项目污染物排放监控位置为企业废水总排放口，19～25 项目为车间或生产设施废水排放口。

《制药工业水污染物排放标准》不仅规定了水污染物的排放限值，而且规定了单位产品的基准排水量。化学合成类制药工业单位产品的基准排水量列于表 10-3 中。

表 10-3　化学合成类制药工业单位产品的基准排水量（m^3·t^{-1}）

药物种类	代表性药物	单位产品基准排水量
神经系统类	安乃近	88
	阿司匹林	30
	咖啡因	248
	布洛芬	120
抗微生物感染类	氯霉素	1000
	磺胺嘧啶	280
	呋喃唑酮	2400
	阿莫西林	240
	头孢拉定	1200
呼吸系统类	愈创木酚甘油醚	45
心血管系统类	辛伐他汀	240
激素及影响内分泌类	氢化可的松	4500
维生素类	维生素 E	45
	维生素 B$_1$	3400
氨基酸类	甘氨酸	401
其他类	盐酸赛庚啶	1894

注：排水量计量位置与污染物排放监控位置相同。

水污染物排放限值适用于单位产品实际排水量低于单位产品基准排水量的情况。若单位产品实际排水量超过单位产品基准排水量，则须按单位产品基准排水量将水污染物实测浓度换算为基准水量的排放浓度，并以基准水量排放浓度作为判定排放是否达标的依据。基准水量排放浓度的换算公式为

$$C_{基} = \frac{Q_{总}}{YQ_{基}} C_{实} \tag{10-1}$$

式中　$C_{基}$——水污染物基准水量排放浓度，mg·L^{-1}；

　　　$C_{实}$——实测水污染物浓度，mg·L^{-1}；

　　Y——产品产量，t；

　　$Q_总$——排水总量，m^3；

　　$Q_基$——单位产品基准排水量，$m^3 \cdot t^{-1}$。

　　产品产量和排水量统计周期为一个工作日。若 $Q_总$ 与 $YQ_基$ 的比值小于 1，则以水污染物实测浓度作为判定排放是否达标的依据。

　　若企业的生产设施同时生产两种以上产品，则可适用不同排放控制要求或不同行业的国家污染物排放标准。若生产设施产生的污水混合处理排放，则应执行排放标准中规定的最严格的浓度限值，并按下式换算水污染物基准水量排放浓度

$$C_基 = \frac{Q_总}{\sum(Y_i Q_{i基})} C_实 \tag{10-2}$$

式中　$C_基$——水污染物基准水量排放浓度，$mg \cdot L^{-1}$；

　　　$C_实$——实测水污染物浓度，$mg \cdot L^{-1}$；

　　　Y_i——某产品产量，t；

　　　$Q_总$——排水总量，m^3；

　　　$Q_{i基}$——某产品的单位产品基准排水量，$m^3 \cdot t^{-1}$。

　　若 $Q_总$ 与 $\sum(Y_i Q_{i基})$ 的比值小于 1，则以水污染物实测浓度作为判定排放是否达标的依据。

二、废水处理的基本方法

　　废水处理的实质就是利用各种技术手段，将废水中的污染物分离出来，或将其转化为无害物质，从而使废水得到净化。废水处理技术很多，按作用原理一般可分为物理法、化学法、物理化学法和生物法。

　　物理法是利用物理作用将废水中呈悬浮状态的污染物分离出来，在分离过程中不改变其化学性质，如沉降、气浮、过滤、离心、蒸发、浓缩等。物理法常用于废水的一级处理。

　　化学法是利用化学反应原理来分离、回收废水中各种形态的污染物，如中和、凝聚、氧化和还原等。化学法常用于有毒、有害废水的处理，使废水达到不影响生物处理的条件。

　　物理化学法是综合利用物理和化学作用除去废水中的污染物，如吸附法、离子交换法和膜分离法等。近年来，物理化学法处理废水已形成一些固定的工艺单元，并得到广泛应用。

　　生物法是利用微生物的代谢作用，使废水中呈溶解和胶体状态的有机污染物转化为稳定、无害的物质，如 H_2O 和 CO_2 等。生物法能够去除废水中的大部分有机污染物，是常用的二级处理法。

　　上述每种废水处理方法都是一种单元操作。由于制药废水的特殊性，仅用一种方法一般不能将废水中的所有污染物除去。在废水处理中，常需将几种处理方法组合在一起，形成一个处理流程。流程的组织一般遵循先易后难、先简后繁的规律，即首先使用物理法进行预处理，以除去大块垃圾、漂浮物和悬浮固体等，然后再使用化学法和生物法等处理方法。对于某种特定的制药废水，应根据废水的水质、水量、回收有用物质的可能性和经济性以及排放水体的具体要求等确定具体的废水处理流程。

三、生物法处理废水技术

　　在自然界中，存在着大量依靠有机物生活的微生物。实践证明，利用微生物氧化分解废水中的有机物是十分有效的。根据生物处理过程中起主要作用的微生物对氧气需求的不同，

废水的生物处理可分为好氧生物处理和厌氧生物处理两大类，其中好氧生物处理又可分为活性污泥法和生物膜法，前者是利用悬浮于水中的微生物群使有机物氧化分解，后者是利用附着于载体上的微生物群进行处理的方法。由于制药废水种类繁多，水质各异，因此，必须根据废水的水量、水质等情况，选择适宜的生物处理方法。

（一）基本原理

好氧生物处理是在有氧条件下，利用好氧微生物的作用将废水中的有机物分解为 CO_2 和 H_2O，并释放出能量的代谢过程。有机物（$C_xH_yO_z$）在氧化过程中脱出的氢是以氧作为受氢体的，即

$$C_xH_yO_z + O_2 \xrightarrow{\text{酶}} CO_2 + H_2O + 能量$$

在好氧生物处理过程中，有机物的分解比较彻底，最终产物是含能量最低的 CO_2 和 H_2O，故释放的能量较多，代谢速度较快，代谢产物也很稳定。从废水处理的角度考虑，这是一种非常好的代谢形式。

用好氧生物法处理有机废水，基本上没有臭气产生，所需的处理时间比较短，在适宜条件下，有机物的生物去除率一般在 $80\% \sim 90\%$ 左右，有时可达 95% 以上。因此，好氧生物法已在有机废水处理中得到广泛应用，活性污泥法、生物滤池、生物转盘等都是常见的好氧生物法。好氧生物法的缺点是对于高浓度的有机废水，要供给好氧生物所需的氧气（空气）比较困难，需先用大量的水对废水进行稀释，且在处理过程中需不断补充水中的溶解氧，从而使处理的成本较高。

厌氧生物处理是在无氧条件下，利用厌氧微生物，主要是厌氧菌的作用，来处理废水中的有机物。厌氧生物处理中的受氢体不是游离氧，而是有机物或含氧化合物，如 SO_4^{2-}、NO_3^-、NO_2^- 和 CO_2 等。因此，最终的代谢产物不是简单的 CO_2 和 H_2O，而是一些低分子有机物、CH_4、H_2S 和 NH_4^+ 等。

厌氧生物处理是一个复杂的生物化学过程，主要依靠三大类细菌，即水解产酸细菌、产氢产乙酸细菌和产甲烷细菌的联合作用来完成。厌氧生物处理过程可粗略地分为三个连续阶段，即水解酸化阶段、产氢产乙酸阶段和产甲烷阶段，如图 10-1 所示。

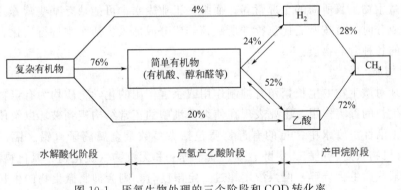

图 10-1　厌氧生物处理的三个阶段和 COD 转化率

第一阶段为水解酸化阶段。在细胞外酶的作用下，废水中复杂的大分子有机物、不溶性有机物先水解为溶解性的小分子有机物，然后渗透到细胞体内，并分解产生简单的挥发性有机酸、醇类和醛类物质等。

第二阶段为产氢产乙酸阶段。在产氢产乙酸细菌的作用下，第一阶段产生的或原来已经

存在于废水中的各种简单有机物被分解转化成乙酸和 H_2，在分解有机酸时还有 CO_2 生成。

第三阶段为产甲烷阶段。在产甲烷菌的作用下，将乙酸、乙酸盐、CO_2 和 H_2 等转化为甲烷。

在厌氧生物处理过程中不需提供氧气（空气），故动力消耗少，设备简单，并能回收一定量的甲烷气体作为燃料，因而运行费用较低。目前，厌氧生物法主要用于中、高浓度有机废水的处理，也可用于低浓度有机废水的处理。该法的缺点是处理时间较长，处理过程中常有硫化氢或其他一些硫化物生成，硫化氢与铁质接触就会形成黑色的硫化铁，从而使处理后的废水既黑又臭，需要进一步处理。

（二）生物处理对水质的要求

废水的生物处理是以废水中的污染物作为营养源，利用微生物的代谢作用使废水得到净化。当废水中存在有毒物质，或环境条件发生变化，并超过微生物的承受限度时，将会对微生物产生抑制或有毒作用。因此，在进行生物处理时，给微生物的生长繁殖提供一个适宜的环境条件是十分重要的。生物处理对废水的水质要求主要有以下几个方面。

1. 温度

温度是影响微生物生长繁殖的一个重要的外界因素。温度过高，微生物会发生死亡；而温度过低，微生物的代谢作用将变得非常缓慢，活力受到限制。一般地，好氧生物处理的水温宜控制在 $20\sim40℃$。而厌氧生物处理的水温与各种产甲烷菌的适宜温度条件有关，其适宜水温可分别控制在 $10\sim30℃$、$35\sim38℃$ 和 $50\sim55℃$。

2. pH

微生物的生长繁殖都有一定的 pH 条件。pH 值不能突然变化很大，否则将使微生物的活力受到抑制，甚至造成微生物死亡。对好氧生物处理，废水的 pH 值宜控制在 $6\sim9$ 的范围内；对厌氧生物处理，废水的 pH 值宜控制在 $6.5\sim7.5$ 的范围内。

微生物在生活过程中常常由于某些代谢产物的积累而使周围环境的 pH 发生改变。因此，在生物处理过程中常加入一些廉价的物质（如石灰等）调节废水的 pH 值。

3. 营养物质

微生物的生长繁殖需要多种营养物质，如碳源、氮源、无机盐及少量的维生素等。生活废水中具有微生物生长所需的全部营养，而某些工业废水中可能缺乏某些营养。当废水中缺少某些营养成分时，可按所需比例投加所缺营养成分或加入生活污水进行均化，以满足微生物生长所需的各种营养物质。

4. 有毒物质

废水中凡对微生物的生长繁殖有抑制作用或杀害作用的化学物质均为有毒物质。有毒物质对微生物生长的毒害作用，主要表现在使细菌细胞的正常结构遭到破坏以及使菌体内的酶变质，并失去活性。废水中常见的有毒物质包括大多数重金属离子（铅、镉、铬、锌、铜等）、某些有机物（酚、甲醛、甲醇、苯、氯苯等）和无机物（硫化物、氰化物等）。有些毒物虽然能被某些微生物分解，但当浓度超过一定限度时，则会抑制微生物的生长、繁殖，甚至杀死微生物。不同种类的微生物对毒物的忍受程度不同，因此，对废水进行生物处理时，应具体情况，具体分析，必要时可通过实验确定有毒物质的最高允许浓度。

5. 溶解氧

好氧生物处理需在有氧的条件下进行，溶解氧不足将导致处理效果明显下降，因此，一般需从外界补充氧气（空气）。实践表明，对于好氧生物处理，水中的溶解氧宜保持在 $2\sim$

$4mg \cdot L^{-1}$ 左右，如出水中的溶解氧不低于 $1mg \cdot L^{-1}$，则可认为废水中的溶解氧已经足够。而厌氧微生物对氧气很敏感，当有氧气存在时，它们就无法生长。因此，在厌氧生物处理中，处理设备要严格密封，以隔绝空气。

6. 有机物浓度

在好氧生物处理中，废水中的有机物浓度不能太高，否则会增加生物反应所需的氧量，容易造成缺氧，影响生物处理效果。而厌氧生物处理是在无氧条件下进行的，因此，可处理较高浓度的有机废水。此外，废水中的有机物浓度不能过低，否则会造成营养不良，影响微生物的生长繁殖，降低生物处理效果。

（三）好氧生物处理法

1. 活性污泥法

活性污泥是由好氧微生物（包括细菌、微型动物和其他微生物）及其代谢的和吸附的有机物和无机物组成的生物絮凝体，具有很强的吸附和分解有机物的能力。活性污泥的制备可在一含粪便的污水池中连续鼓入空气（曝气）以维持污水中的溶解氧，经过一段时间后，由于污水中微生物的生长和繁殖，逐渐形成褐色的污泥状絮凝体，这种生物絮凝体即为活性污泥，其中含有大量的微生物。活性污泥法处理工业废水，就是让这些生物絮凝体悬浮在废水中形成混合液，使废水中的有机物与絮凝体中的微生物充分接触。废水中呈悬浮状态和胶态的有机物被活性污泥吸附后，在微生物的细胞外酶作用下，分解为溶解性的小分子有机物。溶解性的有机物进一步渗透到细胞体内，通过微生物的代谢作用而分解，从而使废水得到净化。

（1）活性污泥的性能指标　活性污泥法处理废水的关键在于具有足够数量且性能优良的活性污泥。衡量活性污泥数量和性能好坏的指标主要有污泥浓度、污泥沉降比（SV）和污泥容积指数（SVI）等。

① 污泥浓度。指 1L 混合液中所含的悬浮固体（MLSS）或挥发性悬浮固体（MLVSS）的量，单位为 $g \cdot L^{-1}$ 或 $mg \cdot L^{-1}$。污泥浓度的大小可间接反映混合液中所含微生物的数量。

② 污泥沉降比。指一定量的曝气混合液静置 30min 后，沉淀污泥与原混合液的体积百分比。污泥沉降比可反映正常曝气时的污泥量以及污泥的沉淀和凝聚性能。性能良好的活性污泥，其沉降比一般在 15%～20% 的范围内。

③ 污泥容积指数。又称为污泥指数，指一定量的曝气混合液静置 30min 后，1g 干污泥所占有的沉淀污泥的体积，单位为 $mL \cdot g^{-1}$。污泥指数可用式(10-3)计算

$$SVI = \frac{SV \times 1000}{MLSS} \tag{10-3}$$

例如，曝气混合液的污泥沉降比 SV 为 25%，污泥浓度 MLSS 为 $2.5g \cdot L^{-1}$，则污泥指数为

$$SVI = \frac{25\% \times 1000}{2.5} = 100 (mL \cdot g^{-1})$$

污泥指数是反映活性污泥松散程度的指标。SVI 值过低，说明污泥颗粒细小紧密，无机物较多，缺乏活性；反之，SVI 值过高，说明污泥松散，难以沉淀分离，有膨胀的趋势或已处于膨胀状态。多数情况下，SVI 值宜控制在 50～100mL $\cdot g^{-1}$ 之间。

（2）活性污泥法的基本工艺流程　活性污泥法处理工业废水的基本工艺流程如图 10-2 所示。

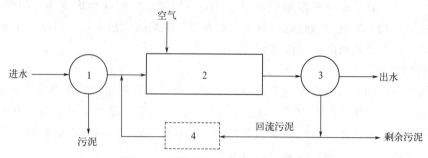

图 10-2 活性污泥法的基本工艺流程
1—初次沉淀池；2—曝气池；3—二次沉淀池；4—再生池

废水首先进入初次沉淀池中进行预处理，以除去较大的悬浮物及胶体状颗粒等，然后进入曝气池。在曝气池内，通过充分曝气，一方面使活性污泥悬浮于废水中，以确保废水与活性污泥充分接触；另一方面可使活性污泥混合液始终保持好氧条件，保证微生物的正常生长和繁殖。废水中的有机物被活性污泥吸附后，其中的小分子有机物可直接渗入到微生物的细胞体内，而大分子有机物则先被微生物的细胞外酶分解为小分子有机物，然后再渗入到细胞体内。在微生物的细胞内酶作用下，进入细胞体内的有机物一部分被吸收形成微生物有机体，另一部分则被氧化分解，转化成 CO_2、H_2O、NH_3、SO_4^{2-}、PO_4^{3-} 等简单无机物，并释放出能量。

处理后的废水和活性污泥由曝气池流入二次沉淀池进行固液分离，上清液即是被净化了的水，由二次沉降池的溢流堰排出。二次沉淀池底部的沉淀污泥，一部分回流到曝气池入口，与进入曝气池的废水混合，以保持曝气池内具有足够数量的活性污泥；另一部分则作为剩余污泥排入污泥处理系统。

（3）常用曝气方式 按曝气方式的不同，活性污泥法可分为普通曝气法、逐步曝气法、完全混合曝气法、纯氧曝气法和深井曝气法等多种方法。其中普通曝气法是最基本的曝气方法，其他方法都是在普通曝气法的基础上逐步发展起来的。我国应用较多的是完全混合曝气法。

① 普通曝气法。该法的工艺流程如图 10-2 所示。废水和回流污泥从曝气池的一端流入，净化后的废水由另一端流出。曝气池进口处的有机物浓度较高，生物反应速度较快，需氧量较大。随着废水沿池长流动，有机物浓度逐渐降低，需氧量逐渐下降。而空气的供给常常沿池长平均分配，故供应的氧气不能被充分利用。

普通曝气法可使废水中有机物的生物去除率达到 90% 以上，出水水质较好，适用于处理要求高而水质较为稳定的废水。

② 逐步曝气法。为改进普通曝气法供氧不能被充分利用的缺点，将废水改由几个进口入池，如图 10-3 所示。该法可使有机物沿池长的分配比较均匀，池内需氧量也比较均匀，从而避免了普通曝气法池前段供氧不足，池后段供氧过剩的缺点。

逐步曝气法适用于大型曝气池及高浓度有机废水的处理。

③ 完全混合曝气法。这是目前应用较多的活性污泥处理法，它与普通曝气法的主要区别在于混合液在池内循环流动，废水和回流污泥进入曝气池后立即与池内混合液充分混合，进行吸附和代谢活动。由于废水和回流污泥与池内大量低浓度、水质均匀的混合液混合，因而进水水质的变化对活性污泥的影响很小，适用于水质波动大、浓度较高的有机废水的处

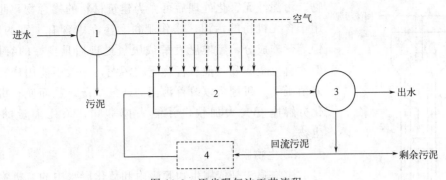

图 10-3　逐步曝气法工艺流程

1—初次沉淀池；2—曝气池；3—二次沉淀池；4—再生池

理。图 10-4 所示的圆形曝气沉淀池为常用的完全混合式曝气池。

④ 纯氧曝气法。与普通曝气法相比，纯氧曝气的特点是水中的溶解氧增加，可达 $6\sim10\mathrm{mg\cdot L^{-1}}$，氧的利用率由空气曝气法的 $4\%\sim10\%$ 提高至 $85\%\sim95\%$。高浓度的溶解氧可使污泥保持较高的活性和浓度，从而可提高废水的处理效率。当曝气时间相同时，纯氧曝气法与空气曝气法相比，有机物的生物去除率和化学去除率可分别提高 3% 和 5%，而且降低了成本。

纯氧曝气法的土建要求较高，而且必须有稳定、价廉的氧气。此外，废水中不能含有酯类，否则有发生爆炸的危险。

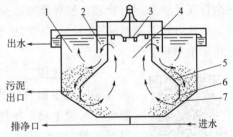

图 10-4　圆形曝气沉淀池

1—沉淀区；2—导流区；3—叶轮；4—曝气区；

5—曝气筒；6—裙；7—回流缝

⑤ 深井曝气法。以地下深井作为曝气池，井内水深可达 $50\sim150\mathrm{m}$，纵向被分隔为下降区和上升区两部分，废水在沿下降区和上升区的反复循环中得到净化，如图 10-5 所示。由于曝气池的深度大、静水压力高，从而可大幅提高水中的溶解氧浓度和氧的传递推动力，氧的利用率可达 $50\%\sim90\%$。

深井曝气法具有占地面积少、耐冲击负荷性能好、处理效率高、剩余污泥少等优点，适合于高浓度有机废水的处理。此外，因曝气筒在地下，故在寒冷地区也可稳定运行。

（4）剩余污泥的处理　好氧法处理废水会产生大量的剩余污泥。这些污泥中含有大量的微生物、未分解的有机物甚至重金属等毒物。剩余污泥量大、味臭、成分复杂，如不妥善处理，也会造成环境污染。剩余污泥的含水率很高，体积很大，这对污泥的运输、处理和利用均带来一定的困难。因此，一般先对污泥进行脱水处理，然后再对其进行综合利用和无害化处理。

污泥脱水的方法主要有：①沉淀浓缩法。利用重力的作用自然浓缩，脱水程度有限。②自然晾晒法。将污泥在场地上铺成薄层日晒风干。此法占地大、卫生条件差，易污染地下水，同时易受气候影响，效率较低。③机械脱水法。如真空吸滤法、压滤法和离心法。此法占地少、效率高，但运行费用较高。

脱水后的污泥可采取以下几种方法进行最终处理。①焚烧。这是目前处理有机污泥最有效的方法，可在各式焚烧炉中进行。但此法的投资较大，能耗较高。②作建筑材料的掺合

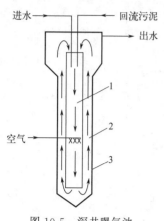

图 10-5　深井曝气池
1—下降区；2—上升区；3—衬筒

物。污泥经无害化处理后可作为建筑材料的掺合物，此法主要用于含无机物的污泥。③作肥料。污泥中含有丰富的氮、磷、钾等营养成分，经堆肥发酵或厌氧处理后是良好的有机肥料。但含有重金属和其他有害物质的污泥，一般不能用作肥料。④繁殖蚯蚓。蚯蚓可以改善污泥的通气状况，从而使有机物的氧化分解速度大大加快，并能去掉臭味，杀死大量的有害微生物。

2. 生物膜法

生物膜法是依靠生物膜吸附和氧化废水中的有机物并同废水进行物质交换，从而使废水得到净化的另一种好氧生物处理法。生物膜不同于活性污泥悬浮于废水中，它是附着于固体介质（滤料）表面上的一层黏膜。同活性污泥法相比，生物膜法具有生物密度大、适应能力强、不存在污泥回流与污泥膨胀、剩余污泥较少和运行管理方便等优点，是一种富有生命力和广阔发展前景的生物净化方法。根据处理方式与装置的不同，生物膜法可分为生物滤池法、生物转盘法、生物接触氧化法和流化床生物膜法等。

10-09 活性污泥法的
发展

（1）净化原理　生物膜是由废水中的胶体、细小悬浮物、溶质物质和大量的微生物所组成，这些微生物包括大量的细菌、真菌、藻类和微型动物。微生物群体所形成的一层黏膜状物即生物膜，附着于载体表面，厚度一般为 1～3mm。随着净化过程的进行，生物膜将经历一个由初生、生长、成熟到老化剥落的过程。

生物膜净化有机废水的原理如图 10-6 所示。由于生物膜的吸附作用，其表面常吸附着一层很薄的水层，此水层基本上是不流动的，称为"附着水"。其外层可自由流动的废水，称为"运动水"。由于附着水层中的有机物不断地被生物膜吸附，并被氧化分解，故附着水层中的有机物浓度低于运动水层中的有机物浓度，因而发生传质过程，有机物从运动水层不停地向附着水层传递，被生物膜吸附后由微生物氧化分解。与此同时，空气中的氧依次通过运动水层和附着水层进入生物膜，微生物分解有机物产生的二氧化碳及其他无机物、有机酸等代谢产物则沿相反方向释出。

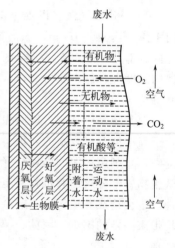

图 10-6　生物膜的净化原理

微生物除氧化分解有机物外，还利用有机物作为营养合成新的细胞质，形成新的生物膜。随着生物膜厚度的增加，扩散至膜内部的氧很快就被膜表层中的微生物所消耗，离开表层稍远（约 2mm）的生物膜由于缺氧而形成厌氧层。这样，生物膜就形成了两层，即外层的好氧层和内层的厌氧层。

进入厌氧层的有机物在厌氧微生物的作用下分解为有机酸和硫化氢等产物，这些产物将通过膜表面的好氧层而排入废水中。当厌氧厚度不大时，好氧层能够保持净化功能。随着厌氧层厚度的增大，代谢产物将逐渐增多，生物膜将逐渐老化而自然剥落。此外，水力冲刷或气泡振动等原因也会导致小块生物膜剥落。生物膜剥离后，介质表面得到更新，又会逐渐形成新的生物膜。

（2）生物滤池

① 工艺流程。生物滤池处理有机废水的工艺流程如图 10-7 所示。废水首先在初次沉淀池中除去悬浮物、油脂等杂质，这些杂质可能会堵塞滤料层。经预处理后的废水进入生物滤池进行净化。净化后的废水在二次沉淀池中除去生物滤池中剥落下来的生物膜，以保证出水的水质。

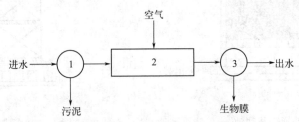

图 10-7　生物滤池法工艺流程

1—初次沉淀池；2—生物滤池；3—二次沉淀池

② 生物滤池的负荷。负荷是衡量生物滤池工作效率高低的重要参数，生物滤池的负荷有水力负荷和有机物负荷两种。

水力负荷是指单位体积滤料或单位池面积每天处理的废水量，单位为 $m^3 \cdot m^{-3} \cdot d^{-1}$ 或 $m^3 \cdot m^{-2} \cdot d^{-1}$，后者又称为滤率。

有机物负荷是指单位体积滤料每天可除去废水中的有机物的量（BOD_5），单位为 $kg \cdot m^{-3} \cdot d^{-1}$。

根据承受废水负荷的大小，生物滤池可分为普通生物滤池（低负荷生物滤池）和高负荷生物滤池。两种生物滤池的工作指标如表 10-4 所示。

表 10-4　生物滤池的负荷值

生物滤池类型	水力负荷/$m^3 \cdot m^{-2} \cdot d^{-1}$	有机物负荷/$m^3 \cdot m^{-2} \cdot d^{-1}$	有机物的生物去除率(5 天)/%
普通生物滤池	1～3	100～250	80～95
高负荷生物滤池	10～30	800～1200	75～90

注：1. 本表主要适用于生活污水的处理（滤料用碎石），生产废水的负荷应经试验确定。

2. 高负荷生物滤池进水的 BOD_5 应小于 200mg $\cdot L^{-1}$。

③ 普通生物滤池。普通生物滤池主要由滤床、分布器和排水系统三部分组成。滤床的横截面可以是圆形、方形或矩形，常用碎石、卵石、炉渣或焦炭铺成，高度约为 1.5～2m。滤池上部的分布器可将废水均匀分布于滤床表面，以充分发挥每一部分滤料的作用，提高滤池的工作效率。池底的排水系统不仅用于排出处理后的废水，而且起支撑滤床和保证滤池通风的作用。图 10-8 是常用的具有旋转分布器的圆形普通生物滤池。

普通生物滤池的水力负荷和有机物负荷均较低，废水与生物膜的接触时间较长，废水的净化较为彻底。普通生物滤池的出水水质较好，曾被广泛应用于生活污水和工业废水的处理。但普通生物滤池的工作效率较低，且容易滋生蚊蝇，卫生条件较差。

④ 塔式生物滤池。这是一种在普通生物滤池的基础上发展起来的新型高负荷生物滤池，其结构如图 10-9 所示。塔式生物滤池的高度可达 8～24m，直径一般为 1～3.5m。这种形如塔式的滤池，抽风能力较强，通风效果较好。由于滤池较高，废水与空气及生物膜的接触非常充

分，水力负荷和有机物负荷均大大高于普通生物滤池。同时塔式生物滤池的占地面积较小，基建费用较少，操作管理比较方便，因此，塔式生物滤池在废水处理中得到了广泛应用。

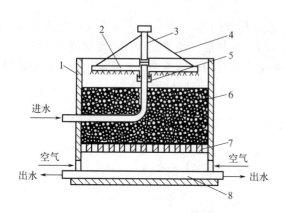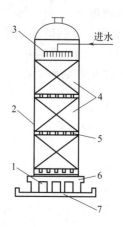

图 10-8　普通生物滤池

1—池体；2—旋转分布器；3—旋转柱；4—钢丝绳；
5—水银液封；6—滤床；7—滤床支承；8—集水管

图 10-9　塔式生物滤池

1—进风口；2—塔身；3—分布器；4—滤料；
5—滤料支承；6—底座；7—集水器

塔式生物滤池也可采用机械通风，但要注意空气在滤池平面上必须均匀分配，以免影响处理效果。此外，还要防止冬天寒冷季节因池温降低而影响处理效果。塔式生物滤池运行时需用泵将废水提升至塔顶的入口处，因此操作费用较高。

（3）生物转盘法　生物转盘是一种从传统生物滤池演变而来的新型膜法废水处理设备，其工作原理和生物滤池基本相同，但结构形式却完全不同。

生物转盘是由装配在水平横轴上的一系列间隔很近的等直径转动圆盘组成，其结构如图 10-10 所示。工作时，圆盘近一半的面积浸没于废水中。当废水在槽中缓慢流动时，圆盘也缓慢转动，盘上很快长了一层生物膜。浸入水中的圆盘，其生物膜吸附水中的有机物，转出水面时，生物膜又从空气中吸收氧气，从而将有机物分解破坏。这样，圆盘每转动一圈，即进行一次吸附—吸氧—氧化分解过程，圆盘不断转动，如此反复，废水得到净化处理。

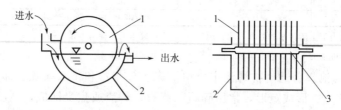

图 10-10　单轴单级生物转盘

1—盘片；2—氧化槽；3—转轴

与一般的生物滤池相比，生物转盘法具有较高的运行效率和较强的抗冲击负荷的能力，既可处理 BOD_5 大于 $10000mg \cdot L^{-1}$ 的高浓度有机废水，又可处理 BOD_5 小于 $10mg \cdot L^{-1}$ 的低浓度有机废水。但生物转盘法也存在一些缺点。如适应性较差，生物转盘一旦建成后，很难通过调整其性能来适应进水水质的变化或改变出水的水质。此外，仅依靠转盘转动所产生的传氧速率是有限的，当处理高浓度有机废水时，单纯用转盘转动来提供全部需氧量较为困难。

（4）生物流化床　生物流化床是将固体流态化技术用于废水的生物处理，使处于流化状态下的载体颗粒表面上生长、附着生物膜，是一种新型的生物膜法废水处理技术。

生物流化床主要由床体、载体和分布器等组成。床体通常为一圆筒形塔式反应器，其内装填一定高度的无烟煤、焦炭、活性炭或石英砂等。分布器是生物流化床的关键设备，其作用是使废水在床层截面上均匀分布。图 10-11 是三相生物流化床处理废水的工艺流程。废水和空气从底部进入床体，生物载体在水流和空气的作用下发生流化。在流化床内，气、液、固（载体）三相剧烈搅动，充分接触，废水中的有机物在载体表面上的生物膜的作用下氧化分解，从而使废水得到净化。

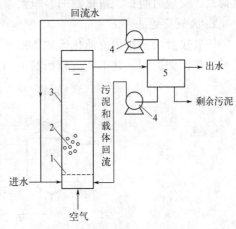

图 10-11　三相生物流化床处理废水的工艺流程
1—分布器；2—载体；3—床体；
4—循环泵；5—二次沉淀池

生物流化床对水质、负荷、床温等变化的适应能力较强。由于载体的粒径一般为 0.5～1.5mm，比表面积较大，因此具有较大的生物量。由于载体颗粒处于流化状态，废水从其下部、左、右侧流过，不断地与载体上的生物膜接触，使传质过程得到强化，同时由于载体不停地流动，因而可有效地防止生物膜的堵塞现象。近年来，由于生物流化床具有处理效果好、有机物负荷高、占地少和投资省等优点，已越来越受到人们的重视。

（四）厌氧生物处理法

废水的厌氧生物处理是环境工程和能源工程中的一项重要技术。人们有目的地利用厌氧生物处理已有近百年的历史，农村广泛使用的沼气池，就是利用厌氧生物处理原理进行工作的。与好氧生物处理相比，厌氧生物处理具有能耗低（不需充氧）、有机物负荷高、氮和磷的需求量小、剩余污泥产量少且易于处理等优点，不仅运行费用较低，而且可获得大量的生物能——沼气。多年来，结合高浓度有机废水的特点和处理经验，已成功开发出多种厌氧生物处理工艺和设备。

1. 传统厌氧消化池

传统消化池适用于处理有机物及悬浮物浓度较高的废水，其工艺流程如图 10-12 所示。废水或污泥定期或连续加入消化池，经消化的污泥和废水分别从消化池的底部和上部排出，产生的沼气也从顶部排出。

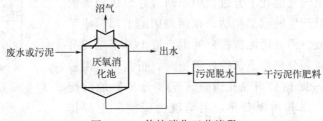

图 10-12　传统消化工艺流程

传统厌氧消化池的特点是在一个池内实现厌氧发酵反应以及液体与污泥的分离过程。为使进料与厌氧污泥充分接触，池内可设置搅拌装置，一般情况下每隔 2～4h 搅拌一次。此法的缺点是缺乏持留或补充厌氧活性污泥的特殊装置，故池内难以保持大量的微生物，且容积负荷低、反应时间长、消化池的容积大、处理效果不佳。

2. 厌氧接触法

厌氧接触法是在传统消化池的基础上开发的一种厌氧处理工艺。与传统消化法的区别在于增加了污泥回流，其工艺流程如图 10-13 所示。

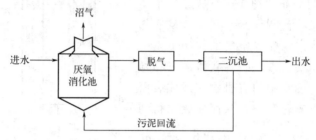

图 10-13　厌氧接触法工艺流程

在厌氧接触工艺中，消化池内是完全混合的。由消化池排出的混合液通过真空脱气，使附着于污泥上的小气泡分离出来，有利于泥水分离。脱气后的混合液在沉淀池中进行固液分离，废水由沉淀池上部排出，沉降下来的厌氧污泥回流至消化池，这样既可保证污泥不会流失，又可提高消化池内的污泥浓度，增加厌氧生物量，从而提高了设备的有机物负荷和处理效率。

厌氧接触法可直接处理含较多悬浮物的废水，而且运行比较稳定，并有一定的抗冲击负荷的能力。此工艺的缺点是污泥在池内呈分散、细小的絮状，沉淀性能较差，因而难以在沉淀池中进行固液分离，所以出水中常含有一定数量的污泥。此外，该工艺不能处理低浓度的有机废水。

3. 上流式厌氧污泥床

上流式厌氧污泥床是 20 世纪 70 年代初开发的一种高效生物处理装置，是一种悬浮生长型的生物反应器，主要由反应区、沉淀区和气室三部分组成，其结构如图 10-14 所示。

反应器的下部为浓度较高的污泥层，称为污泥床。由于气体（沼气）的搅动，污泥床上部形成一个浓度较低的悬浮污泥层，通常将污泥区和悬浮层统称为反应区。在反应区的上部设有气、液、固三相分离器。待处理的废水从污泥床底部进入，与污泥床中的污泥混合接触，其中的有机物被厌氧微生物分解产生沼气，微小的沼气气泡在上升过程中不断合并形成较大的气泡。由于气泡上升产生的剧烈扰动，在污泥床的上部形成了悬浮污泥层。气、液、固（污泥颗粒）的混合液上升至三相分离器内，沼气气泡碰到分离器下部的反射板时，折向气室而被有效地分离排出。污泥和水则经孔道进入三相分离器的沉淀区，在重力作用下，水和污泥分离，上清液由沉淀区上部排出，沉淀区下部的污泥沿着挡气环的斜壁回流至悬浮层中。

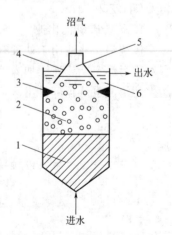

图 10-14　上流式厌氧污泥床

1—污泥床；2—悬浮层；3—挡气环；
4—集气罩；5—气室；6—沉淀区

上流式厌氧污泥床的体积较小，且不需要污泥回流，可直接处理含悬浮物较多的废水，不会发生堵塞现象。但装置的结构比较复杂，特别是气-液-固三相分离器对系统的正常运行和处理效果影响很大，设计与安装要求较高。此外，装置对水质和负荷的突然变化比较敏感，故要求废水的水质和负荷均比较稳定。

四、各类制药废水的处理

1. 含悬浮物或胶体的废水

废水中所含的悬浮物一般可通过沉淀、过滤或气浮等方法除去。气浮法的原理是利用高度分散的微小气泡作为载体去黏附废水中的悬浮物，使其密度小于水而上浮到水面，从而实现固液分离。例如，对于密度小于水或疏水性悬浮物的分离，沉淀法的分离效果往往较差，此时可向水中通入空气，使悬浮物黏附于气泡表面并浮到水面，从而实现固液分离。也可采用直接蒸汽加热、加入无机盐等，使悬浮物聚集沉淀或上浮分离。对于极小的悬浮物或胶体，则可用混凝法或吸附法处理。例如，4-甲酰胺基安替比林是合成解热镇痛药安乃近的中间体，在生产过程中要产生一定量的废母液，其中含有许多必须除去的树脂状物，这种树脂状物不能用静置的方法分离。若向此废母液中加入浓硫酸铵废水，并用蒸汽加热，使其相对密度增大到 1.1，即有大量的树脂沉淀和上浮物，从而将树脂状物从母液中分离出去。

除去悬浮物和胶体的废水若仅含无毒的无机盐类，一般稀释后即可直接排入下水道。若达不到国家规定的排放标准，则需采用其他方法进一步处理。

从废水中除去悬浮物或胶体可大大降低二级处理的负荷，且费用一般较低，是一种常规的废水预处理方法。

2. 酸碱性废水

制药过程中常排出各种含酸或碱的废水，其中以酸性废水居多。酸碱性废水直接排放不仅会造成排水管道的腐蚀和堵塞，而且会污染环境和水体。对于浓度较高的酸性或碱性废水应尽量考虑回收和综合利用，如用废硫酸制硫酸亚铁，用废氨水制硫酸铵等。回收后的剩余废水或浓度较低、不易回收的酸性或碱性废水必须中和至中性。中和时应尽量使用现有的废酸或废碱，若酸、碱废水互相中和后仍达不到处理要求，可补加药剂进行中和。若中和后的废水水质符合国家规定的排放标准，可直接排入下水道，否则需进一步处理。

3. 含无机物的废水

制药废水中所含的无机物通常为卤化物、氰化物、硫酸盐以及重金属离子等，常用的处理方法有稀释法、浓缩结晶法和各种化学处理法。对于不含毒物又不易回收利用的无机盐废水可用稀释法处理。较高浓度的无机盐废水应首先考虑回收和综合利用。例如，含锰废水经一系列化学处理后可制成硫酸锰或高纯碳酸锰，较高浓度的硫酸钠废水经浓缩结晶法处理后可回收硫酸钠等。

对含氰化物、氟化物等剧毒物质的废水一般可通过各种化学法进行处理。例如，用高压水解法处理高浓度含氰废水，去除率可达 99.99% 以上。

$$NaCN + 2H_2O \xrightarrow[170\sim180℃,1.47MPa]{(1\sim1.5)\%NaOH} HCOONa + NH_3$$

含氟废水也可用化学法进行处理。如用中和法处理氟轻松生产中的含氟废水，去除率可达 99.99% 以上。

$$2NH_4F + Ca(OH)_2 \xrightarrow{pH\ 13} CaF_2 + 2H_2O + 2NH_3 \uparrow$$

重金属在人体内可以累积，且毒性不易消除，所以含重金属离子的废水排放要求是比较严格的。废水中常见的重金属离子包括汞、镉、铬、铅、镍等离子，此类废水的处理方法主要为化学沉淀法，即向废水中加入某些化学物质作为沉淀剂，使废水中的重金属离子转化为难溶于水的物质而发生沉淀，从而从废水中分离出来。在各类化学沉淀法中，尤以中和法、硫化法的应用最为广泛。中和法是向废水中加入生石灰、消石灰、氢氧化钠或碳酸钠等中和剂，使重金属离子转化为相应的氢氧化物沉淀而除去。硫化法是向废水中加入硫化钠或通入硫化氢等硫化剂，使重金属离子转化为相应的硫化物沉淀而除去。在允许排放的 pH 值范围内，硫化法的处理效果较好，尤其是处理含汞或铬的废水，一般都采用此法。

4. 含有机物的废水

在制药厂排放的各类废水中，含有机物废水的处理是最复杂、最重要的课题。此类废水中所含的有机物一般为原辅材料、产物和副产物等，在进行无害化处理前，应尽可能考虑回收和综合利用。常用的回收和综合利用方法有蒸馏、萃取和化学处理等。回收后符合排放标准的废水，可直接排入下水道。对于成分复杂、难以回收利用或经回收后仍不符合排放标准的有机废水，则需采用适当方法进行无害化处理。

有机废水的无害化处理方法很多，可根据废水的水质情况加以选用。对于易被氧化分解的有机废水，一般可用生物处理法进行无害化处理。对于低浓度、不易被氧化分解的有机废水，采用生物处理法往往达不到规定的排放标准，这些废水可用沉淀、萃取、吸附等物理、化学或物理化学方法进行处理。对于浓度高、热值高、又难以用其他方法处理的有机废水，可用焚烧法进行处理。

第四节　废气处理技术

制药厂排出的废气具有种类繁多、组成复杂、数量大、危害严重等特点，必须进行综合治理，以免危害操作者的身体健康，造成环境污染。按所含主要污染物的性质不同，制药厂排出的废气可分为三类，即含尘（固体悬浮物）废气、含无机污染物废气和含有机污染物废气。含尘废气的处理实际上是一个气、固两相混合物的分离问题，可利用粉尘质量较大的特点，通过外力的作用将其分离出来；而处理含无机或有机污染物的废气则要根据所含污染物的物理性质和化学性质，通过冷凝、吸收、吸附、燃烧、催化等方法进行无害化处理。

10-10 制药工业
大气污染物排放标准

目前，对制药厂排放废气中的污染物的管理，主要执行《GB 16297—1996 大气污染物综合排放标准》该标准规定了 33 种大气污染物的排放限值，其指标体系为最高允许排放浓度、最高允许排放速率和无组织排放监控浓度限值。恶臭物质排放执行《GB 14554—1993 恶臭污染物排放标准》，该标准规定了氨、三甲胺、硫化氢、甲硫醇、甲硫醚、二甲二硫醚、二硫化碳、苯乙烯等八种恶臭污染物的一次最大排放限值、复合恶臭物质的臭气浓度限值以及无组织排放源的厂界浓度限值。在评价大气污染物对车间空气的影响时，可执行《GB Z2.1—2019 工作场所有害因素职业接触限值 第 1 部分：化学有害因素》和《GB 2.2—2007 工作场所有害因素职业接触限值 第 2 部分：物理因素》。

一、含尘废气处理技术

制药厂排出的含尘废气主要来自粉碎、碾磨、筛分等机械过程所产生的粉尘，以及锅炉燃烧所产生的烟尘等。常用的除尘方法有三种，即机械除尘、洗涤除尘和过滤除尘。

1. 机械除尘

机械除尘是利用机械力（重力、惯性力、离心力）将固体悬浮物从气流中分离出来。常用的机械除尘设备有重力沉降室、惯性除尘器和旋风除尘器等。重力沉降室利用粉尘与气体的密度不同，依靠粉尘自身的重力从气流中自然沉降下来，从而达到分离或捕集气流中含尘粒子的目的。惯性除尘器利用粉尘与气体在运动中的惯性力不同，使含尘气流方向发生急剧改变，气流中的尘粒因惯性较大，不能随气流急剧转弯，便从气流中分离出来。旋风除尘器是利用含尘气体的流动速度，使气流在除尘装置内沿一定方向作连续的旋转运动，尘粒在随气流的旋转运动中获得了离心力，从而从气流中分离出来。常见机械除尘设备的基本结构如图 10-15 所示。

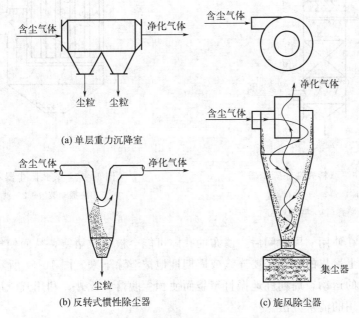

图 10-15　常见机械除尘设备的基本结构

机械除尘设备具有结构简单、制造容易、阻力小和运转费用低等特点，但此类除尘设备只对大粒径粉尘的去除效率较高，而对小粒径粉尘的捕获率很低。为取得较好的分离效率，可采用多级串联的形式，或将其作为一级除尘设备使用。

2. 洗涤除尘

又称为湿式除尘，它是用水或其他液体洗涤含尘气体，利用形成的液膜、液滴或气泡捕获气体中的尘粒，尘粒随液体排出，气体得到净化。洗涤除尘设备的形式很多，图 10-16 为常见的填料式洗涤除尘器。

洗涤除尘器可以除去直径在 $0.1\mu m$ 以上的尘粒，且除尘效率较高，一般为 $80\%\sim95\%$，高效率的装置可达 99%。洗涤除尘器的结构比较简单，设备投资较小，操作维修也比较方便。在洗涤除尘过程中，水与含尘气体可充分接触，有降温增湿和净化有害有毒废气等作用，尤其适合高温、高湿、易燃、易爆和有毒废气的净化。洗涤除尘的明显缺点是除尘过程中要消耗大量的洗涤水，而且从废气中除去的污染物全部转移到水中，因此必须对洗涤后的水进行净化处理，并尽量回用，以免造成水的二次污染。此外，洗涤除尘器的气流阻力较大，因而运转费用较高。

3. 过滤除尘

过滤除尘是使含尘气体通过多孔材料，将气体中的尘粒截留下来，使气体得到净化。目前，我国使用较多的是袋式除尘器，其基本结构是在除尘器的集尘室内悬挂若干个圆形或椭圆形的滤袋，当含尘气流穿过这些滤袋的袋壁时，尘粒被袋壁截留，并在袋的内壁或外壁聚集而被捕集。常见袋式除尘器的结构如图 10-17 所示。

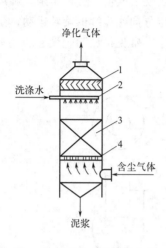

图 10-16　填料式洗涤除尘器
1—除沫器；2—分布器；
3—填料；4—填料支承

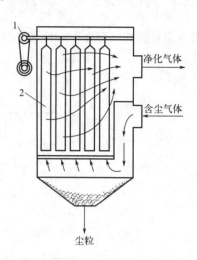

图 10-17　袋式除尘器示意图
1—振动装置；2—滤袋

袋式除尘器在使用一段时间后，滤布的孔隙可能会被尘粒堵塞，从而使气体的流动阻力增大。因此袋壁上聚集的尘粒需要连续或周期性地被清除下来。图 10-17 所示的袋式除尘器是利用机械装置的运动，周期性地振打布袋而使积尘脱落。此外，利用气流反吹袋壁而使灰尘脱落，也是常用的清灰方法。

袋式除尘器结构简单，使用灵活方便，可处理不同类型的颗粒污染物，尤其对直径在 $0.1 \sim 20\mu m$ 范围内的细粉有很强的捕集效果，除尘效率可达 90%～99%，是一种高效除尘设备。但袋式除尘器的应用要受到滤布的耐温和耐腐蚀等性能的限制，一般不适用于高温、高湿或强腐蚀性废气的处理。

各种除尘装置均有其优缺点。对于那些粒径分布范围较广的尘粒，常将两种或多种不同性质的除尘器组合使用。例如，某制药厂用沸腾干燥器干燥氯霉素成品，排出气流中含有一定量的氯霉素粉末，若直接排放不仅会造成环境污染，而且损失了产品。该厂采用图 10-18 所示的净化流程对排出气流进行净化处理。含有氯霉素粉末的气流首先经两只串联的旋风除尘器除去大部分粉末，再经一只袋式除尘器滤去粒径较小的细粉，未被袋式除尘器捕获的粒径极细的粉末经鼓风机出口处的洗涤除尘器而除去。这样不仅使排出尾气中基本不含氯霉素粉末，保护了环境，而且可回收一定量的氯霉素产品。

二、含无机物废气处理技术

制药厂排放的废气中，常见的无机污染物有氯化氢、硫化氢、二氧化硫、氮氧化物、氯气、氨气和氰化氢等，此类废气的主要处理方法有吸收法、吸附法、催化法和燃烧法等，其中以吸收法最为常用。

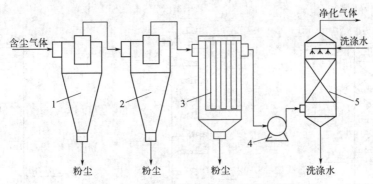

图 10-18　氯霉素干燥工段的气流净化流程

1，2—旋风除尘器；3—袋式除尘器；4—鼓风机；5—洗涤除尘器

1. 吸收装置

吸收是利用气体混合物中不同组分在吸收剂中的溶解度不同，或者与吸收剂发生选择性化学反应，从而将有害组分从气流中分离出来的过程。吸收过程一般需要在特定的吸收装置中进行。吸收装置的主要作用是使气液两相充分接触，实现气液两相间的传质。用于气体净化的吸收装置主要有填料塔、板式塔和喷淋塔。

填料塔的结构如图 10-19 所示。在塔筒内装填一定高度的填料（散堆或规整填料），以增加气液两相间的接触面积。用作吸收的液体由液体分布器均匀分布于填料表面，并沿填料表面下降。需净化的气体由塔下部通过填料孔隙逆流而上，并与液体充分接触，其中的污染物由气相进入液相，从而达到净化气体的目的。

板式塔的结构如图 10-20 所示。在塔筒内装有若干块水平塔板，塔板两侧分别设有降液管和溢流堰，塔板上可按一定的规律开成筛孔，即成为筛板塔。操作时，吸收液首先进入最上层塔板，然后经各板的溢流堰和降液管逐板下降，每块塔板上都积有一定厚度的液体层。需净化的气体由塔底进入，通过筛孔向上穿过塔板上的液体层，鼓泡而出，其中的污染物被板上的液体层所吸收，从而达到净化的目的。

喷淋塔的结构如图 10-21 所示，其内既无填料也无塔板，是一个空心吸收塔。操作时，吸收液由塔顶进入，经喷淋器喷出后，形成雾状或雨状下落。需净化的气体由塔底进入，在上升过程中与雾状或雨状的吸收液充分接触，其中的污染物进入吸收液，从而使气体得到净化。

2. 吸收法处理无机废气实例

吸收法处理含无机物的废气，技术比较成熟，操作经验比较丰富，适应性较强，废气中常见的无机污染物一般都可选择适宜的吸收剂和吸收装置进行处理，并可回收有价值的副产物。例如，用水吸收废气中的氯化氢可获得一定浓度的盐酸；用水或稀硫酸吸收废气中的氨可获得一定浓度的氨水或铵盐溶液，可用作农肥；含氰化氢的废气可先用水或液碱吸收，然后再用氧化、还原及加压水解等方法进行无害化处理；含二氧化硫、硫化氢、二氧化氮等酸性气体，一般可用氨水吸收，根据吸收液的情况可用作农肥或进行其他综合利用等。下面以氯化氢尾气的吸收处理为例，介绍吸收法在处理无机废气方面的应用。

药物合成中的氯化、氯磺化等反应过程中都伴有一定量的氯化氢尾气产生，这些尾气如直接排入大气，不仅浪费资源，增加生产成本，而且会造成严重的环境污染。因此，回收利用并治理氯化氢尾气具有十分重要的意义。

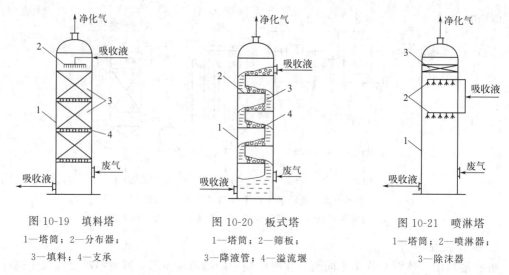

图 10-19 填料塔
1—塔筒；2—分布器；
3—填料；4—支承

图 10-20 板式塔
1—塔筒；2—筛板；
3—降液管；4—溢流堰

图 10-21 喷淋塔
1—塔筒；2—喷淋器；
3—除沫器

常温常压下，氯化氢在水中的溶解度很大，因此，可用水直接吸收氯化氢尾气，这样不仅可消除氯化氢气体造成的环境污染，而且可获得一定浓度的盐酸。吸收过程通常在吸收塔中进行，塔体一般以陶瓷、搪瓷、玻璃钢或塑料等为材质，塔内填充陶瓷、玻璃或塑料制成的散堆或规整填料。为提高回收盐酸的浓度，通常采用多塔串联的方式操作。图 10-22 是采用双塔串联吸收氯化氢尾气的工艺流程。含氯化氢的尾气首先进入一级吸收塔的底部，与二级吸收塔产生的稀盐酸逆流接触，获得的浓盐酸由塔底排出。经一级吸收塔吸收后的尾气进入二级吸收塔的底部，与循环稀盐酸逆流接触，其间需补充一定流量的清水。由二级吸收塔排出的尾气中还残留一定量的氯化氢，将其引入液碱吸收塔，用循环液碱作吸收剂，以进一步降低尾气中的氯化氢含量，使尾气达到规定的排放标准。实际操作中，通过调节补充的清水量，可以方便地调节副产盐酸的浓度。

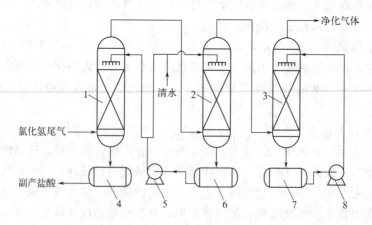

图 10-22 氯化氢尾气吸收工艺流程图
1——级吸收塔；2—二级吸收塔；3—液碱吸收塔；4—浓盐酸贮罐；
5—稀盐酸循环泵；6—稀盐酸贮罐；7—液碱贮罐；8—液碱循环泵

三、含有机物废气处理技术

根据废气中所含有机污染物的性质、特点和回收的可能性，可采用不同的净化和回收方法。目前，含有机污染物废气的一般处理方法主要有冷凝法、吸收法、吸附法、燃烧法和生物法。

1. 冷凝法

通过冷却的方法使废气中所含的有机污染物凝结成液体而分离出来。冷凝法所用的冷凝器有间壁式和直接混合式两大类，相应地，冷凝法有间接冷凝和直接冷凝两种工艺流程。

图 10-23 为间接冷凝的工艺流程。由于使用了间壁式冷凝器，冷却介质和废气由间壁隔开，彼此互不接触，因此可方便地回收被冷凝组分，但冷却效率较差。

图 10-24 为直接冷凝的工艺流程。由于使用了直接混合式冷凝器，冷却介质与废气直接接触，冷却效率较高。但被冷凝组分不易回收，且排水一般需要进行无害化处理。

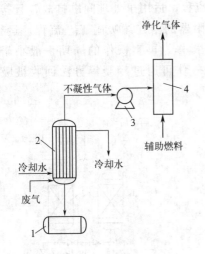

图 10-23 间接冷凝工艺流程

1—冷凝液贮罐；2—间壁式冷凝器；

3—风机；4—燃烧净化炉

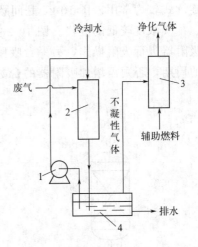

图 10-24 直接冷凝工艺流程

1—循环泵；2—直接混合式冷凝器；

3—燃烧净化炉；4—水槽

冷凝法的特点是设备简单，操作方便，适用于处理有机污染物含量较高的废气。冷凝法常用作燃烧或吸附净化废气的预处理，当有机污染物的含量较高时，可通过冷凝回收的方法减轻后续净化装置的负荷。但此法对废气的净化程度受冷凝温度的限制，当要求的净化程度很高或处理低浓度的有机废气时，需将废气冷却到很低的温度，这在经济上通常是不合算的。

2. 吸收法

选用适宜的吸收剂和吸收流程，通过吸收法除去废气中所含的有机污染物是处理含有机物废气的有效方法。吸收法在处理含有机污染物废气中的应用不如在处理含无机污染物废气中的应用广泛，其主要原因是适宜吸收剂的选择比较困难。

吸收法可用于处理有机污染物含量较低或沸点较低的废气，并可回收获得一定量的有机化合物。如用水或乙二醛水溶液吸收废气中的胺类化合物，用稀硫酸吸收废气中的吡啶类化合物，用水吸收废气中的醇类和酚类化合物，用亚硫酸氢钠溶液吸收废气中的醛类化合物，用柴油或机油吸收废气中的某些有机溶剂（如苯、甲醇、乙酸丁酯等）等。但当废气中所含有机污染物的浓度过低时，吸收效率会显著下降。因此，吸收法不宜处理有机污染物含量过低的废气。

3. 吸附法

吸附法是将废气与大表面多孔性固体物质（吸附剂）接触，使废气中的有害成分吸附到固体表面上，从而达到净化气体的目的。吸附过程是一个可逆过程，当气相中某组分被吸附的同时，部分已被吸附的该组分又可脱离固体表面而回到气相中，这种现象称为脱附。当吸附速率与脱附速率相等时，吸附过程达到动态平衡，此时的吸附剂已失去继续吸附的能力。因此，当吸附过程接近或达到吸附平衡时，应采用适当的方法将被吸附的组分从吸附剂中解脱下来，以恢复吸附剂的吸附能力，这一过程称为吸附剂的再生。吸附法处理含有机污染物的废气包括吸附和吸附剂再生的全部过程。

吸附法处理废气的工艺流程可分为间歇式、半连续式和连续式三种，其中以间歇式和半连续式较为常用。图 10-25 是间歇式吸附工艺流程，适用于处理间歇排放，且排气量较小、排气浓度较低的废气。图 10-26 是有两台吸附器的半连续吸附工艺流程。运行时，一台吸附器进行吸附操作，另一台吸附器进行再生操作，再生操作的周期一般小于吸附操作的周期，否则需增加吸附器的台数。再生后的气体可通过冷凝等方法回收被吸附的组分。

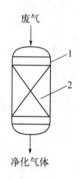

图 10-25　间歇式吸附工艺流程
1—吸附器；2—吸附剂

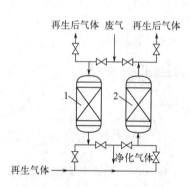

图 10-26　半连续式吸附工艺流程
1—吸附器；2—再生器

与吸收法类似，合理地选择和利用高效吸附剂，是吸附法处理含有机污染物废气的关键。常用的吸附剂有活性炭、活性氧化铝、硅胶、分子筛和褐煤等。吸附法的净化效率较高，特别是当废气中的有机污染物浓度较低时仍具有很强的净化能力。因此，吸附法特别适用于处理排放要求比较严格或有机污染物浓度较低的废气。但吸附法一般不适用于高浓度、大气量的废气处理。否则，需对吸附剂频繁地进行再生处理，影响吸附剂的使用寿命，并增加操作费用。

4. 燃烧法

燃烧法是在有氧的条件下，将废气加热到一定的温度，使其中的可燃污染物发生氧化燃烧或高温分解而转化为无害物质。当废气中的可燃污染物浓度较高或热值较高时，可将废气作为燃料直接通入焚烧炉中燃烧，燃烧产生的热量可予以回收。当废气中的可燃污染物浓度较低或热值较低时，可利用辅助燃料燃烧放出的热量将混合气体加热到所要求的温度，使废气中的可燃有害物质进行高温分解而转化为无害物质。图 10-27 是一种常用的燃气配焰燃烧炉，其特点是辅助燃料在燃烧炉的断面上形成许多小火焰，废气围绕小火焰进入燃烧室，并与小火焰充分接触进行高温分解反应。

燃烧过程一般需控制在 800℃ 左右的高温下进行。为降低燃烧反应的温度，可采用催化燃烧法，即在氧化催化剂的作用下，使废气中的可燃组分或可高温分解组分在较低的温度下进行燃烧反应而转化成 CO_2 和 H_2O。催化燃烧法处理废气的流程一般包括预处理、预热、反应和热回收等部分，如图 10-28 所示。

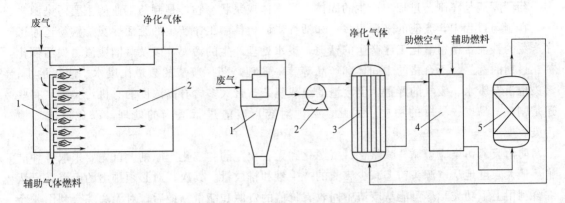

图 10-27 配焰燃烧炉
1—配焰燃烧器；2—燃烧室

图 10-28 催化燃烧法处理废气的工艺流程
1—预处理装置；2—风机；3—预热器；
4—混合器；5—催化燃烧反应器

燃烧法是一种常用的处理含有机污染物废气的方法。此法的特点是工艺简单、操作方便，并可回收一定的热量。缺点是不能回收有用物质，并容易造成二次污染。

5. 生物法

生物法处理废气的原理是利用微生物的代谢作用，将废气中所含的污染物转化成低毒或无毒的物质。图 10-29 是用生物过滤器处理含有机污染物废气的工艺流程。含有机污染物的废气首先在增湿器中增湿，然后进入生物过滤器。生物过滤器是由土壤、堆肥或活性炭等多孔材料构成的滤床，其中含有大量的微生物。增湿后的废气在生物过滤器中与附着在多孔材料表面的微生物充分接触，其中的有机污染物被微生物吸附吸收，并被氧化分解为无机物，从而使废气得到净化。

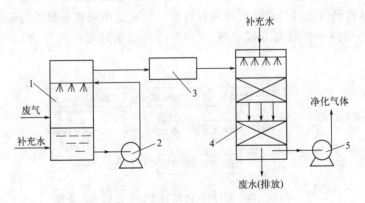

图 10-29 生物法处理废气的工艺流程
1—增湿器；2—循环泵；3—调温装置；4—生物过滤器；5—风机

与其他气体净化方法相比，生物处理法的设备比较简单，且处理效率较高、运行费用较低。因此，生物法在废气处理领域中的应用越来越广泛，特别是含有机污染物废气的净化。但生物法只能处理有机污染物含量较低的废气，且不能回收有用物质。

第五节 废渣处理技术

药厂废渣是在制药过程中产生的固体、半固体或浆状废物，是制药工业的主要污染源之一。在制药过程中，废渣的来源很多。如活性炭脱色精制工序产生的废活性炭，铁粉还原工序产生的铁泥，锰粉氧化工序产生的锰泥，废水处理产生的污泥，以及蒸馏残渣、失活催化剂、过期的药品、不合格的中间体和产品等。一般地，药厂废渣的数量比废水、废气的少，污染也没有废水、废气的严重，但废渣的组成复杂，且大多含有高浓度的有机污染物，有些还是剧毒、易燃、易爆的物质。因此，必须对药厂废渣进行适当的处理，以免造成环境污染。

防治废渣污染应遵循"减量化、资源化和无害化"的"三化"原则。首先要采取各种措施，最大限度地从"源头"上减少废渣的产生量和排放量。其次，对必须排出的废渣，要从综合利用上下功夫，尽可能从废渣中回收有价值的资源和能量。最后，对无法综合利用或经综合利用后的废渣进行无害化处理，以减轻或消除废渣的污染危害。

10-11 固废全流程管理

10-12 中药药渣综合利用

一、回收和综合利用

废渣中有相当一部分是未反应的原料或反应副产物，是宝贵的资源。因此，在对废渣进行无害化处理前，应尽量考虑回收和综合利用。许多废渣经适当的技术处理后，可回收有价值的资源。例如，废催化剂是化学制药过程中常见的废渣，制造这些催化剂要消耗大量的贵金属，从控制环境污染和合理利用资源的角度考虑，都应对其进行回收利用。图 10-30 是利用废钯-炭催化剂制备氯化钯的工艺流程。废钯-炭催化剂首先用焚烧法除去炭和有机物，然后用甲酸将钯渣中的钯氧化物（PdO）还原成粗钯。粗钯再经王水溶解、水溶、离子交换除杂等步骤制成氯化钯。

再如，铁泥可以制备氧化铁红或磁芯，锰泥可以制备硫酸锰或碳酸锰，废活性炭经再生后可以回用，硫酸钙废渣可制成优质建筑材料等。从废渣中回收有价值的资源，并开展综合利用，是控制污染的一项积极措施。这样不仅可以保护环境，而且可以产生显著的经济效益。

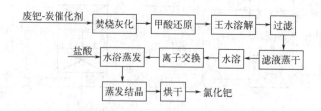

图 10-30 由废钯-炭催化剂制备氯化钯的工艺流程

二、废渣处理技术

经综合利用后的残渣或无法进行综合利用的废渣，应采用适当的方法进行无害化处理。由于废渣的组成复杂，性质各异，故废渣的治理还没有像废气和废水的治理那样形成系统。目前，对废渣的处理方法主要有化学法、焚烧法、热解法和填埋法等。

1. 化学法

化学法是利用废渣中所含污染物的化学性质，通过化学反应将其转化为稳定、安全的物质，是一种常用的无害化处理技术。例如，铬渣中常含有可溶性的六价铬，对环境有严重危害，可利用还原剂将其还原为无毒的三价铬，从而达到消除六价铬污染的目的。再如，将含氰化合物加入氢氧化钠溶液中，再用氧化剂使其转化为无毒的氰酸钠（NaCNO）或加热回流数小时后，再用次氯酸钠分解，可使氰基转化成 CO_2 和 N_2，从而达到无害化的目的。

2. 焚烧法

焚烧法是使被处理的废渣与过量的空气在焚烧炉内进行氧化燃烧反应，从而使废渣中所含的污染物在高温下氧化分解而破坏，是一种高温处理和深度氧化的综合工艺。焚烧法不仅可以大大减少废渣的体积，消除其中的许多有害物质，而且可以回收一定的热量，是一种可同时实现减量化、无害化和资源化的处理技术。因此，对于一些暂时无回收价值的可燃性废渣，特别是当用其他方法不能解决或处理不彻底时，焚烧法常是一个有效的方法。图 10-31 是常用的回转炉焚烧装置的工艺流程。回转炉保持一定的倾斜度，并以一定的速度旋转。加入炉中的废渣由一端向另一端移动，经过干燥区时，废渣中的水分和挥发性有机物被蒸发掉。温度开始上升，达到着火点后开始燃烧。回转炉内的温度一般控制在 650～1250℃。为使挥发性有机物和由气体中的悬浮颗粒所夹带的有机物能完全燃烧，常在回转炉后设置二次燃烧室，其内温度控制在 1100～1370℃。燃烧产生的热量由废热锅炉回收，废气经处理后排放。

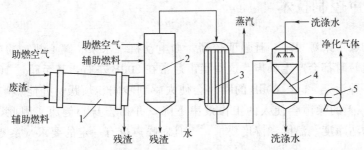

图 10-31　回转炉废渣焚烧装置的工艺流程

1—回转炉；2—二次燃烧室；3—废热锅炉；4—水洗塔；5—风机

焚烧法可使废渣中的有机污染物完全氧化成无害物质，有机物的化学去除率可达 99.5％以上。因此，焚烧法适宜处理有机物含量较高或热值较高的废渣。当废渣中的有机物含量较少时，可加入辅助燃料。此法的缺点是投资较大，运行管理费用较高。

3. 热解法

热解法是在无氧或缺氧的高温条件下，使废渣中的大分子有机物裂解为可燃的小分子燃料气体、油和固态碳等。热解法与焚烧法是两个完全不同的处理过程。焚烧过程放热，其热量可以回收利用；而热解过程则是吸热的。焚烧的产物主要是水和二氧化碳，无利用价值；而热解的产物主要为可燃的小分子化合物，如气态的氢、甲烷，液态的甲醇、丙酮、乙酸、乙醛等有机物以及焦油和溶剂油等，固态的焦炭或炭黑，这些产品可以回收利用。图 10-32 是热解法处理废渣的工艺流程示意图。

4. 填埋法

填埋法是将一时无法利用、又无特殊危害的废渣埋入土中，利用微生物的长期分解作用而使其中的有害物质降解。一般情况下，废渣首先要经过减量化和资源化处理，然后才对剩余的无利用价值的残渣进行填埋处理。与其他处理方法相比，此法的成本较低，且简便易行，但常有潜在的危险性。例如，废渣的渗滤液可能会导致填埋场地附近的地表水和地下水的严重污染；某些含有机物的废渣分解时要产生甲烷、氨气和硫化氢等气体，造成场地恶臭，严重破坏周围的环境卫生，而且甲烷的积累还可能引起火灾或爆炸。因此，要认真仔细地选择填埋场地，并采取妥善措施，防止对水源造成污染。

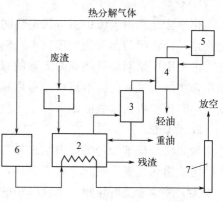

图 10-32　热解法工艺流程

1—碾碎机；2—热解炉；3—重油分离塔；
4—轻油分离塔；5—气液分离器；6—燃烧室；
7—烟囱

　　除以上几种方法外，废渣的处理方法还有生物法、湿式氧化法等多种方法。生物法是利用微生物的代谢作用将废渣中的有机污染物转化为简单、稳定的化合物，从而达到无害化的目的。湿式氧化法是在高压和 150～300℃ 的条件下，利用空气中的氧对废渣中的有机物进行氧化，以达到无害化的目的，整个过程在有水的条件下进行。

第六节　噪声控制技术

　　制药企业的噪声来源很多，且强度较高。如电动机、水泵、离心机、粉碎机、制冷机、通风机等设备运转时都会产生噪声，这些噪声通常在 80dB 左右，甚至超过 100dB。

　　噪声也是一种污染。50～80dB 的噪声会使人感到吵闹、烦躁，并能影响睡眠，使人难以熟睡。80dB 以上的噪声会使人的工作效率下降，并损害身心健康。因此，洁净区（室）内不仅有一定的洁净度、温度和湿度要求，而且对噪声也有一定的要求（参见第十一章第五节）。

　　噪声的控制技术很多，常用的有吸声、隔声、消声和减振。

一、吸声

　　吸声是将多孔性吸声材料或构件衬贴或悬挂在厂房内，当声波射至吸声材料的表面时，可顺利进入其孔隙，使孔隙中的空气和材料细纤维产生振动，由于摩擦和黏性阻力，声能转化为热能而被消耗掉，从而使厂房内的噪声降低。常用的吸声材料有玻璃棉、矿渣棉、石棉绒、甘蔗板、泡沫塑料和微孔吸声砖等。

10-13 分贝

　　应当指出，只有在厂房的内壁较为光滑且坚硬的情况下，采取吸声措施才会有明显的降噪效果。若厂房内壁已有一定的吸声量，则再采取吸声措施往往收效甚微。由于吸声仅能减弱反射声的作用，其最大限度是将反射声降为零，因此，吸声措施的降噪量不超过 15dB，一般仅为 4～10dB。

二、隔声

　　隔声是采用隔声材料或构件将噪声的传播途径隔断，使其不能进入受声区域，从而起到降低受声区域噪声的作用。

材料的隔声能力可用透射系数 τ 表示，其定义为

$$\tau = \frac{E_o}{E_i} \tag{10-4}$$

式中　E_o——透过隔声屏障的声能，J；

　　　E_i——射至隔声屏障上的总声能，J。

材料的 τ 值越小，其隔声能力就越好。但材料的 τ 值很小，且不同材料的 τ 值变化很大，使用很不方便。因此，工程上常用隔声量（传声损失）来表示材料的隔声能力。隔声量与透射系数的关系为

$$TL = 10\lg\frac{1}{\tau} \tag{10-5}$$

式中　TL——材料的隔声量，dB。

由材料的隔声量可直接看出噪声透过隔声屏障后衰减的分贝数。材料的 TL 值越大，材料的隔声性能就越好。

隔声是控制噪声的重要措施之一，在实际工程中的常用形式有隔声室、隔声罩和隔声屏等。

三、消声

消声是控制气流噪声的常用措施，其方法是在管道上或进、排气口处安装消声器。消声器是一种阻止噪声传播而又允许气流通过的特殊装置，其基本要求是结构性能好（结构简单、体积小、重量轻、使用寿命长）、消声量大、流动阻力小。

消声器的形式很多，比较常用的有阻性消声器、抗性消声器和阻抗复合消声器等。

阻性消声器是利用吸声材料消耗声能而达到降低噪声的目的，其方法是将吸声材料固定在气流通道内壁或按一定的方式在管道中排列起来。阻性消声器适用于中、高频噪声的消声，尤其对刺耳的高频噪声有突出的消声效果。

抗性消声器是利用共振器、扩张孔、穿孔屏一类的滤波元件消耗声能而达到降低噪声的目的，适用于中、低频噪声的消声，图 10-33 是几种常见的抗性消声器。

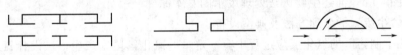

图 10-33　常见的抗性消声器

阻抗复合消声器是综合阻性消声器和抗性消声器的特点，通过适当的结构将两者复合起来而构成。此类消声器对较宽频率范围内的噪声都能起到良好的消声效果。

四、减震

设备运转时产生的震动传给基础后，将以弹性波的形式由设备基础沿建筑结构向四周传播，并以噪声的形式出现。

避免刚性连接是减震消声的基本方法。例如，在设备和基础之间加装弹簧或橡胶减震器，以消除设备与基础间的刚性连接，可消弱设备振动产生的噪声。消除管道之间的刚性连接可削弱噪声沿管道的传播，如风机的进出口与风管间采用帆布接头连接，水泵的进出口和水管间采用可曲挠的合成橡胶接头连接，均能有效地削弱噪声沿管道的传播。此外，在风

管、水管等管道的吊卡、穿墙处均应采取相应的防震措施，以防震动沿管道向外传递。

在防治噪声的工程实践中，往往要综合运用多种噪声控制技术。图 10-34 是某风机的噪声防治方案示意图，图中的阻尼材料可使震动迅速衰减。该方案综合运用了吸声、隔声、消声和减震等噪声控制技术。

10-14 洁净室噪声监测的要求

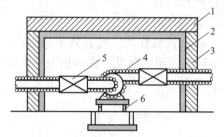

图 10-34　风机噪声防治方案示意图
1—隔声屋顶；2—吸声材料；3—隔声墙；
4—阻尼材料；5—消声器；6—减震器

思 考 题

本章目标检测

1. 解释下列名词

①绿色生产工艺；②BOD$_5$；③COD$_{Cr}$；④氨氮；⑤总氮；⑥总有机碳；⑦排水量；⑧单位基准排水量；⑨清污分流；⑩好氧生物处理；⑪厌氧生物处理；⑫活性污泥；⑬曝气；⑭生物膜；⑮阻性消声器；⑯抗性消声器。

2. 简述污染的防治措施。

3. 简述废水的处理级数。

4. 简述废水处理的基本方法。

5. 简述好氧生物法处理有机废水的基本原理。

6. 结合图 10-1，简述厌氧生物法处理有机废水的基本原理。

7. 结合图 10-2，简述活性污泥法处理废水的基本原理。

8. 结合图 10-6，简述生物膜法处理废水的基本原理。

9. 简述含尘废气的处理方法及典型设备。

10. 某化学制药厂的氯化反应过程中有一定量的氯化氢尾气产生，试设计氯化氢尾气的净化流程，要求最终盐酸浓度达到 30%（质量分数）以上。

11. 结合图 10-34，指出该风机的噪声防治方案所采用的噪声控制技术。

第十一章　防火防爆与安全卫生

学习要求

1. 掌握：防火防爆技术以及洁净厂房的防火；常用的防静电措施，常用的空气净化设备。

2. 熟悉：生产的火灾危险性分类；厂房的耐火等级；静电的危害，防雷措施；空气净化的流程、气流组织和设计参数。

3. 了解：雷电的火灾危险性；照度、采光系数、天然采光、人工照明、自然通风、机械通风等概念。

本章课件

第一节　防火防爆

一、生产的火灾危险性分类

生产的火灾危险性不仅取决于可燃物质的种类、性质和数量，而且与厂房空间的大小、生产装置的技术水平、通风设备和换气条件以及装置破损泄漏和误操作的可能性等密切相关。按照生产过程中使用、产生及贮存的原料、半成品和成品的种类、数量、性质，并结合生产过程的性质、特点等具体情况，生产的火灾危险性可分为甲、乙、丙、丁、戊五类，如表 11-1 所示。

11-01 特殊作业安全管理

11-02 安全智能巡检

表 11-1　生产的火灾危险性分类

生产类别	火灾危险性特征
甲	使用或产生下列物质： 1. 闪点＜28℃的液体； 2. 爆炸下限＜10%的气体； 3. 常温下能自行分解或在空气中氧化即能导致迅速自燃或爆炸的物质； 4. 常温下受到水或空气中水蒸气的作用,能产生可燃气体而引起燃烧或爆炸的物质； 5. 遇酸、受热、撞击、摩擦、催化以及遇有机物或硫磺等易燃的无机物而极易引起燃烧或爆炸的强氧化剂； 6. 受撞击、摩擦或与氧化剂、有机物接触时能引起燃烧或爆炸的物质； 7. 在密闭设备内操作温度等于或超过物质本身自燃点的生产
乙	使用或产生下列物质的生产： 1. 闪点≥28℃至＜60℃的液体； 2. 爆炸下限≥10%的气体； 3. 不属于甲类的氧化剂； 4. 不属于甲类的化学易燃危险固体； 5. 助燃气体； 6. 能与空气形成爆炸性混合物的浮游状态的粉尘、纤维,闪点≥60℃的液体雾滴

续表

生产类别	火灾危险性特征
丙	使用或产生下列物质的生产： 1. 闪点≥60℃的液体； 2. 可燃固体
丁	具有下列情况的生产： 1. 对非燃烧物质进行加工，并在高热或熔融状态下经常产生辐射热、火花或火焰的生产； 2. 利用气体、液体、固体作为燃料或将气体、液体进行燃烧以作他用的各种生产； 3. 常温下使用或加工难燃烧物质的生产
戊	常温下使用或加工非燃烧物质的生产

生产过程中，若使用或产生的易燃、可燃物质的量较少，不足以构成爆炸或火灾危险时，可按照实际情况确定其火灾危险性类别。

同一厂房或防火分区内，若存在不同性质的生产，应按火灾危险性较大的部分分类。但火灾危险性较大的部分占本层或本防火分区面积的比例小于5%（丁、戊类生产厂房的油漆工段小于10%），且发生事故时火灾不会蔓延，则可按火灾危险性较小的部分分类。

对于有火灾危险性的厂房，尤其是甲、乙类厂房，必须采取相应的防火防爆措施，以最大限度地提高生产的安全程度，并在一旦发生火灾或爆炸时，将灾害损失减少至最低限度。

二、厂房的耐火等级

11-03 建设设计
防火规范

厂房的耐火等级对防止发生火灾、限制火灾蔓延、减少火灾损失等，都具有重要的意义。例如，将火灾危险性较大的生产过程置于耐火等级较低的易燃厂房内，那么一旦发生火灾，全部装置和设施将很快被烧毁；反之，若置于耐火等级较高的厂房内，就可以限制灾情的扩展，减少灾害所造成的损失。为便于灭火抢救，减少火灾损失，我国的《GB 50016—2014建筑设计防火规范》对厂房的耐火等级、层数和面积作了适当的规定和限制，如表11-2所示。

表 11-2　厂房的耐火等级、层数和面积

生产类别	耐火等级	最多允许层数	防火墙间最大允许占地面积/m²			
			单层厂房	多层厂房	高层厂房	厂房的地下室或半地下室
甲	一级	除生产必须采用多层外，宜采用单层	4000	3000	—	—
	二级		3000	2000	—	—
乙	一级	不限	5000	4000	2000	—
	二级	6	4000	3000	1500	—
丙	一级	不限	不限	6000	3000	500
	二级	不限	8000	4000	2000	500
	三级	2	3000	2000	—	—
丁	一、二级	不限	不限	不限	4000	1000
	三级	3	4000	2000	—	—
	四级	1	1000	—	—	—

续表

生产类别	耐火等级	最多允许层数	防火墙间最大允许占地面积/m²			
			单层厂房	多层厂房	高层厂房	厂房的地下室或半地下室
戊	一、二级	不限	不限	不限	6000	1000
	三级	3	5000	3000	—	—
	四级	1	1500	—	—	—

厂房的构筑材料应与厂房的耐火等级相适应。一般情况下，一级耐火等级的厂房，由钢筋混凝土结构的楼板、屋顶和砌体墙组成；二级耐火等级的厂房和一级相似，但所用材料的耐火极限可适当降低；三级耐火等级的厂房，可采用钢筋混凝土楼板、砖墙和木屋顶组成的砖木结构；四级耐火等级的厂房，可采用木屋顶、难燃烧体楼板和墙组成的可燃结构。

中、小型企业中，面积不超过 300m² 独立的甲、乙类生产厂房，在投资有限和估计火灾损失不大的情况下，可采用三级耐火等级的单层厂房。

若生产的火灾危险性较小，但厂房内存在特殊贵重的机器、仪器或仪表，则厂房的耐火等级应达到一级。

三、防火防爆技术

"安全为了生产，生产必须安全"，这是处理生产和安全之间关系的基本准则。盲目追求经济效益，而置安全隐患于不顾，极有可能发生火灾、爆炸和人身伤亡等事故。为保证生产安全，设计人员应按照有关设计规范和规定的要求，首先从厂房结构上下功夫。其次是采取措施杜绝各种火源，如杜绝各种明火、选用防爆电气设备、设置防雷和抗静电装置（参见本章第二节）、防止摩擦和撞击火花等。最后，应设置完善的消防设施。从而为工程项目的试产和正常生产创造必要的安全条件，并设置万一发生事故时所需的应急设施。

1. 厂房的防爆设计

有爆炸危险的厂房，一旦发生爆炸，往往会造成严重的人员伤亡和财产损失，如果处理不当，还会影响到相邻厂房的安全。因此，做好厂房的防爆设计，对预防爆炸和减少爆炸时的人员伤亡及财产损失，具有非常重要的意义。

（1）合理选型和布置　有爆炸危险的厂房宜采用矩形，并与当地的常年主导风向垂直布置，以充分利用穿堂风吹散爆炸性气体或粉尘。有爆炸危险的厂房宜采用单层，必须采用多层时应置于最上层。有爆炸危险的生产设备应布置在外墙门窗附近，有火源的配电间、化验室、办公室等应集中布置在厂房的一端，并用防火墙与生产区分隔开来。

（2）采用防爆结构　有爆炸危险的厂房，其结构选型是非常重要的。选用耐火性能好、抗爆能力强的结构型式，在万一发生爆炸时，可避免厂房的倒塌破坏。虽然钢结构的耐爆强度很高，但其耐火极限较差。当发生火灾爆炸时，钢结构会因高温变形而倒塌。实践证明，采用现浇钢筋混凝土框架防爆结构的厂房，在爆炸时可避免发生倒塌破坏；而采用承重墙结构的厂房，在爆炸时大多发生倒塌破坏。因此，为避免爆炸时发生倒塌破坏，有爆炸危险的厂房宜采用钢筋混凝土框架防爆结构。

（3）设置泄压面积　有爆炸危险的厂房，应设置必要的泄压面积。设置的泄压面积越大，爆炸时的室内压力就越小，建筑结构遭受破坏的程度就越轻。我国的设计规范规定，对有爆炸危险的厂房，泄压面积与厂房体积的比值采用 $0.05 \sim 0.10 \mathrm{m}^2 \cdot \mathrm{m}^{-3}$。

有爆炸危险的厂房，应尽可能采用敞开式或半敞开式结构，这样既能防止爆炸性气体或粉尘的积聚，又能保证有足够的泄压面积。当有爆炸危险的厂房必须采用封闭式结构时，应在靠近可能爆炸的部位设置轻质屋顶、轻质墙体和门窗等泄压设施。由于泄压设施的耐压能力较差，因此，爆炸时将首先爆破而向外释放出大量的气体和热量，使室内的爆炸压力迅速下降，从而使承重结构免遭倒塌破坏。

泄压面积的布置要合理，泄压方向宜向上空，并尽量避免朝向人员集中的地方或交通要道。当泄压设施有可能影响到邻近车间或建筑物的安全时，应在泄压设施外设置保护挡板。

11-04 泄压面积的计算

（4）设置安全出口　厂房在发生爆炸前，一般都会有一些不正常现象，如化学反应加剧、冒浓烟和发出异常声响等，过一会儿才发生爆炸，即在爆炸发生前存在一定的"允许疏散时间"。虽然允许疏散时间很短，一般只有几分钟，但若厂房有足够数量的符合要求的安全出口，工作人员就有可能在爆炸发生前跑出厂房。厂房外墙上设置的外开门、封闭式楼梯间以及有防火墙或防爆墙分隔的室外楼梯，均可作为安全出口。工作人员能否在允许疏散时间内撤出厂房，主要取决于安全出口的数量、宽度以及工作地点距安全出口的距离。

有爆炸危险的厂房，其安全出口的数量应不少于两个。这是因为当一个出口被火或浓烟封死后，至少还有一个出口可供人员疏散，从而可避免更严重的伤亡。

为满足允许疏散时间的要求，应规定安全出口的宽度。如果安全出口的宽度不足，必然会延长疏散时间，对安全疏散不利。我国的《GB 50016—2014 建筑设计防火规范》规定，厂房每层疏散楼梯、走道口和门的各自总宽度，可根据该层或该层以上各层中人数最多的一层，按不小于表 11-3 中的规定计算。

表 11-3　厂房疏散楼梯、走道和门的宽度指标

层数	1～2层	3层	≥4层
宽度/m·百人$^{-1}$	0.6	0.8	1.0

疏散门的宽度不宜小于 0.8m，疏散楼梯的宽度不宜小于 1.1m，疏散走道的宽度不宜小于 1.4m。若人数少于 50 人，疏散门、楼梯及走道的宽度也可适当减小。

为满足允许疏散时间的要求，除要规定安全出口的数量和宽度外，还要规定工作地点到厂房安全出口的距离。距离越小，越有利于安全疏散。厂房的安全疏散距离不应大于表 11-4 中的规定。

表 11-4　厂房的安全疏散距离

生产类别	耐火等级	单层厂房/m	多层厂房/m	高层厂房/m	厂房的地下室、半地下室
甲	一级、二级	30	25	—	—
乙	一级、二级	75	50	30	—
丙	一级、二级	80	60	40	30
	三级	60	40	—	—
丁	一、二级	不限	不限	50	45
	三级	60	50	—	—
	四级	50	—	—	—
戊	一、二级	不限	不限	75	60
	三级	100	75	—	—
	四级	60	—	—	—

2. 杜绝各种明火

生产过程中的明火主要是指生产过程中的加热用火、维修用火和其他火源。有火灾或爆炸危险的厂房内，不得使用电炉、煤气炉等明火加热。任何人都不得携带火柴、打火机等火种进入有火灾或爆炸危险的厂房，更不得在其中吸烟。应尽量避免在有火灾或爆炸危险的厂房内进行割焊操作，需检修的设备或管段应尽可能拆卸至安全地点修理，必须在现场进行割焊修理的要严格执行动火安全规定。

此外，汽车、拖拉机、柴油机等的排气管喷火，也有可能引起火灾或爆炸。因此，出入有火灾或爆炸危险区域的汽车、拖拉机、柴油机等必须采取相应的安全措施，其排气管出口必须安装消火器。

3. 选用防爆电气设备

电气设备所引起的火灾或爆炸事故，一般由电弧、电火花、电热或漏电所引起。设计人员应根据电气设备产生的电弧、电火花以及电气设备表面的发热温度等情况，选择适宜的防爆型电气设备。

11-05 防爆电气设备的类型

(1) 爆炸性气体环境电气设备的选型　根据爆炸性气体混合物出现的频繁程度和持续时间，爆炸性气体环境可分为 0 区、1 区和 2 区。其中 0 区是指爆炸性气体混合物连续出现或长期出现的环境，该环境除封闭空间外很少出现；1 区是指正常运行时可能出现爆炸性气体混合物的环境；2 区是指正常运行时不可能出现或即使出现也是短时存在的爆炸性气体混合物的环境。爆炸性气体环境的电气设备选型应符合表 11-5～表 11-7 中的规定，表中"—"号表示不用或结构上不现实。

表 11-5　爆炸性气体环境灯具的选型

类型	爆炸性气体环境危险区域			
	1 区		2 区	
	隔爆型	增安型	隔爆型	增安型
固定式灯	适用	不适用	适用	适用
移动式灯	慎用	—	适用	
携带式电池灯	适用	—	适用	—
指示灯类	适用	不适用	适用	适用
镇流器	适用	慎用	适用	适用

表 11-6　爆炸性气体环境电机的选型

类型	爆炸性气体环境危险区域						
	1 区			2 区			
	隔爆型	正压型	增安型	隔爆型	正压型	增安型	无火花型
鼠笼式感应电动机	适用	适用	慎用	适用	适用	适用	适用
绕线型感应电动机	慎用	慎用	—	适用	适用	适用	不适用
同步电动机	适用	适用	不适用	适用	适用	适用	—
直流电动机	慎用	慎用	—	适用	适用	—	—
电磁滑差离合器(无电刷)	适用	慎用	—	适用	适用	适用	慎用

注：1. 绕线型感应电动机及同步电动机采用增安型时，其主体是增安型防爆结构，产生电火花的部分采用隔爆型或正压型防爆结构。

2. 无火花型电动机在通风不良及室内具有比空气密度大的易燃物质的区域内慎用。

表 11-7　爆炸性气体环境信号、报警装置等的选型

类型	爆炸性气体环境危险区域								
	0 区	1 区				2 区			
	本安型①	本安型①	隔爆型②	正压型③	增安型④	本安型	隔爆型	正压型	增安型
信号、报警装置	适用	适用	适用	适用	不适用	适用	适用	适用	适用

续表

类型	爆炸性气体环境危险区域								
	0 区	1 区				2 区			
	本安型①	本安型①	隔爆型②	正压型③	增安型④	本安型①	隔爆型	正压型	增安型
插接装置	—	—	适用	—	—	—	适用	—	—
接线箱(盒)	—	—	适用	—	慎用	—	适用	—	适用
电气测量表(计)	—	—	适用	适用	不适用	—	适用	适用	适用

① 在正常运行或在标准试验条件下所产生的火花或热效应均不能点燃爆炸性混合物，又称为本质安全型。

② 将能点燃爆炸性混合物的部件封闭在一个隔爆外壳内，该外壳可承受内部爆炸性混合物的爆炸压力，并能阻止其向周围的爆炸性混合物传爆。

③ 向外壳内通入新鲜空气或充入惰性气体，并使其保持正压，以防外部爆炸性混合物进入外壳。

④ 在正常运行条件下不会产生点燃爆炸性混合物的火花或危险温度，并在结构上采取措施，提高其安全程度，以避免在正常和规定的过载条件下出现点燃现象。

（2）爆炸性粉尘环境电气设备的选型　　根据爆炸性粉尘混合物出现的频繁程度和持续时间，可将爆炸性粉尘环境分为 10 区和 11 区。其中 10 区是指连续出现或长期出现爆炸性粉尘的环境；11 区是指有时会将积存下的粉尘扬起而偶然出现爆炸性粉尘混合物的环境。除含可燃性非导电粉尘或可燃纤维的 11 区环境采用具有防尘结构的粉尘防爆电气设备外，其他爆炸性粉尘环境均采用具有尘密结构的粉尘防爆电气设备。

（3）火灾危险环境电气设备的选型　　根据发生火灾事故的可能性、危险程度和后果以及物质状态的不同，火灾危险环境可分为 21 区、22 区和 23 区。其中 21 区是指具有闪点高于环境温度的可燃液体，在数量和配置上能引起火灾危险的环境；22 区是指具有悬浮状、堆积状的可燃粉尘或可燃纤维，虽不可能形成爆炸性混合物，但在数量和配置上能引起火灾危险的环境；23 区是指具有固体状可燃物质，在数量和配置上能引起火灾危险的环境。火灾危险环境电气设备的选型应符合表 11-8 中的规定。

表 11-8　火灾危险环境电气设备的选型

类型		火灾危险区域		
		21 区	22 区	23 区
电机	固定安装	防溅型①	封闭型	防滴型②
	移动式、携带式	封闭型	封闭型	封闭型
电器仪表	固定安装	防水型、防尘型、充油型、保护型③	防尘型	开启型
	移动式、携带式	防水型、防尘型	防尘型	保护型
照明灯具	固定安装	保护型	防尘型⑤	开启型
	移动式、携带式④	防尘型	防尘型	保护型
配电装置		防尘型	防尘型	保护型
接线箱(盒)		防尘型	防尘型	保护型

① 电机正常运行时有火花的部件应装在全封闭的罩子里。

② 正常运行时有火花的部件的电机最低应选用防溅型。

③ 正常运行时有火花的设备，不宜采用保护型。

④ 照明灯具的玻璃罩应用金属网保护。

⑤ 可燃纤维火灾危险场所，固定安装时，允许采用普通荧光灯。

此外，在有火灾或爆炸危险环境中使用的各种电气设备的电线均应包有耐腐蚀绝缘层，铺设时还要外套黑铁管，以防绝缘材料损坏而产生电火花。变压器和配电盘容易产生电火花，应设置在用防火墙分隔的单独房间内。变压器也可以露天设置，但要远离有火灾或爆炸危险的场所。

4. 防止摩擦和撞击火花

钢铁、玻璃、瓷砖、混凝土等一类材料，在互相摩擦或撞击时都能产生火花，例如，金属零件、铁钉等落入粉碎机、反应器等设备内，可因撞击而产生火花；穿带铁钉的鞋在混凝土地面上行走或小车的铁轮在混凝土地面上滚动，可因摩擦而产生火花；搬运铁桶时，可因互相碰撞而产生火花等。

在有火灾或爆炸危险的场所，摩擦或撞击产生的火花往往是火灾或爆炸的主要起因。因此，对有火灾或爆炸危险的场所，必须杜绝因摩擦或撞击而产生的火花。

铝、铜等金属材料受撞时不产生火花。铍青铜、铍镍等合金的硬度不逊于钢，但受撞击时不会产生火花。因此，在有火灾或爆炸危险场所使用的工具，可采用镀铜的钢或铍青铜等材料制成。凡是摩擦或撞击的两部分应分别采用不同的金属材料，如铜与钢、铝与钢等制成。

在倾倒可燃液体或抽取可燃液体时，设备与金属器壁之间可能会因相互碰撞而产生火花。因此，应采用不产生火花的材料将设备可能被撞击的部位覆盖起来。搬运装有可燃气体或液体的金属容器时要特别细心，以免金属容器之间因摩擦或碰撞而产生火花。

有火灾或爆炸危险的场所，应严禁穿带铁钉的鞋。地面应采用不发火的材料建造或铺设不产生火花的软质材料。如经摩擦试验不产生火花的水泥砂浆、混凝土、石灰石、大理石、石棉、沥青、塑料、橡胶等材料，都可作为建造或铺设地面的材料。

5. 完善消防设施

"以防为主，以消为辅"是消防工作的基本方针。在工程设计中，设计人员应根据工程项目的规模、火灾危险性等情况，按有关防火防爆规范和规定的要求，设置相应的消防设施。

(1) 火灾种类 火灾种类应根据物质及其燃烧特性划分为五类。①A 类火灾。指含碳固体可燃物，如木材、棉、毛、麻、纸张等燃烧的火灾。②B 类火灾。指甲、乙、丙类液体，如汽油、煤油、柴油、甲醇、乙醚、丙酮等燃烧的火灾。③C 类火灾。指可燃气体，如煤气、天然气、甲烷、丙烷、乙炔、氢气等燃烧的火灾。④D 类火灾。指可燃金属，如钾、钠、镁、钛、锆、锂、铝镁合金等燃烧的火灾。⑤E 类火灾。指带电物体燃烧的火灾。

(2) 灭火器配置场所的危险等级 工业建筑灭火器配置场所的危险等级，应根据其生产、使用、贮存物品的火灾危险性、可燃物数量、火灾蔓延速度以及扑救难易程度等因素，划分为三级。①严重危险级。火灾危险性大、可燃物多、起火后蔓延迅速或容易造成重大火灾损失的场所。②中危险级。火灾危险性较大、可燃物较多、起火后蔓延较迅速的场所。③轻危险级。火灾危险性较小、可燃物较少、起火后蔓延较缓慢的场所。工业建筑灭火器配置场所的危险等级示例可参阅有关规范或手册。

(3) 灭火器的种类及选择 按灭火器的重量和移动方式，灭火器可分为三类。①手提式灭火器。此类灭火器的总重量在 28kg 以下，容量在 10kg 左右，是能用手提着的灭火器具。②背负式灭火器。此类灭火器的总重量在 40kg 以下，容量在 25kg 以下，是能用肩背着的灭火器具。③推车式灭火器。此类灭火器的总重量在 40kg 以上，容量在 100kg 以内，装有车轮等行驶机构，可由人力推或拉着的灭火器具。

按所充装的灭火剂种类，灭火器可分为五类。①水型灭火器。此类灭火器充装的主要是水，另外还有少量的添加剂。清水灭火器、强化液灭火器都属于水型灭火器。水型灭火器只有手提式，没有推车式。②泡沫型灭火器。此类灭火器充装的是空气泡沫液。根据泡沫灭火剂种类的不同，又可分为蛋白泡沫灭火器、氟蛋白泡沫灭火器、水成膜泡沫灭火器和抗溶泡沫灭火器等。③干粉型灭火器。此类灭火器充装的是干粉。根据干粉种类的不同，又可分为碳酸氢钠干粉灭火器、钾盐干粉灭火器、氨基干粉灭火器和磷酸铵盐干粉灭火器等。我国主要生产和发展碳酸氢钠干粉灭火器和磷酸铵盐干粉灭火器，其中碳酸氢钠干粉仅适用于扑救 B、C 类火灾，所以又称为 BC 干粉灭火器；磷酸铵盐干粉适用于扑救 A、B、C 类火灾，所以又称为 ABC 干粉灭火器。④卤代烷型灭火器。此类灭火器充装的主要是卤代烷，如"1211"灭火器内充装二氟一氯一溴甲烷，"1301"灭火器内充装三氟一溴甲烷。⑤二氧化碳灭火器。此类灭火器充装的是加压液化二氧化碳。

　　灭火器类型的选择应符合以下规定。①扑救 A 类火灾应选择水型、泡沫、磷酸铵盐干粉、卤代烷型灭火器。②扑救 B 类火灾应选择干粉、泡沫、卤代烷、二氧化碳型灭火器以及灭 B 类火灾的水型灭火器。扑救极性溶剂的 B 类火灾应选择抗溶性灭火器，不得选用化学泡沫灭火器。③扑救 C 类火灾应选择干粉、卤代烷、二氧化碳型灭火器。④扑救带电火灾应选择卤代烷、二氧化碳、干粉型灭火器，但不得选择装有金属喇叭喷筒的二氧化碳灭火器。⑤扑救 A、B、C 类火灾和带电火灾应选择磷酸铵盐干粉、卤代烷型灭火器。⑥扑救 D 类火灾的灭火器材应选择扑灭金属火灾的专用灭火器。

　　（4）灭火器的灭火级别　　灭火器的灭火级别表示灭火器扑灭火灾的能力。灭火级别由数字和字母组成，如 1A、5A、5B、55B 等，其中数字表示灭火级别的大小，数字越大，灭火级别越高，灭火能力越强。字母表示灭火级别的单位和适于扑救的火灾种类。灭火器的灭火级别由试验确定。

　　有火灾或爆炸危险的场所，应安装适用的消防通信工具，既要配备一定数量的固定消防设施（如消火栓等），也要配备一定数量的小型灭火机（如 10L 泡沫、8kg 干粉、5kg 二氧化碳等手提式灭火机），对缺乏全厂性消防设施的中小型企业还应根据火灾的危险性增设一定数量的手推式灭火机。企业配备的灭火器材的种类和数量应由设计部门和当地的公安消防监督部门协商解决。

四、洁净厂房的防火

　　由于洁净厂房在建筑设计上要考虑密闭和安装净化空调系统的要求，因此，与一般的工业厂房相比，洁净厂房在布置和构造上有许多自身的特点。洁净厂房通常是无窗的，有外窗的也多为不可开启的双层密封窗。无窗厂房发生火灾时不易被外界发现，故其消防问题尤为突出。洁净厂房的出入口较少，这给火灾时的人员疏散和消防人员进出带来了困难。火灾发生后，保温及装修材料会产生大量的毒气和浓烟，加之洁净厂房的封闭式结构，对人员疏散和灭火抢救十分不利。此外，洁净厂房中的空调风管密布，洁净室之间通过风管相通，若火灾发生时仍继续回风，则风管将成为火及烟的主要扩散通道。

　　由于洁净厂房存在许多不利于防火防爆的因素，一旦发生火灾，往往会造成严重损失。因此，有洁净度要求的厂房更应重视防火防爆问题。

　　首先，洁净厂房的耐火等级不能低于二级，厂房的层数和占地面积必须符合表 11-2 中的规定。其次，无窗的洁净厂房应在适当位置设置门或窗，以备车间工作人员疏散和消防人员进出。洁净厂房的每一层、每一防火分区或每一洁净区的安全出口均不能少于两个，且安全出口至最远工作点的距离必须符合表 11-4 中的规定。第三，洁净厂房内的建筑材料应选用不燃烧或难燃烧材料，以提高整个洁净厂房的防火性能。例如，各种技术竖井的井壁应选用耐火极限不低于 1h 的不燃烧材料；吊顶材料应选用耐火极限不低于 0.25h 的不燃烧或难燃烧材料；隔墙材料应选用耐火极限大于 0.5h 的不燃烧材料。表 11-9 是几种隔墙及顶棚的燃烧性能和耐火极限。第四，净化空调系统及其附属设施应符合建筑防火的要求。例如，空气过滤器应适应建筑防火的要求，其安装骨架应采用不燃烧体；各种风管的保温材料、消声材料和密封材料应采用不燃烧或难燃烧材料。第五，应防止风管或孔道成为火及烟的扩散通道。例如，穿过楼板或防火墙的风管，其内应设置温感或烟感的防火阀；穿过楼板或隔墙的管道，其周围空隙应做严格的防火密封处理。

表 11-9　几种隔墙和顶棚的燃烧性能与耐火极限

	构造类型	构造厚度/cm	耐火极限/h	燃烧性能
隔墙	钢制板面内填聚苯乙烯	0.1+0.8+0.1	0.1	不燃烧
	轻钢龙骨外钉石膏板	板厚 1.2	0.5	不燃烧
	轻钢龙骨纸面石膏板	1.0+9(空气层填矿棉毡)+1.0	1.0	不燃烧
	轻钢龙骨外钉石膏板(中填岩棉)	1.2+9(空气层填矿棉毡)+1.2	1.2	不燃烧
顶棚	轻钢龙骨双层板	石膏板每层厚 1.0	0.3	不燃烧
	轻钢龙骨石膏板、石棉水泥板各一层	石膏板厚 1.0,水泥板厚 0.3	0.3	不燃烧
	钢吊顶格栅,钢丝网抹灰钉石膏板	板厚 1.0	0.3	不燃烧

第二节　防雷与防静电

一、防雷

1. 雷电的火灾危险性

打雷是大气中的一种激烈的放电现象。打雷时，不仅会出现耀眼的闪光，而且会发出震耳的轰鸣。尽管打雷的时间很短，一般仅持续 60ms 左右，但雷电放电所产生的电流可达几十至几十万安，电压可达几万至数百万伏。雷电的火灾或爆炸危险性主要由雷电放电所产生的各种物理效应或作用所引起。雷电放电所产生的物理效应或作用如下。

11-06 耐火极限

11-07 燃烧性能
等级

（1）电效应　雷电放电所产生的高电压足以摧毁发电机、变压器、断路器等电气线路和设备，击穿绝缘层而造成短路，从而引起火灾或爆炸事故。

（2）热效应　雷电放电所产生的高电流在经过导体的瞬间可转换成大量的热量，尤其是在雷击点处可产生 $50\sim2000J$ 的热量，这一能量足以熔化 $50\sim200mm^3$ 的钢，这也是雷击时往往会发生火灾或爆炸的重要原因。

（3）机械效应　雷电放电瞬间所产生的热效应，可使被击物体受热膨胀、水分蒸发以及物质分解产生气体，从而在被击物体内部产生很强的机械压力，导致物体严重破坏甚至爆炸。

以上 3 种效应由直接雷电所引起，其破坏力是很大的。

（4）静电感应　处于雷云和大地电场中的金属，因感应产生的大量电荷来不及散逸时，就会产生很高的对地电压。这种电压往往高达数万伏，可击穿数十厘米厚的空气层，产生的放电火花可引发火灾或爆炸事故。

（5）电磁感应　雷电时，其周围空间会产生很强的交变电磁场，处于该交变电磁场中的导体会因感应而产生很大的感应电动势，并在构成回路的导体上产生感应电流。感应电流经过回路中接触电阻较大的地方，就会引起局部发热或产生放电火花，从而引起火灾或爆炸事故。

（6）雷电波侵入　侵入建筑物内的雷电波可击穿配电装置和电气线路的绝缘层而造成短路，从而引起火灾或爆炸事故。

（7）反击作用　受雷击的防雷装置具有很高的瞬时电压，与相距很近的导体之间会产生放电，这种现象称为反击作用。反击作用可破坏电气设备或线路的绝缘层，烧穿金属管道，从而引起火灾或爆炸事故。

2. 防雷分类

根据建筑物内生产的性质、发生雷电的可能性和危害程度，按其防雷要求，可将建筑物分为三类。

（1）第一类防雷建筑物　此类建筑物内存在火灾或爆炸危险环境，会因电火花而引起火灾或爆炸，从而造成巨大破坏和人身伤亡。如具有 0 区或 10 区爆炸危险环境的建筑物，即属此类；具有 1 区爆炸危险环境的建筑物，且会因电火花而引起火灾或爆炸，从而造成巨大破坏和人身伤亡者，亦属此类。

（2）第二类防雷建筑物　此类建筑物内存在火灾或爆炸危险环境，但电火花不易引起火灾或爆炸或不致造成巨大破坏和人身伤亡者，均属此类。如具有 2 区或 11 区爆炸危险环境的建筑物，即属此类；具有 1 区爆炸危险环境的建筑物，但电火花不易引起火灾或爆炸或不致造成巨大破坏和人身伤亡者，亦属此类。

（3）第三类防雷建筑物　根据雷击后对工业生产的影响，并结合当地的气象、地形、地质及周围环境等因素，确定需要防雷的具有 21 区、22 区及 23 区火灾危险环境的建筑物，属于此类。

3. 防雷措施

建筑物、设备或人体一旦遭到雷击，往往会造成火灾、爆炸、触电死亡等严重的灾害事故。因此，设计人员必须根据建筑物的防雷要求，设置相应的防雷设施。

第一、二类防雷建筑物应有防直击雷、防雷电感应和防雷电波浸入的措施，第三类防雷建筑物应有防直击雷和防雷电波浸入的措施。

常用的避雷装置由接闪器、引下器和接地极组成。接闪器又称为受雷器，是接受雷电放电电流的金属导体，如避雷针、避雷带和避雷网等。引下线又称为引流器，是敷设在屋顶和外墙上的导线，其作用是将接闪器接受的雷电放电电流引至接电极。接地极是埋在地下的接电导线和接电体，其作用是将引至接地极的雷电放电电流扩散至大地中去。

二、防静电

1. 静电的产生

物体中的原子因某种原因失去或得到电子而使物体出现正的或负的电荷过剩，即称该物体带上了静电。静电的产生不仅与物质本身的特性有关，而且需要一定的外界条件。

（1）静电产生的内界条件　物质本身的特性，如逸出功、电阻率和介电常数等，是静电产生的内界条件。使物质内的一个自由电子脱离物质表面所需要的功，称为该物质的逸出功。物质的逸出功不同是静电产生的内界基础。当两种不同的固体物质互相接触，且间距不超过 $25×10^{-10}$ m 时，在接触界面上就会产生电子转移。逸出功小的固体物质将失去电子而带正电，逸出功大的固体物质将得到电子而带负电，即在固体接触界面处形成"双电层"，从而使两固体均带上了静电。双电层的概念不仅能解释不同固体接触界面处产生静电的原因，而且能解释固体与液体、固体与气体以及互不相溶液体等接触界面处产生静电的原因。

物体产生了静电，但能否聚集，取决于物质的电阻率。电阻率是表征物质导电性能的指标，其值越大，物质的导电性能就越差。就产生静电而言，电阻率在 $10^9 \sim 10^{13}$ Ω·m 之间的物质最容易产生静电，且危害较大；而小于 10^9 Ω·m 或大于 10^{13} Ω·m 的不易形成静电。电阻率小于 10^6 Ω·m 的物体可称为静电导体，而大于 10^6 Ω·m 的物体可称为静电的非导体。由于汽油、煤油、苯、乙醚等液体的电阻率在 $10^9 \sim 10^{13}$ Ω·m 之间，最容易产生静电，并会发生聚集，故是防静电的重点。

介电常数与电阻率一起决定着静电产生的结果和状态。介电常数大的物质，其电阻率均低。一般地，若流体的相对介电常数超过 20（真空时的介电常数为 1），并以连续相存在，且有接地装置，则不论是贮运还是管道输送，都不会产生静电。

(2) 静电产生的外界条件　静电产生的外界条件主要有附着、摩擦、感应、极化以及温度和湿度等环境条件。某种极性离子或自由电子附着到与地绝缘的物体上，即可使该物体带上静电或改变物体的带电状况。

摩擦能够增加物质的接触机会和分离速度，因此能够促进静电的产生。如生产过程中，液体的输送、搅拌、喷雾等工序，液固混合物的沉降、过滤等工序，以及固体的粉碎、混合、筛分等工序中，均存在摩擦产生静电的条件。

当带静电的物体靠近与其不相连的金属管道或设备时，管道或设备表面的不同部位会因感应而产生正、负电荷。

将静电非导体置于电场中，其内部或表面会因极化作用而产生电荷。如在绝缘容器中盛装带有静电的物质时，容器的外壁就会因极化作用而产生电性。

此外，静电的产生还与环境的温度和湿度以及物质的形态和原带电状况等因素有关。

2. 静电的危害

(1) 引起火灾或爆炸　一般情况下，药品生产中所产生的静电电量都很小，但电压可能很大。如将尼龙纤维的衣服从毛衣外面脱下时，可带 10kV 以上的负电；穿橡胶鞋的工作人员在沥青道路上行走时，因摩擦可带 1kV 以上的负电。当物体之间的静电电位差达到 300V 以上时，就会发生静电放电现象，并产生放电火花。当静电放电火花的能量达到或超过其周围可燃物的最小着火能量，且空气中的易燃易爆物质的浓度达到或超过其爆炸极限时，就会引起火灾或爆炸事故。表 11-10 是一些物质在空气中的最小着火能量。

表 11-10　一些物质在空气中的最小着火能量

物质名称	空气中的浓度/%	最小着火能量/mJ	物质名称	空气中的浓度/%	最小着火能量/mJ
丁酮	—	0.29	乙炔	—	0.019
甲烷	8.5	0.28	氢	28～30	0.019
丙烷	5～5.5	0.26	二硫化碳	28～30	0.009
丁烷	4.7	0.25	乙烯	—	0.0096
苯	4.7	0.20	二乙基醚	5.1	0.19

评价静电放电火花点燃可燃物的能力还应考虑电位差的影响。对大部分粉尘而言，当电位差达到 5kV 以上时，可以点燃；而对可燃气体，3kV 以上即可点燃。

(2) 伤害人体　在药品生产中，若工作人员经常接触移动的带电材料，体内就会产生静电积累，一旦与接地的设备接触就会产生静电放电，其放电火花能量可达 2.7～7.5mJ，这不仅可以引爆一些可燃性物质，而且给工作人员带来痛苦的感觉。此外，工作人员在接近或接触带静电的物料、管道或设备时，还有可能造成电击伤害事故。

（3）影响生产　静电有其有利的一面，如应用广泛的静电除尘、静电植绒、静电喷漆和静电复印等都是应用静电原理进行工作的。但生产中存在的某些静电，会给生产带来一定的负面影响。例如，静电会使梳理后的头发蓬松，且易吸附灰尘；又如，带静电的粉体易附着在设备或管道表面，影响粉体的输送和过滤；再如，静电可能引起电子元件的误操作，使生产操作受到影响。

3. 防静电措施

实际生产中，因静电放电火花而引起火灾或爆炸的事例屡见不鲜。为防止静电放电产生火花，必须采取相应的防静电措施。

（1）控制静电的产生量　药品生产中，应尽可能从工艺、材质、设备结构和操作管理等方面入手，采取措施控制静电的产生量，使其不能达到危险的程度。例如，用管道输送易燃、易爆液体时，若液体在管内作层流流动，则静电的产生量与流速成正比，而与管内径无关；若液体在管内作湍流流动，则静电的产生量分别与流速的 1.75 次方和管内径的 0.75 次方成正比。因此，可通过控制流速的办法来控制静电的产生量。表 11-11 是用管道输送液体时防静电流速的限制值。

表 11-11　管道输送液体时防静电流速的限制值

管内径/mm	10	25	50	100	200	400	600
流速/m·s^{-1}	8	4.9	3.5	2.5	1.8	1.3	1.0

（2）泄漏和导走静电　该法是采用静电接地、空气增湿等方法，将物体所带的静电导入大地，以达到消除或减少静电，保证生产安全的目的。

生产中用来加工、贮存、输送易燃液体、气体和粉尘的金属设备、容器和管道等应连成一个连续的导电整体，并加以接地。设备内部不能有与地绝缘的金属体。若管道由绝缘材料制成，可在管内或管外缠绕金属丝、带或网，并将金属丝等接地。静电接地的连接线应具有足够的机械强度和化学稳定性，连接应当可靠，其接地电阻一般不超过 100Ω。某些活动部件，如橡胶传动带、输送带和铁轮等处，无法设置静电接地装置，可经常涂抹具有导电性能的润滑剂，如经常涂抹由 1 份甘油和 1 份水混合而成的润滑剂即可起到良好的导电效果。

空气增湿可降低非导体物质的绝缘能力。若湿空气能在物体表面覆盖一层导电液膜，则该液膜可将静电导入大地。空气增湿不仅有利于静电的导出，而且可提高爆炸性混合物的最小着火能量，有利于防火防爆。但应注意空气的相对湿度过高可能会对产品质量产生不良影响。

此外，在非导体材料表面涂覆一层导电膜或向非导体物料中加入抗静电剂，利用导电膜层或抗静电剂的导电性能将静电导出，也是导走静电的常用方法。

（3）人体防静电　人体防静电既要采取接地、穿防静电鞋和防静电工作服等措施，减少静电在人体中的积累，又要加强规章制度和安全技术教育，提高工作人员的安全意识。

有火灾或爆炸危险环境中的工作地面、台面等，应采用抗静电材料制成。抗静电材料对静电来说是良导体，但对 220V 或 380V 交流电压则是绝缘体，这样既能防止静电在人体中积累，又能防止误触 220V 或 380V 交流电压而致人体伤害。工作人员应穿戴防静电的鞋、帽和工作服，而不能穿戴以羊毛、化纤等易产生静电的材料制成的鞋、帽和衣服。不得携带与工作无关的金属物品，如钥匙、硬币和手表等。在与地绝缘的工作场所或接近、接触带电体时，不要穿脱工作服。人体必须接地的场所应设金属接地棒，裸手接触即可导出人体静电。坐着工作的场合，可在手腕上佩戴接地腕带。

第三节　采光与照明

一、照度与采光系数

照度是衡量照射在室内工作面上光线强弱的指标，单位为 lx（勒克斯），如 40W 白炽灯在 1m 处的照度约为 30lx。照度的物理意义是单位面积上所接受的光通量，其值越大，光线就越强。适当增加室内光线的照度，可以提高人的视力和识别速度，使人感觉愉快、兴奋，并不易产生疲劳。因此，适宜的照度对工作人员的身心健康、生产安全以及提高产品质量和劳动生产率均有重要的意义。

采光系数是室内工作面上某一点的照度与同时刻室外露天地平面上的照度之比值。无论室外光线的照度如何变化，室内某点的采光系数是不变的。由于天然光线的强弱随季节和天气的变化而变化，因此，室内工作面上的照度也随之发生变化。显然，在天然采光设计中不能以变化不定的照度作为设计依据，而应以采光系数作为设计依据。

11-08 勒克斯

二、天然采光

天然采光是利用太阳的散射光线，通过建筑物的窗口取得光线来照亮厂房。天然光线柔和、照度大、分布均匀，工作时也不易造成阴影，是一种经济合理的照明方式。天然采光的窗面积过小，使室内光线的照度过低，就会给生产、运输带来困难，并容易发生事故。但采光的窗面积过大，室内的温度状况就容易受到室外环境温度的影响。天然采光设计就是根据室内生产对采光的要求，确定窗子的形状、尺寸及其布置方式，以保证室内光线的照度、均匀度，并避免眩光。

天然采光有侧面采光、顶部采光和混合采光三种方式。其中侧面采光是利用外墙上的窗口进行采光，又分为单侧采光和双侧采光两种；顶部采光是利用厂房的顶部天窗进行采光，单纯采用顶部采光方式的很少。侧面采光比顶部采光的造价低，光线的方向性强，但均匀性差。当厂房很宽，侧面采光不能满足采光要求时，可在厂房顶部开设天窗，即采用混合采光方式。

对采光的要求与工作的精细程度有关。根据我国的《工业企业采光设计标准》，采用侧面或顶部采光时生产车间工作面上的采光系数应符合表 11-12 中规定的数值。

表 11-12　侧面或顶部采光时生产车间工作面上的采光系数要求

采光等级	视觉工作分类			侧面采光		顶部采光	
	工作精确度	最小识别尺寸（d）/mm		室内天然光照度标准值/lx	采光系数标准值/%	室内天然光照度标准值/lx	采光系数标准值/%
I	特别精细工作，如精密机械车间等	$d \leqslant 0.15$		750	5	750	5
II	很精细工作，如主控制室等	$0.15 < d \leqslant 0.3$		600	4	450	3

续表

采光等级	视觉工作分类		侧面采光		顶部采光	
	工作精确度	最小识别尺寸 (d)/mm	室内天然光 照度标准值/lx	采光系数 标准值/%	室内天然光 照度标准值/lx	采光系数 标准值/%
Ⅲ	精细工作，如一般控制室、机修车间等	$0.3<d\leqslant1.0$	450	3	300	2
Ⅳ	一般工作，如一般生产车间等	$1.0<d\leqslant5.0$	300	2	150	1
Ⅴ	粗糙工作及仓库，如锅炉房、泵房等	$d>5.0$	150	1	75	0.5

注：1. 采光系数标准值适用于我国Ⅲ类光气候区，采光系数标准值是按室外设计照度值15000lx 制定的。若采用其他室外临界照度值，采光系数应乘修正系数。

2. 采光标准的上限值不宜高于上一采光等级的级差，采光系数值不宜高于7%。

三、人工照明

（一）光源种类

照明所用的光源种类很多，比较常用的有白炽灯、荧光灯、荧光高压汞灯和卤钨灯等。白炽灯发光效率较低，但结构简单，容易起燃，是生产中应用最广泛的光源。荧光灯即日光灯，与普通白炽灯相比，其优点是光线柔和，电耗相同时的发光强度要高 3～5 倍。缺点是结构较复杂，不易起燃，电压变动时发光不稳定，有频闪现象。荧光高压汞灯具有光色好、发光效率高、省电、寿命长等优点，一般在视觉要求较低和厂房较高的场合中使用。卤钨灯与白炽灯的工作原理相同，但其内充入适量的碘或溴，可将高温蒸发出的钨送回灯丝，因而使用寿命较长。

（二）照明分类

1. 按照明方式分类

按照明方式可分为一般照明、局部照明和混合照明。

（1）一般照明 在整个场所或场所某部分的照度基本均匀的照明。在光照方面无特殊要求，或工艺上不适宜装设局部照明的场所，宜采用一般照明。

（2）局部照明 仅局限于工作部位的固定的或移动的照明。需要提高局部点的照度并对照射方向有特殊要求时，宜采用局部照明。

（3）混合照明 由一般照明和局部照明共同组成的照明。

2. 按照明种类分类

按照明种类可分为正常照明、应急照明、值班照明、警卫照明和障碍照明。其中应急照明又包括备用照明、安全照明和疏散照明。

当正常照明因故障熄灭后，对需要确保正常工作和活动继续进行的场所，应装设备用照明。当正常照明因故障熄灭后，对需要确保处于危险之中的人员安全的场所，应装设安全照明。当正常照明因故障熄灭后，对需要确保人员安全疏散的出口和通道，应装设疏散照明；警卫照明应根据需要，在警卫范围内装设；障碍照明应根据所在地区航空或交通运输部门的规定装设。

（三）照度标准

照度按以下系列分级：2500lx、1500lx、1000lx、750lx、500lx、300lx、200lx、150lx、100lx、75lx、50lx、30lx、20lx、10lx、5lx、3lx、2lx、1lx、0.5lx、0.2lx。

生产车间工作面上的照度应不低于表 11-13 中所规定的数值。表 11-14 是部分工作场所的照度推荐值。

表 11-13　车间工作面上的最低照度值

识别对象的最小尺寸(d)/mm	视觉工作分类		亮度对比	最低照度/lx	
	等	级		混合照明	一般照明
$d \leqslant 0.15$	I	甲	小	1500	—
		乙	大	1000	—
$0.15 < d \leqslant 0.3$	II	甲	小	750	200
		乙	大	500	150
$0.3 < d \leqslant 0.6$	III	甲	小	500	150
		乙	大	300	100
$0.6 < d \leqslant 1.0$	IV	甲	小	300	100
		乙	大	200	75
$1.0 < d \leqslant 2.0$	V	—	—	150	50
$2.0 < d \leqslant 5.0$	VI	—	—	—	30
$d > 5.0$	VII	—	—	—	20
一般观察生产过程	VIII	—	—	—	10
大件贮存	IX	—	—	—	5
有自行发光材料的车间	X	—	—	—	30

注：1. 一般照明的最低照度是指距墙 1m（小面积房间为 0.5m）、距地为 0.8m 的假定工作面上的最低照度。

2. 混合照明的最低照度是指实际工作面上的最低照度。

表 11-14　部分工作场所的照度值

	名　称	推荐照度/lx	照度计算点
室内	主控制室	300	控制屏屏面（距地面 1.7m）
		250	控制屏水平面（距地面 0.8m）
		150	控制屏背面（距地面 1.5m）
	一般控制室	200	控制屏屏面（距地面 1.7m）
		150	控制屏水平面（距地面 0.8m）
		120	控制屏背面（距地面 1.5m）
	一般厂房及风机房	40	距地面 0.8m 水平面
	D 级洁净区	300	距地面 0.8m 水平面
	与洁净区相邻的走廊	200	距地面 0.8m 水平面
	实验室、分析室、化验室和计量间	200	工作台面
		100	距地面 0.8m 水平面
	维修间	50	工作台面
	车间办公室、值班室	75	距地面 0.8m 水平面
	车间休息室	100	距地面 0.8m 水平面
	浴室、更衣室和厕所	20	地面
室外	管架下泵区	30	距地面 0.8m 水平面
	塔区	20	距地面 0.8m 水平面
	操作平台	20	距地面 0.8m 水平面
	设备区及框架区	15	距地面 0.8m 水平面
	通道	>5	地面
	道路	>0.5	两电杆之间的道路中心

四、洁净厂房和洁净室内的照明

洁净厂房内应有适当的照明、温度、湿度和通风，以满足正常生产的需要，并确保生产和贮存的产品质量以及相关设备的性能不会直接或间接地受到影响。洁净厂房内应设置备用照明，并作为正常照明的一部分。备用照明应满足所需场所或部位进行必要活动和操作的最低照度。洁净厂房内应设有供人员疏散用的应急照明设施。

洁净室内的照明光源宜采用高效荧光灯，灯具宜采用吸顶式，灯具与顶棚之间的接缝应用密封胶密封。洁净室应采用洁净室专用灯具。

洁净室内的照度应根据生产要求确定。无采光窗的洁净室（区）的生产用房间一般照明的照度标准值宜为 200～500lx，辅助用房、走廊、气闸室、人员净化室、物料净化室的照度宜为 150～300lx。洁净室内一般照明的照度均匀度（指规定表面上的最小照度与平均照度之比，其值越接近于 1 越好）不应小于 0.7。对照度有特殊要求的生产部位可设置局部照明。

第四节　通风

通风的目的在于排除车间或厂房内的余热、余湿、有害气体、蒸汽或粉尘等，使车间或厂房内的空气保持适宜的温度、湿度和卫生条件，从而为工作人员创造一个良好的安全卫生环境。

按通风所用动力的不同，通风可分为自然通风和机械通风。按通风的范围不同，通风又可分为局部通风和全面通风。

一、自然通风

自然通风是利用室内外空气的密度差而引起的热压或风压来促使空气流动而进行的通风换气，其特点是通风量大，不需要动力，是一种既简单又经济节能的通风方式。在工业厂房的通风设计中，应尽可能充分合理地利用自然通风，只有当自然通风不能满足要求时，才考虑机械通风。

（一）热压自然通风

厂房内若存在放热过程或设备，则室内空气的温度将高于室外空气的温度，从而使室内空气的密度小于室外空气的密度。热压自然通风就是利用室内外空气的密度差，在厂房外围结构的下部设进风口（侧窗），上部或顶部设排风口（侧窗或天窗），则室外的冷空气将从下部进风口进入室内，将室内热而轻的空气挤至上部，并从上部或顶部排风口排至室外，从而达到通风换气的目的。图 11-1 为热压自然通风原理示意图。

由室内外空气密度差所引起的热压可用式(11-1)计算

$$\Delta P = (\rho_w - \rho_n)gh \tag{11-1}$$

式中　ΔP——室内外热压，Pa；

ρ_w——进风口处空气的密度，$kg \cdot m^{-3}$；

ρ_n——室内空气的平均密度，$kg \cdot m^{-3}$；

h——进风口中心至排风口中心的垂直距离，m；

g——重力加速度，$9.81 m \cdot s^{-2}$。

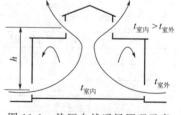

图 11-1　热压自然通风原理示意

由式(11-1)可知，热压的大小取决于室内外空气的密度差以及进、排风口之间的距离。当室内外空气的密度差一定时，增加进、排风口之间的距离，即可增大热压，提高通风换气效果。因此，利用热压自然通风的工业厂房，常将下部侧窗尽量开得低一些或提高上部侧窗和天窗的位置。此外，将进风口安排在热源附近也能提高通风换气效果。

（二）风压自然通风

当风吹向厂房时，由于厂房的阻挡，迎风面上的空气压力将超过大气压（正压），侧面和背面的空气压力因局部涡流而小于大气压（负压）。风压自然通风就是利用厂房迎风面与背风面之间的风压差，在迎风面的外墙上设进风口，在背风面的外墙上设排风口，在风压差的推动下，室外空气将从进风口进入室内，室内空气则从排风口排至室外，从而达到通风换气的目的。图 11-2 为风压自然通风原理示意图。

厂房外壁上某点的风压可用式(11-2)计算

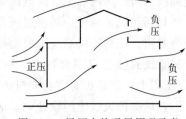

$$P = K \frac{\rho_w u_w^2}{2g} \qquad (11\text{-}2)$$

图 11-2　风压自然通风原理示意

式中　P——厂房外壁上某点的风压，Pa；

ρ_w——室外空气的密度，$kg \cdot m^{-3}$；

u_w——室外空气的流速，$m \cdot s^{-1}$；

K——空气动力系数，无因次。当风向与厂房外壁垂直时，迎风面上的 K 值可取 0.6，背风面上的 K 值可取 -0.3。

实际上，对于有散热的厂房或建筑，其自然通风是热压和风压共同作用的结果。考虑到室外的风速和风向经常变化，为保证自然通风效果，我国现行的设计规范规定，对散热厂房或建筑，仅按热压法计算。

（三）自然通风设计原则

在厂房或建筑的自然通风设计中，应遵循下列设计原则。

① 在总平面设计时，应尽可能将厂房的纵轴布置成东、西向，这样可避免有大面积的窗或墙受到日晒的影响。

② 厂房的主要迎风面一般应与当地的常年主导风向呈 60°～90°，不宜小于 45°，并与避免夕晒问题同时考虑。

③ 厂房的平面布置不宜采用"封闭的庭院式"，应尽量布置成∟型、凵型或ш型，其开口部分应位于当地常年主导风向的迎风面，而各翼的纵轴与主导风向成 0°～45°。

④ 凵型或ш型厂房各翼的间距不应小于相邻两翼高度和的一半，最好在 15m 以上。

⑤ 产生大量热量或有害物质的生产过程，宜布置在单层厂房内，厂房的四周不宜修建披屋，如确有必要，应避免设在夏季主导风向的迎风面。若必须布置在多层厂房内，则应布置在厂房的顶层；必须布置在多层厂房的其他各层时，应避免对上层各房间内的空气造成污染。当放散不同有害物质的生产过程布置在同一厂房内时，毒害大与毒害小的放散源应隔开。

⑥ 既产生热量又产生有害物质的生产过程，若以放散热量为主，则其厂房应布置在夏季主导风向的下风侧；若以放散有害物质为主，则其厂房应布置在全年主导风向的下风侧。

⑦ 夏季进风口下缘与室内地坪的距离越小，对进风就越有利，一般采用 0.3～1.2m，建议采用 0.6～0.8m；其他季节进风口下缘与室内地坪的距离一般不低于 4m，当低于 4m时，应采取措施以防冷风直接吹向工作地点。

⑧ 为充分发挥穿堂风的作用，侧窗进、排风口的面积均应不小于侧墙面积的 30%，高大设备不宜靠窗布置，厂房四周应尽量减少披屋等辅助建筑物。

二、机械通风

当自然通风不能满足要求时，就应考虑机械通风。机械通风主要有局部排风与全面通风两种类型。此外，对于可能会突然放散高浓度有毒、易燃、易爆气体或粉尘的场合，还应设置事故通风，这通常是临时性的大风量送风。

（一）局部通风

局部通风是将有害气体"罩起来排出去"，其特点是所需风量小，经济有效，且便于净化回收。当厂房内的个别地点或局部区域产生有害气体或粉尘时，宜采用局部通风。

局部通风又可分为局部送风和局部排风两大类，尤以局部排风最为经济、有效，因而也最为常用。局部排风系统主要由排风罩（吸气罩）、风管、气体净化系统和风机组成。每个排风系统的吸气点不宜过多，一般不超过 6 个。当排出无害物质时，排风口应高出屋脊0.5m 以上；当排出有害物质时，至少应高出 3～5m，并符合国家规定的排放标准。

在局部排风系统的设计中，应根据有害气体或粉尘的性质以及设备的数量、管线的长短等具体情况，确定是否应该组合成一个排风系统或设立单独的排风系统。产生剧毒物质或需要净化回收有害物质时，应设立独立的排风系统。应特别注意，不能将混合后可产生剧毒、腐蚀、易燃、易爆和易黏结的气体组合成一个排风系统。

（二）全面通风

全面通风是用大量的新鲜空气将厂房内的有害气体或粉尘稀释至国家安全卫生标准规定的最高允许浓度以下的通风方法。当厂房内有害气体或粉尘的产生点过于分散，或整个厂房内均存在有害气体或粉尘时，宜采用全面通风。全面通风也可作为局部通风的补充措施使用。

全面通风系统主要由吸风口、送风口、风道、气体净化系统和风机组成，其通风换气效果主要取决于通风量和厂房内的气流组织。

1. 全面通风量的计算

全面通风量就是将厂房内的有害气体或粉尘稀释至国家安全卫生标准所规定的要求时所需的空气量。全面通风应按下列几种情况分别计算通风量，并以其中的最大值作为全面通风量的设计依据。

（1）消除室内余热所需的通风量

$$V_h = \frac{Q}{C_p \rho (t_2 - t_1)} \tag{11-3}$$

式中　V_h——通风量，$m^3 \cdot h^{-1}$；

　　　Q——需排至室外的余热量，$kJ \cdot h^{-1}$；

　　　C_p——空气的平均定压比热，一般可取 $1.01 kJ \cdot kg^{-1} \cdot ℃^{-1}$；

　　　ρ——进入空气的密度，$kg \cdot m^{-3}$；

　　　t_1——进入空气的温度，℃；

　　　t_2——排出空气的温度，℃。

（2）消除室内余湿所需的通风量

$$V_h = \frac{W}{H_2 - H_1} \times (0.772 + 1.244 H_1) \times \frac{t_1 + 273}{273} \tag{11-4}$$

式中　W——需排至室外的余湿量，$kg \cdot h^{-1}$；

H_1——进入空气的湿度，kg 水汽·(kg 绝干空气)$^{-1}$；

H_2——排出空气的湿度，kg 水汽·(kg 绝干空气)$^{-1}$。

（3）消除室内有害气体所需的通风量

$$V_h = \frac{G}{C_2 - C_1}$$　　　　(11-5)

式中　G——需排至室外的有害物质量，mg·h^{-1}；

C_1——进入空气中有害物质的浓度，mg·m^{-3}；

C_2——排出空气中有害物质的最高允许浓度，mg·m^{-3}。

值得注意的是，如果几种溶剂的蒸汽或刺激性气体同时散发于空气中，则消除室内有害气体所需的通风量应按各种气体分别稀释至最高允许浓度所需空气量的总和计算。若是其他有害物质同时散发于空气中，则应取不同气体所需通风量的最大值计算，而不是总和。

（4）**按换气次数计算的通风量**　当有害气体散发量难以确定时，可根据换气次数用式(11-6)计算通风量

$$V_h = KV$$　　　　(11-6)

式中　V——房间体积，m^3；

K——换气次数，次·h^{-1}。

（5）**按每人所需的新鲜空气量计算的通风量**　一般情况下，若每名工作人员所占的厂房容积小于 20m^3，则应保证每人每小时不少于 30m^3 的新鲜空气量；若所占容积为 20～40m^3，则应保证每人每小时不少于 20m^3 的新鲜空气量；若所占容积超过 40m^3，则可由门窗缝隙送入的空气量来换气。

2. 全面通风的气流组织

在厂房的全面通风设计中，如何合理地组织厂房内的气流走向，并尽量减少涡流，对提高全面通风效果是非常重要的。在组织全面通风的气流走向时，应避免将含有大量热量、有害气体或粉尘的空气流入工作区域。对有洁净度要求的厂房，若所处的室外环境较差，送入的空气应经过预处理，且室内应保持正压。当室内的有害气体或粉尘有可能污染相邻房间时，则室内应保持负压。

（1）**送风方式**　全面通风的新鲜空气应送至工作区域或工作人员经常停留的地点，这样可使新鲜空气先流经工作地点再去冲淡污染较重的空气，从而可避免工作人员接触浓度较高的有害气体。若厂房内既没有大量余热，又能通过设置的局部排风系统排除散发的有害气体或粉尘，则可将新鲜空气送至厂房的上部区域。

全面通风可仅以送风为主，而靠门窗或专门的气孔来排风，此时厂房内将形成正压，常用于降温。

（2）**排风方式**　全面通风的排风口应当接近有害气体或粉尘的发生源，由有害气体或粉尘浓度较高的区域排出。若有害气体或粉尘的密度小于空气的密度，则宜从厂房的上部排出；若有害气体或粉尘的密度大于空气的密度，则宜从上、下部同时排出，但气体温度较高或受散热影响而产生上升气流时，则宜从上部排出；若周围空气因挥发性物质蒸发而冷却下沉或经常有挥发性物质洒落于地面时，则宜从上、下部同时排出。

全面通风可仅以排风为主，而靠门窗或专门的气孔来进风，此时厂房内将形成负压，常用于排毒。

第五节　空气净化

药品是防治人类疾病、增强人体体质的特殊商品，其质量好坏直接关系到人体健康、药效和安全。为保证药品的质量，药品必须在严格控制的洁净环境中生产。我国的 GMP 将药品生产的洁净环境划分为 4 个等级（参见第二章表 2-2），送入洁净区（室）的空气不仅要经过一系列的净化处理，使其与洁净室（区）的洁净等级相适应，而且还有一定的温度和湿度要求。

一、设计参数

1. 温度和湿度

生产工艺要求和工作人员的舒适程度是确定洁净室内温度和湿度的主要依据。降低温度有利于抑制细菌的繁殖，因此，洁净室内的温度不能太高。空气的相对湿度不能过高，否则，易使产品吸潮，并容易滋生霉菌，若超过 70%，还会对过滤器产生不良影响。空气的相对湿度也不能过低，否则，会使工作人员产生不舒服的感觉，并容易产生静电，不利于洁净室的防火防爆。

我国的《GB 50073—2013 洁净厂房设计规范》规定的洁净室内的温度和湿度范围列于表 11-15 中。生产特殊药品的洁净室，其适宜温度和湿度应根据生产工艺要求确定。如生产引湿性很强的无菌药物，可根据药品的引湿性确定适宜的温度和湿度，也可用局部低湿工作台代替整室的低湿处理。

表 11-15　洁净室内的温度和湿度范围

房间性质	温度/℃		湿度/%	
	冬季	夏季	冬季	夏季
生产工艺有温、湿度要求的洁净室	按生产工艺要求确定			
生产工艺无温、湿度要求的洁净室	20～22	24～26	30～50	50～70
人员净化及生活用室	16～20	26～30	—	—

2. 压力

为防止室外有污染的空气渗入洁净室，洁净室内应维持一定的正压。我国的《GB 50073—2013 洁净厂房设计规范》规定，不同等级的洁净室之间以及洁净区与非洁净区之间应保持不低于 5Pa 的压差，洁净室与室外环境之间应保持不低于 10Pa 的压差。我国的 GMP 2010 年版规定，洁净区与非洁净区之间、不同级别洁净区之间的压差均应不低于 10Pa。此外，如有必要，相同洁净度级别的不同功能区域（操作间）之间也应当保持适当的压差梯度。

为维持洁净室内的正压所需的送风量可按式(11-7)计算

$$送风量＝排风量＋回风量＋渗透风量 \tag{11-7}$$

可见，通过控制送风量大于排风量和回风量之和的办法，可以维持洁净室内的正压。

对于生产中可产生有害气体或粉尘的洁净室，如青霉素类制剂车间、激素类制剂车间、使用挥发性溶剂的包衣间等，与相邻洁净室之间应保持相对负压，以防有害物质逸出。

3. 新鲜空气量

洁净室内的新鲜空气量应取下列两项中的最大值。①保持室内正压和补偿室内排风所需的新鲜空气量。②保证供给洁净室内人均新鲜空气量不小于 $40m^3 \cdot h^{-1}$。

4. 气流流型、换气次数和送风量

对于 A 级区，应采用单向流（即层流，参见本节的"气流组织"）的气流组织形式，GMP 2010 年版要求工作区域的风速为 $0.36 \sim 0.54 \ \mathrm{m \cdot s^{-1}}$。B、C、D 级区一般采用非单向流（即乱流，参见本节的"气流组织"）的气流组织形式。关于换气次数等技术标准，GMP 2010 年版只是规定"厂房应当有适当的照明、温度、湿度和通风，确保生产和储存的产品质量以及相关设备性能不会直接或间接地受到影响"。根据实践经验，B 级动态标准的换气次数可取 $40 \sim 60$ 次·$\mathrm{h^{-1}}$，C 级动态标准可取 $20 \sim 40$ 次·$\mathrm{h^{-1}}$；D 级动态标准可取 $15 \sim 20$ 次·$\mathrm{h^{-1}}$。

乱流洁净室的送风量可取下列几种送风量的最大值。

① 控制室内空气洁净度所需的送风量。

② 根据湿、热负荷计算和稀释有害气体所需的送风量。

③ 新鲜空气量。

5. 噪声

当净化空调系统处于正常运行状态，而生产设备尚未投入运行时，洁净室内的噪声不得超过 60dB；当洁净室处于正常运行状态时，洁净室内的噪声不得超过 65dB。

11-9 噪声控制标准

二、净化流程和气流组织

（一）净化流程

送入洁净室（区）的空气要与洁净室（区）的洁净等级、温度和湿度相适应，因此，空气不仅要经过一系列的净化处理，而且要经过加热、冷却或加湿、去湿处理。图 11-3 是典型的净化空调系统流程示意图。

11-10 净化空调系统风管内风速的规定值

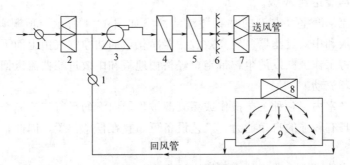

图 11-3　净化空调系统流程示意图

1—调节阀；2—粗效（一级）过滤器；3—风机；4—冷却器；5—加热器；6—增湿器；

7—中效（二级）过滤器；8—高效（三级）过滤器；9—洁净室

图 11-3 所示的流程采用了一级粗效、二级中效和三级高效过滤器，可用于任何洁净等级的洁净室。净化空调系统的粗效和中效过滤器一般集中布置在空调机房，而三级高效过滤器常布置在净化空调系统的末端，如洁净室的顶棚上，以防送入洁净室的洁净空气再次受到污染。若洁净室的洁净等级低于 D 级，则净化空调系统中可不设高效过滤器。若洁净室内存在易燃易爆气体或粉尘，则净化空调系统不能采用回风，以防易燃易爆物

质的积累。

许多药物生产所用的洁净室均要设置独立的空调净化系统，如避孕药物、β-内酰胺类药物（青霉素类药物）、激素类药物和放射性药物等。

青霉素类等高致敏性药物所用空调净化系统的排风口应远离其他空气净化系统的进风口，并安装高效过滤器，使排出气体中无残留的青霉素类药物，以免对环境造成污染。

激素等对人体有严重危害的药物，净化空调系统的循环送风应经过粗效、中效和高效三级过滤器，其目的并非为了控制室内粉尘的粒度，而是为了滤除循环空气中的有害药物粉尘，以减少对工作人员健康的危害。

放射性药物生产区排出的空气不能循环使用，排气应符合国家关于辐射防护的有关要求和规定，其中不应含有放射性微粒，以免对环境造成污染。

干燥、称重和包装工序的成品，均处于敞口状态，送风口和回风口的位置很重要，一般以顶部或侧面送风，下侧回风方式为好，以免粉尘飞扬。粉碎、过筛工序会产生大量粉尘，致使车间内部无法控制粉尘粒度，此时仅需控制温度和湿度，给工作人员一个舒适的环境。

（二）气流组织

按洁净空气流动方式的不同，洁净室内的气流组织可分为层流和乱流两大类。

1. 层流

层流亦称为单向流或平行流，其特征是在与洁净空气流动方向垂直的截面上，各点的流速和流向完全相同，就像一个洁净空气活塞，沿着流动方向匀速向前推进，这类似于反应器中的"活塞流"流动。由于这种流动特征，洁净空气在流动方向上不存在混合，所有洁净空气质点在室内的停留时间相等。这种流动的洁净空气活塞最终将洁净等级较差的空气挤出洁净室（区），从而达到净化空气的目的。

层流洁净室的形式很多，比较常见的有水平层流洁净室和垂直层流洁净室，其第一工作区的空气洁净度均能达到 A 级。

（1）垂直层流洁净室　典型的垂直层流洁净室如图 11-4 所示。顶棚满布高效过滤器，地面满布格栅地板和中效过滤器。经高效过滤器净化后的洁净空气由上而下，呈层流状态垂直流过工作区，将工作区散发的尘粒带走，经格栅地板和中效过滤器流入回风静压箱，实现系统内空气的循环流动。

垂直层流洁净室内，各种工艺操作或污染源被均匀向下的平行气流完全隔开，可避免横向的交叉污染，具有较强的自净能力，工艺设备可布置在任意位置，因此，是一种比较理想的气流组织形式。

（2）水平层流洁净室　典型的水平层流洁净室如图 11-5 所示。送风墙满布高效过滤器，其对面的回风墙满布中效过滤器和回风格栅。经高效过滤器净化后的洁净空气由送风墙呈层流状态水平流过工作区，将工作区散发的尘粒带走，经回风墙的中效过滤器流入回风静压箱，实现系统内空气的循环流动。

水平层流洁净室内的气流流向与尘粒的重力沉降方向垂直，为防止尘粒的重力沉降，水平层流洁净室的断面风速应大于垂直层流洁净室的断面风速，一般不得小于 $0.35\,\mathrm{m \cdot s^{-1}}$。

水平层流洁净室内的洁净度沿气流流向逐渐降低，其送风墙附近的第一工作区的洁净度可达 A 级，而回风墙附近工作区的洁净度则降为 B 级。因此，水平层流洁净室适用于有多种洁净度要求的工艺过程。

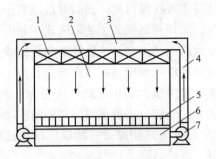

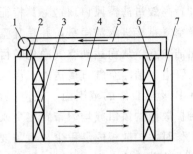

图 11-4　垂直层流洁净室

1—高效过滤器；2—洁净室；3—送风静压箱；4—循环风道；
5—格栅地板及中效过滤器；6—回风静压箱；7—循环风机

图 11-5　水平层流洁净室

1—循环风机；2—送风静压箱；3—高效过滤器；4—洁
净室；5—循环风道；6—中效过滤器；7—回风静压箱

2. 乱流

乱流又称为非单向流，其特征是洁净空气进入洁净室后，即迅速向四周扩散，与室内的原有空气混合，稀释室内的污染空气，同时有差不多等量的空气排出洁净室，并将一定量的污染物带出，从而达到净化空气的目的。经过一段时间后，室内污染物的产生量与带出室外的污染物量达到动态平衡，洁净室内即维持一定的洁净度。乱流洁净室内的气流流动为不规则流动，气流流速不均匀，且存在涡流，致使某些污染物随气流在室内循环，而不易排出室外。因此，乱流洁净室只能达到较低的洁净度，其洁净等级通常在 B 级至 D 级之间。

乱流洁净室内的气流组织大多采用顶送，如满布或局部孔板顶送、密集流线型散流器顶送以及高效过滤器风口顶送等。对于层高较低的洁净室或旧建筑的改造，也可采用侧送。

（1）满布或局部孔板顶送　其特征是洁净室的顶棚全部或局部区域满布送风孔板，经高效过滤器净化后的洁净空气由顶棚送风孔板流出后呈乱流状流过工作区，工作区散发的尘粒随气流一起由回风口流出洁净室，从而达到空气净化的目的。此种气流组织的优点是工作区的风速较小，气流分布比较均匀，洁净室内的洁净度可达到 B 级。缺点是当洁净室不连续工作时，孔板内易积尘，需要技术夹层，且灯具布置比较困难。图 11-6 是采用局部孔板顶送双侧下部回风的乱流洁净室。

（2）密集流线型散流器顶送　其特征与孔板顶送相似，其优点是灯具的安装比较方便，缺点是散流器与散流器之间以及散流器与墙壁之间存在涡流，因此需要较高的混合层。图 11-7 是采用密集流线型散流器顶送双侧下部回风的乱流洁净室。由于此种气流组织存在较高的混合层，故适用于 4m 以上的高大洁净室。

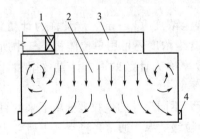

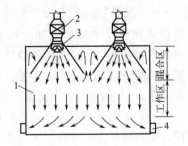

图 11-6　局部孔板顶送乱流洁净室

1—高效过滤器；2—洁净室；3—静压箱；4—回风口

图 11-7　密集散流器顶送乱流洁净室

1—洁净室；2—高效过滤器；3—散流器；4—回风口

（3）高效过滤器风口顶送　其特征是将高效过滤器布置在风口处，经高效过滤器净化后的洁净空气直接进入洁净室，并呈乱流状流过工作区，工作区散发的尘粒随气流一起由回风口流出洁净室，从而达到空气净化的目的。此种气流组织的优点是系统比较简单，高效过滤器后无管道，洁净空气直接送入工作区，因而洁净室内可以达到较高的洁净度，其洁净等级通常在B级至D级的范围内。缺点是洁净气流扩散比较缓慢，工作区的气流分布不均匀。采用带扩散板的风口或均匀布置多个风口可使工作区内的气流分布趋于均匀，但当洁净室不连续工作时，扩散板内易积尘，也需要技术夹层。图11-8是采用高效过滤器风口顶送双侧下部回风的乱流洁净室，其风口带有扩散板。

（4）侧送　其特征是将高效过滤器布置在侧墙上部，回风口布置在侧墙下部。图11-9是采用侧面送风同侧回风的乱流洁净室。此种气流组织的优点是顶棚上和地板下无送风或回风管道，因而可降低层高，可用于层高较低的洁净室。此外，室内灯具布置方便，工程造价较低。缺点是室内涡流较多，工作区处于回流区，因而难以获得较高的洁净度，其洁净等级只能达到C级。

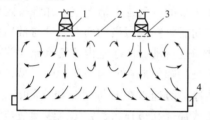
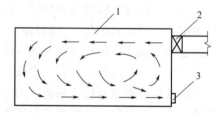

图 11-8　高效过滤器风口顶送乱流洁净室　　　　图 11-9　侧面送风同侧回风乱流洁净室
1—高效过滤器；2—洁净室；3—扩散板；4—回风口　　　　1—洁净室；2—高效过滤器；3—回风口

三、空气净化设备

（一）过滤器的性能和分类

1. 过滤器的性能

（1）分离效率　指额定风量下，过滤器前后空气中的含尘浓度之差与过滤器前空气中的含尘浓度之比，即

$$\eta = \frac{C_1 - C_2}{C_1} \times 100\% \tag{11-8}$$

式中　η——过滤器的分离效率，无因次；

　　　C_1——过滤器前空气中的含尘浓度，$kg \cdot m^{-3}$；

　　　C_2——过滤器后空气中的含尘浓度，$kg \cdot m^{-3}$。

以单位体积空气中所含全部尘粒的质量表示的含尘浓度（$kg \cdot m^{-3}$）又称为**计重浓度**，相应的分离效率又称为**计重效率**或**总效率**。空气中的含尘浓度还可用单位体积空气中所含尘粒的数量即**计数浓度**（粒·m^{-3}）表示，相应的分离效率称为**计数效率**。计重效率和计数效率在工程上都比较常用，也是比较容易测定的分离效率。

空气中所含尘粒的尺寸通常是不同的。经过滤器后，不同尺寸的尘粒被分离下来的百分数互不相同。按各种尺寸尘粒分别表示的分离效率，称为**粒级效率**。通常是将空气中所含尘粒的尺寸范围等分成 n 个小段，而其中第 i 个小段范围内尘粒（平均粒径为 d_i）的粒级效率定义为

$$\eta_i = \frac{C_{1i} - C_{2i}}{C_{1i}} \times 100\% \tag{11-9}$$

式中　η_i——第 i 个小段范围内尘粒的粒级效率，无因次；

　　　C_{1i}——过滤器前空气中粒径在第 i 个小段范围内的尘粒浓度，$kg \cdot m^{-3}$；

　　　C_{2i}——过滤器后空气中粒径在第 i 个小段范围内的尘粒浓度，$kg \cdot m^{-3}$。

（2）穿透率　指额定风量下，过滤器后空气中的含尘浓度与过滤器前空气中的含尘浓度之比，即

$$K = \frac{C_2}{C_1} \times 100\% = (1 - \eta) \times 100\% \tag{11-10}$$

式中　K——过滤器的穿透率，无因次。

例如，若两台高效过滤器的分离效率分别为 99.99% 和 99.98%，则其穿透率分别为 0.01% 和 0.02%。仅从分离效率来看，两台高效过滤器的分离性能差别不大，但两者的穿透率却相差一倍。因此，对于高效过滤器后空气中含尘浓度的控制，用穿透率的概念更为明确。

（3）过滤器的阻力　指额定风量下，含尘空气流经过滤器时因流动阻力而引起的压强降，可用式(11-11)计算

$$\Delta p = \zeta \frac{\rho u_i^2}{2} \tag{11-11}$$

式中　Δp——含尘空气流经过滤器时的压强降，Pa；

　　　ζ——阻力系数，与过滤器的结构型式有关，无因次；

　　　ρ——空气密度，$kg \cdot m^{-3}$；

　　　u_i——过滤器进口处的空气流速，$m \cdot s^{-1}$。

过滤器的阻力随过滤器内积尘量的增加而增大。新过滤器在额定风量下的压强降称为**初压强降**。在额定风量下，当过滤器内的积尘量达到规定的最大值时，其压强降称为**终压强降**，它是设计时确定过滤器压强降的依据。对于中、高效空气过滤器，一般规定终压强降为初压强降的 2 倍。

（4）容尘量　指额定风量下，过滤器的压强降达到规定的终压强降时的积尘量，单位为 g 或 kg。

2. 过滤器的分类

性能优良的空气过滤器应具有分离效率高、穿透率低、压强降小和容尘量大等特点。按性能指标的高低，空气过滤器可分为四大类，粗效、中效、亚高效、高效如表 11-16 所示。

表 11-16　空气过滤器的分类

类型	效率级别	代号	效率(E)/%		初阻力/Pa	终阻力/Pa
粗效过滤器	粗效 1	C1	标准试验尘 计重效度	$20 \leqslant E < 50$	≤50	100~200
	粗效 2	C2		$E \geqslant 50$		
	粗效 3	C3	标准试验计数效率 （粒径 ≥2 μm）	$10 \leqslant E < 50$		
	粗效 4	C4		$E \geqslant 80$		
中效过滤器	中效 1	Z1	标准试验计数效率 （粒径 ≥0.5 μm）	$20 \leqslant E < 40$	≤80	250~300
	中效 2	Z2		$40 \leqslant E < 60$		
	中效 3	Z3		$60 \leqslant E < 70$		
	高中效	GZ		$70 \leqslant E < 95$	≤100	300~400
亚高效过滤器	亚高效	YG		$95 \leqslant E < 99.9$	≤120	400~450
高效过滤器	高效	G	标准试验计数效率 （粒径 0.1~0.3 μm）	$E \geqslant 99.95$	≤220	400~600
	超高效	CG		$E \geqslant 99.999$		

（二）粗效过滤器

对粗效过滤器的基本要求是结构简单、容尘量大和压强降小。粗效过滤器一般采用易于清洗和更换的粗、中孔泡沫塑料、涤纶无纺布、金属丝网或其他滤料，通过滤料的气速宜控制在 $0.8 \sim 1.2 m \cdot s^{-1}$。

粗效过滤器常用作净化空调系统的一级过滤器，用于新风过滤，以滤除粒径大于 $5~\mu m$ 的尘粒和各种异物，并起到保护中、高效过滤器的作用。此外，粗效过滤器也可单独使用。常用的 M 型粗效空气过滤器的结构如图 11-10 所示。

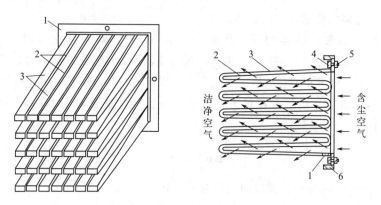

图 11-10   M 型粗效空气过滤器

1—25mm×25mm×3mm 角钢边框；2—φ3mm 铅丝支撑；3—无纺布过滤层；
4—φ8mm 固定螺栓；5—螺帽；6—40mm×40mm×4mm 安装框架

（三）中效过滤器

对中效过滤器的要求和粗效过滤器的基本相同。中效过滤器一般采用中、细孔泡沫塑料、玻璃纤维、涤纶无纺布、丙纶无纺布或其他滤料，通过滤料的气速宜控制在 $0.2 \sim 0.3 m \cdot s^{-1}$。

中效过滤器常用作净化空调系统的二级过滤器，用于新风及回风过滤，以滤除粒径在 $1 \sim 5~\mu m$ 范围内的尘粒，适用于含尘浓度在 $1 \times 10^{-7} \sim 6 \times 10^{-7} kg \cdot m^{-3}$ 范围内的空气的净化，其容尘量为 $0.3 \sim 0.8 kg \cdot m^{-3}$。在高效过滤器之前设置中效过滤器，可延长高效过滤器的使用寿命。常用的 WD 型中效空气过滤器的结构如图 11-11 所示。

（四）亚高效过滤器

亚高效过滤器应以达到 D 级洁净度为主要目的，其滤料可用玻璃纤维滤纸、过氯乙烯纤维滤布、聚丙烯纤维滤布或其他纤维滤纸，通过滤料的气速宜控制在 $0.01 \sim 0.03 m \cdot s^{-1}$。

亚高效过滤器具有运行压降低、噪声小、能耗少和价格便宜等优点，常用于空气洁净度为 D 级或低于 D 级的工业和生物洁净室中，作为最后一级过滤器使用，以滤除粒径在 $0.3 \sim 1~\mu m$ 范围内的尘粒。常用的 PF 型亚高效空气过滤器的结构如图 11-12 所示。

（五）高效过滤器

高效过滤器的滤料一般采用超细玻璃纤维滤纸或超细过氯乙烯纤维滤布的折叠结构，通过滤料的气速宜控制在 $0.01 \sim 0.03 m \cdot s^{-1}$。

高效过滤器常用于空气洁净度高于 C 级的工业和生物洁净室中，作为最后一级过滤器使用，以滤除粒径小于 $0.3~\mu m$ 的尘粒。

高效过滤器的特点是效率高、压降大、不能再生。高效过滤器对细菌的滤除效率接近

100％，即通过高效空气过滤器后的空气可视为无菌空气。此外，高效过滤器的安装方向不能装反。高效空气过滤器的结构如图 11-13 所示。

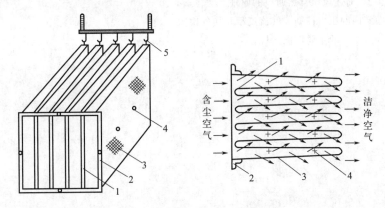

图 11-11　WD 型中效空气过滤器

1—滤框；2—角钢边框 25mm×25mm×3mm；3—无纺布滤料；4—限位扣 ϕ4.5mm 圆钢；5—吊钩

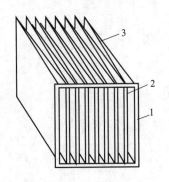

图 11-12　PF 型亚高效空气过滤器

1—型材外框；2—薄板小框；3—滤袋

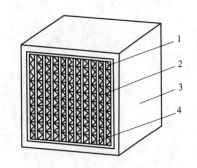

图 11-13　高效空气过滤器结构

1—过滤介质；2—分隔板；3—框体；4—密封树脂

高效过滤器对维护管理有较高的要求。当出现下列任何一种情况时，应及时更换高效过滤器。①气流速度降至最低限度，且更换粗效和中效过滤器后，气流速度仍不能增大。②高效过滤器的阻力达到初始阻力的 1.5～2.0 倍。③高效过滤器出现无法修补的渗漏。

11-11 高效空气过滤器的
分类与标记

思　考　题

1. 解释下列名词

①灭火器的灭火级别；②第一类防雷建筑物；③接闪器；④照度；⑤采光系数；⑥自然通风；⑦机械通风；⑧单向流；⑨乱流；⑩粗效过滤器；⑪中效过滤器；⑫亚高效过滤器；⑬高效过滤器。

2. 简述厂房的防火防爆技术。

3. 简述灭火器的种类及选择。

4. 简述洁净厂房的防火防爆要求。

5. 简述避雷装置的组成和作用。

6. 简述静电的危害及常用的防静电措施。

本章目标检测

7. 分别从照明方式和照明种类的角度，简述照明的分类方法。

8. 结合图 11-1，简述热压自然通风的原理。

9. 结合图 11-2，简述风压自然通风的原理。

10. 简述洁净室内的压力控制、气流流型及换气次数。

11. 简述空气过滤器的主要性能指标。

第十二章 技术经济与工程概算

制药工程项目，尤其是大型制药工程项目，从项目建议书到可行性研究，从初步设计到施工图设计，都要涉及大量的技术经济问题。制药工程设计的水平高低、质量优劣，可通过技术经济分析和编制工程概算来分析和评判。正确可靠的制药工程设计必然是技术上的先进性与经济上的合理性的完美结合。本章将探讨如何从经济的角度，对工程项目进行分析和评价，并简要介绍工程概算的编制方法。

第一节　技术经济的指标体系

技术经济分析是借助于一系列技术经济指标，对制药工程设计的不同技术方案或措施进行经济效果的分析、计算、论证和评价，以寻求技术与经济之间的最佳关系，为确定技术上先进、经济上合理的最佳设计方案提供科学依据。技术经济分析的根本目的是使拟建制药工程项目能以最小量的投入，生产出最大量的合格产品——药品，以实现最大的经济效益。

在技术经济分析中，首先要根据制药工程项目的特点和不同技术方案的具体要求，建立一套由若干个单项指标组成的科学合理的技术经济指标体系，以全面反映不同技术方案的经济特点。然后收集和计算各种技术方案的单项指标，再对各种技术方案的经济效果进行分析，并作出科学合理的论证和评价。由于影响制药工程项目技术经济效果的因素很多，因此，技术经济指标体系所包含的单项指标也很多。这些单项指标既有数量、时间指标，又有效益、效率指标；既有静态指标，又有动态指标，如表 12-1 所示。

表 12-1　技术经济指标体系中常见的单项指标

序号	指标名称			单位	数量	备注
1	生产规模	主产品	(1) ××××	t 或 kg		
			(2) ……	t 或 kg		
		副产品	(1) ××××	t 或 kg		
			(2) ……	t 或 kg		
2	年生产日			天		
3	原材料、辅助材料和燃料消耗量		(1) ××××	t 或 kg		
			(2) ……	t 或 kg		

序号	指标名称		单位	数量	备注
4	公用工程量	（1）水	t		
		（2）电	kW·h		
		（3）汽	t		
5	建筑面积和占地面积	（1）建筑面积	m^2		
		（2）占地面积	m^2		
6	年运输量	（1）运入量	t		
		（2）运出量	t		
7	劳动定员	（1）生产人员	人		
		（2）非生产人员	人		
8	污染物排放量	（1）废水	t		
		（2）废气	t 或 m^3		
		（3）废渣	t		
9	总投资	固定资产投资 （1）工程费用	万元		
		固定资产投资 （2）专项费用	万元		
		固定资产投资 （3）预备费用	万元		
		固定资产投资 （4）其他费用	万元		
		流动资金	万元		
10	资金来源	（1）国内银行贷款	万元		
		（2）国外资金	万元		
		（3）自筹资金	万元		
11	年总成本	（1）固定成本	万元		
		（2）可变成本	万元		
12	年总产值		万元		
13	年总利润		万元		
14	税金		万元		
15	技术经济指标	（1）人年劳动生产率			
		（2）投资回收期（静态）			
		（3）投资回收期（动态）			
		（4）投资收益率（静态）			
		（5）内部收益率（动态）			
		（6）净现值			
		（7）净现值率			

就内容而言，表12-1中的单项指标主要有3类：一类是反映劳动成果的指标，如产品及副产品的种类、数量和质量等指标；另一类是反映劳动消耗的指标，如原材料、辅助材料及燃料的消耗量，水、电、汽等公用工程量，产品成本和基建投资等；还有一类是反映经济效益的指标，如总产值、利润、税金、投资回收期、投资收益率和内部收益率等。

需要指出的是，技术经济指标体系所包含的单项指标及技术经济分析的详细程度随工程项目的性质、外界条件及技术经济分析的目的不同而有所不同。

第二节　投资

投资指标是技术经济分析中的主要指标，是投资决策的重要依据。工程项目的总投资是指投资主体为获取预期收益，在选定的工程项目上投入的所需全部资金。为使工程项目的各项投资和总投资降至最低，必须对各种技术方案的投资指标进行认真的分析和比较。根据工程项目建设阶段的不同，投资指标的计算可分为设计前期的投资估算、初步设计阶段的

（总）概算、施工图设计阶段的（总）预算和设计后期的竣工决算。工程项目在可行性研究阶段的投资估算对其总投资起着重要的控制作用，它应作为工程项目总投资的最高限额，不得随意突破。然而，要比较准确地估算一个工程项目的总投资很不容易。在可行性研究阶段，为提高投资估算的准确度，我国一般采用与编制初步设计概算相同的方法对投资指标进行计算。

一、投资的组成

工程项目的总投资由工程费用、预备费用、专项费用和其他费用四部分组成。

1. 工程费用

（1）设备购置费 制药企业所需的设备主要有生产、辅助生产及公用工程所需的机械设备、机电设备、化工设备、制药专用设备和仪器仪表；各种运输车辆；以及建设项目为保证初期正常生产而配备的各种备品、备件、工具、器具和家具等。设备购置费包括全部设备、仪器、仪表以及各种运输车辆、工具、器具和家具等的购置费和运杂费。

（2）建筑工程费 建筑工程的主要内容包括生产厂房、辅助生产厂房、库房、行政和生活福利设施等建筑物工程；各种设备基础、操作平台、管架、烟囱、水池、排水沟、道路、围墙、大门和防洪设施等构筑物工程；土石方和场地平整等。建筑工程费的组成如图 12-1 所示。

（3）安装工程费 安装工程的主要内容包括生产、辅助生产及公用工程所需的机电设备、专用设备、仪器仪表等的安装和配线；工艺、给排水、供电、供热、通风等管道及电气仪表管线的安装；设备及管道的防腐、保温以及避雷设施的安装等。安装工程费的组成与建筑工程费的组成相似。

2. 专项费用

（1）建设期利息 根据不同的资金来源，在项目建设期间应归还的各类贷款的利息。

（2）铺底流动资金 银行规定必须先存入 30% 的流动资金后，才可贷给其余的流动资金。这 30% 的流动资金称为铺底流动资金，并作为投资列入专项费用中。

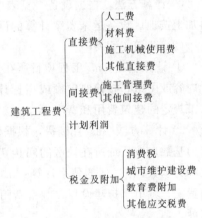

图 12-1 建筑工程费的组成

3. 预备费用

（1）常规预备费 常规预备费主要有：在可行性研究、初步设计、施工图设计和施工过程中，在批准的建设投资范围内所增加的工程费用；为弥补一般自然灾害造成的损失和采取措施预防自然灾害所需的费用；在上级主管部门组织竣工验收时，验收委员会或小组为鉴定工程质量，必须开挖和修复隐蔽工程所需的费用。

（2）价差预备费 价差预备费是指在工程项目建设期间，因汇率变动、税费调整、设备和材料价格上涨等原因而增加的费用，这部分费用作为投资列入预备费用中。

4. 其他费用

这部分费用一般包括：土地、青苗等补偿费和安置补助费；耕地占用税和土地使用税；建设单位管理费；勘察设计费；研究试验费；生产职工培训费；办公和生活家具购置费；联合试运转费；施工机构迁移费等。

对于引进工程项目或中外合资工程项目，其他费用还包括外国工程技术人员来华费、翻译费、出国人员培训费、设备材料检验费和工程保险费等。

二、投资的估算

1. 工程费用

（1）设备购置费

① 计算基础。a. 设备一览表；b. 设备价格，通用设备按国家或地方主管部门规定的现行产品出厂价格计算，非标设备按制造厂的报价计算或按国家主管部门规定的非标设备指标计价；c. 设备运杂费，根据项目所在地区规定的运杂费率，按设备原价的百分比计算。不同地区的设备运杂费率见表12-2。

表 12-2　不同地区的设备运杂费率

序号	厂址所在地区	费率/%	
		制剂厂	化工厂
1	北京、天津、上海、吉林、辽宁、河北、山东、山西、江苏、浙江、安徽	6.5	6
2	黑龙江、陕西、四川、河南、江西、湖北、湖南、广东、福建、海南	7.5	7
3	甘肃、宁夏、内蒙古、青海、新疆、广西、云南、贵州	8.5	8

注：个别边远地区及厂址距离铁路或水运码头超过50km时，可适当提高设备运杂费率，但不得超过本地区税率的20%。

② 计算方法。根据设备一览表中的设备类型、台数，按现行价格计算设备的购置总价，再加上按地区设备运杂费率计算的设备运杂费而得。

（2）建筑工程费

① 计算基础。a. 工程项目所在省、自治区、直辖市规定的建筑定额或指标；b. 根据设计内容或图纸，按建筑定额或指标计算出的建筑工程量；c. 工程项目所在省、自治区、直辖市规定的建筑费用和费率。

② 计算方法。a. 直接费，根据建筑工程量，套用定额后算出；b. 间接费，一般以直接费为基数，按厂址所在地区的间接费率计算；c. 计划利润，以建筑工程的直接费与间接费之和为基数，按7%的费率计算；d. 税金及附加，指企业经营活动应负担的相关税费，包括消费税、城市维护建设税、教育费附加、资源税、房产税、城镇土地使用税、车船税、印花税等。

（3）安装工程费

① 计算基础。a. 各部门或地方规定的安装定额或指标，如中国石油化工集团有限公司编制的《石油化工安装工程预算定额》（2019版）等；b. 根据设计内容或图纸，按安装定额或指标计算出的安装工程量；c. 各部门或地方规定的费用和费率。

② 计算方法。a. 直接费，根据安装工程量，套用定额后算出；b. 间接费，一般以人工费为基础，按当地规定的间接费率计算；c. 计划利润，以安装工程的直接费与间接费之和为基数，按当地规定的费率计算；d. 税金及附加，取费基数和税率均与建筑工程的相同。

2. 专项费用

（1）建设期利息　根据建设期内年度投资计划，以及人民币或外汇的贷款年利率，按式(12-1)计算

$$建设期某年应计利息 = (年初借款本息累计 + \frac{当年借款}{2}) \times 年利率 \qquad (12\text{-}1)$$

建设期内各年应计利息之和即为建设期利息，作为专项费用列入固定资产总投资。

（2）铺底流动资金　按流动资金的30%计算。

3. 预备费用

(1) 常规预备费 以单项工程费用总计和工程建设其他费用之和为基数，乘以常规预备费率而得。常规预备费率与建设阶段及地方和部门的规定有关，对于设计前期的投资估算可取 $10\%\sim15\%$，初步设计阶段的投资概算可取 $5\%\sim9\%$，而施工图设计阶段的投资预算则取 $3\%\sim5\%$。

(2) 价差预备费 价差预备费与工程项目建设期及投资价格指数有关，其计算公式为

$$C = \sum_{i=1}^{n} G_i \left[(1+x)^{i-1} - 1 \right] \tag{12-2}$$

式中 C——价差预备费，万元；

n——工程项目建设期，年；

G_i——按编制可行性研究报告当年价格计算的建设期内第 i 年的工程费用，万元；

x——投资价格指数，现阶段可取 6%。

4. 其他费用

一般都是按国家、部门或地方规定的标准和指标计算。例如，土地、青苗等补偿费和安置补助费可按厂址所在省、自治区、直辖市人民政府规定的各项补偿、安置补助费及土地管理费标准计算；耕地占用税和土地使用税可分别按《中华人民共和国耕地占用税法》、《中华人民共和国城镇土地使用税暂行条例》以及厂址所在省、自治区、直辖市人民政府的规定计算；勘察设计费包括勘察费用和设计费用两部分。勘察费用一般按实际完成的工作量计算支付；设计费用一般根据不同的行业、不同的建设规模和工程内容繁简程度制定的费用定额计算支付，对于没有定额的，可按设计概算的一定百分比计算支付。建设单位管理费、研究试验费、生产职工培训费、办公和生活家具购置费、联合试运转费等可按部门或地方规定的费用定额或收费标准计算。

全部计算结果最后汇总于投资总估算表中，如表 12-3 所示。

表 12-3 投资总估算表

序号	工程或费用名称	估算值/万元					占总估算值比例/%	备注
		设备购置费	建筑工程费	安装工程费	其他基建费	合计		
一、	第一部分:工程费用							
(一)	主要生产项目							
1.	××装置(或系统)							
2.	……							
	小 计							
(二)	辅助生产项目							
(三)	公用工程							
1.	给排水							
2.	供电及电讯							
3.	供汽							
4.	总图运输							
5.	厂区外管							
	小 计							
(四)	服务性工程							
(五)	生活福利设施							
(六)	厂外工程							
	合 计							

续表

序号	工程或费用名称	估算值/万元					占总估算值比例/%	备注
		设备购置费	建筑工程费	安装工程费	其他基建费	合计		
二、	第二部分:专项费用							
1.	建设期利息							
2.	铺底流动资金							
	合　计							
三、	第三部分:预备费用							
1.	常规预备费							
2.	价差预备费							
	合　计							
四、	第四部分:其他费用							
1.	××××							
2.	……							
	合　计							
	项目总投资							

三、流动资金

项目建成投产后，在生产经营过程中不断循环周转的那部分资金称为流动资金，这部分资金主要用于购买原材料、辅助材料、燃料和动力，以及支付工资和其他生产、经营费用。在生产过程中，流动资金只是被占用，其价值全部被转移至产品中，并在产品销售收入中一次性得到补偿。流动资金可分为定额流动资金和非定额流动资金。定额流动资金包括储备资金、生产资金和成品资金；非定额流动资金包括结算资金和货币资金，它是短期需要的周转性资金，所占比例不大，也不需要经常占用，所以主要是估算定额流动资金。

估算流动资金的常用方法有两种，一种是按月工厂成本的倍数估算，一般可取一个半月至三个月的工厂成本作为流动资金的估算值；另一种是按定额流动资金的三项组成计算，即

$$定额流动资金＝储备资金＋生产资金＋成品资金 \qquad (12-3)$$

第三节　成本

产品成本是指生产和销售产品过程中所消耗的各项费用的总和。产品的成本指标既是判定产品价格的一项重要依据，也是考核企业生产经营和管理水平的一项综合性能指标。产品成本直接关系到企业的经济效益，如何降低产品成本是现代企业的一个永恒的研究课题。

一、成本的分类和组成

（一）成本的分类

成本可从不同的角度进行分类，常用的分类方法如下。

1. 按计量单位分类

按成本计量单位的不同，成本可分为单位成本和总成本。其中单位成本是指生产单位数量或质量的产品所消耗的平均费用，其数值在一定程度上反映了生产同类产品所能达到的技术和管理水平，可用于企业内部或不同企业之间同类产品成本的比较，是技术经济分析的一项重要指标；总成本是指生产一定种类和数量的产品所消耗的全部费用，该指标主要用于计算财务评价中的毛利、净利、流动资金、静态指标和动态指标等，是财务评价最重要的基础。

2. 按计算范围分类

按费用的计算范围不同，成本可分为车间成本、工厂成本、销售成本和经营成本。其中经营成本可用于现金流量表中净现值和内部收益率等动态指标的计算。

3. 按费用与产量的关系分类

按费用与产量之间的关系，成本可分为可变成本和固定成本。其中**可变成本**是指产品总成本中随产品产量的增减而成比例增减的那部分费用，如原材料、辅助材料和燃料的费用等；**固定成本**则是指产品总成本中与产品产量无关的那部分费用，如折旧费、管理费等。可变成本和固定成本在盈亏分析中有着重要的应用。

（二）成本的组成

工业产品的成本组成如图 12-2 所示。一般情况下，工业产品的成本计算到工厂成本即可。工厂成本与销售费用之和即为销售成本，销售成本又称为总成本。销售成本再加上应交的税金和合理的利润即为产品的出厂价格。

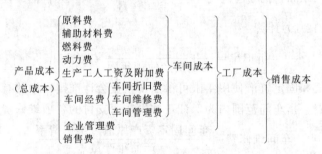

图 12-2　产品的成本组成

二、成本的估算

（一）单项成本的估算

1. 原、辅材料费的估算

各种原、辅材料费可按式（12-4）计算

$$材料费＝消耗定额×材料价格 \tag{12-4}$$

式中材料价格可按式（12-5）计算

$$材料价格＝采购价＋运费＋运输损耗＋装卸费＋管理费 \tag{12-5}$$

2. 燃料、动力费的估算

燃料、动力费又称为公用工程费，其中燃料费与原、辅材料费的计算方法相同。动力费可按式（12-6）计算

$$动力（水、电、蒸汽、压缩空气等）费＝消耗定额×动力单价 \tag{12-6}$$

式中动力单价与动力的供应方式有关。对于自产动力（水、电、蒸汽、压缩空气等），动力单价为动力的单位车间成本；对于外购动力，动力单价则为动力的到厂单价。

3. 生产工人工资及附加费的估算

直接从事生产的工人工资包括基本工资以及各种津贴、奖金和补贴等。生产工人的年工资总额可按下式计算

$$工人年工资总额＝人数×年平均工资 \tag{12-7}$$

工资附加费主要是指按国家的有关规定提取的职工福利费，该费用不包括在工资总额中。工资附加费一般按工资总额的百分比提取。

按单位成本计，生产工人工资及附加费的计算公式为

$$生产工人工资及附加费 = \frac{某产品生产工人年工资总额 \times (1 + 附加费率)}{某产品年产量} \tag{12-8}$$

4. 车间经费的估算

（1）车间折旧费　车间折旧费指车间固定资产折旧费。所谓固定资产是指在使用过程中原有物质形态基本保持不变的劳动资料，如厂房、设备、机器和工具等。作为固定资产必须满足两个条件，其一是使用寿命在一年以上；其二是单项价值必须在规定的限额以上。随着生产过程的进行，固定资产的价值将逐渐转移至产品成本中。因此，在估算产品成本时，将固定资产的价值以折旧费的形式分摊到产品成本中。

固定资产折旧费的多少取决于固定资产的原值、使用年限和净残值，其中车间折旧费可按式(12-9)计算

$$车间折旧费 = \frac{车间固定资产原值 - 净残值}{产品年产量} \times 折旧率 \tag{12-9}$$

式中折旧率可按式(12-10)计算

$$折旧率 = \frac{1}{固定资产使用年限} \times 100\% \tag{12-10}$$

固定资产净残值和固定资产使用年限可参照《企业会计准则》中的有关规定执行。

（2）车间维修费　指车间范围内为保证正常生产而支付的各项维修费用，其计算公式为

$$车间维修费 = \frac{车间固定资产原值 \times 维修费率}{产品年产量} \tag{12-11}$$

式中维修费率为经验数据，一般可取 $3\% \sim 6\%$。

（3）车间管理费　指车间范围内为保证正常生产而支付的各项管理和业务费用，以及其他不能直接纳入成本的待摊费用，其计算公式为

$$车间管理费 = \frac{车间固定资产原值 \times 车间管理费率}{产品年产量} \tag{12-12}$$

式中车间管理费率为经验数据。对一般的制药车间而言，可取 $2\% \sim 4\%$。

5. 企业管理费的估算

企业管理费是指企业为管理和组织全厂生产而发生的各项费用，如管理人员的工资和福利费、固定资产（不含车间固定资产）折旧费、技术转让费、办公费、差旅费、消防费和利息支出等，其计算公式为

$$企业管理费 = 车间成本 \times 企业管理费率 \tag{12-13}$$

式中企业管理费率一般可取 $6\% \sim 9\%$。

6. 销售费的估算

销售费是指企业在产品销售过程中所发生的各项费用，如销售管理费、广告费、代理费以及专设销售机构的各项经费等。销售费一般可按产品销售额的一定百分比提取，也可按工厂成本的一定百分比考虑，其计算公式分别为

$$销售费 = \frac{产品销售额 \times 销售费率}{产品年产量} \tag{12-14}$$

或

$$销售费 = \frac{工厂成本 \times 销售费率}{产品年产量} \tag{12-15}$$

以上两式中的销售费率所用的基准不同，取值也不同。销售费率的取值可根据产品（药品）的种类、市场供求关系等具体情况来确定。

（二）总成本和其他各项成本的计算

1. 车间成本

车间成本可按式(12-16)计算

$$车间成本＝原、辅材料费＋燃料、动力费＋生产工人工资及附加费＋车间经费 \quad (12\text{-}16)$$

式中车间经费可按式(12-17)计算

$$车间经费＝车间折旧费＋车间维修费＋车间管理费 \quad (12\text{-}17)$$

2. 工厂成本

工厂成本可按式(12-18)计算

$$工厂成本＝车间成本＋企业管理费 \quad (12\text{-}18)$$

3. 销售成本

销售成本又称为总成本或完全成本，其计算公式为

$$销售成本＝工厂成本＋销售费 \quad (12\text{-}19)$$

若生产中存在副产品，则销售成本要扣除副产品的固定价格（即副产品的净收入）。副产品的固定价格可按下式计算

$$固定价格＝销售价格－单位税金－单位销售费 \quad (12\text{-}20)$$

4. 经营成本

经营成本可按式(12-21)计算

$$经营成本＝销售成本－基本折旧费－流动资金利息 \quad (12\text{-}21)$$

5. 可变成本

可变成本可按式(12-22)计算

$$可变成本＝原、辅材料费＋燃料、动力费 \quad (12\text{-}22)$$

6. 固定成本

固定成本可按式(12-23)计算

$$固定成本＝总成本－可变成本$$
$$＝生产工人工资及附加费＋车间经费＋企业管理费＋销售费 \quad (12\text{-}23)$$

成本计算结果最后汇总于产品成本估算表中，如表 12-4 所示。

表 12-4　产品成本估算表

序号	产品名称、规格			年产量/(t 或 kg)			
	成本项目	单位	单价/元	单位成本/元		总成本/元	
				消耗定额	金额	消耗定额	金额
一、	原料						
1.	××××						
2.	……						
	小计						
二、	辅助材料						
1.	××××						
2.	……						
	小计						
三、	燃料、动力						
1.	××××						
2.	……						
	小计						

序号	产品名称、规格		年产量/(t 或 kg)					
	成本项目	单位	单价/元	单位成本/元		总成本/元		
				消耗定额	金额	消耗定额	金额	
	可变成本(一＋二＋三)							
四、	生产工人工资及附加费							
五、	车间经费							
1.	车间折旧费							
2.	车间维修费							
3.	车间管理费							
	小计							
六、	企业管理费							
七、	销售费							
	固定成本(四＋五＋六＋七)							
八、	总成本(可变成本＋固定成本)							

第四节　销售收入、税金和利润

一、销售收入

单位产品的销售收入可按式(12-24)计算

$$销售收入 = \frac{年销售量 \times 销售单价}{产品年产量} \tag{12-24}$$

应当指出的是，在市场经济中，由于激烈竞争或产品的质量、规格等原因，滞销或积压的情况时有发生，因此产品的销售量往往小于它的生产量。只有销售了的产品才有可能给企业带来效益。因此，在技术经济分析中，销售量是比产量更为重要的指标。但在初步分析中，可假设产量即是销售量。这样，年产值即是年销售收入，销售单价即是单位产品的销售收入。

二、税金

税金是国家根据税法向企业征收的一部分费用，其目的是筹集财政资金，增加社会积累，并对经济活动进行调节，具有无偿性、强制性和固定性的特征。目前，与制药企业关系较大的税种主要有增值税、城建税、教育费附加和所得税。

1. 增值税

增值税是国家对企业在生产经营中新创造的那一部分价值征收的一种费用。目前，我国增值税的计算一般采用扣税法，单位产品应纳增值税额可按式(12-25)计算

$$增值税 = \frac{本期销售收入 \times 增值税率 - 本期购进货物允许抵扣部分的已纳税额}{本期产量} \tag{12-25}$$

对于药品生产企业，增值税率一般按 13％ 计算。按照我国现行的增值税制度，对部分出口产品实行零税率。实际操作中，对出口产品一般采用先征收后退税的做法。因此，估算增值税时应将退税额从原纳税额中扣除。

2. 城建税

城建税是为城市维护和建设而向企业征收的一种费用，其计算公式为

$$城建税 = 增值税 \times 城建税率 \tag{12-26}$$

城建税率与企业所在的位置有关。企业位于市区的，税率为 7％；位于县城或镇的，税率为 5％；企业不在市区、县城或镇的，税率为 1％。

城建税筹集的资金由地方人民政府负责安排，保证用于城市的公共事业和公共设施的维护建设，专款专用，不得挪作他用。

3. 教育费附加

教育费附加是企业缴纳的一种具有专门用途的附加费用，可按税收考虑，但其本身并不是一种税。我国现行的教育费附加是以各单位和个人实际缴纳的增值税、营业税、消费税的税额作为计征依据，费率为3%。

对于制药企业，教育费附加可根据企业实际缴纳的增值税按式(12-27)计算

$$教育费附加＝增值税×教育费附加率＝1.03 增值税 \tag{12-27}$$

4. 销售税金及附加

销售税金及附加包括增值税、城建税和教育费附加，即

$$销售税金及附加＝增值税＋城建税＋教育费附加$$
$$＝增值税×（1＋城建税率＋教育费附加率） \tag{12-28}$$

5. 所得税

企业所得税是国家向我国境内企业取得的生产经营所得和其他所得而征收的一种费用，其计算公式为

$$企业所得税＝销售利润×所得税率 \tag{12-29}$$

企业所得税率实行比例税率。居民企业以及在中国境内设立机构场所的非居民企业税率为25%；符合条件的小型微利企业，在中国境内未设立机构，或者虽设立机构、场所但取得的所得与其所设机构、场所没有实际联系的非居民企业，税率为20%；国家需要重点扶持的高新技术企业，税率为15%。

三、利润

1. 毛利

毛利又称为盈利，是企业在生产经营活动中，生产成果补偿生产消耗后的盈余，是企业为社会创造的新增价值。单位产品的毛利可按式(12-30)计算

$$毛利＝\frac{年销售收入－年销售成本}{产品年产量} \tag{12-30}$$

2. 总利润

总利润即销售利润，是毛利扣除销售税金及附加后的余额，其计算公式为

$$年总利润＝年毛利－年销售税金及附加$$
$$＝年销售收入－年销售成本－年销售税金及附加 \tag{12-31}$$

3. 税后利润或净利润

销售利润扣除所得税后的余额称为税后利润或净利润，即

$$税后利润＝销售利润－所得税 \tag{12-32}$$

12-01 数字化绩效管理

第五节　财务评价

财务评价是根据现行的财税制度和规定，以财务预测为基础，计算一个工程项目的财务收入和支出，测算项目投资所能产生的利润，并分析工程项目的盈利能力、清偿能力以及外汇平衡等财务状况，从而判断该工程项目在财务上的可行性。

财务评价主要是分析工程项目的投资获利能力、财务清偿能力和资本结构，分析方法很

多，归纳起来主要有两种，即不考虑时间因素的静态分析法和考虑时间因素的动态分析法。

一、财务评价的指标体系

工程项目财务评价的指标体系如图 12-3 所示。

图 12-3　财务评价的指标体系

二、财务报表

财务评价的方法是通过编制一系列的财务报表，来计算和分析主要的财务评价指标，从而判断工程项目的财务状况。财务报表包括基本报表和辅助报表。基本报表主要有现金流量表、损益表、资产负债表和财务外汇平衡表等；辅助报表主要有固定资产投资估算表、流动资金估算表、生产成本估算表、总成本费用估算表、产品销售收入和销售税金及附加估算表等。辅助报表是编制基本报表的依据。下面以现金流量表为例，介绍基本的财务报表。

现金流量表是反映拟建工程项目在整个寿命期内的现金流入和流出情况，是财务内部收益率、财务净现值及投资回收期等财务评价指标的计算基础。现金流量表有两种，一种是以工程项目全部投资为计算基础的全部投资现金流量表，一种是以投资者的出资额为计算基础的自有资金现金流量表。表 12-5 是全部投资现金流量表的参考格式，表中的现金流入项和现金流出项可根据需要增加或减少，生产期内发生的更新投资作为现金流出既可单独列项，也可列入固定资产投资项中。

表 12-5　全部投资现金流量表　　　　　　　　单位：万元

序号	年份 项目 生产负荷/%	建设期 1	2	投产期 3	4	达到设计能力生产期 5	6	……	n	合计
一、	现金流入									
1.	产品销售收入									
2.	回收固定资产余值									
3.	回收流动资金									
	流入小计									
二、	现金流出									
1.	固定资产投资									
2.	流动资金									
3.	经营成本									
4.	销售税金及附加									
5.	所得税									
6.	特种基金									
	流出小计									

续表

序号	年份 项目	建设期		投产期		达到设计能力生产期				合计
		1	2	3	4	5	6	……	n	
	生产负荷/%									
三、	净现金流量(现金流入－现金流出)									
四、	累计净现金流量									
五、	所得税前净现金流量 (净现金流量＋所得税＋特种基金)									
六、	所得税前累计净现金流量									

以全部投资现金流量表为基础，分别计算出全部投资的财务内部收益率、财务净现值及投资回收期等财务评价指标，以考察工程项目全部投资的盈利能力，从而为各个投资方案（不论其资金来源及利息多少）进行比较建立了共同基础。

三、静态分析法

1. 投资利润率

指项目达到设计生产能力后的一个正常生产年份的年利润总额与项目总投资的比率，是考察工程项目单位投资盈利能力的静态指标，其计算公式为

$$投资利润率＝\frac{年利润总额}{总投资}\times100\%\tag{12-33}$$

若生产期内，工程项目各年的利润总额变化幅度较大，则式（12-33）中的年利润总额应采用年平均利润总额来计算。

在财务评价中，将工程项目的投资利润率与行业平均投资利润率进行对比，可判断项目的单位投资盈利能力是否达到本行业的平均水平。

2. 投资利税率

指项目达到设计生产能力后的一个正常生产年份的年利税总额与项目总投资的比率，是考察工程项目单位投资对国家积累贡献大小的静态指标，其计算公式为

$$投资利税率＝\frac{年利税总额}{总投资}\times100\%$$
$$＝\frac{年利润总额＋年销售税金及附加}{总投资}\times100\%\tag{12-34}$$

若生产期内，工程项目各年的利税总额变化幅度较大，则式（12-34）中的年利税总额、年利润总额和年销售税金及附加应分别采用年平均值计算。

在财务评价中，将工程项目的投资利税率与行业平均投资利税率进行对比，可判断项目的单位投资对国家积累的贡献是否达到本行业的平均水平。

3. 成本利润率

指项目达到设计生产能力后的一个正常生产年份的年利润总额与年成本总额的比率，是考察企业单位成本盈利能力的静态指标，其计算公式为

$$成本利润率＝\frac{年利润总额}{年成本总额}\times100\%\tag{12-35}$$

若生产期内，工程项目各年的利润总额变化幅度较大，则式（12-35）中的年利润总额应采用年平均利润计算。

成本利润率反映了成本费用提供的利润水平，其值越高，说明消耗单位成本费用所获得

的利润越多，取得的经济效益就越好。

4. 资本金利润率

工程项目的资本金是指在工商行政部门登记的注册资金。资本金利润率是指项目达到设计生产能力后的一个正常生产年份的年利润总额与项目资本金的比率，是考察工程项目单位资本金盈利能力的静态指标，其计算公式为

$$资本金利润率 = \frac{年利润总额}{资本金总额} \times 100\% \tag{12-36}$$

若生产期内，工程项目各年的利润总额变化幅度较大，则式（12-36）中的年利润总额应采用年平均利润计算。

在财务评价中，资本金利润率没有绝对的评价标准。一般而言，资本金利润率越高，说明单位资本金获得的利润越多，企业的经营效益就越好。

5. 静态投资回收期

投资回收期又称为还本期，是指以项目的净收益抵偿全部投资所需的时间。投资回收期一般从工程项目开始建设的年份（第 1 年）算起，若从投产年算起，应予说明。

静态投资回收期的计算公式为

$$\sum_{i=1}^{P_t} (CI - CO)_i = 0 \tag{12-37}$$

式中　　P_t——静态投资回收期，年；

　　　　CI——现金流入量，万元；

　　　　CO——现金流出量，万元；

$(CI-CO)_i$——第 i 年的净现金流量，万元。

静态投资回收期可根据全部投资现金流量表中的累计净现金流量按式（12-38）计算

$$静态投资回收期(P_t) = \left(\begin{array}{c}累计净现金流量开始 \\ 出现正值的年份\end{array}\right) - 1 + \frac{上年累计净现金流量的绝对值}{当年净现金流量}$$

$$\tag{12-38}$$

在财务评价中，静态投资回收期是考察工程项目投资回收能力的静态指标，其优点是计算简便，缺点是没有考虑资金的时间价值。

四、动态分析法

1. 折现率和折现系数

单位数量的资金在不同时间的价值是不同的。由于资金存在时间价值，因此不同时间发生的现金流量不能直接进行比较。在工程项目的整个寿命期内，只有将不同时间的现金流量等值变换到某一特定时间点的现金，才具有可比性。

等值变换的特定时间点一般选择工程项目建设的开始年（第 1 年）。根据折现率和年数，可计算出一个货币单位在不同时间的现值，即折现系数，其计算公式为

$$R = \frac{1}{(1+r)^i} \tag{12-39}$$

式中　R——折现系数，无因次；

　　　r——折现率，%；

　　　i——年数，年。

2. 财务内部收益率

指项目在整个寿命期内各年净现金流量的现值累计等于零时的折现率，是考察工程项目盈利能力的主要动态指标，其计算公式为

$$\sum_{i=1}^{n}(CI-CO)_i\frac{1}{(1+FIRR)^i}=0 \qquad (12\text{-}40)$$

式中　FIRR——财务内部收益率，%；

　　　　n——项目寿命期，年。

财务内部收益率在式(12-40)中是以隐函数的形式表示的，一般可用现金流量表中的净现金流量以试差法求得。在财务评价中，若求得的财务内部收益率等于或大于行业的基准收益率或设定的折现率时，即可认为工程项目的盈利能力已达到或超过最低要求，在财务上是可以考虑接受的。

3. 财务净现值和净现值率

(1) 财务净现值　指项目在计算期内各年发生的净现金流量折算到项目起始年的现值之和，是考察工程项目在计算期内盈利能力的主要动态指标，其计算公式为

$$FNPV=\sum_{i=1}^{n}(CI-CO)_i\frac{1}{(1+r_c)^i} \qquad (12\text{-}41)$$

式中　FNPV——财务净现值，万元；

　　　　r_c——设定的折现率或行业的基准收益率，%；

　　　　n——计算期，年。

财务净现值可根据现金流量表中的净现金流量计算而得。若 FNPV>0，说明投资不仅能得到符合标准投资收益率的利益，而且还能得到现值利益；若 FNPV=0，说明投资刚好达到标准投资收益率的利益；若 FNPV<0，说明投资达不到标准投资收益率的利益。在财务评价中，财务净现值大于或等于零的工程项目是可以考虑接受的。

(2) 财务净现值率　指财务净现值与工程项目的全部投资的比值，即单位投资所得的净现值，其计算公式为

$$FNPVR=\frac{FNPV}{C_P}\times100\% \qquad (12\text{-}42)$$

式中　FNPVR——财务净现值率，%；

　　　　C_P——全部投资（包括固定资产投资和流动资金）的现值，万元。

财务净现值反映的是投资的绝对经济效益，财务净现值率反映的是投资的相对经济效益。在进行多方案比较时，可采用财务净现值率作为评价指标。财务净现值率越大，投资的相对经济效益就越高，技术方案就越好。

【实例 12-1】在对某制药工程项目进行决策时，有 3 个技术方案，其初始投资及各年收益如附表所示。若折现率 $r_c=0.12$，试分别计算其财务净现值和净现值率，并对方案进行评价。

实例 12-1　附表　　　　　　　　　　　　　　　　　单位：万元

序号	项目	方案Ⅰ	方案Ⅱ	方案Ⅲ
1	初始投资	5000	5000	2500

续表

序号	项目	方案Ⅰ	方案Ⅱ	方案Ⅲ
2	第一年收益	1800	1500	800
3	第二年收益	1800	1500	800
4	第三年收益	1800	1500	800
5	第四年收益	1800	1500	800
6	第五年收益	1800	1500	800
7	第六年收益	1800	1500	800

解：(1) 财务净现值的计算与评价　由式 (12-41) 得

$$FNPV(Ⅰ) = -5000 + 1800 \times \sum_{i=1}^{6} \frac{1}{(1+0.12)^i} = 2401(万元)$$

$$FNPV(Ⅱ) = -5000 + 1500 \times \sum_{i=1}^{6} \frac{1}{(1+0.12)^i} = 1167(万元)$$

$$FNPV(Ⅲ) = -2500 + 800 \times \sum_{i=1}^{6} \frac{1}{(1+0.12)^i} = 789(万元)$$

方案Ⅰ与方案Ⅱ的投资相同，但方案Ⅰ的财务净现值较高，因此方案Ⅰ优于方案Ⅱ。方案Ⅰ和方案Ⅱ的投资均为方案Ⅲ的两倍，取得的财务净现值均高于方案Ⅲ的财务净现值。但方案Ⅰ取得的净收益和净现值均为方案Ⅲ的两倍以上，而方案Ⅱ取得的净收益和净现值均不到方案Ⅲ的两倍。

(2) 财务净现值率的计算与评价　由式(12-42)得

$$FNPVR(Ⅰ) = \frac{FNPV(Ⅰ)}{C_{P1}} \times 100\% = \frac{2401}{5000} \times 100\% = 48.02\%$$

$$FNPVR(Ⅱ) = \frac{FNPV(Ⅱ)}{C_{P2}} \times 100\% = \frac{1167}{5000} \times 100\% = 23.34\%$$

$$FNPVR(Ⅲ) = \frac{FNPV(Ⅲ)}{C_{P3}} \times 100\% = \frac{789}{2500} \times 100\% = 31.56\%$$

由财务净现值率可知，方案Ⅰ最优，方案Ⅲ次之，方案Ⅱ最差。

可见，在进行多方案比较时，若各方案的投资相同，则用财务净现值或财务净现值率作为评价指标，所得结果是相同的。但当各方案的投资不同时，应采用财务净现值率作为评价指标。

4. 动态投资回收期

动态投资回收期需将投资引起的未来现金净流量进行贴现，是未来现金净流量的现值等于原始投资额现值时所经历的时间。与静态投资回收期相比，动态投资回收期考虑了货币的时间价值。

动态投资回收期的计算公式为

$$\sum_{i=1}^{P_t} (CI - CO)_i \frac{1}{(1+r_c)^i} = 0 \tag{12-43}$$

式中　P_t——动态投资回收期，年；

r_c——设定的折现率或行业的基准收益率，%。

动态投资回收期的计算比较烦琐。当全部投资可简化为一次性投资 C_P（或将各年投资折现为 C_P），投资后各年的收益均为 A 时，可按下式进行简化计算

$$P_t = -\frac{\lg(1 - \dfrac{C_P r_c}{A})}{\lg(1 + r_c)} \tag{12-44}$$

【实例 12-2】某制药工程项目的总投资为 8000 万元，建设期 2 年，2 年后投入正常生产，每年可获净收益 2000 万元，折现率 $r_c = 0.11$，试计算该项目的静态投资回收期和动态投资回收期，并进行评价。

解：(1) 静态投资回收期　由式 (12-37) 得

$$-8000 + (P_t - 2) \times 2000 = 0$$

所以

$$P_t = \frac{8000}{2000} + 2 = 6 \text{（年）}$$

静态投资回收期适中，项目可取。

(2) 动态投资回收期　由题意知 $A = 2000$ 万元，$r_c = 0.11$。项目总投资折算到第 2 年的现值为

$$C_P = 8000 \times (1 + 0.11) = 8880 \text{（万元）}$$

由式 (12-44) 得

$$P_t = -\frac{\lg(1 - \dfrac{8880 \times 0.11}{2000})}{\lg(1 + 0.11)} = 6.4 \text{（年）}$$

动态投资回收期适中，项目可取。

五、不确定性分析

对工程项目进行经济评价时，经济指标的计算所采用的数据大多来自预测或估计，其中必然包含一些不确定因素和风险。为使经济评价结果更符合客观实际，提高经济评价的可靠性，减少工程项目投资所冒的风险，需分析这些不确定因素对投资经济效果的影响。

1. 盈亏平衡分析

盈亏平衡分析是考察工程项目投产后，一旦遇到最不利的环境影响时，企业能维持生存的保本点。盈亏平衡分析只用于财务评价，主要反映工程项目的抗风险能力。图 12-4 是根据产品的销售收入、可变成本及盈利与生产能力之间的关系作出的盈亏平衡图。

图中 BEP 是以生产能力表示的盈亏平衡点。若产品的生产能力低于 BEP，该产品就会亏损；若产品的生产能力高于 BEP，该产品就会盈利。

由 $\triangle ADO$ 和 $\triangle ABC$ 得

$$\frac{BEP}{100\%} = \frac{\text{年固定成本} + \overline{D'O}}{\text{年销售收入} - \text{年销售税金及附加}} \tag{12-45}$$

由 $\triangle A'D'O$ 和 $\triangle A'B'C'$ 得：

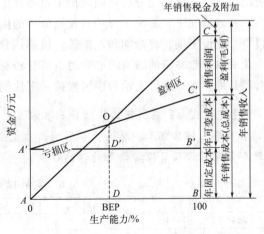

图 12-4　盈亏平衡图

$$\frac{BEP}{100\%}=\frac{\overline{D'O}}{年可变成本} \tag{12-46}$$

由式(12-45)和式(12-46)联立求解得

$$BEP=\frac{年固定成本}{年销售收入-年可变成本-年销售税金及附加}\times100\% \tag{12-47}$$

【实例 12-3】某制药工程项目投产后，年销售收入为 1000 万元，年固定成本为 400 万元，年可变成本为 300 万元。若产品仅在国内销售，全年购进货物中允许抵扣部分的已纳税额为 51 万元，以增值税为基准的城建税率和教育费附加率分别为 1% 和 2%。试计算以生产能力表示的盈亏平衡点。

解：该企业全年应纳增值税为

增值税＝年销售收入×增值税率－全年购进货物中允许抵扣部分的已纳税额
＝1000×17%－51
＝119（万元）

则该企业全年销售税金及附加为

销售税金及附加＝增值税×(1＋城建税率＋教育费附加率)
＝119×（1＋1%＋2%）
＝122.6（万元）

所以由式(12-47)得

$$BEP=\frac{年固定成本}{年销售收入-年可变成本-年销售税金及附加}\times100\%$$
$$=\frac{400}{1000-300-122.6}\times100\%$$
$$=69.3\%$$

可见，该制药工程项目只要达到设计能力的 69.3% 即可保本。

2. 敏感性分析

敏感性分析主要是分析和预测工程项目的主要影响因素对经济评价指标的影响程度，目的是找出影响投资效果的敏感因素，并确定较为客观的经济评价指标，从而提高技术经济分析的可靠性。敏感性分析可同时用于财务评价和国民经济评价。

一般情况下，影响工程项目投资效果的因素主要有产品产量、销售价格、产品成本、总投资、建设工期、寿命期和汇率等。敏感性分析一般是分析这些因素单独变化或多因素同时变化对内部收益率的影响，必要时也可分析对静态投资回收期和借款偿还期的影响。某因素对项目的影响程度可表示为该因素按一定比例变化时所引起的评价指标的变化幅度。

【实例 12-4】某制药工程项目基本方案的财务内部收益率 FIRR＝20.21%。产品产量、销售价格、销售成本、总投资等影响因素发生改变时的内部收益率如附表1所示。试分析这些因素对该项目投资效果的敏感程度。

实例 12-4　附表 1

影响因素名称	产品产量		销售价格		销售成本		总投资	
影响因素变化率/%	+10	-10	+10	-10	+10	-10	+10	-10
财务内部收益率/%	23.23	17.58	24.69	15.13	17.11	23.52	18.79	22.14

解：考察某因素对工程项目投资效果的敏感程度，可根据该因素发生变化所引起的 FIRR 的变化率来判断。FIRR 变化率的绝对值越大，该因素就越敏感。各影响因素发生改变所引起的 FIRR 变化率的绝对值，以及敏感性分析结果列于附表 2 中。

实例 12-4 附表 2

影响因素名称	产品产量		销售价格		销售成本		总投资	
影响因素变化率/%	+10	−10	+10	−10	+10	−10	+10	−10
财务内部收益率/%	23.23	17.58	24.69	15.13	17.11	23.52	18.79	22.14
$\left\|\dfrac{FIRR'-FIRR}{FIRR}\right\|$ /%	14.94	13.01	22.17	25.14	15.34	16.38	7.03	9.55
敏感性	第五	第六	第二	第一	第四	第三	第八	第七

为获得评价指标达到临界点（如财务评价中内部收益率等于设定折现率或行业基准收益率；国民经济评价中经济内部收益率等于社会折现率）时允许某影响因素变化的最大幅度，可绘制敏感性分析图，如图 12-5 所示。

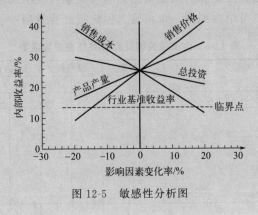

图 12-5 敏感性分析图

第六节 国民经济评价

国民经济评价是从国民经济的角度，站在国家的立场上，考察项目要求经济整体支付的代价和为经济整体提供的效益，分析和评价工程项目为国家或全民所作贡献的大小，以此评价工程项目的可行性。国民经济评价特别注重工程项目对整个经济的贡献，即审查工程项目的净效益能否充分抵偿项目所耗用的资源，以求合理有效地配置和使用国家的有限资源。

国民经济评价使用的价值标准是根据市场价格调整计算出来的接近于社会价值的影子价格。在最佳社会生产环境和充分发挥价值规律作用的条件下，供求达到平衡时产品或资源的价格即为影子价格，它能比较准确地反映出社会平均劳动量的消耗和资源的稀缺程度。

一、国民经济评价的指标体系

工程项目国民经济评价的指标体系如图 12-6 所示。

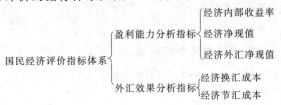

图 12-6 国民经济评价的指标体系

二、国民经济评价报表

国民经济评价方法与财务评价方法类似，通过编制一系列国民经济评价报表，来计算和分析主要的国民经济评价指标，以此评价工程项目的可行性。国民经济评价报表也包括基本报表和辅助报表。基本报表主要有国民经济效益费用流量表和经济外汇流量表；辅助报表主要有国民经济评价投资调整计算表、国民经济评价销售收入调整计算表和国民经济评价经营费用调整计算表等。下面以全部投资国民经济效益费用流量表为例，介绍基本的国民经济评价报表。

国民经济效益流量表是反映拟建工程项目在整个寿命期内的效益流量和费用流量情况，是经济内部收益率、经济净现值等国民经济评价指标的计算基础。国民经济效益流量表也分为两种，一种是以工程项目全部投资为计算基础的全部投资国民经济效益流量表；一种是以国内投资为计算基础的国内投资国民经济效益流量表。表 12-6 是全部投资国民经济效益流量表的参考格式，表中效益流量和费用流量的列项可根据需要增加或减少，生产期内发生的更新投资作为费用流量既可单独列项，也可列入固定资产投资项中。

表 12-6　全部投资国民经济效益费用流量表　　　　　单位：万元

序号	年份 项目 生产负荷/%	建设期		投产期		达到设计能力生产期				合计
		1	2	3	4	5	6	……	n	
一、	效益流量									
1.	产品销售收入									
2.	回收固定资产余值									
3.	回收流动资金									
4.	项目间接效益									
	效益流量合计									
二、	费用流量									
1.	固定资产投资									
2.	流动资金									
3.	经营费用									
4.	项目间接费用									
	费用流量合计									
三、	净效益流量(效益流量－费用流量)									

三、国民经济评价指标的计算

1. 盈利能力分析指标

（1）经济内部收益率　指项目在整个寿命期内各年净效益流量的现值累计等于零时的折现率，是考察工程项目对国民经济净贡献大小的主要指标，其计算公式为

$$\sum_{i=1}^{n}(B-C)_i\frac{1}{(1+\text{EIRR})^i}=0 \tag{12-48}$$

式中　EIRR——经济内部收益率，%；

B——以影子价格计算的现金流入量，万元；

C——以影子价格计算的现金流出量，万元；

$(B-C)_i$——以影子价格计算的第 i 年的净现金流量，万元；

n——项目寿命期，年。

经济内部收益率在式(12-48)中是以隐函数的形式表示的，一般可用国民经济效益费用

流量表中的净效益流量以试差法求得。在国民经济评价中，若求得的经济内部收益率等于或大于社会折现率，即可认为工程项目对国民经济的净贡献已达到或超过最低要求，是可以考虑接受的。

（2）经济净现值 指工程项目在计算期内各年发生的净效益流量按社会折现率折算到项目起始年的现值之和，是考察工程项目在计算期内对国民经济净贡献大小的指标，其计算公式为

$$ENPV = \sum_{i=1}^{n} (B - C)_i \frac{1}{(1 + r_s)^i} \tag{12-49}$$

式中 ENPV——经济净现值，万元；

r_s——社会折现率，%；

n——计算期，年。

经济净现值可根据国民经济效益费用流量表中的净效益流量计算而得。若 $ENPV > 0$，说明国家为拟建工程项目付出代价后，不仅能得到符合社会折现率的社会盈余，而且还能得到以现值计算的超额社会盈余；若 $ENPV = 0$，说明国家为拟建工程项目付出代价后，可得到符合社会折现率的社会盈余；若 $ENPV < 0$，说明国家为拟建工程项目付出代价后，得不到符合社会折现率的社会盈余。在国民经济评价中，经济净现值大于或等于零的工程项目是可以考虑接受的。

（3）经济外汇净现值 指工程项目在计算期内对国家外汇的净贡献（创汇）或净消耗（用汇），是反映工程项目实施后对国家外汇收支直接或间接影响的重要指标，其计算公式为

$$ENPVF = \sum_{i=1}^{n} (FI - FO)_i \frac{1}{(1 + r_s)^i} \tag{12-50}$$

式中 ENPVF——经济外汇净现值，万美元；

FI——外汇流入量，万美元；

FO——外汇流出量，万美元；

$(FI-FO)_i$——第 i 年的净外汇流量，万美元；

n——计算期，年。

当有产品替代进口时，可按净外汇效果计入经济外汇净现值。

2. 外汇效果分析指标

（1）经济换汇成本 是用货物影子价格、影子工资和社会折现率计算的为生产出口产品而投入的国内资源的现值（以人民币计）与生产出口产品的经济外汇净现值（一般以美元表示）之比，即换取 1 美元外汇所需的人民币金额。经济换汇成本是分析和评价工程项目实施后是否具有国际竞争力，其产品是否应该出口的主要指标。当有产品直接出口时，应按下式计算经济换汇成本

$$经济换汇成本 = \frac{\sum_{i=1}^{n} DR_i \frac{1}{(1 + r_s)^i}}{\sum_{i=1}^{n} (FI' - FO')_i \frac{1}{(1 + r_s)^i}} \tag{12-51}$$

式中 DR_i——第 i 年为生产出口产品而投入的国内资源，包括投资、原材料、工资、贸易费用及其他投入，元；

FI'——生产出口产品的外汇流入，美元；

$\qquad$ FO′——生产出口产品的外汇流出，包括应由出口产品分摊的固定资产投资及经营费用中的外汇流出，美元；

$(\mathrm{FI}' - \mathrm{FO}')_i$——第 i 年生产出口产品的净外汇流量，美元；

$\qquad\qquad n$——计算期，年。

若经济换汇成本（元·美元$^{-1}$）小于或等于影子汇率，则将该项目产品出口是有利的。

（2）经济节汇成本　是指项目计算期内为生产替代进口产品而投入的国内资源的现值（以人民币计）与生产替代进口产品的经济外汇净现值（一般以美元表示）之比，即节约 1 美元外汇所需的人民币金额。当有产品替代进口时，应按下式计算经济节汇成本

$$经济节汇成本 = \frac{\sum_{i=1}^{n} \mathrm{DR}'_i \dfrac{1}{(1+r_s)^i}}{\sum_{i=1}^{n}(\mathrm{FI}' - \mathrm{FO}')_i \dfrac{1}{(1+r_s)^i}} \tag{12-52}$$

式中　DR'_i——第 i 年为生产替代进口产品而投入的国内资源，包括投资、原材料、工资、贸易费用及其他投入，元；

$\qquad$ FI′——生产替代进口产品而节约的外汇，美元；

$\qquad$ FO′——生产替代进口产品的外汇流出，包括应由替代进口产品分摊的固定资产投资及经营费用中的外汇流出，美元；

$(\mathrm{FI}' - \mathrm{FO}')_i$——第 i 年生产替代进口产品的净外汇流量，美元；

$\qquad\qquad n$——计算期，年。

若经济节汇成本（元·美元$^{-1}$）小于或等于影子汇率，则以该项目产品替代进口产品是有利的。

第七节　工程概算

工程概算是编制工程项目投资计划、签订承包合同和贷款合同、实行投资包干、控制施工图预算以及考核设计经济合理性和建设成本的主要依据。工程概算是工程项目设计文件不可缺少的重要组成部分，在初步设计和技术简单项目的设计方案中均应有概算篇章。工程概算的编制工作由设计单位负责完成，设计单位必须保证设计文件的完整性。

一、工程项目的层次划分

为便于工程概算的编制，常将工程项目按一定的层次进行分类划分。根据我国的现行规定，工程项目一般可划分为以下几个层次。

1. 建设项目

建设项目是指在一个总体设计或初步设计范围内，经济上实行统一核算，行政上具有独立组织形式的基本建设单位，如新建一个制药企业即为一个建设项目。建设项目常由一个或多个单项工程所组成。

2. 单项工程

单项工程是指建设项目中具有独立设计文件，建成后能够独立发挥生产能力和经济效益的工程，如制药企业中的原料药车间、制剂车间、包装车间、成品仓库、办公楼等。

3. 单位工程

单位工程是指具有独立设计，可以独立组织施工的工程。单位工程是单项工程的组成部

分，每一个独立的建筑物以及其中的设备安装工程、管道安装工程、空气净化工程、电气照明工程等，都可视为一个单位工程。

二、单位工程概算

单位工程概算是反映单位工程投资额的文件，是编制单项工程综合概算表中单位工程费用的依据。单位工程费用可分为设备购置费、安装工程费、建筑工程费和其他费用。表12-7和表12-8分别为设备（材料）安装工程概算表和建筑工程概算表的参考格式。

表 12-7　设备（材料）安装工程概算表

工程名称：　　　　　　　　　　　　　　　　　　　　　　概算价值：　　万元

其中设备费：　　万元

材料费：　　万元

项目名称：　　　　　　　　　　　　　　　　　　　　　　安装费：　　万元

序号	编制依据（价格及安装费）	设备或材料名称及规格型号	单位	数量	重量/t		单价/元			总价/元			备注
					单重	总重	设备或材料费	安装费		设备或材料费	安装费		
								合计	其中工资		总计	其中工资	
1	2	3	4	5	6	7	8	9	10	11	12	13	14

编制：　　　　校对：　　　　审核：　　　　　　　　　　　年　月　日

表 12-8　建筑工程概算表

工程名称：　　　　　　　　三材用量：钢材　　t　　　　概算价值：　　万元

木材　　m³　　　单位造价：　　元·m⁻²

项目名称：　　　　　　　　　　　　水泥　　t

序号	编制依据（指标或定额号）	名称及规格	单位	数量	单价/元		总价/元		三材用量					
					合计	其中工资	合计	其中工资	钢材/t		木材/m³		水泥/t	
									定额	合计	定额	合计	定额	合计
1	2	3	4	5	6	7	8	9	10	11	12	13	14	15

编制：　　　　校对：　　　　审核：　　　　　　　　　　　年　月　日

三、综合概算

综合概算是反映一个单项工程投资的文件，是单位工程概算的汇总文件，也是总概算的编制依据和组成部分。凡主要生产项目的单项工程，如原料药车间、制剂车间等，必须编制综合概算；而一些附属生产或服务设施的单项工程，如其单位工程较少，也可不编制综合概算，而将单位工程概算直接编入总概算。表12-9是单项工程综合概算表的参考格式。

表 12-9　综合概算表　　　　　　　　　　　　单位：万元

序号	工程项目名称	概算价值	单位工程概算价值													
			工艺				电气		自控		照明	避雷	采暖通风		室内给排水	建(构)筑物
			设备	化验	安装	管道	设备	安装	设备	安装			设备	安装		
1	2	3	4	5	6	7	8	9	10	11	12	13	14	15	16	17

编制：　　　　校对：　　　　审核：　　　　　　　　　　　　年　　月　　日

四、总概算

总概算是反映工程项目总投资的文件，包括工程项目从开始筹建到交付使用前所需的全部建设投资。总概算应以一个具有独立体制的生产企业进行编制。若为大型联合生产企业，且各分厂为独立经济核算单位，具有相对独立性，则可分别编制各分厂的总概算。联合企业将各分厂的总概算汇总后，编制总厂的总概算。若联合企业中辅助生产项目及公用工程为各分厂所共用，则常以一个联合企业编制总概算。表 12-10 是工程项目总概算表的参考格式。

表 12-10　总概算表　　　　　　　　　　　　单位：万元

序号	主项号	工程或费用名称	设备购置费	安装工程费	建筑工程费	其他费用	合计	占总投资比例/%
1	2	3	4	5	6	7	8	9

编制：　　　　校对：　　　　审核：　　　　　　　　　　　　年　　月　　日

总概算编制完成后，应附编制说明，其内容一般包括以下几个方面。

（1）工程概况　简要说明工程项目的性质（如新建、扩建、技术改造或合资等）、产品品种和规模、建设周期和建设地点等，并概括总投资的结构、组成和建筑面积。

12-02 运营计划管理

（2）资金来源与投资方式　说明资金的来源渠道（如中央、地方、企业或国外等）与投资方式（如拨款、借贷、自筹、中外合资或合作等）。

（3）编制依据　包括工程项目的初步设计文件以及各种定额指标、价格、费用和费率，如概算定额、建筑工程定额、安装工程定额、施工管理费定额、工资标准、法定利润率、设备和材料概算单价等。

（4）投资分析　主要分析各单项工程或单位工程的投资比例，并与国内外同类工程的投资水平进行比较。

（5）其他必要说明　说明其他与概算有关，但不能在概算表中反映的事项，以及总概算编制中存在的一些问题等。

思 考 题

本章目标检测

1. 解释下列名词

①总投资；②价差预备费；③流动资金；④产品成本；⑤单位成本；⑥总成本；⑦可变成本；⑧固定成本；⑨固定资产；⑩销售费；⑪销售收入；⑫增值税；⑬城建税；⑭教育费附加；⑮销售税金及附加；⑯所得税；⑰毛利；⑱总利润；⑲净利润（税后利润）；⑳财务评价；㉑投资利润率；㉒投资利税率；㉓静态投资

回收期；㉔国民经济评价。

2. 简述技术经济指标体系中常见的单项指标。

3. 简述投资的组成。

4. 简述成本的组成。

5. 简述车间经费的构成。

6. 简述总成本与其他各项成本之间的关系。

7. 简述财务评价的指标体系。

8. 简述工程概算中工程项目的层次划分。

主要参考文献

[1] 中石化上海工程有限公司. 化工工艺设计手册（上、下册）. 第五版. 北京：化学工业出版社，2018.

[2] 丁浩，王育琪，王维聪. 化工工艺设计. 修订版. 上海：上海科学技术出版社，1989.

[3] 刘道德. 化工厂的设计与改造. 第二版. 长沙：中南大学出版社，2005.

[4] 吴思方. 发酵工厂工艺设计概论. 北京：中国轻工业出版社，2006.

[5] 王恒通，王桂芳. 制药工程与工艺设计. 成都：四川大学出版社，1994.

[6] 赵国方. 化工工艺设计概论. 北京：原子能工业出版社，1990.

[7] 唐燕辉. 药物制剂生产设备及车间工艺设计. 第二版. 北京：化学工业出版社，2006.

[8] 娄爱娟，吴志泉，吴叙美. 化工设计. 上海：华东理工大学出版社，2002.

[9] 邹兰，阎传智. 化工工艺工程设计. 成都：成都科技大学出版社，1998.

[10] 蒋作良. 药厂反应设备及车间工艺设计. 北京：中国医药科技出版社，2008.

[11] 杨春晖，郭亚军. 精细化工过程与设备. 修订版. 哈尔滨：哈尔滨工业大学出版社，2005.

[12] 化工设备设计全书编辑委员会. 搅拌设备. 北京：化学工业出版社，2003.

[13] 华南师范大学等. 化学工程基础简明教程. 长沙：湖南科学技术出版社，1985.

[14] 赵宗艾. 药物制剂机械. 北京：化学工业出版社，1998.

[15] 张绪峤. 药物制剂设备与车间工艺设计. 北京：中国医药科技出版社，2000.

[16] 化学工业部化工工艺配管设计技术中心站. 化工管路手册（上、下册）. 北京：化学工业出版，1992.

[17] 周镇江. 轻化工工厂设计概论. 北京：中国轻工业出版社，2019.

[18] 闵恩泽，吴巍，程时标. 绿色化学与化工. 北京：化学工业出版社，2000.

[19] 赵临襄. 化学制药工艺学. 第五版. 北京：中国医药科技出版社，2019.

[20] 毛惨和. 化工废水处理技术. 北京：化学工业出版社，2000.

[21] 北京水环境技术与设备研究中心，北京市环境保护科学研究院，国家环境污染控制工程技术研究中心. 三废处理工程技术手册：废水卷. 北京：化学工业出版社，2000.

[22] 刘天齐. 三废处理工程技术手册：废气卷. 北京：化学工业出版社，1999.

[23] 汪大翚，徐新华，赵伟荣. 化工环境保护概论. 第三版. 北京：化学工业出版社，2007.

[24] 田兰，曲和鼎，蒋永明. 化工安全技术. 北京：化学工业出版社，1984.

[25] 张家纶. 财务管理. 北京：首都经济贸易大学出版社，2002.

[26] 杨虹. 中国税制. 第五版. 北京：中国人民大学出版社，2019.

附　　录

附录 1　我国部分城市的风玫瑰图

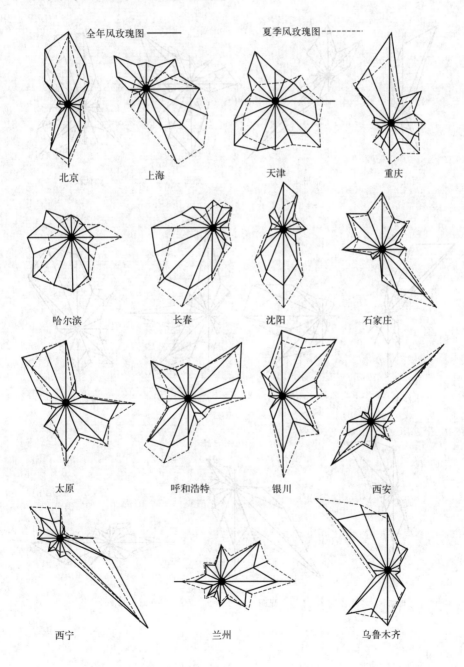

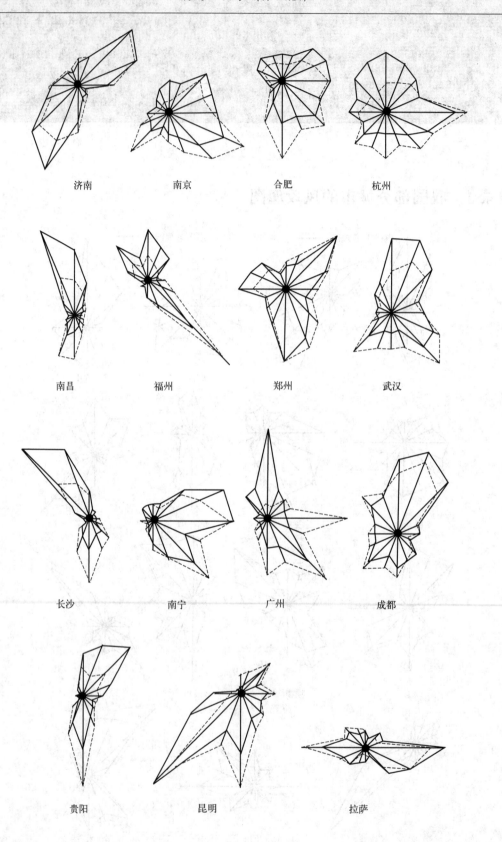

济南　　　　　南京　　　　　合肥　　　　　杭州

南昌　　　　　福州　　　　　郑州　　　　　武汉

长沙　　　　　南宁　　　　　广州　　　　　成都

贵阳　　　　　昆明　　　　　拉萨

附录 2　我国部分城市的降水量、积雪深度、冻土深度和室外气象资料

名　称	降水量/mm 年总量	降水量/mm 日最大量	最大积雪深度①/cm	最大冻土深度①/cm	室外计算温度②/℃ 冬季 采暖	冬季 通风	夏季 通风	夏季 空气调节(湿球)	夏季 空气调节(干球)	极端温度② 最低	极端温度② 最高	室外计算相对湿度/% 冬季	室外计算相对湿度/% 夏季	室外风速/(m·s⁻¹) 冬季	室外风速/(m·s⁻¹) 夏季	大气压力/mmHg③ 冬季	大气压力/mmHg③ 夏季
北京	781.9	244.2	24	85	−12	−5	30	27.1	35	−27.4	40.6	34	63	3.0	1.9	767	741
上海	1217.6	95.3	8	8	−3	−3	32	29	35	−9.4	38.8	60	65	3.2	3.0	769	754
天津	561.3	123.3	16	69	−12	−5	30	27.0	35	−22.9	39.6	40	64	2.9	2.5	771	754
哈尔滨	580.3	104.8	41	199	−29	−20	27	24.3	31	−38.1	36.4	66	63	3.4	3.3	751	739
长春	649.9	117.9	18	169	−26	−17	28	24.2	32	−36.5	38.0	59	64	4.3	3.7	765	733
沈阳	835.5	178.8	20	139	−22	−13	29	25.8	33	−30.6	38.3	53	65	3.2	3.0	763	750
石家庄	616.1	251.3	14	53	−12	−4	30	26.4	37	−26.5	42.7	42	57	2.7	1.3		747
太原	438.6	99.4	16	77	−16.1	−6.7	28	23.2	34	−25.5	39.4	45	52	1.5	2.1	700	689
呼和浩特	437.6	210.1	30	120	−22	−15	27	21	31	−32.8	37.3	47	52	1.7	1.3	676	667
银川	205.7	61.5	17	103	−20	−10	29	23.3	34	−30.6	39.3	50	47	1.9	1.6	672	662
西安	624.0	92.3	22	45	−10	−1.0	32	26.3	36	−20.6	41.7	41	50	1.7	2.2	734	719
西宁	372.4	40.6	18	134	−14	−9	23	18.5	28	−26.6	32.4	44	48	0.4	2.0	581	580
兰州	332.2	71.8	8	103	−13	−7	28	20	33	−21.7	39.1	75	44	1.3	1.1	638	632
乌鲁木齐	290.8	45.7	48	162	−24	−15.2	28	18	33	−41.5	40.9	47	31	3.0	3.4	714	701
济南	620.8	94.1	15	44	−9	−9	31	26.8	37	−19.7	42.5	61	59	2.5	2.5	765	749
南京	1038.7	125.1	51	9	−7	2	32	29.6	36	−14.0	40.7	63	65	2.3	2.3	769	753
合肥	1057.2	129.4	45	11	−7	1	32	28	37	−20.6	41.0	68	64	2.1	2.1	767	751
杭州	1554.8	141.6	14		−2	4	32	28.8	37	−9.6	39.7	67	58	3.7	1.7	769	754
南昌	1712.2	184.3	11		4	5	33	28.1	36	−7.7	29.3	64	63	2.5	2.5	764	749
福州	1375.7	114.4					32	28.1	37	−1.2		49	56	3.6	2.1	760	748
郑州	631.3	109.6	20	18	−9	−1	32	27.9	37	−17.9	43.0	64	62	2.8	2.8	760	744
武汉	1043.3	317.4	32		−5.6	3	32	29.2	36	−17.3	39.4	70	58	2.6	2.6	768	751
长沙	1394.6	122.7	8		−2	4	33	28.8	37	−9.5	40.6	64	64	1.9	2.5	763	748
南宁	1255.1	143.8			5	12	31	28.4	36	−2.1	40.4	58	69	2.4	1.9	759	747
广州	1738.6	284.9			6	13	31	28.5	35	0.0	38.7	60	69	1.0	1.9	765	754
成都	998	195.2			1	6	30	27	33	−4.6	37.3	71	62	2.3	1.1	722	711
贵阳	968.6	133.9	2		−3	6	28	24.6	33	−7.8	37.5	44	65	2.4	1.9	673	666
昆明		135.3	7		1	9	23	20.6	28	−5.4	31.5				1.7	609	606
拉萨	441.7	39.2	4	26	−9	−2	20	12.2	25	−16.5	29.6	20	39	2.0	1.6	488	489

① 当土的温度在0～1℃时，土内孔隙中的水分大部分被冻结，地基土壤冻结的极限深度即为冻土深度。
② 表中温度除有说明外，均指干球温度。
③ 1mmHg＝133.322Pa。

附录 3 流程图、布置图、安装图中的图线及字体规定
(HG/T 20519. 1—2009)

1. 图线

① 所有图线都要清晰光洁、均匀，宽度应符合要求。平行线间距至少要大于 1.5mm，以保证复制件上的图线不会分不清或重叠。

② 图线宽度分为三种：粗线 0.6～0.9mm；中粗线 0.3～0.5mm；细线 0.15～0.25mm。

③ 图线用法的一般规定见下表。

类别		图线宽度/mm			备注
		0.6～0.9	0.3～0.5	0.15～0.25	
工艺管道及仪表流程图		主物料管道	其他物料管道	其他	设备、机器轮廓线 0.25mm
辅助管道及仪表流程图 公用系统管道及仪表流程图		辅助管道总管 公用系统总管	支管	其他	
设备布置图		设备轮廓	设备支架 设备基础	其他	动设备若仅绘出设备基础，图线宽度用 0.9mm
设备管口方位图		管口	设备轮廓 设备支架 设备基础	其他	
管道布置图	单线（实线或虚线）	管道		法兰、阀门及其他	
	双线（实线或虚线）		管道		
管道轴测图		管道	法兰、阀门及承插、焊接和螺纹连接的管件表示线	其他	
设备支架图 管道支架图		设备支架及管架	虚线部分	其他	
特殊管件图		管件	虚线部分	其他	

2. 文字

① 图纸和表格中的文字（包括数字）书写必须做到字体端正，笔画清楚，排列整齐，间距、粗细应均匀，并符合国标 GB 4457.3 中的要求。

② 汉字宜采用长仿宋体或者正楷体（签名除外）。并要以国家正式公布的简化字为标准，不得随意简化、杜撰。

③ 汉字字号可参照下表选用：

书写内容	推荐字高/mm	书写内容	推荐字高/mm
图标中的图名及视图符号	5～7	图名	7
工程名称	5	表格中的文字	5
图纸中的文字说明及轴线号	5	表格中的文字（格子小于 6mm 时）	3
图纸中的数字及字母	2～3		

④ 外文字母的字号与汉字相同，但应全部大写，并不得书写草体。

附录4　工艺流程图中常见设备的代号与图例（HG 20519.2—2009）

序号	设备类别	代号	图　例
1	泵	P	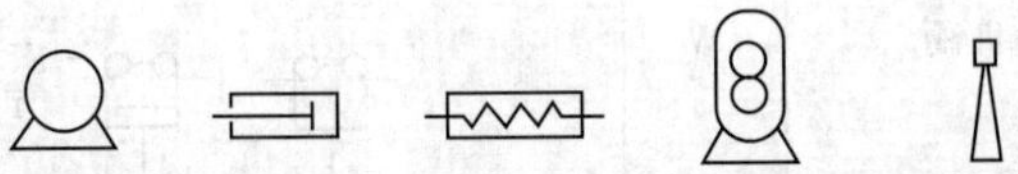 离心泵　　活塞泵　　螺杆泵　　齿轮泵　　喷射泵
2	鼓风机、压缩机	C	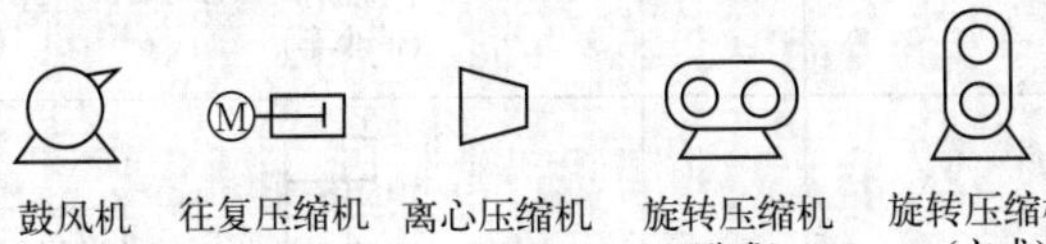 鼓风机　往复压缩机　离心压缩机　旋转压缩机（卧式）　旋转压缩机（立式）
3	容器	V	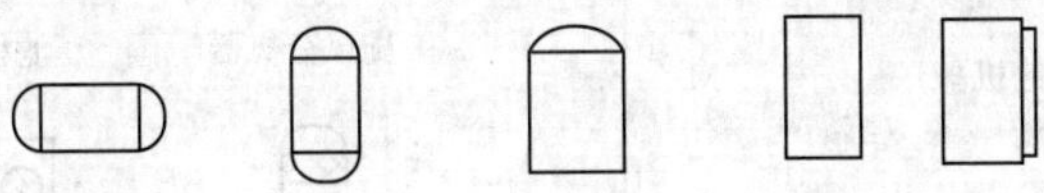 卧式贮罐　立式贮罐　立式平底贮罐　贮罐　计量罐
4	换热器	E	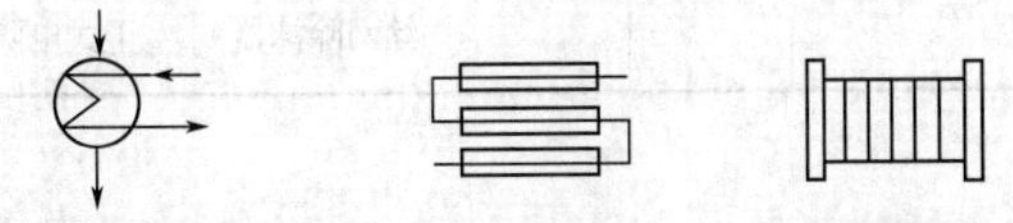 换热器(简图)　套管式换热器　板式换热器 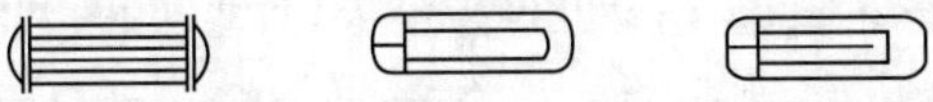 固定管板式换热器　U形管式换热器　浮头式列管换热器
5	反应器	R	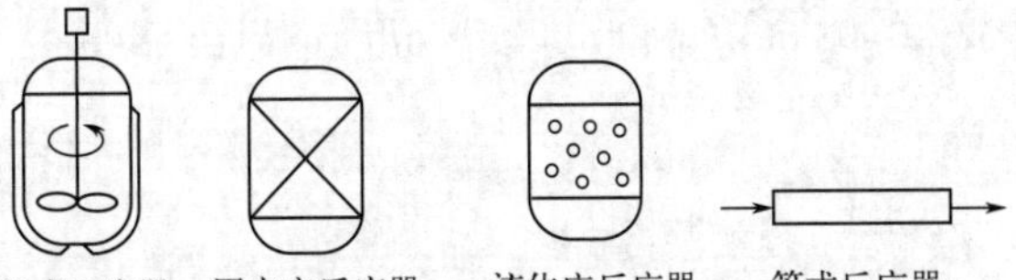 釜式反应器（带夹套）　固定床反应器　流化床反应器　管式反应器
6	塔	T	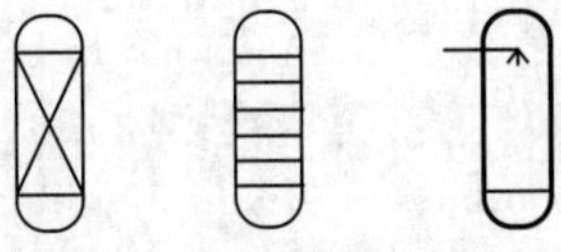 填料塔　板式塔　喷淋塔
7	工业炉	F	 箱式炉　圆筒炉　圆筒炉
8	烟囱	M	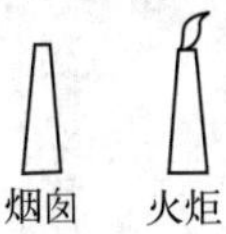 烟囱　火炬

序号	设备类别	代号	图　例
9	运输机械	W	斗式提升机　手推车　带式输送机　刮板输送机 手拉葫芦（带小车）　电动葫芦　单梁起重机（手动）　单梁起重机（电动）　旋转式起重机　悬臂式起重机
10	其他机械	M	旋风分离器　压滤机　三足式离心机　袋式除尘器 丝网除沫器　干式电除尘器　湿式电除尘器　混合机

附录 5　工艺流程图中常见管道、管件及阀门图例

序号	名　称	图　例	序号	名　称	图　例
1	主要物料管道		26	管端平板封头	
2	辅助物料管道		27	活接头	
3	固体物料管线或不可见主要物料管道		28	敞口排水口	
4	仪表管道		29	视镜	
5	软管		30	消音器	
6	翅片管		31	膨胀节	
7	喷淋管		32	疏水器	
8	多孔管		33	阻火器	
9	套管				
10	热保温管道				
11	冷保温管道		34	爆破片	
12	蒸汽伴热管		35	锥形过滤器	
13	电伴热管		36	Y 形过滤器	
14	同心异径管		37	截止阀	
15	偏心异径管		38	止回阀	
16	毕托管		39	闸阀	
17	文氏管		40	球阀	
18	混合管		41	蝶阀	
19	放空管		42	针型阀	
20	取样口		43	节流阀	
21	水表		44	隔膜阀	
22	转子流量计		45	浮球阀	
			46	减压阀	
23	盲板		47	三通球阀	
24	盲通二用盲板		48	四通球阀	
			49	弹簧式安全阀	
25	管道法兰		50	重锤式安全阀	

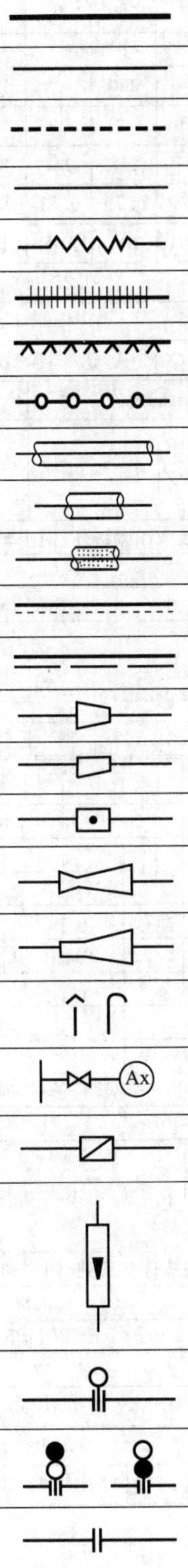

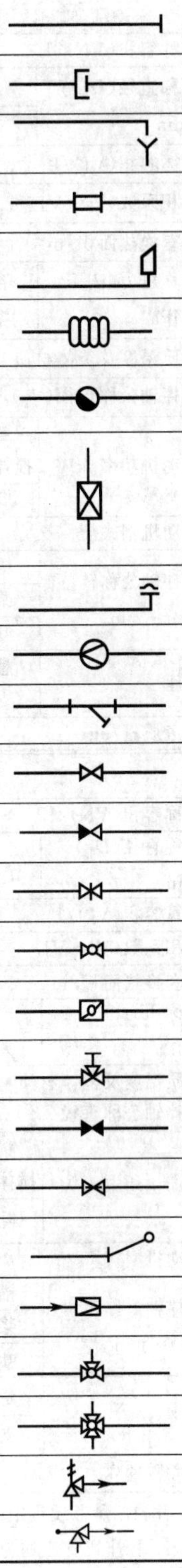

附录6　搪玻璃釜式反应器的主要技术参数

1. 开式

序　号	1	2	3	4	5	6	7	8	9	10	11	12
公称容积(VN)/L	50		100		200		300		400	500		800
公称直径(D_g) L系列 /mm	400		500		600		700		800	900		1000
公称直径(D_g) S系列 /mm		500		600		700		800			1000	
计算容积(VJ)/L	59	70	110	127	218	247	324	369	469	588	562	878
容积系数(VN/VJ)	0.85	0.71	0.91	0.79	0.79	0.81	0.93	0.81	0.85	0.85	0.89	0.91
夹套换热面积/m²	0.55	0.54	0.84	0.84	1.4	1.5	1.9	1.9	2.4	2.6	2.4	3.7
公称压力(P_g)/MPa 容器内	0.25、0.6、1.0											
公称压力(P_g)/MPa 夹套内	0.6											
介质温度及釜体材质	0～200℃(材质为Q235-A,Q235-B)或高于-20～200℃(材质为20R)											
搅拌轴公称直径(d_g)/mm	40				50				65			
电动机功率/kW 锚式、框式、桨式搅拌器	0.55				0.75		1.1		1.5		2.2	2.2
电动机功率/kW 叶轮式搅拌器												3.0
电动机型式	Y型或YB型系列(同步转速1500r·min⁻¹)											
搅拌轴公称转速/r·min⁻¹ 锚式和框式	63、80											
搅拌轴公称转速/r·min⁻¹ 桨式	80、125											
搅拌轴公称转速/r·min⁻¹ 叶轮式	125											
支座 悬挂式	A0.5×4						A1×4					
支座 支承式	—											
参考质量/kg	337	376	414	442	507	584	685	745	810	904	902	1115

序　号	13	14	15	16	17	18	19	20	21	22	23	24	25
公称容积(VN)/L	1000		1500		2000		2500		3000		4000		5000
公称直径(D_g) L系列 /mm	1100		1200		1300		1450		1450		1600		1750
公称直径(D_g) S系列 /mm		1200		1300		1450		1600		1600		1750	
计算容积(VJ)/L	1176	1245	1641	1714	2179	2597	2775	2957	3155	3380	4348	4340	5435
容积系数(VN/VJ)	0.85	0.80	0.91	0.88	0.92	0.91	0.90	0.85	0.95	0.89	0.92	0.92	0.92
夹套换热面积/m²	4.6	4.5	5.8	5.2	7.2	6.7	8.3	8.2	9.3	9.3	11.7	10.9	13.4
公称压力(P_g)/MPa 容器内	0.25、0.6、1.0												
公称压力(P_g)/MPa 夹套内	0.6												
介质温度及釜体材质	0～200℃(材质为Q235-A,Q235-A,B)或高于-20～200℃(材质为20R)												
搅拌轴公称直径(d_g)/mm	80										95		
电动机功率/kW 锚式、框式、桨式搅拌器	3.0						4.0				5.5		5.5
电动机功率/kW 叶轮式搅拌器	4.0												7.5
电动机型式	Y型或YB型系列(同步转速1500r·min⁻¹)												
搅拌轴公称转速/r·min⁻¹ 锚式和框式	63、80												
搅拌轴公称转速/r·min⁻¹ 桨式	80、125												
搅拌轴公称转速/r·min⁻¹ 叶轮式	125												
支座 悬挂式	A2×4		A3×4							A5×4			
支座 支承式	1t×4				2.5t×4						4t×4		
参考质量/kg	1610	1785	1910	2250	2482	2688	2726	3396	3350	3668	4210	4580	5274

注：1. 参考质量中不包括电传动装置及搪玻璃层质量。
2. 悬挂式支座均为A型，当VN>1000L时带垫板。

2. 闭式

序 号		1	2	3	4	5	6	7	8
公称容积(VN)/L		2500	3000	4000		5000		6300	
公称直径(D_g)/mm	L系列			1600		1750		1750	
	S系列	1600	1600		1750		1900		1900
计算容积(VJ)/L		3385	3811	4780	4907	6011	5734	6866	6868
容积系数(VN/VJ)		0.74	0.79	0.84	0.82	0.83	0.87	0.92	0.92
夹套换热面积/m²		8.68	9.74	12.16	11.76	14.89	12.41	19.89	14.79
公称压力(P_g)/MPa	容器内	0.25、0.6、1.0							
	夹套内	0.6							
介质温度及容器材质		0～200℃(材质为 Q235-A,Q235-B)或高于－20～200℃(材质为 20R)							
搅拌轴公称直径(d_g)/mm		80		95					
电动机功率/kW	叶轮式搅拌器	4.0		5.5		7.5		7.5	
	桨式搅拌器					5.5			
搅拌轴公称转速/r·min⁻¹	叶轮式	125							
	桨式	80、125							
电动机型式		Y 型或 YB 型系列(同步转速 1500r·min⁻¹)							
支座	悬挂式	A3×4		A5×4					
	支承式	2.5t×4		4t×4					
参考质量/kg		2900	3260	3830	3980	4640	4390	5150	4990
序 号		9	10	11	12	13	14	15	16	17
公称容积(VN)/L		8000		10000		12500		16000		20000
公称直径(D_g)/mm	L系列	2000		2200		2200		2400		2600
	S系列		2200		2400		2400		2600	
计算容积(VJ)/L		9060	8976	11674	11655	13651	13600	17446	17490	21790
容积系数(VN/VJ)		0.88	0.89	0.86	0.86	0.92	0.92	0.92	0.92	0.92
夹套换热面积/m²		18.38	16.52	21.35	19.82	24.89	23.06	29.48	27.42	34.04
公称压力(P_g)/MPa	容器内	0.25、0.6、1.0								
	夹套内	0.6								
介质温度及容器材质		0～200℃(材质为 Q235-A,Q235-B)或高于－20～200℃(材质为 20R)								
搅拌轴公称直径(d_g)/mm		95		110				125		140
电动机功率/kW	叶轮式搅拌器	11		11		15		18.5		
	桨式搅拌器	7.5								
搅拌轴公称转速 /r·min⁻¹	叶轮式	125								
	桨式	80、125								
电动机型式		Y 型或 YB 型系列(同步转速 1500r·min⁻¹)								
支座	悬挂式	A5×4		A10×4						—
	支承式	6t×4		8t×4				10t×4		12t×4
参考质量/kg		6280	6510	8100	8130	9610	9100	11230	11280	13220

注：参考质量中不包括电传动装置及搪玻璃层质量。

附录 7　标准筛目

泰勒标准筛			日本 JIS 标准筛		德国标准筛孔			苏联 ΓOCT-3584-53			中国药筛标准	
目数 /in^{-1}	孔目大小 /mm	网线径 /mm	孔目大小 /mm	网线径 /mm	目数 /cm^{-1}	孔目大小 /mm	网线径 /mm	筛号	孔目大小 /mm	网线径 /mm	筛号	筛孔内径 /mm
2½	7.925	2.235	7.93	2.0								
3	6.680	1.778	6.73	1.8								
3½	5.613	1.651	5.66	1.6								
4	4.699	1.651	4.76	1.29								
5	3.962	1.118	4.00	1.08								
6	3.327	0.914	3.36	0.87								
7	2.794	0.853	2.83	0.80				2.5	2.5	0.5		
8	2.362	0.813	2.38	0.80				2.0	2.0	0.5		
9	1.981	0.738	2.00	0.76				1.6	1.6	0.45	1 号	2.000
10	1.651	0.689	1.68	0.74				1.25	1.25	0.4		
12	1.397	0.711	1.41	0.71	4	1.50	1.00	1	1.00	0.35		
14	1.168	0.635	1.19	0.62	5	1.20	0.80	0.9	0.90	0.35		
16	0.991	0.597	1.90	0.59	6	1.02	0.85	0.8	0.80	0.3		
20	0.833	0.437	0.84	0.43	—	—	—	0.7	0.70	0.3	2 号	0.850
24	0.701	0.358	0.71	0.35	8	0.75	0.50	0.63	0.63	0.25		
28	0.589	0.318	0.59	0.32	10	0.60	0.40	0.56	0.56	0.23		
32	0.495	0.300	0.50	0.29	11	0.54	0.37	0.5	0.50	0.22		
35	0.417	0.310	0.42	0.29	12	0.49	0.34	0.45	0.45	0.18		
42	0.351	0.254	0.35	0.29	14	0.43	0.28	0.40	0.40	0.15	3 号	0.355
48	0.295	0.234	0.297	0.232	16	0.385	0.24	0.355	0.355	0.15		
60	0.246	0.178	0.250	0.212	20	0.300	0.20	0.315	0.315	0.14	4 号	0.250
65	0.208	0.183	0.210	0.181	24	0.250	0.17	0.28	0.280	0.14		
80	0.175	0.142	0.177	0.141	30	0.200	0.13	0.25	0.250	0.13	5 号	0.180
100	0.147	0.107	0.149	0.105	—	—	—	0.224	0.224	0.13	6 号	0.150
115	0.124	0.097	0.125	0.037	40	0.150	0.10	0.2	0.200	0.13	7 号	0.125
150	0.104	0.066	0.105	0.070	50	0.120	0.08	0.18	0.180	0.13		
170	0.088	0.061	0.088	0.061	60	0.102	0.065	0.16	0.160	0.10	8 号	0.090
200	0.074	0.053	0.074	0.053	70	0.088	0.055	0.14	0.140	0.09	9 号	0.075
250	0.061	0.041	0.062	0.048	80	0.075	0.050	0.125	0.125	0.09		
270	0.053	0.041	0.053	0.048	100	0.060	0.040	0.112	0.112	0.08		
325	0.043	0.036	0.044	0.034				0.1	0.100	0.07		
400	0.038	0.025						0.09	0.09	0.07		
								0.08	0.08	0.055		
								0.071	0.071	0.055		
								0.063	0.063	0.045		
								0.056	0.056	0.04		
								0.05	0.05	0.035		
								0.045	0.045	0.035		
								0.04	0.04	0.03		

注：1. 1in＝25.4mm。

2. 每英寸筛网长度上的孔数称为目，如每英寸有 100 个孔的标准筛称为 100 目筛。

附录 8　常用流速范围

介质名称		条　件	流速/m·s⁻¹	介质名称	条　件		流速/m·s⁻¹
过热蒸汽		$D_g < 100$	20~40	食盐水	含固体		2~4.5
		$100 \leqslant D_g \leqslant 200$	30~50		无固体		1.5
		$D_g > 200$	40~60	水及黏度相似的液体	$P = 0.10~0.29$MPa(表)		0.5~2.0
饱和蒸汽		$D_g < 100$	15~30		$P \leqslant 0.98$MPa(表)		0.5~3.0
		$100 \leqslant D_g \leqslant 200$	25~35		$P \leqslant 7.84$MPa(表)		2.0~3.0
		$D_g > 200$	30~40		$P = 19.6~29.4$MPa(表)		2.0~3.5
蒸汽	低压	$P < 0.98$MPa	15~20	锅炉给水	$P \geqslant 0.784$MPa(表)		>3.0
	中压	$0.98 \leqslant P \leqslant 3.92$MPa	20~40	自来水	主管 $P = 0.29$MPa(表)		1.5~3.5
	高压	$3.92 \leqslant P \leqslant 11.76$MPa	40~60		支管 $P = 0.29$MPa(表)		1.0~1.5
一般气体		常压	10~20	蒸汽冷凝水			0.5~1.5
高压乏气			80~100	冷凝水	自流		0.2~0.5
氢气			≤8.0	过热水			2.0
氮气		$P = 4.9~9.8$MPa	2~5	热网循环水			0.5~1.0
氧气		$P = 0~0.05$MPa(表)	5~10	热网冷却水			0.5~1.0
		$P = 0.05~0.59$MPa(表)	7~8	压力回水			0.5~2.0
		$P = 0.59~0.98$MPa(表)	4~6	无压回水			0.5~1.2
		$P = 0.98~1.96$MPa(表)	4~5	油及黏度较大的液体			0.5~2.0
		$P = 1.96~2.94$MPa(表)	3~4				
压缩空气		$P = 0.10~0.20$MPa(表)	10~15	液体 ($\mu = 50$mPa·s)	$D_g \leqslant 25$		0.5~0.9
压缩气体		$P < 0.1$MPa(表)	5~10		$25 \leqslant D_g \leqslant 50$		0.7~1.0
		$P = 0.10~0.20$MPa(表)	8~12		$50 \leqslant D_g \leqslant 100$		1.0~1.6
		$P = 0.20~0.59$MPa(表)	10~20	液体 ($\mu = 100$mPa·s)	$D_g \leqslant 25$		0.3~0.6
		$P = 0.59~0.98$MPa(表)	10~15		$25 \leqslant D_g \leqslant 50$		0.5~0.7
		$P = 0.98~1.96$MPa(表)	8~10		$50 \leqslant D_g \leqslant 100$		0.7~1.0
		$P = 1.96~2.94$MPa(表)	3~6	液体 ($\mu = 1000$mPa·s)	$D_g \leqslant 25$		0.1~0.2
		$P = 2.94~24.5$MPa(表)	0.5~3.0		$25 \leqslant D_g \leqslant 50$		0.16~0.25
设备排气			20~25		$50 \leqslant D_g \leqslant 100$		0.25~0.35
煤气			8~10		$100 \leqslant D_g \leqslant 200$		0.35~0.55
半水煤气		$P = 0.10~0.15$MPa	10~15	离心泵(水及黏度相似的液体)	吸入管		1.0~2.0
烟道气		烟道内	3.0~6.0		排出管		1.5~3.0
		管道内	3.0~4.0	往复泵(水及黏度相似的液体)	吸入管		0.5~1.5
工业烟囱		自然通风	2.0~8.0		排出管		1.0~2.0
车间通风换气		主管	4.5~15	往复式真空泵	吸入管		13~16
		支管	2.0~8.0		排出管	$P < 0.98$MPa	8~10
硫酸		质量浓度88%~100%	1.2			$P = 0.98~9.8$MPa	10~20
液碱		质量浓度0%~30%	2	空气压缩机	吸入管		<10~15
		30%~50%	1.5		排出管		15~20
		50%~63%	1.2	旋风分离器	吸入管		15~25
乙醚、苯		易燃易爆安全允许值	<1.0		排出管		4.0~15
甲醇、乙醇、汽油		易燃易爆安全允许值	<2	通风机、鼓风机	吸入管		10~15
					排出管		15~20

附录9 管子规格

1. 低压液体输送用焊接管规格（摘自 YB 234—63）

公称直径		外径	壁厚/mm		公称直径		外径	壁厚/mm	
mm	in	/mm	普通管	加厚管	mm	in	/mm	普通管	加厚管
6	1/8	10.0	2.00	2.50	40	1½	48.0	3.50	4.25
8	1/4	13.5	2.25	2.75	50	2	60.0	3.50	4.50
10	3/8	17.0	2.25	2.75	70	2½	75.5	3.75	4.50
15	1/2	21.25	2.75	3.25	80	3	88.5	4.00	4.75
20	3/4	26.75	2.75	3.50	100	4	114.0	4.00	5.00
25	1	33.5	3.25	4.00	125	5	140.0	4.50	5.50
32	1¼	42.25	3.25	4.00	150	6	165.0	4.50	5.50

注：1. 本标准适用于输送水、压缩空气、煤气、冷凝水和采暖系统等压力较低的液体。

2. 焊接钢管可分为镀锌钢管和不镀锌钢管两种，后者又称为黑管。

3. 管端无螺纹的黑管长度为 4～12m，管端有螺纹的黑管或镀锌管的长度为 4～9m。

4. 普通钢管的水压试验压力为 20kgf·cm^{-2}，加厚管的水压试验压力为 30kgf·cm^{-2}。

5. 钢管的常用材质为 A3。

2. 普通无缝钢管

（1）热轧无缝钢管（摘自 YB 231—64）

外径/mm	壁厚/mm		外径/mm	壁厚/mm		外径/mm	壁厚/mm	
	从	到		从	到		从	到
32	2.5	8	102	3.5	28	219	6.0	50
38	2.5	8	108	4.0	28	245	(6.5)	50
45	2.5	10	114	4.0	28	273	(6.5)	50
57	3.0	(13)	121	4.0	30	299	(7.5)	75
60	3.0	14	127	4.0	32	325	8.0	75
63.5	3.0	14	133	4.0	32	377	9.0	75
68	3.0	16	140	4.5	36	426	9.0	75
70	3.0	16	152	4.5	36	480	9.0	75
73	3.0	(19)	159	4.5	36	530	9.0	75
76	3.0	(19)	168	5.0	(45)	560	9.0	75
83	3.5	(24)	180	5.0	(45)	600	9.0	75
89	3.5	(24)	194	5.0	(45)	630	9.0	75
95	3.5	(24)	203	6.0	50			

注：1. 壁厚（单位：mm）有 2.5、2.8、3、3.5、4、4.5、5、5.5、6、(6.5)、7、(7.5)、8、(8.5)、9、(9.5)、10、11、12、(13)、14、(15)、16、(17)、18、(19)、20、22、(24)、25、(26)、28、30、32、(34)、(35)、36、(38)、40、(42)、(45)、(48)、50、56、60、63、(65)、70、75。

2. 括号内尺寸不推荐使用。

3. 钢管长度为 4～12.5m。

（2）冷轧（冷拔）无缝钢管（摘自 YB 231—64）

外径/mm	壁厚/mm		外径/mm	壁厚/mm		外径/mm	壁厚/mm	
	从	到		从	到		从	到
6	0.25	1.6	16	0.25	5.0	28	0.40	7.0
8	0.25	2.5	20	0.25	6.0	32	0.40	8.0
10	0.25	3.5	25	0.40	7.0	38	0.40	9.0

外径/mm	壁厚/mm		外径/mm	壁厚/mm		外径/mm	壁厚/mm	
	从	到		从	到		从	到
44.5	1.0	9.0	75	1.0	12	120	(1.5)	12
50	1.0	12	85	1.4	12	130	3.0	12
56	1.0	12	95	1.4	12	140	3.0	12
63	1.0	12	100	1.4	12	150	3.0	12
70	1.0	12	110	1.4	12			

注：1. 壁厚（单位：mm）有 0.25、0.30、0.4、0.5、0.6、0.8、1.0、1.2、1.4、（1.5）、1.6、1.8、2.0、2.2、2.5、2.8、3.0、3.2、3.5、4.0、4.5、5.0、5.5、6.0、6.5、7.0、7.5、8.0、8.5、9.0、9.5、10、12、（13）、14。

2. 括号内尺寸不推荐使用。

3. 钢管长度：壁厚≤1mm，长度为 1.5～7m；壁厚＞1mm，长度为 1.5～9m。

（3）热交换器用普通无缝钢管（摘自 YB 231—70）

外径/mm	壁厚/mm	备　　注
19	2	
25	2	1. 括号内尺寸不推荐使用
	2.5	2. 管长有 1000mm、1500mm、2000mm、2500mm、3000mm、4000mm
38	2.5	及 6000mm
57	2.5	
	3.5	
(51)	3.5	

3. 承插式铸铁管（摘自 YB 428—64）

公称直径/mm	内径/mm	壁厚/mm	有效长度/mm	备注	公称直径/mm	内径/mm	壁厚/mm	有效长度/mm	备注
75	75	9	3000		400	403.6	11	4000	
100	100	9	3000		450	453.8	11.5	4000	
125	125	9	4000		500	504	12	4000	
150	151	9	4000		600	604.8	13	4000	
200	201.2	9.4	4000		(700)	705.4	13.8	4000	不推荐使用
250	252	9.8	4000		800	806.4	14.8	4000	
300	302.4	10.2	4000		(900)	908	15.5	4000	不推荐使用
(350)	352.8	10.6	4000	不推荐使用					

附录10　管路间距表

1. 不保温无法兰管道间距

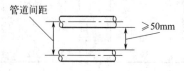

单位：mm

D_g \ D_g	20	25	40	50	80	100	150	200	250	300	350	400	450	500	600	700	800	900	1000
20	80	80	90	100	110	120	150	180	200	230	260	280	300	330	380	420	470	520	570
25		90	90	100	110	120	150	180	210	230	260	280	310	330	380	430	480	530	580
40			100	110	120	130	160	190	210	240	270	290	320	340	390	430	480	530	580
50				110	130	140	160	190	220	250	270	300	320	350	390	440	490	540	590
80					140	150	180	210	240	260	290	310	340	360	410	450	500	550	600
100						160	190	220	240	270	300	320	350	370	420	460	510	560	610
150							210	240	270	300	320	350	370	400	440	490	540	590	640
200								270	300	330	350	380	400	430	470	520	570	620	670
250									330	350	380	410	430	450	500	550	600	650	700
300										380	420	430	460	480	530	570	620	670	720
350											430	460	480	510	550	600	650	700	750
400												480	510	530	580	620	670	720	770
450													530	560	600	650	700	750	800
500														580	630	670	720	770	820
600															680	730	780	830	880
700																770	820	870	920
800																	870	920	970
900																		970	1020
1000																			1070

注：保温管道与不保温管道、保温管道与保温管道的间距应为管道绝热层厚度与按相应的不保温管道查得的间距之和。

2. 不保温有法兰管道间距（法兰错开）

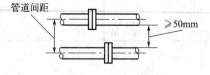

单位：mm

D_g \ D_g	20	25	40	50	80	100	150	200	250	300	350	400	450	500	600	700	800
20	120	120	140	150	160	180	220	250	290	320	350	390	410	440	510	560	630
25		130	140	150	170	180	220	260	290	330	350	400	410	450	510	560	630
40			150	160	170	190	230	260	300	330	360	400	420	450	520	570	640
50				160	180	200	230	270	310	340	370	410	420	460	520	580	650
80					200	210	250	290	320	350	380	430	440	480	540	590	660
100						220	260	290	330	360	390	430	450	490	550	600	670
150							280	320	360	390	420	460	470	510	570	630	700
200								350	390	420	450	490	500	540	600	660	730
250									410	450	480	520	530	570	630	680	750

续表

D_g＼D_g	20	25	40	50	80	100	150	200	250	300	350	400	450	500	600	700	800
300										470	500	540	550	590	660	710	780
350											530	570	580	620	680	740	810
400												590	610	640	710	760	830
450													630	670	730	790	860
500														700	760	810	880
600															810	860	930
700																910	980
800																	1030

注：保温管道与不保温管道、保温管道与保温管道的间距应为管道绝热层厚度与按相应的不保温管道查得的间距之和。

3. 不保温有法兰管道间距（法兰并列）

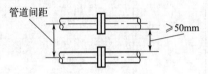

管道间距　　≥50mm

单位：mm

D_g＼D_g	20	25	40	50	65	80	100	125	150	200	250	300	350	400	450	500
20	160	160	180	185	195	200	220	240	255	290	330	360	390	430	440	480
25		165	180	190	200	205	225	245	260	300	330	365	395	440	450	490
40			195	205	215	220	240	260	275	310	350	380	410	450	465	500
50				210	220	230	245	265	280	320	355	390	420	460	470	510
65					235	240	255	275	290	330	365	395	425	470	480	520
80						250	265	285	300	340	370	405	435	480	490	530
100							280	300	315	355	390	420	450	495	505	545
125								320	335	370	410	440	470	515	525	565
150									350	390	425	455	485	530	540	580
200										430	465	495	525	570	580	620
250											500	530	560	605	615	655
300												560	590	635	650	685
350													620	665	680	720
400														710	720	760
450															730	770
500																810

注：保温管道与不保温管道、保温管道与保温管道的间距应为管道绝热层厚度与按相应的不保温管道查得的间距之和。

附录 11　常用固体材料的基本特性

名　称	密度/kg·m^{-3}	温度/℃	导热系数/W·m^{-1}·℃$^{-1}$	比热容/kJ·kg^{-1}·℃$^{-1}$
铸铁	7220	20	62.8	0.5024
钢	7900	20	45.4	0.4605
铜	8800	0	383.8	0.3810
青铜	8000	20	64.0	0.3810
黄铜	8600	0	85.5	0.3768
铝	2670	0	203.5	0.9211
镍	9000	20	58.2	0.4605
锡	7230	0	64.0	0.2261
铅	11400	0	34.9	0.1298
酚醛	1250～1300		0.13～0.26	1.2560～1.6747
脲醛	1400～1500		0.30	1.2560～1.6747
聚酯	1200		0.19	1.6329
聚氯乙烯	1380～1400		0.16	1.8422
聚苯乙烯	1050～1070		0.08	1.3398
低压聚乙烯	940		0.29	2.5539
中压聚乙烯	920		0.26	2.2190
聚四氟乙烯	2100		0.24	1.0467
有机玻璃	1180～1190		0.14	0.6699
干砂	1500	20	0.33	0.7955
黏土	1600～1800	−20～20	0.47～0.53	0.7536
混凝土	2000～2400	20	1.28	1.1304
耐火砖	1840	230～1200	0.87～1.64	0.8792～1.0048
松木	500～600	50	0.07～0.10	2.7214
软木	100～300		0.04～0.06	0.9630
铝箔	20	50	0.05	
矿渣棉花	250	100	0.07	
石棉纤维	470	50	0.11	0.8164
石棉板	770	30	0.12	0.8164
软木板	190	30	0.04	1.8841
纤维板	240	20	0.05	
胶合板	600		0.17	2.5121
玻璃	2500	20	0.74	0.6699
玻璃绒	200	0	0.04	0.6699
羊毛毡	300	30	0.05	
赛璐珞	1400	30	0.21	
石膏	1650		0.29	
大理石	2700	90	1.30	0.4187
花岗岩	2500～2800		3.3	0.9211
耐酸搪瓷	2300～2700		0.87～1.16	0.8374～1.2560

附录 12　制药企业水污染物排放限值

一、发酵类制药企业（摘自 GB 21903—2008）

1. 控制指标

（1）常规污染物　包括 pH、色度、悬浮物（SS）、生化需氧量（BOD_5）、化学需氧量（COD_{Cr}）、氨氮（以 N 计）、总有机碳（TOC）、急性毒性（以 $HgCl_2$ 计）。

（2）特征污染物　包括总锌和总氰化物。

（3）总量控制指标　单位产品基准排水量。

2. 发酵类制药企业水污染物排放限值

（1）水污染物排放限值

序号	污染物	排放限值	序号	污染物	排放限值
1	pH	6～9	7	总氮(以 N 计)/mg·L^{-1}	70(50)
2	色度(稀释倍数)	60	8	总磷/mg·L^{-1}	1.0
3	悬浮物(SS)/mg·L^{-1}	60	9	总有机碳(TOC)/mg·L^{-1}	40(30)
4	生化需氧量(BOD_5)/mg·L^{-1}	40(30)	10	急性毒性(以 $HgCl_2$ 计)/mg·L^{-1}	0.07
5	化学需氧量(COD_{Cr})/mg·L^{-1}	120(100)	11	总锌/mg·L^{-1}	3.0
6	氨氮(以 N 计)/mg·L^{-1}	35(25)	12	总氰化物/mg·L^{-1}	0.5

注：1. 括号内排放限值适用于同时生产发酵类原料药和混装制剂的联合生产企业。

2. 污染物排放监控位置为企业废水总排放口。

3.《制药工业水污染物排放标准》分别给出了新建企业和现有企业的排放限值，新建企业标准从严，而现有企业自标准实施之日（2008 年 7 月 1 日）起有两年过渡期。目前，所有企业均需按新建企业的规定执行，因此表中只列出新建企业的排放限值。

（2）水污染物排放先进控制技术限值

序号	污染物	排放限值	序号	污染物	排放限值
1	pH	6～9	7	总氮(以 N 计)/mg·L^{-1}	15
2	色度(稀释倍数)	30	8	总磷(以 P 计)/mg·L^{-1}	0.5
3	悬浮物(SS)/mg·L^{-1}	10	9	总有机碳(TOC)/mg·L^{-1}	15
4	生化需氧量(BOD_5)/mg·L^{-1}	10	10	急性毒性(以 $HgCl_2$ 计)/mg·L^{-1}	0.07
5	化学需氧量(COD_{Cr})/mg·L^{-1}	50	11	总锌/mg·L^{-1}	0.5
6	氨氮(以 N 计)/mg·L^{-1}	5	12	总氰化物/mg·L^{-1}	不得检出

注：1. 总氰化物检出限为 0.25mg·L^{-1}。

2. 污染物排放监控位置为企业废水总排放口。

（3）单位产品的基准排水量　　　　　　　　　　　　　　　　　　单位：$m^3·t^{-1}$

药物种类		代表性药物	单位产品基准排水量
抗生素	β-内酰胺类	青霉素	1000
		头孢菌素	1900
		其他	1200

续表

药物种类		代表性药物	单位产品基准排水量
抗生素	四环素	土霉素	750
		四环素	750
		地美环素	1200
		普卡霉素	500
		其他	500
	氨基糖苷类	链霉素、双氢链霉素	1450
		庆大霉素	6500
		大观霉素	1500
		其他	3000
	大环内酯类	红霉素	850
		麦白霉素	750
		其他	850
	多肽类	卷曲霉素	6500
		去甲万古霉素	5000
		其他	5000
	其他类	林可霉素、多柔比星、利福霉素等	6000
维生素		维生素 C	300
		维生素 B_{12}	115000
		其他	30000
氨基酸		谷氨酸	80
		赖氨酸	50
		其他	200
其他			1500

注：排水量计量位置与污染物排放监控位置相同。

二、化学合成类制药企业（摘自 GB 21904—2008）

1. 控制指标

（1）常规污染物　包括 pH、色度、悬浮物（SS）、生化需氧量（BOD_5）、化学需氧量（COD_{Cr}）、氨氮（以 N 计）、总有机碳（TOC）、急性毒性（以 $HgCl_2$ 计）。

（2）特征污染物　包括总汞、总镉、烷基汞、六价铬、总砷、总铅、总镍、总铜、总锌、氰化物、挥发酚、硫化物、硝基苯类、苯胺类、二氯甲烷。

（3）总量控制指标　单位产品基准排水量。

2. 化学合成类制药企业水污染物排放限值

(1) 水污染物排放限值

序号	污染物	排放限值	序号	污染物	排放限值
1	pH	6～9	14	硝基苯类/mg·L^{-1}	2.0
2	色度(稀释倍数)	50	15	苯胺类/mg·L^{-1}	2.0
3	悬浮物(SS)/mg·L^{-1}	50	16	二氯甲烷/mg·L^{-1}	0.3
4	生化需氧量(BOD$_5$)/mg·L^{-1}	25(20)	17	总锌/mg·L^{-1}	0.5
5	化学需氧量(COD$_{Cr}$)/mg·L^{-1}	120(100)	18	总氰化物/mg·L^{-1}	0.5
6	氨氮(以 N 计)/mg·L^{-1}	25(20)	19	总汞/mg·L^{-1}	0.05
7	总氮(以 N 计)/mg·L^{-1}	35(30)	20	烷基汞/mg·L^{-1}	不得检出
8	总磷(以 P 计)/mg·L^{-1}	1.0	21	总镉/mg·L^{-1}	0.1
9	总有机碳(TOC)/mg·L^{-1}	35(30)	22	六价铬/mg·L^{-1}	0.5
10	急性毒性(以 HgCl$_2$ 计)/mg·L^{-1}	0.07	23	总砷/mg·L^{-1}	0.5
11	总铜/mg·L^{-1}	0.5	24	总铅/mg·L^{-1}	1.0
12	挥发酚/mg·L^{-1}	0.5	25	总镍/mg·L^{-1}	1.0
13	硫化物/mg·L^{-1}	1.0			

注：1. 烷基汞检出限为 10ng·L^{-1}。

2. 括号内排放限值适用于同时生产化学合成类原料药和混装制剂的生产企业。

3. 序号1～18 污染物排放监控位置为企业废水总排放口，19～25 为车间或生产设施废水排放口。

(2) 水污染物排放先进控制技术限值

序号	污染物	排放限值	序号	污染物	排放限值
1	pH	6～9	14	硝基苯类/mg·L^{-1}	2.0
2	色度(稀释倍数)	30	15	苯胺类/mg·L^{-1}	1.0
3	悬浮物(SS)/mg·L^{-1}	10	16	二氯甲烷/mg·L^{-1}	0.2
4	生化需氧量(BOD$_5$)/mg·L^{-1}	10	17	总锌/mg·L^{-1}	0.5
5	化学需氧量(COD$_{Cr}$)/mg·L^{-1}	50	18	总氰化物/mg·L^{-1}	不得检出
6	氨氮(以 N 计)/mg·L^{-1}	5	19	总汞/mg·L^{-1}	0.05
7	总氮(以 N 计)/mg·L^{-1}	15	20	烷基汞/mg·L^{-1}	不得检出
8	总磷(以 P 计)/mg·L^{-1}	0.5	21	总镉/mg·L^{-1}	0.1
9	总有机碳(TOC)/mg·L^{-1}	15	22	六价铬/mg·L^{-1}	0.3
10	急性毒性(以 HgCl$_2$ 计)/mg·L^{-1}	0.07	23	总砷/mg·L^{-1}	0.3
11	总铜/mg·L^{-1}	0.5	24	总铅/mg·L^{-1}	1.0
12	挥发酚/mg·L^{-1}	0.5	25	总镍/mg·L^{-1}	1.0
13	硫化物/mg·L^{-1}	1.0			

注：1. 总氰化物检出限为 0.25mg·L^{-1}，烷基汞检出限为 10ng·L^{-1}。

2. 序号1～18 污染物排放监控位置为企业废水总排放口，19～25 为车间或生产设施废水排放口。

（3）单位产品的基准排水量　　　　　　　　　　　　　　　　　　　　单位：$m^3 \cdot t^{-1}$

药物种类	代表性药物	单位产品基准排水量
神经系统类	安乃近	88
	阿司匹林	30
	咖啡因	248
	布洛芬	120
抗微生物感染类	氯霉素	1000
	磺胺嘧啶	280
	呋喃唑酮	2400
	阿莫西林	240
	头孢拉定	1200
呼吸系统类	愈创甘油醚	45
心血管系统类	辛伐他汀	240
激素及影响内分泌类	氢化可的松	4500
维生素类	维生素 E	45
	维生素 B_1	3400
氨基酸类	甘氨酸	401
其他类	盐酸赛庚啶	1894

注：排水量计量位置与污染物排放监控位置相同。

三、提取类制药企业（摘自 GB 21905—2008）

1. 控制指标

（1）常规污染物　包括 pH、色度、悬浮物（SS）、生化需氧量（BOD_5）、化学需氧量（COD_{Cr}）、动植物油、氨氮（以 N 计）、总有机碳（TOC）、急性毒性（以 $HgCl_2$ 计）。

（2）特征污染物　无。

（3）总量控制指标　单位产品基准排水量。

2. 提取类制药企业水污染物排放限值

（1）水污染物排放限值

序号	污染物	排放限值	序号	污染物	排放限值
1	pH	6～9	7	氨氮（以 N 计）/$mg \cdot L^{-1}$	15
2	色度（稀释倍数）	50	8	总氮（以 N 计）/$mg \cdot L^{-1}$	30
3	悬浮物（SS）/$mg \cdot L^{-1}$	50	9	总磷（以 P 计）/$mg \cdot L^{-1}$	0.5
4	生化需氧量（BOD_5）/$mg \cdot L^{-1}$	20	10	总有机碳（TOC）/$mg \cdot L^{-1}$	30
5	化学需氧量（COD_{Cr}）/$mg \cdot L^{-1}$	100	11	急性毒性（以 $HgCl_2$ 计）/$mg \cdot L^{-1}$	0.07
6	动植物油/$mg \cdot L^{-1}$	5	12	单位产品基准排水量/$m^3 \cdot t^{-1}$	500

注：1. 污染物排放监控位置为企业废水总排放口。

2. 排水量计量位置与污染排放监控位置一致。

（2）水污染物排放先进控制技术限值

序号	污染物	排放限值	序号	污染物	排放限值
1	pH	6～9	7	氨氮(以 N 计)/mg·L^{-1}	5
2	色度(稀释倍数)	30	8	总氮(以 N 计)/mg·L^{-1}	15
3	悬浮物(SS)/mg·L^{-1}	10	9	总磷(以 P 计)/mg·L^{-1}	0.5
4	生化需氧量(BOD$_5$)/mg·L^{-1}	10	10	总有机碳(TOC)/mg·L^{-1}	15
5	化学需氧量(COD$_{Cr}$)/mg·L^{-1}	50	11	急性毒性(以 HgCl$_2$ 计)/mg·L^{-1}	0.07
6	动植物油/mg·L^{-1}	5	12	单位产品基准排水量/m^3·t^{-1}	500

注：1. 污染物排放监控位置为企业废水总排放口。

2. 排水量计量位置与污染物排放监控位置一致。

四、中药类制药企业（摘自 GB 21906—2008）

1. 控制指标

（1）常规污染物 包括 pH、色度、悬浮物（SS）、生化需氧量（BOD$_5$）、化学需氧量（COD$_{Cr}$）、动植物油、氨氮（以 N 计）、总有机碳（TOC）、急性毒性（以 HgCl$_2$ 计）。

（2）特征污染物 包括总氰化物、总汞、总砷。

（3）总量控制指标 单位产品基准排水量。

2. 中药类制药企业水污染物排放限值

（1）水污染物排放限值

序号	污染物	排放限值	序号	污染物	排放限值
1	pH	6～9	9	总磷(以 P 计)/mg·L^{-1}	0.5
2	色度(稀释倍数)	50	10	总有机碳(TOC)/mg·L^{-1}	25
3	悬浮物(SS)/mg·L^{-1}	50	11	总氰化物/mg·L^{-1}	0.5
4	生化需氧量(BOD$_5$)/mg·L^{-1}	20	12	急性毒性(以 HgCl$_2$ 计)/mg·L^{-1}	0.07
5	化学需氧量(COD$_{Cr}$)/mg·L^{-1}	100	13	总汞/mg·L^{-1}	0.05
6	动植物油/mg·L^{-1}	5	14	总砷/mg·L^{-1}	0.5
7	氨氮(以 N 计)/mg·L^{-1}	8	15	单位产品基准排水量/m^3·t^{-1}	300
8	总氮(以 N 计)/mg·L^{-1}	20			

注：1. 序号1～12污染物排放监控位置为企业废水总排放口，13～14 为车间或生产设施废水排放口。

2. 排水量计量位置与污染物排放监控位置一致。

（2）水污染物排放先进控制技术限值

序号	污染物	排放限值	序号	污染物	排放限值
1	pH	6～9	9	总磷(以 P 计)/mg·L^{-1}	0.5
2	色度(稀释倍数)	30	10	总有机碳(TOC)/mg·L^{-1}	20
3	悬浮物(SS)/mg·L^{-1}	15	11	总氰化物/mg·L^{-1}	0.3
4	生化需氧量(BOD$_5$)/mg·L^{-1}	15	12	急性毒性(以 HgCl$_2$ 计)/mg·L^{-1}	0.07
5	化学需氧量(COD$_{Cr}$)/mg·L^{-1}	50	13	总汞/mg·L^{-1}	0.01
6	动植物油/mg·L^{-1}	5	14	总砷/mg·L^{-1}	0.1
7	氨氮(以 N 计)/mg·L^{-1}	5	15	单位产品基准排水量/m^3·t^{-1}	300
8	总氮(以 N 计)/mg·L^{-1}	15			

注：1. 序号1～12污染物排放监控位置为企业废水总排放口，13～14 为车间或生产设施废水排放口。

2. 排水量计量位置与污染物排放监控位置一致。

五、生物工程类制药企业（摘自 GB 21907—2008）

1. 控制指标

（1）常规污染物　包括 pH、色度、悬浮物（SS）、生化需氧量（BOD_5）、化学需氧量（COD_{Cr}）、氨氮（以 N 计）、总有机碳（TOC）、急性毒性（以 $HgCl_2$ 计）。

（2）特征污染物　包括挥发酚、甲醛、乙腈、总余氯。

（3）总量控制指标　单位产品基准排水量。

2. 生物工程类制药企业水污染物排放限值

（1）水污染物排放限值

序号	污染物	排放限值	序号	污染物	排放限值
1	pH	6～9	9	总氮（以 N 计）/mg·L^{-1}	30
2	色度（稀释倍数）	50	10	总磷（以 P 计）/mg·L^{-1}	0.5
3	悬浮物（SS）/mg·L^{-1}	50	11	甲醛/mg·L^{-1}	2.0
4	生化需氧量（BOD_5）/mg·L^{-1}	20	12	乙腈/mg·L^{-1}	3.0
5	化学需氧量（COD_{Cr}）/mg·L^{-1}	80	13	总余氯（以 Cl 计）/mg·L^{-1}	0.5
6	动植物油/mg·L^{-1}	5	14	粪大肠菌群数/MPN·L^{-1}	500
7	挥发酚/mg·L^{-1}	0.5	15	总有机碳（TOC）/mg·L^{-1}	30
8	氨氮（以 N 计）/mg·L^{-1}	10	16	急性毒性（以 $HgCl_2$ 计）/mg·L^{-1}	0.07

注：1. 污染物排放监控位置为企业废水总排放口。

2. 粪大肠菌群数为消毒指示微生物指标。

（2）水污染物排放先进控制技术限值

序号	污染物	排放限值	序号	污染物	排放限值
1	pH	6～9	9	总氮（以 N 计）/mg·L^{-1}	15
2	色度（稀释倍数）	30	10	总磷（以 P 计）/mg·L^{-1}	0.5
3	悬浮物（SS）/mg·L^{-1}	10	11	甲醛/mg·L^{-1}	1.0
4	生化需氧量（BOD_5）/mg·L^{-1}	10	12	乙腈/mg·L^{-1}	2.0
5	化学需氧量（COD_{Cr}）/mg·L^{-1}	50	13	总余氯（以 Cl 计）/mg·L^{-1}	0.5
6	动植物油/mg·L^{-1}	1.0	14	粪大肠菌群数/MPN·L^{-1}	100
7	挥发酚/mg·L^{-1}	0.5	15	总有机碳（TOC）/mg·L^{-1}	15
8	氨氮（以 N 计）/mg·L^{-1}	5	16	急性毒性（以 $HgCl_2$ 计）/mg·L^{-1}	0.07

注：1. 污染物排放监控位置为企业废水总排放口。

2. 粪大肠菌群数为消毒指示微生物指标。

（3）单位产品的基准排水量　　　　　　　　　　　　　　　　　　单位：$m^3 \cdot t^{-1}$

药物种类	单位产品基准排水量
细胞因子、生长因子、人生长激素	80000
治疗性酶	200
基因工程疫苗	250
其他类	80

注：1. 细胞因子主要指干扰素类、白介素类、肿瘤坏死因子及相类似药物。

2. 治疗性酶主要指重组溶栓剂、重组抗凝剂、重组抗凝血酶、治疗用酶及相类似药物。

3. 排水量计量位置与污染物排放监控位置相同。

六、混装制剂类制药企业（摘自 GB 21908—2008）

1. 控制指标

（1）常规污染物　包括 pH、悬浮物（SS）、生化需氧量（BOD$_5$）、化学需氧量（COD$_{Cr}$）、氨氮（以 N 计）、总有机碳（TOC）、急性毒性（以 HgCl$_2$ 计）。

（2）特征污染物　无。

（3）总量控制指标　单位产品基准排水量。

2. 混装制剂类制药企业水污染物排放限值

（1）水污染物排放限值

序号	污染物	排放限值	序号	污染物	排放限值
1	pH	6～9	6	总氮（以 N 计）/mg·L^{-1}	20
2	悬浮物（SS）/mg·L^{-1}	30	7	总磷（以 P 计）/mg·L^{-1}	0.5
3	生化需氧量（BOD$_5$）/mg·L^{-1}	15	8	总有机碳（TOC）/mg·L^{-1}	20
4	化学需氧量（COD$_{Cr}$）/mg·L^{-1}	60	9	急性毒性（以 HgCl$_2$ 计）/mg·L^{-1}	0.07
5	氨氮（以 N 计）/mg·L^{-1}	10	10	单位产品基准排水量/m^3·t^{-1}	300

注：1. 污染物排放监控位置为企业废水总排放口。

2. 排水量计量位置与污染物排放监控位置一致。

（2）水污染物排放先进控制技术限值

序号	污染物	排放限值	序号	污染物	排放限值
1	pH	6～9	6	总氮（以 N 计）/mg·L^{-1}	15
2	悬浮物（SS）/mg·L^{-1}	10	7	总磷（以 P 计）/mg·L^{-1}	0.5
3	生化需氧量（BOD$_5$）/mg·L^{-1}	10	8	总有机碳（TOC）/mg·L^{-1}	15
4	化学需氧量（COD$_{Cr}$）/mg·L^{-1}	50	9	急性毒性（以 HgCl$_2$ 计）/mg·L^{-1}	0.07
5	氨氮（以 N 计）/mg·L^{-1}	5	10	单位产品基准排水量/m^3·t^{-1}	300

注：1. 污染物排放监控位置为企业废水总排放口。

2. 排水量计量位置与污染物排放监控位置一致。

附录 13 化工生产化学物质及溶剂的大约换气次数
（摘自 CD 70A2—86）

序号	车间内有害物质名称	换气次数/次·h⁻¹	序号	车间内有害物质名称	换气次数/次·h⁻¹	序号	车间内有害物质名称	换气次数/次·h⁻¹
1	三乙胺	14	34	戊醇	14	67	丁基醚	8
2	二甲苯	14	35	吡啶	8	68	四氯化碳	8
3	丁二烯	8	36	苯乙烯	14	69	溶纤剂	7
4	丁烷	10	37	四氢糖醇	14	70	醋酸溶纤剂	8
5	丁醇	10	38	甲苯	14	71	邻二氯苯	7
6	丁烯	10	39	丙酮	8	72	二氯乙烯	7
7	醋酸丁酯	10	40	溴丁烷	6	73	二氯乙醚	12
8	甲丁酮	12	41	乙醛	8	74	二氯甲烷	6
9	丁醛	10	42	氯乙烷	6	75	二噁烷	10
10	氯苯	12	43	氯乙烯	20	76	乙醚	7
11	氯丁烷	8	44	二甲醚	6	77	醋酸乙酯	7
12	二硫化碳	30	45	乙烷	8	78	二氯化乙烯	9
13	苯	10	46	乙醇	8	79	醋酸异丙酯	6
14	乙炔	10	47	环氧丙烷	8	80	异丙醇	6
15	乙酸戊酯	14	48	乙烯	8	81	异丙醚	7
16	苯胺	12	49	环氧乙烷	6	82	甲基戊基醋酸	6
17	环丁烷	8	50	硫化氢	6	83	甲基戊基醇	8
18	环己烷	12	51	氢	6	84	甲基氯	6
19	环己醇	12	52	甲醇	6	85	甲基乙基甲酮	6
20	环己酮	14	53	醋酸甲酯	8	86	一氯化苯	7
21	二甲基苯胺	12	54	甲酸甲酯	6	87	硝基乙烷	8
22	乙苯	14	55	硫酸、盐酸	5	88	硝基甲烷	8
23	甲乙酮	8	56	硝酸	6	89	五氯乙烷	40
24	乙氧基乙酮	8	57	碱	5	90	石油醚	6
25	己烷	14	58	氨	6	91	醋酸丙酯	6
26	己醇	14	59	丙烯腈	8	92	四氯乙烷	20
27	甲基环己烷	14	60	丙烯酸乙酯	10	93	四氯乙烯	6
28	石脑油	14	61	丙烯酸甲酯	8	94	三氯乙烯	6
29	萘	14	62	氯仿	8	95	松节油	6
30	硝基苯	8	63	醋酸戊酯	6	96	一氧化碳	15
31	壬烷	15	64	醋酸丁酯	6	97	氯	10
32	三聚乙醛	14	65	异戊醇	7	98	丙烯腈	40
33	戊烷	12	66	丁基溶纤剂	8	99	四乙基铅	40

附录 14　国产部分空气吹淋室的主要技术指标

型　号		JKC-2	FL-2	FL-1	CY-CH-1	TH-CL-901
型式		双人小室式	单人小室式	单人小室式	单人小室式	单人小室式
外形尺寸/mm³		1604×1240×2340	1600×1100×2250	1550×900×2260	1550×900×2260	1570×1100×2350
吹淋区尺寸/mm³		800×1240×2000	800×980×1990	800×880×1950	900×818×2010	770×980×2000
喷嘴	型式	球状缩口型	球状缩口型	球状缩口型	球状缩口型	球状缩口型
	数量/个	22	20	9	9	20
	直径/mm	38	38	38	37	38
	风速/m·s⁻¹	30	28～30	30	33.50	～25
末级过滤器效率/%		油雾法≥99.90	钠焰法≥99.91	钠焰法 99.97	钠焰法 99.97	钠焰法≥99.96
电加热器功率/kW		2×(3×2.0)	2×5.0	总功率10.13		
送风温度/℃		32	高于室温10	32～34	32～34	
风机铭牌风量/m³·h⁻¹		2×1400	2×1500		1200×2×1500	
电机功率/kW		2×0.55	2×0.75			
吹淋时间/s		根据需要调节	根据需要调节	30～60	30～60	30～120
备注				单风机	单风机	

附录 15　国产部分高效型空气自净器的主要技术指标

类别	型号	外形尺寸 /mm³	送风口尺寸 /mm³	送风口风速 /m·s⁻¹	高效过滤器		风量 /m·h⁻¹	电机功率/kW	噪声(A声级)/dB
					检测方法	效率/%			
移动式	SZ-01	662×462×1700	481×484	1.50	油雾法	≥99.90	1300	0.37	64
	TZ-CZ-301	662×462×1700	484×484	1.50	钠焰法	99.96	1250	0.37	81
	SW-CJ-5B	700×600×1805	650×600	～0.05	钠焰法	≥99.90	1000	0.25	<65
	SZX-YD	700×500×1600	600×500	～0.05	钠焰法	99.97		0.18	<60
窗式	ZJ-1A	760×760×530		0.68	钠焰法	≥99.91	552	0.18	≤52
	ZJ-1B	670×850×540		0.55	钠焰法	≥99.91	≥700	0.18	<65
	ZJ-1C	510×530×600		1.00	钠焰法	>99.91	>700	0.20	<62

注：送风口风速指距出口 1m 处的风速。

附录16　国产部分洁净工作台的主要技术指标

类型	型号	外形尺寸/mm 宽	深	高	操作区尺寸/mm 宽	深	高	操作区风速 /m·s⁻¹	高效过滤器 检测方法	效率/%	电机功率 /kW	噪声(A声级)/dB	形式和用途	备注
水平层流	JT-1	1000	1200	1360				0.3~0.6	大气尘计数	99.95	0.60	<60	通用式、直流式	空气幕风速1.85m·s⁻¹
	XHK-101	1200	800	1350	1190	500	448	~0.30	油雾法	≥99.90		~59	通用式、循环式	
	XHK-102	1200	800	1350	1130	450	448	~0.30	油雾法	≥99.90		~51	通用式、循环式	供2人操作·空气幕风速1.46m·s⁻¹
	XHK-201	1700	800	1350	1668	500	448	~0.41	油雾法	≥99.90		~66	通用式、循环式	空气幕风速1.30m·s⁻¹
	BZK-101	1200	800	1350	1152	450	448	~0.43	油雾法	≥99.90		~67	通用式、半循环式	供2人操作·空气幕风速2.3m·s⁻¹
	ZLK-201	1600	800	1350	1550	450	448	~0.43	油雾法	≥99.90		<65	通用式、直流式	
	SW-CJ-1B	980	990	1450	850	550	600	0.5±0.1	钠焰法	>99.90	0.25	70	通用式、直流式	空气幕风速>1.5m·s⁻¹
	CJ-1	1044	900	1470	台面 940×500			>0.25	油雾或钠焰法	≥99.91	0.18	70	通用式、直流式	空气幕风速>1.5m·s⁻¹
	CJ-4	1044	980	1470	台面 920×500			>0.25	油雾或钠焰法	≥99.91	0.18	<60	通用式、脱开式	台面可拆卸
	SZX-2P	960	800	1360	920	450	450	0.3~0.5	钠焰法	≥99.97	0.215(总)	70	通用式、直流式	空气幕风速1.5~2m·s⁻¹
	TH-CB-401	1100	850	1480	900	510	550	~0.50	钠焰法	99.96	0.18	65~70	通用式、脱开式	
	CJ-101	1060	850	1367	920	500	440	0.3~0.5	钠焰法	≥99.91	0.18~0.25	≤70	通用式、直流式	供2人操作
	CJ-102	1030	800	1350	980	440	450	≥0.25	油雾法	≥99.91	0.6	≤70	通用式、直流式	
	CJ-103	1700	800	1350	1660	440	450	≥0.25	油雾法	≥99.91	0.18	<60	通用式、排气式	
	CJ-104	1030	900	1400	870	500	550	0.3~0.5	油雾法	≥99.91	0.18	<60	通用式、脱开式	
	SZ-101	1000	800	1300	950	680	450	0.3~0.5	油雾法	≥99.91	0.18	71.5	通用式、脱开式	可自配各式台面
	SZ-102	1100	850	1480	900	510	550	~0.50	钠焰法	≥99.90	0.18	69	通用式、脱开式	可自配各式台面
	SW-CJ-3A	1200	1040	1455	1040	640	455	~0.50	钠焰法	99.97	0.25	<65	通用式、脱开式	可自配各式台面
	SW-CJ-3B	980	980	1450	850	550	600	~0.50	钠焰法	99.96	0.18	<65	通用式、脱开式	可自配各式台面
	SZX-GK	1120	990	1450	990	550	600	~0.50	钠焰法	≥99.91	0.125(总)	70	通用式、脱开式	可自配各式台面
	TH-CG-Y202	960	800	1460	850	480	660	~0.50	钠焰法	≥99.91	0.125(总)	70	通用式、脱开式	可自配各式台面
	TH-CG-201	1100	850	1480	1040	640	455	0.35~0.5	钠焰法	99.95	0.18	<60	通用式、直流式	可自配各式台面
	CJ-CK-2	1200	1040	1455	1040	640	455	0.3~0.5	油雾法	99.95	0.60	<60	通用式、脱开式	双面供2人操作

续表

类型	型号	外形尺寸/mm			操作区尺寸/mm			操作区风速 /$m \cdot s^{-1}$	高效过滤器		电机功率 /kW	噪声(A声级)/dB	形式和用途	备注
		宽	深	高	宽	深	高		检测方法	效率/%				
垂直层流	JT-1A	1300	1100	1820				0.4~0.6	大气尘计数	99.97	0.80	<60	通用式、直流式	双面供4人操作
	JT-1B	1600	1300	1820				0.4~0.6	大气尘计数	99.97	0.60	<60	通用式、脱开式	供2人操作
	JT-1C	1600	765	1820				0.4~0.6	大气尘计数	99.97	0.25	<60	通用式、排气式	可自配各式台面
	SZK-GK	800	800	1750	750	560	565	0.3~0.5	钠焰法	≥99.91	0.25	<60	通用式、排气式	可用于涂胶
	SZK-TJ	800	800	1750	750	560	560	0.3~0.5	钠焰法	≥99.91	0.25	<60	通用式、排气式	双面供2人操作
	SZK-SC	800	1360	1750	750×560×565/双面			0.3~0.5	钠焰法	≥99.91	0.18	<60	通用式、排气式	可用于涂胶
	CJ-6	800	800	1800	750	560	600	0.3~0.5	油雾法	≥99.91	0.18	<60	通用式、排气式	可用于涂胶
	CJ-TJ-502	800	800	1800	750	560	600	0.3~0.5	油雾法	≥99.91	0.18	<60	通用式、排气式	
水平层流	JT-1A	1300	1800	1820				~0.50	大气尘计数	99.95	0.60	<60	用于涂胶	双面供2人操作
	SXP-101	1100	820	1300	1060	500	400	~0.30	油雾法	≥99.90	0.18	73	用于涂胶	
	SW-CJ-9A	700	840	1700	600	590	500	0.7~0.9	钠焰法	≥99.90	0.25	<65	用于四头匀胶盘	侧向气流
	SW-CJ-9A	800	680	1400	600	550	600	0.7~0.9	钠焰法	≥99.90	0.25	70	配劳动光刻机	侧向气流
	CJ-3A	1044	900	1470	台面1040×500			≥0.25	油雾法	≥99.91	0.18	<65	用于涂胶	
	SZX-TJ	700	800	1300	520	680	450	0.3~0.5	钠焰法	99.97	0.18	<60	用于涂胶	
	TH-CT-101	1100	820	1300	1060	500	400	~0.50	钠焰法	99.96	0.20(总)	68	用于涂胶、排气式	装有活性炭过滤器
	TH-CT-b102	1100	820	1300	1060	500	400	~0.50	钠焰法	99.96	0.20(总)	71	用于涂胶、排气式	
	CJ-TJ-501	1100	820	1300	1000	450	500	0.3~0.5	油雾法	≥99.91	0.18	<60	配纯离子水设备	
	XZP-102	900	820	1440	898	500	520	<0.50	油雾法	≥99.90	0.38	81	配纯离子水设备	
	TH-CW-601	900	820	1440	898	500	520	~0.50	钠焰法	99.96	0.22(总)	69	配外延炉、排气式	
	SZX-PQ	800	1000	1420	950	480	500	0.3~0.5	钠焰法	99.97	0.18	<60		

续表

类型	型号	外形尺寸/mm 宽	深	高	操作区尺寸/mm 宽	深	高	操作区风速/m·s⁻¹	高效过滤器 检测方法	效率/%	电机功率/kW	噪声(A声级)/dB	形式和用途	备注
垂直层流	SZX-WY	600	800	1750	550	550	565	0.3~0.5	钠焰法	99.97	0.25	<60	用于清洗·循环式	
	CBX-102	1200	800	1800	1140	600	600	~0.50	油雾法	≥99.90	0.37	76	用于清洗	
	SW-CJ-4B	1050	770	1880	990	530	550	~0.50	钠焰法	>99.90	0.25	<65	用于清洗	
	CJ-6	1044	720	1700	台面 1000×550			≥10.25	油雾法	≥99.91	0.18	70	用于清洗·排气式	
	SZX-QX	800	800	1750	750	560	565	0.3~0.5	油雾或钠焰法	99.97	0.25	<60	用于清洗	
	CJ-QX-4	800	800	1800	750	560	600	0.3~0.5	钠焰法	≥99.91	0.18	<60		
	SZK-KS	800	800	1750	990	530	550	0.3~0.5	油雾法	99.97	0.25	<60	配单管扩散炉·排气式	
	CJ-S	800	800	1800	台面 600×550			≥0.25	钠焰法	≥99.91	0.18	70	配单管扩散炉·排气式	
	CJ-KS-301	800	800	1750	750	560	600	0.3~0.5	油雾或钠焰法	≥99.91	0.18	<60	配单管扩散炉·排气式	
	SW-CJ-2B	600	736	1200	540	500	600	~0.50	油雾法	≥99.90	0.25	<65	配单管扩散炉·排气式	
	CJ-KS-302	1200	800	1800	1140	600	600	0.3~0.4	钠焰法	≥99.91	0.18	<60	配2台单管扩散炉	排气式
	CBX-201	1200	800	1800	1140	600	600	~0.50	油雾法	≥99.90	0.37	~66	配2台单管扩散炉	半循环式
	SW-CJ-2A	700	800	2100	660	560	810	~0.50	钠焰法	>99.90	0.25	<65	配双管扩散炉	排气式
	CJ-5A	700	700	2100	台面 600×550			≥0.25	油雾或钠焰法	≥99.91	0.18	70	配双管扩散炉	排气式
	JSK-4	1400	800	2000	1350	550	700		钠焰法	99.97			配2台双管扩散炉	双风机·排气式
	SK-1	600	750	2150	560	550	700		钠焰法	99.97			配三管扩散炉	直流式

附录 17　饱和水蒸气表（按温度排序）

温度/℃	绝对压力/kPa	蒸汽密度/kg·m^{-3}	焓/kJ·kg^{-1} 液体	焓/kJ·kg^{-1} 蒸汽	汽化热/kJ·kg^{-1}
0	0.6082	0.00484	0	2491	2491
5	0.8730	0.00680	20.9	2500.8	2480
10	1.226	0.00940	41.9	2510.4	2469
15	1.707	0.01283	62.8	2520.5	2458
20	2.335	0.01719	83.7	2530.1	2446
25	3.168	0.02304	104.7	2539.7	2435
30	4.247	0.03036	125.6	2549.3	2424
35	5.621	0.03960	146.5	2559.0	2412
40	7.377	0.05114	167.5	2568.6	2401
45	9.584	0.06543	188.4	2577.8	2389
50	12.34	0.0830	209.3	2587.4	2378
55	15.74	0.1043	230.3	2596.7	2366
60	19.92	0.1301	251.2	2606.3	2355
65	25.01	0.1611	272.1	2615.5	2343
70	31.16	0.1979	293.1	2624.3	2331
75	38.55	0.2416	314.0	2633.5	2320
80	47.38	0.2929	334.9	2642.3	2307
85	57.88	0.3531	355.9	2651.1	2295
90	70.14	0.4229	376.8	2659.9	2283
95	84.56	0.5039	397.8	2668.7	2271
100	101.33	0.5970	418.7	2677.0	2258
105	120.85	0.7036	440.0	2685.0	2245
110	143.31	0.8254	461.0	2693.4	2232
115	169.11	0.9635	482.3	2701.3	2219
120	198.64	1.1199	503.7	2708.9	2205
125	232.19	1.296	525.0	2716.4	2191
130	270.25	1.494	546.4	2723.9	2178
135	313.11	1.715	567.7	2731.0	2163
140	361.47	1.962	589.1	2737.7	2149
145	415.72	2.238	610.9	2744.4	2134
150	476.24	2.543	632.2	2750.7	2119
160	618.28	3.252	675.8	2762.9	2087
170	792.59	4.113	719.3	2773.3	2054
180	1003.5	5.145	763.3	2782.5	2019
190	1255.6	6.378	807.6	2790.1	1982
200	1554.8	7.840	852.0	2795.5	1944
210	1917.7	9.567	897.2	2799.3	1902
220	2320.9	11.60	942.4	2801.0	1859
230	1798.6	13.98	988.5	2800.1	1812
240	3347.9	16.76	1034.6	2796.8	1762
250	3977.7	20.01	1081.4	2790.1	1709
260	4693.8	23.82	1128.8	2780.9	1652
270	5504.0	28.27	1176.9	2768.3	1591
280	6417.2	33.47	1225.5	2752.0	1526
290	7443.3	39.60	1274.5	2732.3	1457
300	8592.9	46.93	1325.5	2708.0	1382

附录 18　饱和水蒸气表 (按压力排序)

绝对压力/kPa	温度/℃	蒸汽密度/kg·m⁻³	焓/kJ·kg⁻¹		汽化热/kJ·kg⁻¹
			液体	蒸汽	
1.0	6.3	0.00773	26.5	2503.1	2477
1.5	12.5	0.01133	52.3	2515.3	2463
2.0	17.0	0.01486	71.2	2524.2	2453
2.5	20.9	0.01836	87.5	2531.8	2444
3.0	23.5	0.02179	98.4	2536.8	2438
3.5	26.1	0.02523	109.3	2541.8	2433
4.0	28.7	0.02867	120.2	2546.8	2427
4.5	30.8	0.03205	129.0	2550.9	2422
5.0	32.4	0.03537	135.7	2554.0	2418
6.0	35.6	0.04200	149.1	2560.1	2411
7.0	38.8	0.04864	162.4	2566.3	2404
8.0	41.3	0.05514	172.7	2571.0	2398
9.0	43.3	0.06156	181.2	2574.8	2394
10.0	45.3	0.06798	189.6	2578.5	2389
15.0	53.5	0.09956	224.0	2594.0	2370
20.0	60.1	0.1307	251.5	2606.4	2355
30.0	66.5	0.1909	288.8	2622.4	2334
40.0	75.0	0.2498	315.9	2634.1	2312
50.0	81.2	0.3080	339.8	2644.3	2304
60.0	85.6	0.3651	358.2	2652.1	2394
70.0	89.9	0.4223	376.6	2659.8	2283
80.0	93.2	0.4781	390.1	2665.3	2275
90.0	96.4	0.5338	403.5	2670.8	2267
100.0	99.6	0.5896	416.9	2676.3	2259
120.0	104.5	0.6987	437.5	2684.3	2247
140.0	109.2	0.8076	457.7	2692.1	2234
160.0	113.0	0.8298	473.9	2698.1	2224
180.0	116.6	1.021	489.3	2703.7	2214
200.0	120.2	1.127	493.7	2709.2	2205
250.0	127.2	1.390	534.4	2719.7	2185
300.0	133.3	1.650	560.4	2728.5	2168
350.0	138.8	1.907	583.8	2736.1	2152
400.0	143.4	2.162	603.6	2742.1	2138
450.0	147.7	2.415	622.4	2747.8	2125
500.0	151.7	2.667	639.6	2752.8	2113
600.0	158.7	3.169	676.2	2761.4	2091
700.0	164.7	3.666	696.3	2767.8	2072
800.0	170.4	4.161	721.0	2773.7	2053
900.0	175.1	4.652	741.8	2778.1	2036
$1.0×10^3$	179.9	5.143	762.7	2782.5	2020
$1.1×10^3$	180.2	5.633	780.3	2785.5	2005
$1.2×10^3$	187.8	6.124	797.9	2788.5	1991
$1.3×10^3$	191.5	6.614	814.2	2790.9	1977
$1.4×10^3$	194.8	7.103	829.1	2792.4	1964
$1.5×10^3$	198.2	7.594	843.9	2794.5	1951
$1.6×10^3$	201.3	8.081	857.8	2796.0	1938
$1.7×10^3$	204.1	8.567	870.6	2797.1	1926
$1.8×10^3$	206.9	9.053	883.4	2798.1	1915
$1.9×10^3$	209.8	9.539	896.2	2799.2	1903
$2.0×10^3$	212.2	10.03	907.3	2799.7	1892
$3.0×10^3$	233.7	15.01	1005.4	2798.9	1794
$4.0×10^3$	250.3	20.10	1082.9	2789.8	1707
$5.0×10^3$	263.8	25.37	1146.9	2776.2	1629
$6.0×10^3$	275.4	30.85	1203.2	2759.5	1556
$7.0×10^3$	285.7	36.57	1253.2	2740.8	1488
$8.0×10^3$	294.8	42.58	1299.2	2720.5	1404
$9.0×10^3$	303.2	48.89	1343.5	2699.1	1357